“十二五”职业教育国家规划教材
经全国职业教育教材审定委员会审定

中国轻工业“十三五”规划教材
高等职业教育畜牧兽医类专业教材

畜禽繁育技术（第三版）

朱兴贵　王怀禹　主编

中国轻工业出版社

图书在版编目（CIP）数据

畜禽繁育技术 / 朱兴贵，王怀禹主编. — 3版. — 北京：中国轻工业出版社，2026. 1
ISBN 978-7-5184-3825-9

Ⅰ. ①畜… Ⅱ. ①朱… ②王… Ⅲ. ①畜禽育种 Ⅳ. ①S813. 2

中国版本图书馆 CIP 数据核字（2021）第 279241 号

责任编辑：马　妍
策划编辑：马　妍　　责任终审：劳国强　　封面设计：锋尚设计
版式设计：砚祥志远　　责任校对：朱燕春　　责任监印：张京华

出版发行：中国轻工业出版社（北京鲁谷东街 5 号，邮编：100040）
印　　刷：北京君升印刷有限公司
经　　销：各地新华书店
版　　次：2026 年 1 月第 3 版第 4 次印刷
开　　本：710×1000　1/16　印张：21. 5
字　　数：433 千字
书　　号：ISBN 978-7-5184-3825-9　定价：48. 00 元
邮购电话：010-85119873
发行电话：010-85119832　010-85119912
网　　址：http://www. chlip. com. cn
Email：club@ chlip. com. cn

252188J2C304ZBQ

本教材编写人员

主　　编　朱兴贵（云南农业职业技术学院）
　　　　　王怀禹（四川南充职业技术学院）
副 主 编　付秀琴（成都农业科技职业学院）
　　　　　哈　福（云南农业大学）
参编人员　（按姓氏笔画排序）
　　　　　王红戟（云南农业职业技术学院）
　　　　　尹洛蓉（成都农业科技职业学院）
　　　　　刘丽仙（云南农业职业技术学院）
　　　　　苏成文（山东畜牧兽医职业学院）
　　　　　李亚丽（黑龙江生物科技职业学院）
　　　　　陈红艳（云南农业职业技术学院）
审稿人员　王立辛（锦州医科大学）
　　　　　王　娟（石家庄工程职业学院）
　　　　　杨久仙（北京农业职业学院）
　　　　　覃建基（广西农业职业技术学院）
　　　　　曹国春（云南农业职业技术学院）

第三版前言

为贯彻国务院〔2019〕4 号文件《关于印发国家职业教育改革实施方案的通知》精神，在国务院大力推进职业教育改革与发展，教育部加强高职高专教育培养高等技术应用型专门人才的要求和推动下，2020 年中国轻工业出版社组织编写了“全国农业高职院校十三五规划教材”的前提下，我们编写了《畜禽繁育技术（第三版）》基础应用型教材。

本教材编写指导思想：结合教学和生产实际，以学生就业为导向，能力为本位。在教材内容的编排上，紧紧抓住“育种繁殖技术及其应用”这一主线，力求实现理论和实践的有机结合。基础理论知识以必需、够用为度，重点突出技能培养与训练。同时基础知识、基础理论与技能也融入了新的内容，让学生了解学科发展前沿，激发学生学习的热情和求知欲。

在上述编写思想的指导下，本教材按单元、项目编排。本教材由全国八所高职学院的十多位专业教师编写，由朱兴贵和王怀禹担任主编，负责教材编写大纲及部分内容的编写和统稿工作。具体编写分工如下：朱兴贵编写绪论、第一单元项目一和项目二、第二单元项目一、第三单元项目一及相应的实训项目；王怀禹编写第一单元项目三、第二单元项目二、第三单元项目六及相应的实训项目；尹洛蓉编写第三单元项目二及相应的实训项目；哈福编写第三单元项目九及相应的实训项目；李亚丽编写第三单元项目三及相应的实训项目；刘丽仙编写第一单元项目四及相应的实训项目；付秀琴编写第三单元项目四及相应的实训项目；苏成文、陈红艳编写第三单元项目五；王红戟等编写第三单元项目八、项目九。全书由王立辛、王娟、杨久仙 、覃建基、曹国春进行审稿。本教材配备电子课件等教学辅助资源，主要由刘丽仙、朱兴贵、王桂瑛、陈红艳等教师完成。

本教材结构新颖，内容精炼，图文并茂，文字通俗易懂，注重实际操作，教学目标明确，充分体现了高等职业技术教育教材的应用性、实用性原则。通过学习，学生可具备畜禽育种和繁殖生产的知识和能力。

本教材除可作为高等职业学院和高等专科学校相关专业教材外，还可作为基层畜牧兽医人员、专业化畜禽育种场、生产场的技术人员及畜牧兽医专业大中专学生的参考书或教材。

本教材在体系的编排上是一次改革尝试，加之畜禽繁育技术是一门整合课程，涉及的内容很广，限于编者的能力和水平，书中难免存在不妥甚至错误之处，恳请广大读者批评指正。

编者

2022 年 2 月

第二版前言

在国务院大力推进职业教育改革与发展，教育部加强高职高专教育、培养高等技术应用型专门人才的要求和推动下，为适应畜牧兽医类专业课程教学改革的需要，尝试建立基于工作过程、项目驱动、任务导向的教学改革模式，我们编写了《畜禽繁育技术（第二版）》这本基础应用性教材。

本教材的编写指导思想：结合教学和生产实际，以学生就业为导向，能力为本位。在教材内容的编排上，紧紧抓住“育种繁殖技术及其应用”这条主线，力求实现理论和实践的有机结合。基础理论知识以必需、够用为度，重点突出技能培养与训练。同时，基础知识、基础理论与技能也融入了新的内容，让学生了解学科发展前沿，激发学生的学习热情和求知欲。

本教材共分为四个单元，由来自全国六所高职学院的八名骨干教师编写而成，由朱兴贵和王怀禹任主编，负责教材大纲及部分内容的编写和统稿工作。全书由王立辛、覃建基、苏成文、何永富、王娟、杨久仙审稿。具体编写分工如下：朱兴贵编写绪论、第一单元项目一和项目二、第二单元项目一、第三单元项目一及第四单元项目一的实训五；王怀禹编写第一单元项目三、第二单元项目二、第三单元项目六及第四单元项目二的实训四、实训五；尹洛蓉编写第三单元项目二及第四单元项目一的实训三、实训四，项目二的实训三；王立辛编写第三单元项目五；李亚丽编写第三单元项目三及第四单元项目一的实训二；刘丽仙编写第一单元项目四及第四单元项目一的实训一和项目二的实训一；付秀琴编写第三单元项目四和项目七及第四单元项目一的实训七；哈福编写第三单元项目八及第四单元项目一的实训六和实训八。本教材配有配套课件作为教学辅助资源。课件主要由云南农业职业技术学院刘丽仙、朱兴贵、王桂瑛、陈红艳等教师完成。

本教材结构新颖，内容精练，图文并茂，文字通俗易懂，注重实际操作，将畜禽育种繁殖的相关知识与技能融为一体，突出理论知识的应用和实践能力的培养，教学目标明确，充分体现了高等职业技术教育教材的应用性、实用性和先进性原则。通过学习，学生可具备有关畜禽育种和繁殖生产的知识和能力。

本教材除可作为高职高专院校相关专业教材外，还可作为基层畜牧兽医人员、专业化畜禽育种场、生产场的技术人员及畜牧兽医专业大中专学生的参考书或教材。

本教材在体系的编排上是一次改革尝试，加之畜禽繁育技术是一门整合课程，涉及的内容很广，限于编者的能力和水平，书中难免会有不妥甚至错误之处，恳请广大读者批评指正。

编者

2015 年 5 月

目　录

第二单元 杂交改良方法

第三单元 畜禽繁殖技术

第四单元 实训部分

绪 论

家畜遗传繁育技术在20世纪末和21世纪初取得了突飞猛进的发展，大家畜的人工授精和冷配技术已相当普及，家畜的整个繁殖过程如生殖细胞的发生、受精、妊娠、分娩、泌乳等活动都可利用激素进行人为控制。畜禽繁育技术是培育、利用品种，提高畜禽生产效率和经济效益，改善畜禽产品品质的重要途径。

一、畜禽繁育技术的基本概念

畜禽繁育技术就是以遗传育种和畜禽繁殖为技术手段，进行畜牧业生产。畜禽繁育技术包括了遗传、育种、繁殖三方面的内容。

（1）遗传　是指有血缘关系的生物个体之间的相似性，是亲代遗传信息在后代的表现。变异是亲代与子代之间及子代与子代之间的差异。

（2）育种　是从遗传结构上逐代改进家畜群体重要性状，从而提高经济效益的技术和方法。育种工作也称选育，生产上称“品种改良”。“品种改良”这一名称已约定俗成，成为社会上的习惯叫法。

（3）繁殖　以生理学为基础，采用现代手段来调节和控制家畜的生殖。

二、畜禽繁育技术的发展历史

1. 遗传学的发展简史

遗传学（Genetics）是研究遗传与变异的科学，是在人类的生产实践活动中产生和发展起来的。

19世纪中叶，达尔文（Darwin）对野生和家养的动植物进行了详细的调查研究，修正了拉马克（Lamarck）的“用进废退”和“获得性状遗传”学说，提出了以自然选择为中心的进化学说，使生物学有了突破性的进展。

同一时期，奥地利神父孟德尔（G. J. Mendel）根据前人的工作和他自己进行了8年的豌豆杂交试验，于1866年发表了划时代的论文《植物杂交试验》，提出了遗传因子的概念及遗传因子分离和重组的假设。孟德尔应用统计方法分析他的试验结果，提出了假设，并设计严密的试验验证了他的假设，这是人类对遗传现象的认识从单纯的描述第一次推进到了科学的分析验证。遗憾的是，孟德尔的思想和理论远远超越了时代，使得他的工作在当时没有得到世人应有的重视，以致被埋没了30多年。

1900年孟德尔遗传规律被三位科学家重新发现：荷兰的德福里（Hugo De Vris）、法国的柯林斯（Karl Correns）和奥地利的薛尔马克（Von. Tschermak）在不同的地点，利用不同的植物，经过大量的植物杂交工作，几乎在同时出现了与孟德尔相同的遗传规律，并重新发现了埋在故纸堆里30多年的孟德尔的论文。

大家通常把1900年称为孟德尔遗传学的奠基阶段，从1903年起称为现代遗传学的发展阶段。

1903年，萨顿（Sutton）和博韦里（Boveri）首先发现，染色体（chromosome）的行为与孟德尔所说的遗传因子（hereditary factor）的行为很相似，提出了“染色体是遗传物质的载体”的假设。

1909年，约翰森（W. L. Johannsen）用基因（gene）一词代替孟德尔所说的遗传因子（hereditary factor），一直沿用至今。

1910年左右，摩尔根（Morgan）和他的学生斯特蒂文特（Sturtevant），布里奇（Bridges）和马勒（Muller）等用果蝇研究了性状的遗传方式，得出了连锁交换定律，同时证明了基因直线排列在染色体上。这样，以遗传的染色体学说为核心的基因论就诞生了，建立了经典的遗传学理论体系。

1953年，沃森（J. D. Watson）和克里克（F. H. Crick）提出DNA双螺旋结构模型，开创了遗传学发展史上的新纪元。这一理论对遗传学的一系列核心问题，诸如DNA的分子结构、自我复制、相对稳定性和变异性等，以及DNA作为遗传物质如何储存和传递遗传信息等，都提供了合理而科学的解释，明确了基因的本质是DNA分子上的一个片段，从而开创了分子遗传学这一崭新的科学领域，为从分子水平上研究基因的结构和功能，揭示遗传和变异的奥秘奠定了稳固的基础。

20世纪60年代，蛋白质和核酸的人工合成，中心法则的提出，三联体遗传密码的破译、传递，细菌对抗生素抗性的质粒的发现以及基因表达的调控原理的揭示等一系列重大突破，使遗传学的发展走在了生物科学的最前列。

20世纪70年代以来，限制性内切酶的发现、分离和提纯为人工分离基因、重组DNA提供了可能，从而可将外源基因通过载体（Vector）导入细菌、植物、动物体内，并能在受体生物中表达，还能通过有性繁殖遗传下去。这就是人们常说的遗传工程，也称基因工程，使人类在定向改造生物方面跨入了一个新的阶段。

遗传学已从孟德尔、摩尔根时代的细胞学水平，发展到了现代的分子学水平，已发展为30多个分支学科。

2. 家畜育种学的发展简史

我国农业历史悠久，是许多作物和家畜的起源中心之一。中国人很早就开始作物育种工作，并积累了宝贵的经验。北魏贾思勰的《齐民要术》对选种留种就作过系统详细的记载。

家畜育种工作开始于动物的驯养与驯化。随着人类社会的发展，家畜育种工作也不断改进与提高。早在旧石器时代后期，人类就已驯化了犬，并在新石器时代驯化了猪、绵羊、山羊、牛和马等。

我国家畜育种工作有悠久的历史。在春秋战国时代，出现伯乐的《相马经》和宁戚的《相牛经》等；汉朝有卜式著的《相羊经》，北魏有贾思勰著的《齐民要术》，明朝有喻本元、喻本亨两兄弟所著的《元亨疗马集》等，对促进畜牧兽医事业的发展起了积极的作用。在历代劳动人民的长期辛勤培育下，所育成的优良家畜品种有太湖猪、金华猪、内江猪、滩羊、寒羊、秦川牛、南阳牛、蒙古马、关中驴、狼山鸡、北京鸭、狮头鹅等。

在国外，由于1760年产业革命的影响，畜牧业发生了很大的变化，出现了育种工作的新高潮，其代表人物是英国的贝威尔。他采用“以优配优”“子像亲”等原则，在使用近交的同时结合选择、杂交等方法，育成了夏尔马、长角肉牛、莱斯特羊等品种。在育种技术上，制定了一整套科学的方法，如外形、生产力、后裔和系谱的鉴定，建立良种登记、组织品种协会等。

20世纪以来，国外在家畜育种中有了许多创新。由着眼于个体发展到着眼于群体，由表型选择深入到基因型选择。在杂种优势利用方面，进入到培育不同品系、近交系或专门化品系作为亲本，在杂交利用方面开拓了新的前景。

3. 家畜繁殖的发展简史

（1）试验阶段　1780年，意大利生理学家斯巴扎尼（Spallanzani）第一次用犬做了人工授精的试验，此后，直到19世纪末和20世纪初，才对马匹试验成功，然后才应用于牛、羊。到20世纪30年代，已经初步形成了一套较为完整的操作方法。

（2）实用阶段　20世纪的40~60年代，世界许多国家，如苏联、美国、日本、英国、丹麦、荷兰、加拿大等十分重视家畜繁殖技术的研究和应用。到70年代初，猪、乳牛都基本普及了人工授精。

（3）快速发展阶段　自从1949年英国的史密斯（Smith）和波尔基（Polge）研究牛精液的冷冻保存方法获得成功后，人工授精技术从20世纪60年代开始发展到一个新的阶段。

我国在20世纪50年代后期开始进行马的人工授精，之后在猪和绵羊的改良上得到应用。

目前，世界上多数国家都在应用畜禽的人工授精技术，而胚胎移植、胚胎分割和克隆等繁殖技术也在大量研究，这些技术对丰富人类的肉食品生产意义重大。

三、畜禽繁育技术对发展畜牧业的作用

家畜育种的目的是改进家畜种质，从而提高畜产品的数量和质量，并不断增加畜牧业生产的经济效益。家畜育种工作的内容包括选育提高现有畜群品种，培育高产、优质新品种，以及利用杂种优势等几个方面。

1. 家畜遗传育种在畜牧业生产上的作用

（1）选育和扩大优良种畜，提高种畜禽的生产力（也称生产性能、繁殖性能）。

① 畜牧业的发展需要大量优良品种的支撑。

② 变异为育种工作提供了素材。

③ 繁殖与育种是长期且必需的提高畜群生产力的工作。

（2）提高畜产品的数量和质量。

① 利用杂种优势，提高畜群的生产力。如犏牛是牦牛与黄牛杂交的产物，具有明显杂种优势，乳、肉生产能力、役用能力均优于牦牛。

② 利用品系选育，为选育和杂交组合提供不同的素材。如目前猪的品系中有 PIC 配套系种猪生产。

（3）改变家畜生产力的方向　根据市场需要，改变畜产品类型。如将粗毛羊改良为细毛羊，将役用牛改良为肉用牛及乳用牛，将脂肪型猪改良为瘦肉型猪等。

（4）可为畜牧生产提供符合规格的畜禽和繁殖技术　如蛋鸡要求有一定的开产日龄、体重；肉鸡要求在一定时间内出栏等。

（5）品种资源保护　目前，一些优良的品种资源面临丢失，最后是有用基因的消失。通过保种工作，可以保留优良的品种资源。

2. 家畜现代繁殖技术在畜牧业上作用

（1）通过生殖生理学的研究，丰富繁殖理论　对家畜繁殖技术的研究，包括对性别分化、配子发生、性成熟、发情、受精、妊娠、分娩、泌乳和性行为等各种生殖现象的机制，内分泌的调节作用以及各种影响因素的论述和探讨，并对生殖器官和生殖细胞的形态结构和生理生化特性进行描述和分析，为克服繁殖障碍、提高繁殖率，打下基础。

（2）现代繁殖技术的应用　包括采精技术、精液品质检查、精液的稀释和保存及冷冻技术；还包括人工授精、发情、排卵、分娩的控制技术；妊娠诊断技术；胚胎移植和生物工程技术等。

（3）家畜繁殖力的评价以及分析提高繁殖力的措施。

四、学习畜禽繁殖改良的目的

（1）有利于学好其他专业知识，为发展畜牧业奠定必要的理论基础。

（2）通过畜禽繁殖改良的学习，能够掌握畜禽遗传的基本理论、畜禽生殖生理的规律与现代繁殖技术和遗传改良的原理与方法，并运用这些原理、方法与繁殖技术指导动物的繁殖和改良实践，克服繁殖障碍，为改进畜禽的品质，提高繁殖力，增加畜禽生产的经济效益发挥作用。

（3）采取各项有效措施，生产绿色、安全、健康的肉食品，其中包括积极培育和推广良种，以加速发展畜牧业，保证提供给人类健康、安全的肉类产品。

复习思考题

一、名词解释

遗传　变异　育种　繁殖

二、填空题

（　　）进行了八年的豌豆杂交试验，于1866年发表《植物杂交试验》的文章，提出遗传学的第一、二定律，即“分离定律”及后来得出的“自由组合定律”。1910年，（　　）等用果蝇等作为研究材料，研究得出了“连锁交换定律”（遗传学的第三定律）。

三、问答题

1. 家畜繁殖技术的发展分为哪几个阶段？
2. 家畜遗传育种在畜牧业生产上的作用有哪些？

第一单元

畜禽遗传基础

项目一 遗传物质

课题一 遗传的细胞基础

知识目标

1. 了解遗传的细胞学基础和分子学基础，以及分离定律、自由组合定律及连锁交换定律的实质。

2. 掌握染色体的结构、数目、功能以及在生物性状表现上的相关性。

技能目标

能够进行单基因性状的遗传分析。熟悉基因突变的应用。

链接

动物生物化学、组织胚胎学。

拓展

染色体工程、基因工程在畜牧业上的应用。

19世纪，施旺（Schwann）和施莱登（Schleiden）建立了细胞学说，到了20世纪，遗传学成为一门独立的学科。遗传学是研究生物遗传和变异的科学，遗传指亲代与子代相同或相似性，变异指亲代与子代之间以及子代个体之间存在不同程度的差异性。遗传和变异是生物界最普通和最基本的两个特征，是生物界的普遍现象。遗传的稳定性是相对的，变异是绝对的、发展的。没有遗传，生物不可能保持物种和性状的相对稳定性，变异就不能积累，生物也不能进化。

生物的一切生命活动都是在细胞中进行的，生物的遗传变异也必须通过细胞才能实现，细胞的结构和分裂方式必然影响遗传物质的组成、分布和遗传信息的传递。遗传学是动物育种的理论基础，通过本品种选育和杂交改良培育畜禽新品种，在畜禽选种、后裔鉴定、杂交组合的确定和纯系的建立等方面加速育种工作。

一、细胞的基本结构

细胞是构成生物机体的形态结构和生命活动的基本单位。

细胞按结构分为原核细胞和真核细胞，由此把生物划分为原核生物和真核生物。几乎所有的原核生物都由单个原核细胞构成，如细菌、支原体，它们的遗传物质无膜包裹，不形成完整的细胞核。真核生物可以分为单细胞生物和多细胞生物，由具有完整细胞核的、遗传物质有膜包裹的真核细胞构成。畜禽等高等动物是由真核细胞构成的多细胞生物，它的每个细胞都是一个相对独立的、高度分化的结构和功能单位，这些细胞分工合作，互相协调，共同完成有机体生命活动。

细胞的大小受核质比例、细胞表面积与体积的比例和胞内物质传递的速度等因素的影响。支原体是最小、最简单的原核细胞，直径为0.1～0.3μm。组成高等动物的真核细胞，直径在20～30μm。原核生物的细胞较真核生物的细胞小些。生物个体的增大、器官体积的增大，并非细胞体积的加大，而是细胞数目的增加。动物细胞结构见图1-1。

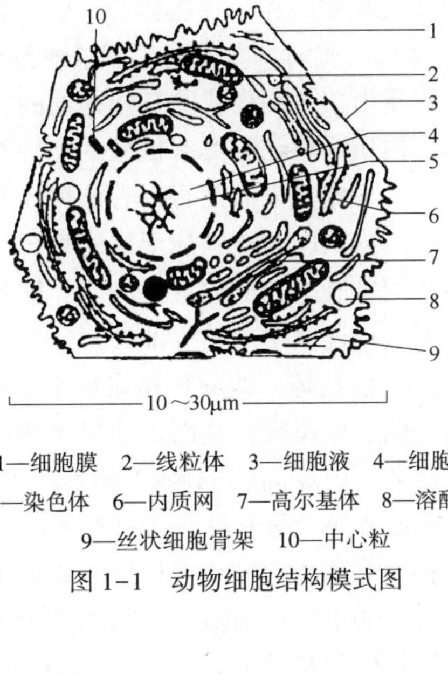

1—细胞膜　2—线粒体　3—细胞液　4—细胞核
5—染色体　6—内质网　7—高尔基体　8—溶酶体
9—丝状细胞骨架　10—中心粒

图1-1　动物细胞结构模式图

尽管细胞的形态和大小差异很大，但作为构成畜禽等高等动物的真核细胞，一般具有细胞膜、细胞质和细胞核等结构。

1. 细胞膜

细胞膜又称质膜，是指围绕在细胞最外层的选择性透过膜。细胞膜形成细胞内、外环境，起着保护和包围内含物的作用，同时与物质运输、能量的转换、免疫反应、细胞识别及信息传递等功能密切相关，并借以调节和保持细胞内的微环境，使细胞具有一个相对稳定的内环境。

细胞膜在光镜下一般难以分辨，电镜下细胞膜可分内、中、外三层结构。这三层结构的膜不但存在于各种细胞表面，而且还构成细胞内某些细胞器的内膜，细胞膜和细胞内膜统称为生物膜。具有这样三层结构的膜也称为单位膜。

单位膜以磷脂双分子层为基础，蛋白质分子以不同的方式镶嵌在磷脂双分子层中或结合在其表面。磷脂双分子层以非极性的、疏水性尾部相对（向着膜的中央），极性的、亲水性的头部朝向两侧（向着膜的内、外表面）而构成细胞膜的基本结构。亲水的外源蛋白分散在膜外表面，而疏水氨基酸含量高的内源蛋白可渗入脂质层中。脂质分子是可以流动的，蛋白质分子也可横向移动。

细胞膜的主要成分是脂质、蛋白质、少量的多糖和核酸等。

2. 细胞质

细胞质由基质、内含物和细胞器组成。基质是指细胞质内除细胞器和内含物以外，均匀、透明而无定形的胶状物，它为细胞器提供所需的离子环境和生化反应的代谢产物，并且是某些生化中间代谢过程的场所。内含物是细胞质内除细胞器以外，具有一定形态的营养物质或代谢产物，如脂滴、糖原、分泌颗粒、色素颗粒等。

细胞器是存在于细胞质中具有特定形态结构，并执行一定生理功能的微小结构。包括膜性细胞器（如内质网、高尔基体、线粒体、溶酶体、微体等）和非膜性细胞器（如中心粒、核糖体、微管、微丝等）。

（1）内质网　内质网是真核细胞重要的细胞器，分布在细胞基质中的膜管状结构。它是由单位膜构成的互相连通的扁平囊泡，并可与细胞膜、核膜和高尔基体相连通。内质网对细胞具有机械的支持作用，主要与细胞内外物质的贮存、分泌和运输有关。根据其表面是否附有核糖体颗粒，可分为粗面内质网和滑面内质网。粗面内质网是内质网与核糖体形成的复合功能结构，主要参与蛋白质的合成与运输。滑面内质网是脂类合成的重要场所，细胞中几乎不含纯的滑面内质网，它们只是作为内质网这一连续结构的一部分。

（2）线粒体　线粒体是真核细胞内独特的细胞器，呈圆柱形、线形或椭圆形。由内外两层单位膜套叠而成的封闭的囊状结构，内膜与外膜不相连，内膜向腔内折叠形成嵴。内膜间隙的腔内充满含有可溶性蛋白、各种酶系统和钙、铁、镁的基质，内膜和嵴上分布许多排列规则的带柄的基粒。基质和基粒上具有丰富的氧化酶系，将糖、脂肪和氨基酸氧化、磷酸化，逐步释放能量合成 ATP，为细胞生命活动提供直接能量。在细胞呼吸和能量转化中起着重要作用。

线粒体的基质中含有少量的 DNA、RNA 和核糖体，即线粒体具有自己的一套遗传系统，能自行合成蛋白质。但由于遗传信息量较少，故合成的蛋白质有限，只占线粒体全部蛋白质的 10%左右，其余的则由核 DNA 编码。

（3）核糖体　核糖体是蛋白质合成的场所。核糖体由 60%的 rRNA 和 40%的蛋白质组成，有的附着在内质网上，有的游离在细胞质中或核内。核糖体包含大亚基和小亚基两部分结构，新合成的肽链通过大亚基中央管释放出来。核糖体在合成蛋白质的过程中，多个核糖体由一个 mRNA 串联起来，形成念珠状的多聚核糖体。一般认为游离的核糖体主要合成细胞本身的结构蛋白质。

（4）中心粒　中心粒是只在动物和低等藻类及真菌的细胞中含有的一种细胞

器。中心粒位于细胞的中央或细胞核附近，由两个互相垂直的中心粒和周围一团浓密的细胞质构成。在电镜下，中心粒为中空的短圆柱体，每个中心粒由九组环状排列的三联微管构成。

中心粒与细胞分裂时染色体运动有关。在细胞分裂间期，中心粒进行复制；细胞分裂期，中心粒中延伸出纺锤丝附着在染色体着丝粒上，牵引染色体移向细胞的两极。

3. 细胞核

细胞核主要参与核酸与蛋白质的代谢，因此在一定程度上控制着细胞的活动，决定细胞的类型，影响细胞的分化、生长和成熟，并将遗传信息遗传给下一代。因此，细胞核是遗传信息的贮存场所，是细胞遗传与代谢的调控中心。在这里进行基因复制、转录和转录初产物的加工过程，从而控制着细胞的遗传与代谢活动。

细胞核包括核膜、核质和核仁，核质还含有染色质和核液。核膜由双层单位膜构成，其上有核孔，是核内外物质交流的通道。核液由核糖体、水、蛋白质及少量 RNA 组成。核内含有一个至数个结实、致密、形状不规则的核仁，核仁周围没有被膜，往往与个别染色体的特定部位相连接。核仁是 RNA 和蛋白质组成的复合体，其中的 RNA 是 rRNA 的前身分子。核仁是 rRNA 合成的地方，也是核糖体装配的地方。在核质中最主要的是染色质，在有丝分裂中螺旋化形成染色体。

二、染色体

染色体是指细胞在有丝分裂或减数分裂过程中，由染色质聚缩而成的棒状结构。染色质是指分裂间期细胞内由 DNA、组蛋白、非组蛋白及少量 RNA 组成的线性复合结构，是间期细胞遗传物质存在的形式。在真核细胞的细胞周期中，大部分时间是以染色质的形态而存在的。染色质和染色体是同一物质在细胞周期中不同的功能阶段，分别代表间期和分裂期遗传物质的存在形式，二者可以互相转变。

遗传物质主要存在于染色体上，组成染色体的 DNA 内贮存着大量的遗传信息，因此，染色体被称为遗传物质的载体。

1. 染色体的形态结构与类型

（1）形态　有丝分裂中期的染色体结构典型，每个染色体由两条并列的染色单体组成，它们通过一个着丝粒相连接。这两条染色单体称为姐妹染色单体，其中一条染色单体是以另一条染色单体为母本在间期复制而来的。

在着丝粒处两条染色单体的外侧表层，各有一个与纺锤体微管相连的部位，称为着丝点。着丝点是纺锤体牵引丝连接的部位，在有丝分裂中期起导向作用，使分开的子染色体能正确移向两极。着丝粒和着丝点所在的区域，染色体缢缩变细，称为主缢痕。有些染色体除主缢痕外，还有特别细窄的区域，称为次缢痕。在细胞分裂末期，核仁总是出现在某些染色体的次缢痕部位，所以次缢痕也称为核仁形成

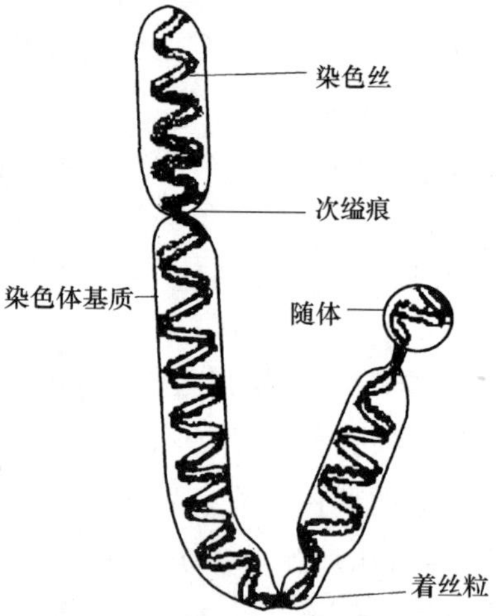

图 1-2　染色体的形态结构图

区。主缢痕处能弯曲，次缢痕处不能弯曲。在次缢痕的末端靠轴丝连着一个球形小体，称为随体。染色体形态见图 1-2。

（2）类型　着丝粒在染色体上的位置是固定的。由于着丝粒位置的不同，由着丝粒向两端延伸分别形成染色体的长臂（q）、短臂（p）两部分。

2. 染色体的数目与组型

（1）染色体数目　每一种生物的染色体数目是恒定的（表 1-1）。在多数高等动物中，性细胞（精细胞、卵细胞）含有来自亲本（父方或母方）的一套染色体，称为一个染色体组（n），即单倍体。染色体组是生物赖以生存的最基本的染色体数量和构成。体细胞含有来自亲本的成对的两套染色体（$2n$），即二倍体。在形态、大小、着丝粒位置及染色粒的排列上都相同的成对染色体称为同源染色体，其中一条来自父方，一条来自母方。同源染色体在减数分裂时发生联会。除同源染色体之外的形态结构不同的染色体称为非同源染色体。

表 1-1　常见畜禽体细胞染色体数

动物名称	染色体数（$2n$）	动物名称	染色体数（$2n$）
猪	38	兔	44
水牛	48	犬	78
牛	60	猫	38
牦牛	60	鸡	78
山羊	60	鸭	80
绵羊	54	鹅	82
马	64	火鸡	82
驴	62		

（摘自张响英，李彦军，《畜牧基础》，2009）

（2）染色体组型　如果将处于细胞分裂中期的体细胞核中的全部染色体，根据每对同源染色体的相对长度、臂比指数大小、着丝粒类型及随体的有无等，按照一定的国际标准分群、依次排列并编号（性染色体列于最后）所形成的形态系统图型，称为染色体组型或核型，例如牛的染色体组型（图 1-3）。

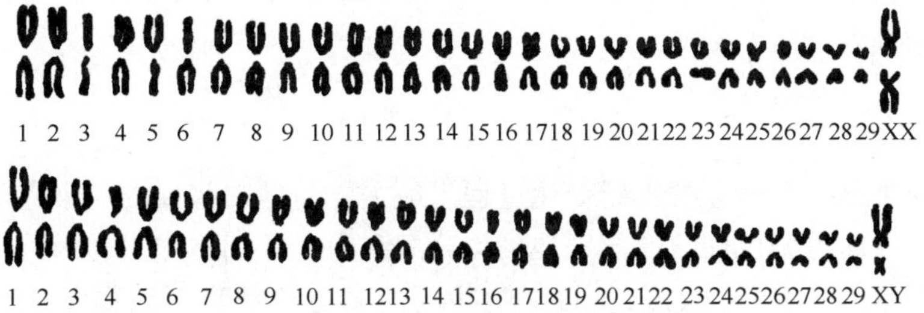

图 1-3　牛的染色体组型

3. 基因

1865 年，奥地利遗传学家孟德尔在进行豌豆杂交试验时，提出了“遗传因子”假说。1909 年，丹麦遗传学家约翰逊创造了“基因”这个词代替了“遗传因子”。1966 年，奈任伯格和霍拉那分别用实验方法破译了全部遗传密码，即核酸链上 3 个特定的核苷酸决定一个氨基酸，证实了基因的本质是 DNA 分子上特定的核苷酸序列。也就是说，生物性状的表现是由基因控制的，它通过控制蛋白质的合成而实现。基因是位于染色体上 DNA 片段的遗传基本单位。

课题二　细胞的繁殖

生物的发育和繁殖都是以细胞分裂为基础的。生物的发育是体细胞的增殖，以有丝分裂为主；生物的繁殖是形成单倍体的性细胞，以减数分裂为主。

细胞从上一次分裂结束开始到下一次分裂结束所经历的过程称为细胞周期。细胞周期经过分裂间期（也称为生长期）和分裂期（M）两个阶段。分裂间期又分为生长前期（G1）、DNA 合成期（S）、生长后期（G2）。分裂期包括有丝分裂和减数分裂，有丝分裂是体细胞增殖的分裂方式，减数分裂可以看作是一种特殊的有丝分裂。因此，一个细胞周期实际上包括 G1、S、G2 和 M 四个时期。

同一种类型的细胞，一个细胞周期及各个时期所经历的时间是一定的。而不同类型的细胞，一个细胞周期所经历的时间则有差异，一般 G1 期差异最大，S 期和 G2 期都相当稳定。在大多数动物细胞中，G1 期可持续 6～9h，S 期可持续 3～5h，而 G2 期可以是几小时，也可以是几天或几周。

一、分裂间期

细胞在分裂间期都不同程度地进行 DNA 和蛋白质的合成，故间期细胞代谢活动最旺盛。在 G1 期主要合成结构蛋白、酶蛋白、核苷酸等 DNA 复制所需要的底物。S 期主要是染色体复制，DNA 含量增加一倍，以保证分裂后的子细胞具有足够的遗传物质，并具有与亲代相同的遗传性状。减数分裂和有丝分裂的间期相似，但减数分裂的S期比有丝分裂的S期长些。G2期主要是RNA、纺锤体和其他蛋白质的合成，为细胞分裂做准备。

二、有丝分裂

有丝分裂是一个连续的细胞变化过程。最主要的是细胞核内的染色质形成染色体，经复制成两份染色体，有规则地平均分配到两个子细胞中去，因而分裂后形成的两个子细胞内，分别含有与其母细胞相同的染色体数目。动物细胞有丝分裂见图1-4。

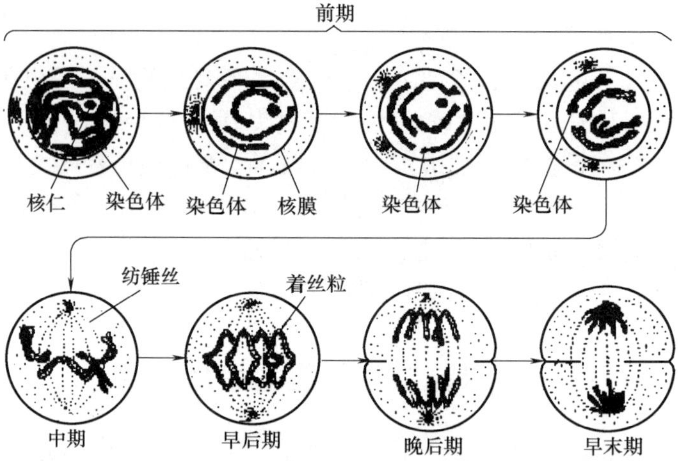

图1-4　动物细胞有丝分裂模式图

通常有丝分裂期根据细胞核内染色体的变化，可分为四个时期，即前期、中期、后期和末期。

（1）前期　染色质螺旋化变成染色体。每个染色体包含两条染色单体，并由着丝粒连接。中心体的两个中心粒分开，并向细胞两极移动，两个中心粒之间出现纺锤丝，形成纺锤体。同时，核仁逐渐变小消失，核膜逐渐溶解破裂。

（2）中期　核膜完全消失。每个染色体的两条染色单体仍由一个着丝粒连接，但每条染色单体的着丝点都有纺锤丝连着，牵动染色体排列在细胞中央的赤道板上。此期染色体聚缩到最短、最粗，是染色体组型分析的最佳时期。

（3）后期　染色体的着丝粒分裂为二，使两条染色单体成为各具一个着丝点的独立的子染色体，并由纺锤丝的牵引分别移向细胞两极的中心粒附近，形成数目相等的两组染色体。同时在赤道板部位的细胞膜收缩，细胞质开始分裂。

（4）末期　分裂后的两组染色体分别聚集到细胞的两极，染色体解旋伸展变细恢复为染色质，纺锤丝消失，核膜、核仁重新出现，细胞质发生分裂，在纺锤体的赤道板区域形成细胞板，形成两个子细胞，又恢复为分裂前的间期状态。

间期是从一次有丝分裂结束到下一次有丝分裂开始的时期。

三、减数分裂

减数分裂是由体细胞产生性细胞的过程。在减数分裂过程中，细胞分裂两次，而染色体只复制一次，结果形成的性细胞染色体数目减少了一半。减数分裂包括连续的两次分裂，分别称为减数第一次分裂（用Ⅰ表示）和减数第二次分裂（用Ⅱ表示）。两次分裂也各分前、中、后、末四期（图1-5）。

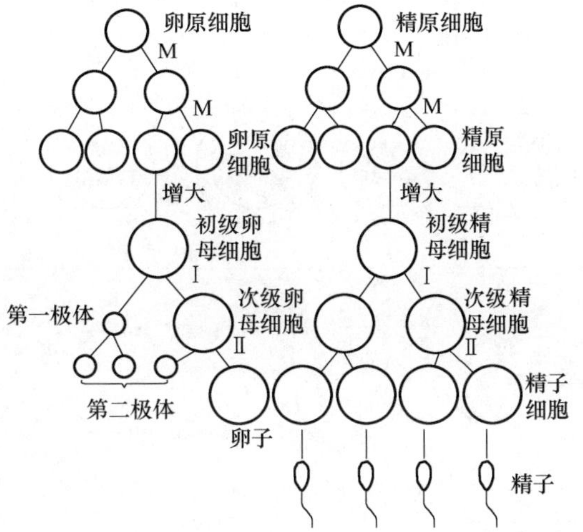

M—有丝分裂　Ⅰ—减数第一次分裂　Ⅱ—减数第二次分裂

图1-5　动物性细胞形成图解

1. 减数第一次分裂

减数第一次分裂主要是同源染色体分离，实现染色体数目减少一半。主要包括联会、同源非姐妹染色单体之间染色体片段的交换、非同源染色体的自由组合等。

（1）前期Ⅰ　是染色体变化较为复杂的时期，又分为细线期、偶线期、粗线期、双线期和终变期五个时期。

细线期：染色质丝细长如线，分散在整个核内，虽已经过复制，每一染色体含有两条染色单体，但此期的染色体一般看不出双重性。

偶线期：同源染色体彼此靠拢配对，称为联会。

粗线期：联会的染色体对缩短变粗，称为双价体。每个染色体的着丝粒还未分裂，故两条染色单体还连在一起。在双价体中，同一染色体的两条染色单体互称为姐妹染色单体，它们是同一染色体在间期复制所形成的；不同染色体之间的染色单体互称为同源非姐妹染色单体，它们分别是两个同源染色体在间期各自复制所形成的。同源染色体配对以后，一个双价体含有两个染色体，每个染色体含有两条姐妹染色单体。因此，双价体含四条染色单体，也称四分体。

双线期：染色体继续变短、变粗，同源染色体因非姐妹染色单体之间相互排斥而开始分开，但非姐妹染色单体之间仍有一个或几个交叉连接在一起。交叉是由非姐妹染色单体之间某些片段的交换引起的，最终导致遗传物质交换和基因重组，是连锁与互换定律的细胞学基础。交叉在着丝粒的两侧向染色体臂的端部移行，称为端化。在双线期中，交叉的数目逐渐减少且端化。

终变期：染色体收缩和螺旋化到最粗、最短，是鉴定染色体数目的最佳时期。交叉渐渐接近非姐妹染色单体的末端，核仁和核膜开始消失，双价体向赤道板移动，纺锤体开始形成（图 1-6）。

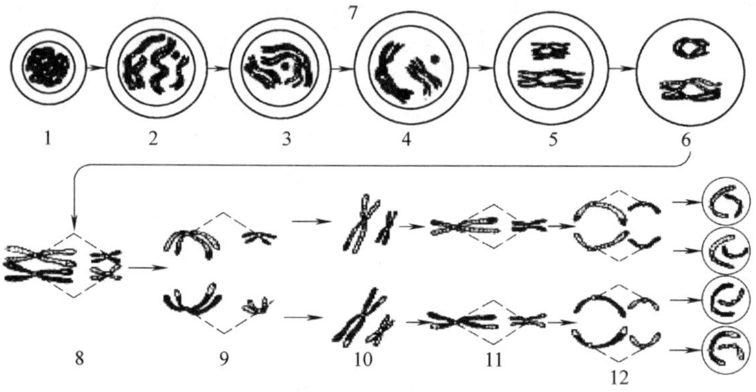

1—减数分裂间期　2—细线期　3—偶线期　4—粗线期　5—双线期　6—终变期
7—前期Ⅰ　8—中期Ⅰ　9—后期Ⅰ　10—末期Ⅰ　11—中期Ⅱ　12—后期Ⅱ

图 1-6　减数分裂模式图

（2）中期Ⅰ　核仁、核膜消失，纺锤丝出现。联会同源染色体的两个着丝粒由纺锤丝牵引排列在赤道板上，随着丝粒逐渐远离，同源染色体开始分开，但仍有交叉连接。交叉的数目已经减少，并接近染色体的端部。同源染色体的分离是分离定律的细胞学基础。

（3）后期Ⅰ　同源染色体受纺锤丝牵引分别移向细胞的两极，每一极只有同源染色体中的一个，实现了染色体数目的减半（$2n \to n$），但每个染色体仍由一个着丝点连接两条染色单体组成。同源染色体向两极移动的随机性，增加了非同源染色体的组合方式，有 n 对染色体就有 2^n 个组合方式，这是自由组合定律的细胞学基础。

（4）末期Ⅰ　纺锤丝消失，核仁、核膜出现，接着细胞质分裂，成为两个子细胞。染色体解螺伸展，逐渐变成染色质。

2. 分裂间期

分裂间期是指减数第一次分裂与减数第二次分裂之间的时期。许多动物细胞减数分裂的分裂间期不存在或时间相当短，并且没有 DNA 合成的 S 期，也没有染色体的复制。

3. 减数第二次分裂

减数第二次分裂的过程与有丝分裂基本相同，主要是同源姐妹染色单体的分离，使细胞在分裂前后的染色体数目相同。

在减数分裂过程中，染色体复制一次，性母细胞连续分裂两次，因此每个性细胞的染色体数（n）是性母细胞（$2n$）的一半。初级精母细胞的减数第一次分裂产生两个次级精母细胞，减数第二次分裂产生四个精子细胞。初级卵母细胞的减数第一次分裂产生一个次级卵母细胞和一个第一极体，减数第二次分裂产生一个卵细胞和一个第二极体，同时第一极体也分裂成两个极体。极体含有细胞核和少量的细胞质。

课题三　遗传信息及其传递

一、核酸是遗传物质

1. 遗传物质应具备的条件

（1）高度的稳定性与可变性　生物在漫长的世代延续中，能够保持物种固有的特性和特征，根本原因在于遗传物质具有高度的稳定性。即遗传物质在细胞中的含量、存在的位置及其化学组成是恒定的，不会轻易受到内、外环境因素的影响而发生变化。

遗传物质不仅具有高度的稳定性，而且在一定的程度上具有可以变化的潜力，使生物不断地进化。

（2）携带遗传信息的能力　遗传物质必须具有复杂的结构和携带各种遗传信息的潜力，才能表达出生物的各种性状。

（3）自我复制的能力　遗传物质必须具有自我复制的能力，才能把遗传信息传递给子代，使子代具有与亲代相似的遗传性状。

2. 核酸是遗传物质

染色体主要是由核酸和蛋白质组成。除少数不含 DNA 的生物（如病毒）以 RNA 为遗传物质外，绝大多数具有细胞结构的生物都以 DNA 为遗传物质。

（1）1928 年格里菲思做肺炎链球菌的转化试验和 1952 年 Alfed Hershey 和 Chase 用放射性同位素^{35}S 标记蛋白质做细菌病毒（即噬菌体）的侵染试验，证明遗传物质是 DNA，而不是蛋白质。

（2）1956 年 Fraenket Conrat 进行烟草花叶病毒的感染试验，证明烟草花叶病毒的遗传物质是 RNA，而不是蛋白质。

鉴于以上三条途径的试验，我们完全有把握说，在细胞里具有 DNA 的生物，

DNA 是遗传物质，对于只含有 RNA 而不含 DNA 的一些病毒来说，RNA 是遗传物质。

（3）DNA 是遗传物质的旁证。以上三个方面严密、精巧的试验，虽然都明确无误地证明了 DNA 是遗传物质，但试验材料毕竟局限于微生物一类，而生物界是异常复杂的，因此还需要从别的现象中得到支持。现列举以下几个有重要意义的论证。

① 一种生物不同组织的细胞，不论年龄大小、功能如何，在一定条件下，每个细胞核的 DNA 含量基本上是相同的，而其他物质，包括 RNA 和蛋白质，在细胞生长的各个阶段含量变化很大。

② DNA 能准确地自我复制。在生物体生命活动新陈代谢过程中，细胞内的物质不断地进行分解和合成，但其中的糖、脂肪和蛋白质等物质都不能产生类似自身的物质，它们只能由别的物质来合成。唯独 DNA 分子，包括染色体上的 DNA 和细胞质里的 DNA 分子，能够利用周围物质由一个分子变为两个分子，即能进行复制。这个独特的特性使 DNA 能够成为遗传物质，担负起生命延续的任务。

③ 在细胞中只有 DNA 最为稳定。以放射性同位素示踪，知道一种元素的原子一旦成为 DNA 分子的组成成分，在细胞的正常生长中，它就稳定在 DNA 中；而细胞中的其他分子则常常是形成迅速，分解也迅速。

④ 紫外线的诱变作用在波长 260nm 附近效果最好。这个波段是 DNA 的吸收峰而不是蛋白质的吸收峰。

上面这些事实都表明，DNA 是遗传物质的论断与各方面的论证都对得上。

二、遗传信息的传递

生物的性状多种多样，但生物性状的表现是细胞内蛋白质在执行不同的功能，呈现出各种各样的形态特征和生理性状，而各种蛋白质是在 DNA 控制下形成的。简单地说，就是以染色体中的 DNA 为模板在细胞核内合成 RNA，然后转移到细胞质中，在核糖体上控制蛋白质的合成。

1. 遗传信息和遗传密码

（1）遗传信息　DNA 分子是由两条多核苷酸链互相缠绕而形成的双螺旋结构，两边是核糖和磷酸根，中间是碱基对。核苷酸包括核苷和磷酸根，核苷包括核糖和碱基。

在 DNA 分子中，一种碱基对的排列顺序就是一种遗传信息。DNA 分子的碱基有 4 种：腺嘌呤（A）、胸腺嘧啶（T）、胞嘧啶（C）、鸟嘌呤（G），其配对原则是 A—T、C—G。DNA 分子中核酸数量一般有上万对，其碱基对排列组合方式是一个庞大的数字。DNA 分子的这种特殊结构蕴藏着地球上所有生物的遗传信息。

（2）遗传密码　遗传密码是核酸的碱基序列和蛋白质的氨基酸序列的对应关

系。由3个碱基代表1种氨基酸，称为密码子。4种碱基可以组合成64种密码子，而体内只有20种氨基酸，故存在多个密码子代表一种氨基酸的情况（表1-2）。

表1-2　20种氨基酸的遗传密码表

第一位置碱基	第二位置碱基								第三位置碱基
	U		C		A		G		
U	UUU	苯丙氨酸	UCU	丝氨酸	UAU	酪氨酸	UGU	半胱氨酸	U
	UUC	苯丙氨酸	UCC	丝氨酸	UAC	酪氨酸	UGC	半胱氨酸	C
	UUA	亮氨酸	UCA	丝氨酸	UAA	终止密码	UGA	终止密码	A
	UUG	亮氨酸	UCG	丝氨酸	UAG	终止密码	UGG	色氨酸	G
C	CUU	亮氨酸	CCU	脯氨酸	CAU	组氨酸	CGU	精氨酸	U
	CUC	亮氨酸	CCC	脯氨酸	CAC	组氨酸	CGC	精氨酸	C
	CUA	亮氨酸	CCA	脯氨酸	CAA	谷氨酸	CGA	精氨酸	A
	CUG	亮氨酸	CCG	脯氨酸	CAG	谷氨酸	CGG	精氨酸	G
A	AUU	异亮氨酸	ACU	苏氨酸	AAU	天冬氨酸	AGU	丝氨酸	U
	AUC	异亮氨酸	ACC	苏氨酸	AAC	天冬氨酸	AGC	丝氨酸	C
	AUA	异亮氨酸	ACA	苏氨酸	AAA	赖氨酸	AGA	精氨酸	A
	AUG	甲硫氨酸（起始）	ACG	苏氨酸	AAG	赖氨酸	AGG	精氨酸	G
G	GUU	缬氨酸	GCU	丙氨酸	GAU	天冬氨酸	GGU	甘氨酸	U
	GUC	缬氨酸	GCC	丙氨酸	GAC	天冬氨酸	GGC	甘氨酸	C
	GUA	缬氨酸	GCA	丙氨酸	GAA	谷氨酸	GGA	甘氨酸	A
	GUG	缬氨酸（起始）	GCG	丙氨酸	GAG	谷氨酸	GGG	甘氨酸	G

由表1-2可以看出，除甲硫氨酸和色氨酸外，其他的氨基酸均有两种以上的密码子。有3个三联体密码UAA、UAG、UGA是表示蛋白质合成终止的信号，三联体密码子AUG和GUG还兼有蛋白质合成起始密码子的作用。

1966年科学家研究破译了全部遗传密码。所有生物，遗传密码都是通用的。

2. 遗传信息的传递

遗传信息的传递过程，包括DNA的复制，DNA到RNA的转录，RNA到蛋白质的翻译过程（图1-7）。

（1）DNA复制　DNA双链解开，以其中一条链为模板，根据碱基互补配对原则，即A—T，C—G的规律，合成两条完全一样的DNA链。这个过程称为DNA复制。

（2）DNA到RNA的转录　遗传信息从DNA转移到RNA的过程称为转录。在转录过程中，DNA双链解开，以一条链为模板，根据碱基互补配对原则，即C—G，T—A，A—U（这里U代替了T）的规律，在RNA聚合酶的作用下，合成一条与DNA互补的RNA短链。最后，新生的RNA分子从DNA分子上脱离，形成信使

RNA（mRNA），而 DNA 的两条单链又重新恢复成双链。这样，就把 DNA 分子上遗传信息转移到了 mRNA 上。

（3）RNA 到蛋白质的翻译　根据 mRNA 上的密码合成蛋白质的过程称为翻译。它是将核酸序列转变为氨基酸序列的过程。

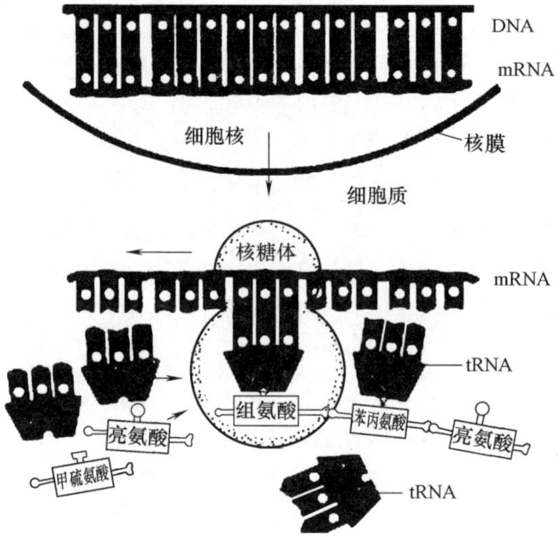

图 1-7　遗传信息的转录与翻译图解

当 mRNA 单链合成后，便通过核孔进入细胞质，附着在核糖体的亚基上。核糖体能选择相应的氨基酰-tRNA（转运 RNA）。氨基酰-tRNA 一臂连着一个特定的氨基酸，另一臂具有与 mRNA 密码子互补的 3 个暴露的碱基，称为“反密码子”。氨基酰-tRNA 有这样一个反密码子，就可以识别 mRNA 上密码子的位置，把特定的氨基酸送到一定的位置上。

在翻译过程中，通常是多个核糖体与 mRNA 分子结合形成多聚核糖体。核糖体附着在 mRNA 单链的一端，逐渐向 mRNA 另一端移动，识别 mRNA 分子的密码子。同时接受相应的带着氨基酸的氨基酰-tRNA，并一个接一个地将氨基酸结合成多肽。当核糖体移动到 mRNA 单链的终止密码子时，形成多肽的过程便告结束，mRNA 便与核糖体脱离。最后形成的几条多肽链相连，并成为有一定空间结构的蛋白质分子。

3. 中心法则

根据前面的叙述，我们可以把 DNA、RNA 和蛋白质三者的关系概括为以下三点（图 1-8）：

（1）DNA 链上的碱基序列就是遗传信息，是产生具有特异性蛋白质的模板。

（2）DNA 双链解开，以每条单链为模板，按照碱基配对原则，合成新的互补

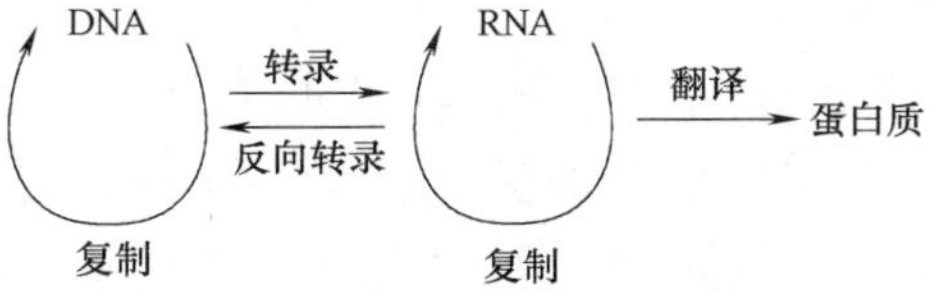

图 1-8　遗传信息传递的中心法则

链，这称为 DNA 的复制。DNA 借助复制才能世代传递。

（3）以 DNA 双链中的一条链为模板，转录成 mRNA，然后根据 mRNA 上的遗传密码翻译成蛋白质。

以上三点说明，遗传信息由 DNA 传向 DNA，或由 DNA 传向 RNA，然后决定蛋白质的特异性。

后来科学家研究发现，对于那些只含有 RNA 而不含 DNA 的病毒，在感染宿主细胞后，RNA 与宿主细胞的核糖体结合，形成一种 RNA 复制酶，在这种酶的催化作用下，以 RNA 为模板复制出 RNA，也就是说，RNA 的遗传信息可以传向 RNA。近年来又研究发现，一种称为路斯肿瘤的病毒是 RNA 病毒，存在反转录酶，它能以 RNA 为模板合成 DNA，并结合到宿主细胞染色体的一定位置上，成为 DNA 前病毒。DNA 前病毒可以复制，并通过细胞有丝分裂，传递给子细胞，并成为肿瘤细胞。这些肿瘤细胞还可以以前病毒 DNA 为模板，合成前病毒 RNA，并进入细胞质中合成病毒外壳蛋白，最后病毒体释放出来，进行第二次侵染。

由此可见，遗传信息并不一定是从 DNA 单向地传向 RNA，RNA 携带的遗传信息同样也可以复制和传向 DNA。但是 DNA 和 RNA 中包含的遗传信息只能单向地传向蛋白质，遗传信息不能由蛋白质传向蛋白质，或由蛋白质逆向地传向 DNA 或 RNA，这就是遗传信息传递的中心法则。随着分子遗传学的研究进展，可能对中心法则进一步完善。

三、基因

生物性状的遗传和变异都是由遗传物质决定的，基因是遗传物质的基本单位。基因通过调控蛋白质的合成来表达所携带的遗传信息，从而控制生物的性状表现。

1. 基因的本质

遗传物质的载体是染色体，染色体由核酸和蛋白质组成，核酸（DNA 或 RNA）又是由磷酸、戊糖和碱基组成的。基因是 DNA（RNA）分子上具有遗传效应的一段特定碱基序列，在染色体上有固定的位置，并且呈直线排列。

基因储存有遗传信息，具有复制功能。通过遗传信息的转录和翻译，指导蛋白质的合成，控制生物的性状。因此，基因是决定性状的一个功能单位，同时也是突变单位和交换单位。

2. 基因的结构与功能

（1）基因的结构　根据性质和功能基因内部可以分为三种结构。

① 突变子：指基因内部发生基因突变的最小单位，可以是一个核苷酸对。

② 重组子：基因发生交换重组的最小单位，可以只是一个核苷酸。

③ 顺反子：是决定多肽链合成的功能单位。一个顺反子由500~1500个核苷酸构成。一个基因可能包含几个顺反子，一个顺反子包含很多个突变子和重组子，一个顺反子决定一条多肽链的合成。

（2）基因的类型　在蛋白质的合成过程中，基因根据功能可分为下面几种。

① 结构基因：决定蛋白质的氨基酸顺序。结构基因可编码RNA或蛋白质的一段DNA序列，将携带的特定遗传信息转录给mRNA，再以mRNA为模板合成特定的蛋白质。

② 启动基因：位于调节基因与操纵基因之间。RNA聚合酶结合到启动基因后，相连的若干结构基因就作为一个转录单位，形成mRNA。

③ 操纵基因：控制结构基因的作用。操纵基因位于结构基因的一端，与阻遏蛋白结合后，具有开启或关闭结构基因转录的能力。操纵基因与若干个紧密相邻的结构基因连成一组基因，两者合起来称为操纵子，它们作用于生物合成途径的不同阶段。

④ 调节基因：位于操纵子附近，经过转录、翻译合成阻遏蛋白。阻遏蛋白通过与操纵基因的结合，阻止结构基因的表达。调节基因在保证生物体（或细胞）开启或关闭某个代谢程序时起重要的作用。

3. 基因表达的调控

基因表达是指在基因指导下蛋白质的合成过程，即编码在DNA中的遗传信息，通过转录和翻译转化为特定蛋白质分子的结构信息。蛋白质是基因表达的产物，是细胞和生物体的遗传性状的表现。因此，任何影响转录和翻译过程的启动、关闭和速率的较为直接的因素及其作用，就称为基因表达的调控。

基因表达的调控是一种多级调控系统，主要在转录水平调控和翻译水平调控两个层次上，以转录水平调控为最重要。转录水平的调控是控制从DNA模板上转录mRNA的速度；翻译水平的调控是控制从mRNA翻译成多肽链的速度，这是一种快速调控基因表达的方式。基因表达调控的最大特征是按照预定的发育程序去实现某个受控的发育途径。例如，任何生物的体细胞都含有该物种全部的遗传信息，但不同的体细胞有很大差别。这是因为细胞在分化时，在不同的组织中细胞的某些基因处于活动状态，而另一些基因处于关闭状态造成的。细胞分化并没有改变全部遗传信息的组成，而是通过基因表达的调控，来完成基因活动的高度有序性和特异性。

4. 基因工程

基因工程是20世纪70年代开始发展起来的一门新技术，是现代生物技术的核心。它是以分子遗传学为理论基础，将外源基因通过体外重组后导入受体细胞内，改变生物原有的遗传特性，获得新品种、生产新产品的复杂技术。随着科学技术的进步，特别是20世纪90年代人类基因组计划的实施，掀起了人类对自身研究的科技浪潮，基因工程的新技术、新方法层出不穷，基因工程技术手段正向自动化、规模化、高智能的方向不断发展。

（1）基因工程的实施步骤　基因工程一般分为4个步骤：①获得目的基因、载体和工具酶；②利用工具酶对目的基因和载体进行加工处理，构建重组DNA分子；③把重组DNA分子引入受体细胞；④转化体细胞的扩增、鉴定与筛选。

（2）基因工程已广泛应用于医药和农业，甚至与环境保护有密切的关系。

① 基因治疗：指将外源正常基因导入靶细胞，以纠正或补偿因基因缺陷和异常引起的疾病，从而达到治疗的目的。

② 基因工程药物：是利用重组DNA技术将生物体内生理活性物质的基因在大肠杆菌、酵母和哺乳动物细胞中体外表达出所需要的蛋白质，经过分离纯化获得能用于治疗或其他用途的蛋白质纯品。目前市场上的胰岛素、干扰素、白细胞介素-2、生长激素、促红细胞生成素等基因工程药物，均为重组蛋白质或肽类。基因工程药物疗效好、副作用小、应用范围广泛，已成为各国政府和企业投资研究开发的热点。

③ 转基因植物：经过20多年的研究和开发，转基因技术已广泛应用于农作物的品种改良、提高产量、提高抗病虫害能力等方面，获得了许多品质优良的转基因作物。目前，世界上已有百余种转基因植物进入商品化生产，例如水稻、玉米、棉花、大豆、油菜、烟草、甜菜、亚麻、马铃薯、番茄、南瓜等。

④ 转基因动物：指在基因组中稳定整合人工导入外源基因的动物，在改良动物生产现状、提高抗病力及生产药物蛋白质等方面，具有广阔的应用前景。目前，已有转基因的小鼠、鱼、鸡、牛、羊、猪等多种动物问世。

⑤ 环境保护：以基因工程技术为代表的现代生物技术在环境保护研究和应用领域发挥了显著的作用，主要体现在植物修复技术和用于污染控制的基因工程菌的构建等方面。

项目小结

本项目介绍了细胞的结构、细胞的分裂、染色体的结构与功能、基因突变的原因及特征等内容。重点是基因工程的应用。

技能考核项目

1. 在显微镜下观察动物染色体标本，绘制一份染色体组型图。要求在30min内完成。

2. 通过图书馆（或上网）查阅有关资料，写一篇有关基因工程在畜牧业上应用的最新进展的综述文章。要求在3d内完成。

复习思考题

一、名词解释

染色体　姐妹染色单体　基因　联会　同源染色体　染色体组型　伴性遗传　复等位基因　基因工程

二、判断题

1. 减数第二次分裂主要是同源染色体分离，实现染色体数目减少一半。
2. 伴性遗传基因位于性染色体上的非同源部分。

三、简答题

1. 说明有丝分裂与减数分裂的区别。
2. 说明基因、DNA和染色体之间的关系。
3. 简述基因突变的原因及其一般特征。
4. 简述中心法则的主要内容。
5. 简述基因工程的步骤。
6. 有一条简单的四核苷酸链，碱基顺序是A—T—G—C。问：（1）这是一条DNA链还是RNA链？（2）如果以这条短链为模板，形成一条互补的DNA链，它的碱基顺序怎样？（3）如果以这条短链为模板，形成一条互补的RNA链，它的碱基顺序怎样？
7. 通过图书馆（或上网）查阅有关资料，写一篇有关基因工程在畜牧业上应用的最新进展的综述。

项目二 遗传与变异的三大规律

知识目标

1. 了解遗传的基本规律、性别决定与伴性遗传。
2. 掌握遗传的基本规律在畜牧业上的应用。

技能目标

分离定律、自由组合定律的现象的理论解释，伴性遗传的应用。

链接

猪的遗传改良技术、牛的改良技术等。

拓展

种猪的选择、鸡的伴性遗传的应用等。

遗传的基本定律包括分离定律、自由组合定律和连锁交换定律。分离定律和自由组合定律是奥地利生物学家孟德尔利用豌豆进行了 8 年的杂交试验建立的遗传原理，也称为孟德尔定律。连锁交换现象是由贝特逊（W. Beteson）和彭乃特（R. C. Punnett）发现的，摩尔根提出了正确的解释，同时研究了伴性遗传基因的连锁。

课题一　分离定律

分离定律是研究同源染色体上一对等位基因及其所控制性状的遗传规律。所谓性状指的是生物的形态或生理的特征特性的总称，如颜色、角型等。同一性状的不同表现形式称为相对性状，如毛色的黑和白、耳型的立耳和垂耳等。

孟德尔发现的第一规律称为分离定律，分离定律是论述同源染色体上一对等位基因所控制的性状的遗传规律。

一、分离的遗传现象

遗传学上，把具有不同遗传性状的个体之间的交配称为杂交，所得到的后代称为杂种。所谓性状指的是生物的形态或生理的特征特性的总称，如颜色、性别等。同一性状的不同表现形式称为相对性状，如耳型的立耳和垂耳、性别的公和母等。以纯种白猪约克夏和纯种黑猪巴克夏作为亲本（P）进行杂交（×），得到杂种一代（F_1）全是白毛，将 F_1 代自交（⊗），杂种二代（F_2）则表现出既有白毛，也有黑毛，分离比为 3∶1（图 1-9）。

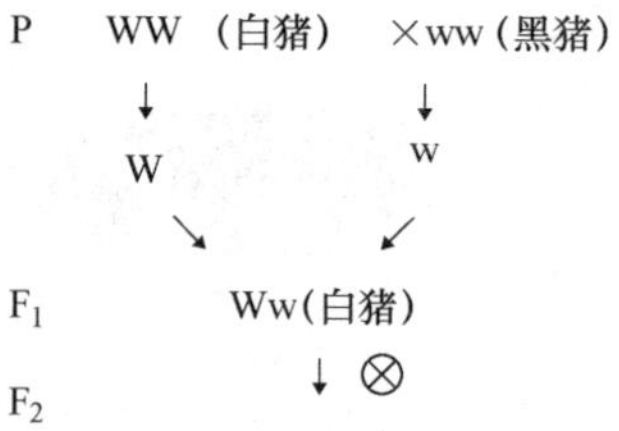

♀	♂ W	♂ w
W	WW(白猪)	Ww(白猪)
w	Ww(白猪)	ww(黑猪)

图 1-9　一对相对性状遗传现象与分析图

二、基因与性状

性状是由基因控制的，相对性状则由等位基因控制。具有一对相对性状的纯合亲本杂交时，在 F_1 表现出来的性状称为显性性状，由显性基因控制（用大写字母表示，如白毛 W）；不表现出来的称为隐性性状，由隐性基因控制（用小写字母表示，如黑毛 w），隐性性状在 F_1 未消失，只是未表现出来而已。在同源染色体上占据相同位点，控制相对性状的一对基因称为等位基因，如 W 和 w 是一对等位基因，控制的白毛和黑毛是一对相对性状。F_1 只出现显性性状，不出现隐性性状的现象称为显性现象；F_2 中既出现显性性状，又出现隐性性状的分离现象，称为性状分离。

生物个体的遗传组成称为基因型，是基因的组合类型，代表着生物体内的遗传基础。例如，白猪的基因型是 WW、Ww，黑猪的基因型是 ww。基因型和环境共同作用，使生物体表现出来的性状称为表现型（或称表型），如畜、禽被毛的颜色、鸡的冠形等。基因型是肉眼看不见的，要通过杂交试验等遗传行为加以识别；表型是肉眼能看到或用仪器设备能够检测出的。表型相同的个体，其基因型不一定相同，例如，白猪的基因型是 WW 或 Ww，黑猪的基因型是 ww。这种由相同等位基因组合的基因型的个体称为纯合体，由不同等位基因组合的基因型的个体称为杂合体。

在遗传学上，把两个基因都是隐性的纯合体（如 ww）称为隐性纯合体，把两个基因都是显性的纯合体（如 WW）称为显性纯合体。表现隐性性状的个体，由于其基因型是同质的，故都能真实遗传，后代不出现性状的分离现象。表现显性性状的个体，基因型是同型配子结合的能够真实遗传，而基因型是由异型配子结合的，由于基因的分离，后代会产生分离现象。

三、分离的规律

一对相对性状受相应的一对等位基因控制。在减数分裂产生配子时，同源染色体上的等位基因相互分离到不同配子中。F_1 配子的分离比为 1 : 1，配子随机结合的 F_2 基因型之比为 1 : 2 : 1，显隐性表型之比为 3 : 1。

四、分离的实质

杂合体亲本在形成配子时，同源染色体的等位基因相互分离，产生类型不相同而比数相等的配子。

五、分离定律的验证

验证分离定律在于检验杂合体 F_1 的体内是否有显性基因和隐性基因同时存在，以及形成配子时，成对的等位基因是否彼此分离。一般采用测验杂交的方法验证分离定律。测验杂交简称测交，就是把基因型未知的显性个体与隐性纯合体交配，以检定显性个体基因型的方法。隐性纯合体只能产生一种含隐性基因的配子，因此，从测交后代个体表型和数量可以推测被检测个体的基因型和产生配子的类型和比例。遗传学上常用这个方法测定显性个体的基因型。

例如，检验纯种白猪与纯种黑猪杂交的 F_1 是杂合体（Ww），用 F_1 和隐性纯合体的黑猪（ww）交配，得到的后代中显性个体（白猪）与隐性个体（黑猪）各占 1/2，也就是其比例为 1 : 1。

六、分离定律的应用

通过分离定律的应用可以明确相对性状间的显隐性关系，把具有遗传缺陷性状的隐性纯合体淘汰。采用测交的方法判断亲本的某种性状是纯合体或杂合体，检出并淘汰有遗传缺陷性状的杂合体。

课题二　自由组合定律

孟德尔的第二规律称为自由组合定律或独立分配规律。自由组合定律是揭示位于非同源染色体上的两对或两对以上等位基因的遗传现象。

一、自由组合的遗传现象

用无角黑毛（PPRR）的安格斯牛与有角红毛（pprr）的海福特牛两品种杂交时，P 对 p 为显性，R 对 r 为显性，F_1 全为无角黑牛。无角与有角、黑毛与红毛各为一对相对性状，并且无角和黑毛是显性的，有角和红毛是隐性。若 F_1 自交，F_2

发生性状分离，出现无角黑毛、有角黑毛、无角红毛和有角红毛四种性状组合，其比例为9∶3∶3∶1。无角黑毛与有角红毛是亲本原有性状的组合，称为亲本类型；有角黑毛与无角红毛是亲本原来没有的新组合，称为重组类型。各对相对性状（有角与无角、黑毛与红毛）的分离比例都是3∶1，这与分离定律完全一致。两对相对性状遗传现象与分析图见图1-10。

P　　PPRR(无角黑毛)　×　pprr（有角红毛）

↓　　↓

PR　　pr

↘　　↙

F_1　　PpRr (无角黑毛)

F_2　　↓ ⊗

♀ \ ♂	PR	Pr	pR	pr
PR	PPRR (无角黑毛)	PPRr (无角黑毛)	PpRR（无角黑毛)	PpRr（无角黑毛)
Pr	PPRr（无角黑毛)	PPrr（无角红毛)	PpRr（无角黑毛)	Pprr（无角红毛)
pR	PpRR (无角黑毛)	PpRr (无角黑毛)	ppRR（有角黑毛)	ppRr (无角黑毛)
pr	PpRr（无角黑毛)	Pprr（无角红毛)	ppRr（有角黑毛)	pprr（有角红毛)

图1-10　两对相对性状遗传现象与分析图

二、自由组合的规律

两对或多对独立基因形成配子时，等位基因相互分离，非同源染色体上的非等位基因以同等的机会在配子内相互组合，不同基因型的雌雄配子以同等的机会相互组合。

F_1产生四种配子的分离比为1∶1∶1∶1，配子随机结合的F_2有九种基因型、四种表型，表现型之比为9∶3∶3∶1。多对性状杂交基因型与表现型的关系归纳于表1-3。

表1-3　多对性状杂交基因型与表现型的关系

等位基因对数	F_1 性细胞种类	F_2 基因型种类	显性完全时 F_2 表型种类	F_2 表型比例
1	$2=2^1$	$3=3^1$	$2=2^1$	$(3:1)^1$
2	$4=2^2$	$9=3^2$	$4=2^2$	$(3:1)^2$
3	$8=2^3$	$27=3^3$	$8=2^3$	$(3:1)^3$
4	$16=2^4$	$81=3^4$	$16=2^4$	$(3:1)^4$
…	…	…	…	…
n	2^4	3^4	2^4	$(3:1)^n$

三、自由组合的实质

亲本在形成配子时，在同源染色体等位基因彼此分离的基础上，非同源染色体上不同对的等位基因各自独立分配到配子中去，相互之间的分离和组合是自由的、随机的。总之，由于非同源染色体重组，导致非同源染色体上非等位基因间的重组，形成重组型配子，配子在受精中的随机组合又产生性状重组，此过程为：染色体重组→基因重组→配子重组→性状重组。

四、自由组合定律的验证

验证自由组合定律在 F_1 通过减数分裂形成配子时，非同源染色体上的非等位基因分离并自由组合形成四种类型的配子以及它们的数目是否相等。仍采用测交的方法，F_1（无角黑毛，基因型 PpRr）跟双隐性纯合体（无角红毛，基因型 pprr）杂交，其后代出现无角黑毛、有角黑毛、无角红毛和有角红毛四种表型，且比数相等 1∶1∶1∶1。说明 F_1 产生四种比例相等的配子。

五、自由组合定律的应用

利用自由组合定律进行杂交育种，把不同亲本的非等位基因重组，形成具有双亲优良特性的新个体，对合理利用杂种优势、改良现有品种以及创造新品种具有重要意义。

课题三 连锁交换定律

连锁交换定律是研究位于同源染色体上两对或两对以上非等位基因及其所决定性状的遗传规律。1906 年，英国学者贝特逊（W. Beteson）和彭乃特（R. C. Punnett）在香豌豆的试验中发现，1910 年，美国学者摩尔根（Thomas Hunt Morgan）通过果蝇的试验，得以确认。

一、连锁交换的遗传现象

任何物种的同源染色体上载有许多等位基因，这些基因随着每条染色体作为一个遗传单位而传递，即形成了连锁。由连锁基因所控制的性状遗传时就表现为连锁遗传。

例如，在家鸡中，白羽（I）对有色羽（i）为显性，卷羽（F）对常羽（f）为显性。用纯合体白色卷羽鸡（IIFF）与纯合体有色常羽鸡（iiff）杂交，F_1 全部是白色卷羽鸡（IiFf）。如果用 F_1 与双隐性鸡进行测交，却得不到自由组合定律的测交比例 1∶1∶1∶1（图 1-11）。

P　　白色卷羽(IIFF) ♀ × 有色常羽(iiff) ♂

↓

F_1　　白色卷羽(IiFf) ♀ × 有色常羽(iiff) ♂

测交后代　　↓

♂	♀			
	IF	if	If	iF
if	白色卷羽(IiFf)	有色常羽(iiff)	白色常羽(Iiff)	有色卷羽(iiFf)
表型类型	亲本型	亲本型	重组型	重组型
个体数/只	15	12	4	2

图 1-11　不完全连锁及测交实验结果

$$重组型=\frac{重组组合数}{亲本组合数+重组组合数}\times100\%=\frac{4+2}{(15+12)+(4+2)}=18.2\%$$

这表明，两个非等位基因 I 和 f，或 i 和 F 不是在非同源染色体上，而是在同源染色体上，即均在一个染色体上。

从图 1-11 可以看出，F_1 形成的四种类型配子的数目是不相等的，且亲本型（白色卷羽和有色常羽）个体数占 81.8%，重组型（白色常羽和有色卷羽）个体数只占 18.2%。亲本型大于重组型。

二、连锁交换的规律

同一条染色体上的两个非等位基因，在遗传过程中完全不分开的遗传现象称为完全连锁。在生物界中完全连锁的情况是很少见的，到目前为止只发现雄果蝇和雌家蚕表现完全连锁现象，其他动物不论雌、雄都发生交换。同一染色体上的两个非等位基因，在遗传过程中由于同源非姐妹染色单体间发生交叉而产生分离，不能连在一起遗传的现象，称为不完全连锁。

F_2 出现重组类型个体，是由于 F_1 形成配子时，两对非等位基因不完全连锁而发生了基因交换，导致 F_1 不仅产生亲本配子，也产生重组型配子。基因交换是指在减数分裂前期 Ⅰ 同源染色体联会后，同源非姐妹染色单体之间交叉而交换了 DNA 片段，形成新组合的配子。所谓重组率就是在连锁遗传情况下重组合数占测交后代总数的百分比。其变动范围在 0~50%。在一定条件下，同种生物同一性状的连锁基因的互换率是恒定的。在同一对染色体上，互换率的高低与基因在染色体上相对距离有关，两对基因相距越近，互换率越低；相距越远，互换率越高。

三、连锁交换的实质

同一条染色体上的非等位基因，在形成配子的减数分裂过程中，如果染色体间没有发生交换，就会出现完全连锁遗传的现象。如果非姐妹染色单体之间发生了基因交换，就会产生新组合的配子，而且配子的比数不相等，亲本型配子多于重组型配子，这就是不完全连锁遗传的现象。连锁互换是自由组合定律的补充，完全交换即为自由组合，完全不交换即为完全连锁情形。

四、连锁交换定律的应用

基因的交换和自由组合使生物出现变异，形成新的性状。基因的连锁使某些性状间产生相关性，可以根据一个性状来推断另一个性状。育种工作中，首先确定各性状间是否连锁、连锁强度的大小等，然后制定适当的选种方法，也可以进行早期选择，提高杂交育种的效果。

根据基因连锁规律确定连锁群和基因定位，对育种工作有很大的指导意义。

五、基因定位和连锁图

在一定条件下，连锁基因的重组率具有相对稳定性。重组率的高低与基因在染色体上相对距离有关，通常把1%基因的重组率作为一个距离单位。通过已知连锁基因个体间的杂交试验，把染色体上连锁基因之间的相对距离及排列次序测定出来，然后将众多连锁基因定位在一条直线上，这样的示意图称为连锁图。例如，纯合体白色卷羽鸡与纯合体有色常羽鸡杂交后代中，重组型个体数占18.2%，则基因I和f（或i和F）在染色体上的相对距离为18.2个单位。

课题四　伴性遗传

在雌雄异体的生物中，雌雄性别之比大都是1∶1，这是一个典型的一对基因杂合体测交后代的比例，因此性别是遵循孟德尔遗传规律的，也说明性别和染色体及染色体上的基因有关。

一、性别决定

性别的发育首先是性别决定，就是细胞内遗传物质对性别的作用。然后是性别分化，在性别决定的基础上，经过与一定的内部和外界环境条件的相互作用，发育为一定性别的表型。

1. 性染色体组成的类型

在染色体组型中有一对因性别不同而有差异的染色体称为性染色体，其余的染色体称为常染色体。

动物的性染色体构型有XY、ZW、XO、ZO四种，畜禽常见的性染色体构型有两种。

（1）XY型　大多数脊椎动物，包括所有哺乳动物（如牛、马、猪、羊、兔等）、部分鱼类和两栖类以及多数昆虫的性染色体属于此种类型。雌性的性染色体是由一对等长的染色体组成，用XX表示。雄性的性染色体是由一长一短的染色体组成，长的是X染色体，短的是Y染色体，所以雄性用XY表示。雌性个体只产生一种配子（X）为同配性别，雄性个体产生两种不同的配子（X和Y）为异配性别。

（2）ZW型　所有的鸟类（如家禽）、爬行类以及鳞翅目昆虫均为此种类型。这种构型与XY型相反，雄性为同配性别，产生一种配子，用ZZ表示；雌性为异配性别，产生两种配子，用ZW表示。

2. 性别决定

性别的决定机制有性染色体理论和基因平衡理论两种解释。

（1）性染色体理论　性染色体上除了存在与性别决定无关的基因外，还存在性别决定基因，这种基因控制决定胚胎早期由原始生殖细胞组成的性原基分化发育。

哺乳动物（人和鼠）的Y染色体短臂上存在决定雄性的DNA片段，即性别决定区（sex-determining region of Y chromosome，SRY）。不同物种的哺乳动物的SRY基因片段，在DNA碱基序列长度和同源程度上存在差异。SRY在胚胎发育的特定时期发出信息，使性原基的支持细胞向雄性方向分化。

（2）基因平衡理论　生物性别是受细胞核染色体上的雄性化基因系统与雌性化基因系统的平衡决定的。性别不仅由性染色体决定，还决定于性染色体和常染色体间的对比关系。雌性化基因系统位于X染色体上，雄性化基因系统位于常染色体上和Y染色体上。胚胎在发育早期，性别发育具有双向分化的可能性，具体的性别发育方向决定于两类基因系统的力量对比。

总之，性别决定是受复杂的遗传和环境因素控制的。性染色体理论不能解释许多性别异常现象。基因平衡理论认为常染色体上含有与性别有关的基因，因此对雄性化（或雌性化）基因难以定位。

二、与性别有关的遗传

1. 伴性遗传

性染色体上非同源部分的基因伴随一定的性别而表现不同的性状，这种遗传方式称为伴性遗传（或性连锁遗传），此类性状称为伴性性状。

在异配性别中，如XY型，X染色体和Y染色体有一部分是同源的，该部分基因为等位基因，其所控制性状的遗传与常染色体的遗传规律相同，后代的性状分离与性别无关，这部分基因称为不完全伴性基因。另一部分是非同源的，该部分基因不能互为等位基因，Y染色体非同源部分的基因称为全雄基因，X染色体非同源部分的基因称为伴性基因。由于Y染色体非同源部分的基因少于X染色体非同源部分的基因，所以伴性遗传现象一般是指 X 染色体上非同源部分的基因群所控制的性状。ZW 型的性染色体也同此情况。

因此，伴性遗传具有不同于常染色体基因遗传的特点：性状分离比数在两性间不一致；正反交结果不一致。

例如：家禽羽色与快慢羽鉴别。

（1）羽色鉴别　家禽的羽色基因中，横斑基因（B）对非横斑基因（b）呈显性，是位于性染色体 Z 上的一对等位基因。如果用横斑羽色母鸡（Z^BW）与双隐性的非横斑公鸡（Z^bZ^b）杂交，则 F_1 中横斑羽色（Z^BZ^b）全部是公鸡，非横斑羽色（Z^bW）全部是母鸡，据此可以在早期进行雏鸡的雌雄鉴别。

（2）快慢羽鉴别　鸡的快、慢羽基因中快羽基因 k 对慢羽基因 K 为隐性。育种实际中，常用快羽公鸡配慢羽母鸡，所产雏鸡中雄雏为慢羽，雌雏为快羽（图 1-12）。

P　　慢羽母鸡（Z^KW）　　×　　快羽母鸡（Z^kZ^k）

↓

F_1　　Z^KZ^k　慢羽雄性　　　　Z^kW　快羽雌性

图 1-12　鸡的快慢羽伴性遗传

家禽业已经广泛利用伴性遗传原理培育自别雌雄品种和品系。

2. 从性性状和限性性状的遗传

（1）从性性状的遗传

从性性状是由常染色体所控制的，显隐关系受个体性别影响的性状，但正交和反交的结果相同。从性性状在雌性为显性，在雄性就为隐性，或者反之，此类性状的遗传即为从性遗传。

例如，爱尔夏牛花斑的遗传表现从性遗传现象，爱尔夏红白花牛与褐白花牛杂交，无论正交还是反交，F_1 中母牛为红白花、公牛为褐白花。若 F_1 自交，则 F_2 公牛和母牛的花斑分别出现 3∶1 的分离比。在生产上，褐白母牛产出的红白犊牛必然是母的，绝不会是公的。

（2）限性性状的遗传

限性性状是指限于某个性别才能表现的性状。如母鸡才能产蛋，公牛不会产乳等。目前认为限性性状位于性染色体上的多基因控制。也有人认为常染色体上也有基因和限性性状的表现有关。

课题五　变　异

变异就是指同一生物类型（主要是同一物种）之间显著的或不显著的个体差异。生物的变异不仅表现在外部和内部构造上，而且表现在生物体的生理生化、新陈代谢及性格和本能等方面。

变异是生物界普遍存在的现象，是生物的共同特征之一。只有遗传物质的改变，才出现新的基因，形成新的基因型，产生新的表型，使生物适应各种环境条件。

- 变异
  - 不遗传的变异
  - 遗传的变异
    - 染色体畸变
      - 染色体数目的变异
      - 染色体结构的变异
    - 基因重组
    - 基因突变

一、变异的类型和原因

1. 变异的类型

生物的变异一般分为以下几种类型。

（1）遗传的变异　是指由于生物个体遗传组成或基因发生改变而引起性状的变异，这种变异是能真实遗传的。例如，家畜毛色和抗病力的差异；家鸡的常羽和卷羽等，都是由于等位基因不同，引起的遗传的变异。遗传的变异是广泛存在的，如果没有遗传的变异，生物就不会进化。

（2）不遗传的变异　是指由于环境条件的改变而导致的生物变异。这种变异并没有引起遗传物质的相应改变，因而它是不能遗传的。不同营养条件下，动物的体高、体长不同；饲养于南方或北方的绵羊，其羊毛长度和密度是有差别的，这种变异往往只是在性状反应规范内的变异。这类变异是性状在一定范围内的差别。当生物个体回复到原有的环境下生活，变异就会消失，消失的快慢同影响条件持续时间有关。

2. 变异的原因

生物的性状是遗传物质（或基因）和环境共同作用的结果。所以生物性状的变异来源于遗传物质的改变或环境条件的变异，二者之一发生变化，就会引起生物性状的变异。如果变异的原因是遗传的差异，那么变异是可遗传的。如果变异的原因是环境的差异，那么变异是不可遗传的。

虽然环境条件改变引起的变异是不可遗传的，但是遗传性的发挥则需要有一定的环境条件。例如，黄脚来航鸡虽然体内含有黄脚基因，但需要供给含黄色素的饲料，才能表现出黄脚的性状；如果饲料中长期缺乏黄色素，则鸡脚的颜色就会逐渐变为白色；若重新供给含黄色素的饲料，鸡脚的黄色又能恢复。因此，在畜牧业生产中，必须重视培育良种，同时还要提供良好的饲养管理条件，才能充分发挥畜禽生产性能的遗传潜力。

遗传物质改变引起的变异是可遗传的。生物产生可遗传的变异有两种类型，即基因重组和突变。基因重组是通过有性杂交实现的一种普遍存在的遗传现象。突变是遗传物质内所发生的变化，广义的突变包括基因突变和染色体畸变。

生物性状的变异在生物个体发育过程中是不断发生的，既没有绝对不变的遗传物质，也不存在永久不变的环境条件。遗传和环境条件的稳定性都是相对的，而变异是绝对的，是普遍存在的现象。

二、染色体畸变

在细胞分裂过程中，染色体形态、结构和数量发生异常的改变，产生可遗传的变异，这种改变称为染色体畸变，包括染色体结构的变异和染色体数目的变异。染色体畸变虽然没有创造出新的基因，但也是生物产生遗传变异的重要因素。

1. 染色体结构的改变

当性细胞减数分裂时，染色体在物理因素、化学因素或环境因素作用下发生断裂，断裂端的重新粘接或游离片段的丢失导致染色体上基因的反常排列，称为染色体结构的变异。依据染色体断裂的数目和位置，断裂端是否连接以及连接的方式，染色体结构的变异分为以下四种类型。

（1）缺失　缺失是指染色体发生断裂并丢失带有基因的断裂片段，丢失的游离片段一般没有着丝粒。缺失的遗传效应，主要是破坏了原有基因的连锁关系，影响基因间的交换和重组，影响生物的正常发育和配子的生活力。影响的程度决定于缺失片段的长短及其所载荷的基因的重要性，一般缺失杂合体比缺失纯合体所受影响小。如果染色体上显性基因丢失，缺失杂合体的隐性基因决定的性状就会表现出来，这种现象称为假显性现象。染色体结构变异最早就是从缺失的假显性中发现的。

（2）易位　易位是指非同源染色体之间发生的染色体片段的转移。如果只是一个染色体的片段转移到另一个非同源染色体上，称为单向易位；如果非同源染色体互相交换染色体片段，称为相互易位。易位与倒位相似，没有改变染色体和基因的数量，只改变了原来的位置和连锁群。易位的遗传效应表现为改变基因的连锁关系，使原来连锁的基因成为非连锁的，反之，原来是非连锁的基因变为连锁的，从而影响基因间的重组率。

相互易位对个体的表型一般没有太大影响。相互易位杂合体减数分裂产生配子时，在联会的两对染色体中，一般相邻的两条易位的染色体进入一个配子，是不育的；而相对应的两条非易位的染色体分离进入另一配子，所以是可育的。通常相互易位染色体的个体，产生的2/3的配子是不育的。易位杂合体与正常个体杂交，其 F_1 有一半是不育的。许多报道确认，单向易位后代个体繁殖力也明显降低。

（3）重复　重复是指染色体增加了与本身相同的某一片段。重复的产生主要由一对同源染色体彼此非对等的交换，通常一条染色体发生重复，另一条染色体就发生缺失。或者，在减数分裂中期，同源的两条染色单体于着丝粒处发生横向断裂，形成两条等臂的染色体，那么整条臂基因可能出现重复。

重复的遗传效应表现为剂量效应和位置效应。染色体重复引起某些基因数目的改变，打破了个体基因量构成的平衡关系，导致性状显隐关系的变化，使性状的表现程度加重，这就是基因的剂量效应。同时，重复片段的基因在染色体上的位置不同而表现出效应的差别，就是基因的位置效应。重复破坏了正常的连锁群，也影响基因间的重组率。

（4）倒位　倒位是指染色体上某一段发生断裂后，倒转 180°又重新连接起来。倒位没有改变生物个体的基因总量，只是改变了基因序列和相邻基因的位置。因此，倒位的遗传效应表现为基因的位置效应及其所在连锁群重组率的改变。当倒位的片段较大时，倒位杂合体常表现高度的不育，倒位纯合体一般是完全正常的，并不影响个体的生活力。据报道，一头 14 号染色体倒位的杂合体公牛，与正常母牛配种繁殖的 27 头后代中，11 头是正常的，16 头是倒位杂合体，其繁殖能力明显下降。

2. 染色体数目的改变

生物所具有的染色体数目一般是恒定的。但是，由于内外环境因素的影响，物种的染色体数目可以发生改变，这种染色体数目发生不正常的变化称为染色体数目的变异。这种变化又可归纳为两种类型，即整倍体变异和非整倍体变异。

（1）整倍体变异　整倍体变异是指细胞核中染色体以染色体组为单位成倍增减的现象。自然界中，多数物种是体细胞内含有两个完整染色体组的二倍体。遗传学上把一个配子的染色体数，称为染色体组（也称基因组）。凡是细胞核里含有染色体组的完整倍数，称为整倍体。含有一个完整染色体组的称为单倍体（n），含有两个染色体组的称为二倍体（$2n$），含有三个染色体组的称为三倍体（$3n$），其余依此类推。自然界中绝大多数物种是二倍体。体细胞内含有超过三个染色体组的统称为多倍体。根据染色体组的性质来源，多倍体可分为两类：来源相同并超过两个染色体组以上的称为同源多倍体；来源不同并超过两个染色体组的称为异源多倍体。多倍体是由体细胞分裂中只发生染色体分裂而不发生细胞分裂，或者不同倍数性配子受精而形成的。据报道，肉用仔鸡、白来航鸡的非整倍体的发生频率，1 日龄胚占全部染色体畸频率的 3%～17%，4 日龄胚为 7%。高等动物大多数是雌雄异体，而雌雄性细胞同时发生不正常的减数分裂机会极少，且染色体稍不平衡，就会导致不育，故动物界的多倍体是很少见的。

（2）非整倍体变异　非整倍体变异是指细胞核中染色体在正常体细胞的整倍染色体组的基础上，发生个别染色体增减的现象。通常以二倍体（$2n$）染色体数为基准，增加或减少了若干个染色体，染色体数目不是整倍数，所以称为非整倍体。如，二倍体缺少一对同源染色体称为缺体（$2n-2$），二倍体的某对同源染色体多一条染色体称为三体（$2n+1$），两对同源染色体各多一条为双三体（$2n+1+1$）。

在非整倍体变异中，三体是较普遍的一种类型。一般二倍体的生物都有三体型个体。在日本的荷斯坦牛、美国的瑞士褐牛等牛群中都发现过常染色体的三体的病例，皆伴有下颚不全的症状。

3. 染色体变异在育种上的应用

利用染色体结构的变异主要是诱发易位，而且转移所需要的显性性状的基因具有显著的效果。在家蚕育种上，曾以 X 射线处理蚕蛹，使其第 2 号染色体上载有斑纹基因的片段易位到决定雌性的 W 染色体上，成为限性遗传。因而该基因决定幼蚕的皮肤有斑纹为雌蚕，无斑纹为雄蚕。这样，可以做到早期鉴别雌雄，以便选择饲养，有利于提高蚕丝的产量和质量。

利用染色体数目变异的育种技术包括单倍体育种、多倍体育种和增减个别染色体，从而选育特殊的育种材料，在植物方面已广泛应用。我国利用多倍体育种方法，已培育出许多农作物新品种，如三倍体无籽西瓜、多倍体小黑麦等。在动物育种方面，有人应用秋水仙素处理青蛙、鲫鱼、鲤鱼、兔子等动物的性细胞，获得了三倍体个体，但它们往往不育。所以目前多倍体育种方法在家畜生产实践上还没有得到实际应用。

研究染色体畸变对诊断染色体病有重要意义。据报道，在西门塔尔牛、夏洛来牛、瑞典红白花牛中，已鉴定出 1/29 易位（即第 29 对染色体易位到第 1 对染色体上）。染色体易位的公牛常常生殖力下降。

三、基因突变

基因突变是指染色体上某一基因位点发生了化学结构的变化，使一个基因变为它的等位基因，也称为点突变。

1. 基因突变的原因

一般认为，基因突变是由于内外因素引起基因内部的化学变化或位置效应的结果，也就是 DNA 分子结构的改变。染色体或基因在代谢过程中保持稳定主要是靠 DNA 的精确复制和 DNA 损伤的修复，但是任何遗传物质的损伤、碱基序列的改变都会导致基因突变。换句话说，基因是由染色体上一定位点的 DNA 分子所组成，如果 DNA 分子的任何一个核苷酸发生变化，或者碱基的位置发生变化（即所谓的位置效应），则以后的 DNA 分子将按改变的样板进行复制，于是形成了基因突变。

2. 基因突变的种类

（1）按基因突变的起源分类

① 自然突变：或称自发突变，是由外界的自然环境条件或者生物体内的生理生化过程中的理化因子所引起的基因突变。没有施加人为的诱变因素。例如，18 世纪在美国新莫兰地区的羊群中发现一只突变的腿短而且弯曲的公羊，用它培育出绵羊安康羊品种。无角海福特牛就是由突变的七头无角公牛和母牛培育而成的。

② 诱发突变：也称为人工诱变，是人为地用诱变剂处理生物或细胞而诱发基

因突变。实际上，自然突变与诱发突变没有本质上的区别。

（2）按突变基因的显隐关系分类

① 显性突变：由隐性基因突变为显性基因的突变类型。如鸡的常羽（f）突变为卷羽（F）。

② 隐性突变：由显性基因突变为隐性基因的突变类型。如犬的黑色被毛（R）突变为红毛（r）。

（3）按基因突变与野生型的关系分类

① 正突变：也称为正向突变，是基因从野生型（指物种在自然界中多数个体的表型）转变为突变型的突变类型。如鸡群中胫骨发育正常突变成胫骨发育极短的匍匐鸡（显性性状），纯合体多数生后数日内死亡。

② 回复突变：也称为反突变，是基因从突变型转变为野生型的突变类型，是一种反向的突变过程。如有的杂合型银灰狐（W^pW）体躯上出现大面积白色被毛（WW），可能是体细胞 W^p 基因回复突变为 W 的结果。

（4）按发生基因突变的细胞种类分类

① 性细胞突变：发生于性细胞的基因突变是能够遗传给下一代的，尤其是显性突变在后代就会完全表现出突变性状。如金鱼、家兔、鸡等许多家养动物的优良性状都是突变基因选育的结果。也有许多细胞突变的性状是致畸的，如无尾鸡、无毛鸡、猪的锁肛等。

② 体细胞突变：这是广泛存在的一种基因突变。几乎所有身体的组织器官的细胞都可能发生突变，如果这些突变不能准确地修复就导致体细胞病，如恶性增殖、癌变等。

（5）按突变基因的致死程度分类

① 致死突变：是指突变纯合体在胚胎期或出生后不久全部致死或90%以上死亡的突变。致死突变可以发生在常染色体上，也可以发生在性染色体上。显性致死在杂合态即有致死效应，而隐性致死则要在纯合态才有致死效应，在配子期、合子期、胚胎期、幼龄期或成年期都可发生致死作用。如猪的畸形足致死、鸡的先天性瘫痪等。

② 半致死突变：一般是指突变基因纯合体死亡率较低（10%～50%）或是个体发育到性成熟以后才表现出致死性表型效应的一类基因突变。

（6）按突变基因的表型分类

① 形态突变：是改变生物的形态结构，导致形状、大小、色泽等性状的突变。如安康羊比普通绵羊的四肢短，这类突变在外观上可看到，所以也称为可见突变。

② 生化突变：是影响生物的代谢过程，导致一个特定的生化功能的改变或丧失，而没有形态变化的突变。

3. 基因突变的影响因素

（1）基因突变的频率和时期 所谓基因突变频率是突变体占所观察的总个体数的比率，在遗传学上把能够表现突变性状的个体称为突变体。在正常的生长条件和环境中，基因突变的频率是很低的，也是相对稳定的。

突变可以发生在生物个体发育的任何时期。一般性细胞的突变频率大于体细胞的突变频率，这是因为性细胞在减数分裂的末期对外界环境条件具有较大的敏感性。性细胞突变可以通过受精而直接遗传给后代。体细胞突变却不能直接遗传下去，而且突变的体细胞在生长发育过程中往往竞争不过周围的正常细胞，受到抑制或消失。在家畜中，海福特牛的红毛部分出现黑斑就是体细胞突变的结果，但这种突变在遗传上是没有意义的。

（2）引起基因突变的因素

① 引起自然突变的因素：自然界温度骤变、宇宙线和化学污染等外界因素，生物体内或细胞内部某些新陈代谢的异常产物也是重要因素。

② 引起诱发突变的因素：一是物理因素，包括电离辐射线（如 X 射线、γ 射线、α 射线和 β 射线）、紫外线、激光、电子流及超声波等；二是化学因素，包括咖啡碱、甲醛、脱氨剂、烷化剂（如甲基磺酸乙酯、硫酸二乙酯、乙烯亚胺）、秋水仙素，还有能引起转录和翻译错误的吖啶类染料等。

4. 基因突变的一般特征

（1）突变的多方向性 基因突变是不定向的，可以向不同的方向发生。一个基因可以突变为一个以上的等位基因，例如基因 A 可以突变为等位基因 a_1、a_2 或 a_3 等，且基因之间的生理功能和性状表现各不相同。因而，一个基因位点上可以有两个以上的基因状态存在，称为复等位基因，如人的 ABO 血型系统。基因突变的多方向性是生物进化多样性和复等位基因产生的理论基础，但基因的突变的多方向性也是相对的，受基因大小和内部结构制约，只能在一定范围内发生，如兔的毛色基因（C）的突变，一般在色素范围内。

（2）突变的重演性 相同的突变可以在同一物种内不同个体间多次发生。例如，在有角海福特牛群同时发生几头无角突变体；短腿的安康羊绝种 50 年后，又在挪威一个羊群发现了短腿突变体。

（3）突变的可逆性 基因突变的过程是可逆的，但正突变和回复突变的频率不同。由于自然突变大多为隐性突变，故一般正突变的频率总是大于回复突变的频率。突变的可逆性说明基因突变是以基因内部化学组成的变化为基础的，DNA 分子中一个碱基的改变就可以导致一个基因发生突变，而不是遗传物质（如基因）的缺失，否则不可能回复突变了。

（4）突变的平行性 亲缘关系较近的一些物种，由于遗传基础——基因组的相似性，往往发生相似的突变。如果发现一个物种有某种突变体，可以预见近缘的其他物种或属也可能发生类似的基因突变。这一点对人工诱变具有一定的指导意义。

（5）突变的有害性　突变对生物来说，绝大多数是有害的。因为物种的基因组构成和生物遗传稳定性是长期自然选择的结果，对环境的适应处于最稳定有利的状态。如果发生基因突变，必然破坏原有的基因平衡协调系统。由于突变基因重要性不同，对基因平衡的破坏程度也不同，引起发育和代谢过程的紊乱，表现为生活力、繁殖力下降，甚至死亡。例如，海福特牛群出现白化体侏儒症，猪的阴囊疝、牛的多趾症等。

也有许多基因突变对生物和人类在一定条件下是有利的。有些突变能促进或加强某些生命活动，有利于生物生存，如作物的抗病性、早熟性和茎秆的矮化坚韧、抗倒以及微生物的抗药性等。有些突变虽对生物本身有害，而对人类却有利，如绵羊的短腿突变、牛的无角等。由此可见，基因突变是生物进化的多样性、自然选择和人工选择的源泉，生物种群繁衍产生新的适应的条件，是动物育种工作的理论基础。

5. 基因突变的应用

诱变能提高突变率，产生新的性状而且性状又较为稳定，扩大变异幅度，可以缩短育种年限。因此，在微生物和植物育种作为一项常规育种技术广泛应用，而且已在生产上取得了显著成果。在动物方面，家畜家禽因身体结构复杂，生殖腺在体内保护较好，所以诱发突变比较困难。但对家蚕、兔、皮毛兽等的诱变也有一定效果，如野生水貂只有棕色的皮毛，利用诱变使其毛色基因发生突变，产生了纯白色貂、灰褐色貂等品种。

项目小结

本项目介绍了生物的性状、相对性状、基因型、表现型的概念；以及基因突变的原因、突变的特征等内容。重点是三大定律在畜牧业上的应用。

技能考核项目

1. 口述纯合体与杂合体、显性性状与隐性性状的区别。要求在 5min 内完成。

2. 对伴性遗传在养鸡业上的应用进行归纳与总结，写出综述文章。要求在 1d 内完成。

复习思考题

一、名词解释

性状　相对性状　显性性状　隐性性状　基因型　表型　纯合体　杂合体　基

因突变　连锁遗传

二、简答题

1. 基因分离定律的遗传现象及验证。

2. 连锁与交换定律的实质。

3. 简述基因突变的原因与影响因素。

4. 基因突变的特性有哪些？

5. 什么是伴性遗传？

6. 两个色盲的双亲是否能生出一个正常的男孩？能生出色盲的女孩吗？两个正常的双亲能生出一个色盲的男孩或色盲的女孩吗？［色盲基因为 X^c，男：XY 正常，X^cY 色盲。女：X^cX^c 色盲，X^cX 正常（携带色盲基因）］

7. 哺乳动物中，雌雄比例大致接近 1∶1，怎样解释？

8. 牛的无角状态 P 是有角 p 的显性。无角公牛分别与三头母牛杂交，其杂交方式和结果如下：

有角母牛 A×无角公牛→无角小牛

有角母牛 B×无角公牛→有角小牛

无角母牛 C×无角公牛→有角小牛

试分析其亲本和后代的基因型。

项目三 质量性状的遗传

知识目标

1. 质量性状的概念。质量性状遗传的基本特征。

2. 质量性状的类型包括表征性状、血型和血液蛋白质多态性、遗传缺陷、伴性性状。

技能目标

畜禽包括毛色、角型、羽色、肤色等主要外部性状的遗传。了解主要畜禽品种的遗传缺陷。

链接

畜禽体表性状的遗传（毛色遗传、角的遗传、肤色遗传等）。畜禽的血型及血液蛋白质型的遗传。

拓展

血型、蛋白质型在畜牧生产上的应用。

动物的质量性状是品种、品系的重要特征。它与经济用途及生产性能有直接或间接的联系。了解这些性状的特征、遗传机制及规律，对畜禽遗传改良、新品种和新品系的培育具有重要意义。

课题一　质量性状及其遗传特点

一、质量性状的概念及特征

1. 质量性状的概念

质量性状是指同一种性状的不同表型之间不存在连续性的数量变化，而呈现质的非连续性变化，对环境反应不敏感的那些性状。如动物的毛色、肤色、体型、角形、遗传缺陷、血型和血液蛋白质多态性等都属于质量性状，它们由少数起决定作用的遗传基因所支配。

畜禽质量性状与其经济用途及生产性能有直接或间接的联系，了解这些性状的特征、遗传机制及规律，对畜禽遗传改良、新品种和新品系的培育具有重要意义。

2. 质量性状的基本特征

一般而言，质量性状的基本特征主要有：

（1）多由一对或少数几对基因所决定，每对基因都在表型上有明显的可见效应。

（2）其变异在群体内的分布是间断的，即使出现有不完全显性杂合体的中间类型也可以区别归类。

（3）性状一般可以描述，而不是度量。

（4）遗传关系较简单，一般服从三大遗传定律。

（5）遗传效应稳定，受环境影响小。

虽然很多质量性状与生产性能关系不大，但有些是重要的经济性状，特别是畜禽的毛皮、遗传缺陷。品种特征如毛色、角形的均一，遗传标记如血型、酶型、蛋白质型的利用，都涉及质量性状的选择改良。而数量性状的主基因具有质量性状基因的特征，在鉴别和分析方法上也采用质量性状基因分析的方法，因此质量性状对育种工作具有重要的科学意义。

同时，质量性状和数量性状并不是绝对的，既有区别又有联系。一些表面上看起来是质量性状的，如黑白花乳牛的毛色，从变异的性质来看，它是质量性状，即有花斑或无花斑，但如果用黑白花片的面积占整个牛全身表面的比例进行分析时，它就成为一个数量性状了；而有的数量性状，如牛的双肌，有时可以区分为正常和双肌两类，这又可以视为质量性状。

二、质量性状的类型

质量性状在类型间有较明显的界限，变异呈不连续性，不可以用计量单位进行计量。这类性状不易受到环境条件的影响，相对性状间大多有显隐性的区别。常见的有以下几种类型。

1. 表征性状

动物许多体表外貌特征，如毛（羽）色、角的有无、鸡的冠形、皮肤颜色及蛋壳颜色等，均是典型的质量性状。这些反映品种（系）特征的性状在动物育种中有重要作用，可为选育新品种（系）提供依据。

2. 血型和血浆蛋白多态性

动物的血型包括红细胞抗原因子和白细胞抗原因子，两类血型都具有丰富的遗传多态性。此外，动物的许多血浆蛋白质和酶也具有遗传多态性。应用血型和血浆蛋白质多态性可以进行动物群体内遗传变异和动物群体间的遗传距离等多项重要的遗传分析工作。

3. 遗传缺陷

遗传缺陷在各种家畜中都存在，遗传缺陷是由于隐性有害基因而致。隐性有害基因的纯合个体均表现出明显的症状，有的表现为形态学、解剖学或组织学上的缺陷；有的遗传缺陷表现出生理学上的代谢功能障碍；有的生活力低，易感染某些疾病；更严重的遗传缺陷可导致妊娠期胎儿死亡或出生后不久死亡。因此，遗传缺陷是对动物生产危害性很大的一类质量性状。

4. 伴性性状

在性染色体上，除了有决定性别的基因外，还携带着一些控制性状的基因。由性染色体非同源部分携带的基因所决定的性状称为伴性性状，这些性状的遗传与性别有关。迄今发现的伴性性状均属于质量性状，利用伴性遗传的原理，可培育雌雄自别品系，并在生产中广泛应用伴性遗传进行雏鸡性别鉴定，可大大提高性别鉴定的准确性和工作效率。

三、质量性状的遗传特点

1. 常染色体遗传

（1）常染色体显性遗传　根据显性程度不同，分为以下三种遗传表现形式。

① 完全显性：突变基因有显性和隐性之分，其区别在于杂合状态（Aa）时，是否表现出相应的性状。若杂合子（Aa）能表现出与显性基因 A 有关的性状，其遗传方式称为显性遗传。当基因处于杂合状态（Aa）均表现出像纯合子一样的显性性状时，称为完全显性。如猪的白毛对非白毛完全显性。

② 不完全显性：有时杂合子（Aa）的表型较纯合子轻，这种遗传方式称为不完全显性或半显性或中间型遗传。杂合子（Aa）中的显性基因 A 和隐性基因 a 的作用都得到一定程度的表达。例如，人类对苯硫脲（PTC）的尝味能力就是不完全显性遗传的典型性状。苯硫脲是一种白色结晶状物质，因含有 N—C—S 基团而有苦涩味。有人能尝出其苦味，称 PTC 尝味者；有些人不能尝出其苦味，称 PTC 味盲者；有的人则介于两者之间。

③ 共显性：一对常染色体上的等位基因，彼此间没有显性和隐性的区别，在杂合状态时，两种基因的作用都能表现出来，分别独立地产生基因产物，这种遗传方式称为共显性遗传。人类的 ABO 血型、MN 血型、组织相容性抗原、枣红色马与白马杂交后毛色的遗传等都是共显性遗传的实例。

（2）常染色体隐性遗传　控制性状的基因位于常染色体上，其性质是隐性的，在杂合不表现相应性状，只有当隐性基因纯合时（aa）才得以表现，这种遗传方式称为常染色体隐性遗传。

2. 显隐性上位作用

两对基因共同影响一对相对性状，其中一对基因能够抑制另一对基因的表现，这种作用称为上位作用。起抑制作用的基因称上位基因，被抑制的基因称为下位基因。上位基因如果是显性，则只要有一个上位基因即可以发挥作用，如果上位基因是隐性基因，则必须纯合时才能发挥作用。

3. 重叠作用

重叠作用是指有两对基因的显性作用是相同的，个体内只要有任何一对基因中的一个显性基因，其性状即可以表现出来。只有当这两对基因均为隐性纯合时，性状才不被表现，而这两对基因同时存在显性时，其性状表现与只有一个显性时是一样的。

4. 性染色体遗传、从性遗传和限性遗传

伴性遗传的特点、鸡的伴性遗传、从性遗传及限性遗传在第一单元项目二课题四中已经阐明，这里不再赘述。

5. 血型及血液蛋白质型的遗传

详见本项目课题三。

课题二　畜禽体表性状的遗传

一、毛（羽）色的遗传

毛（羽）色是一个品种的重要特征，也是畜禽遗传稳定的一个特征。我国畜禽品种审定条例把稳定一致的毛（羽）色特征作为品种审定的基本条件之一。在确定杂交组合、品种纯度和亲缘关系以及评价产品质量等方面也有一定用途。动物遗传育种学家利用毛（羽）色可以培育专门的品系，生产专门产品以适应消费者对某些性状的特殊需要。

家畜毛色的遗传一般都是受几个效应明显的基因位点所控制。每个基因位点上又有数目不等的等位基因，不同位点的不同等位基因的组合构成了毛色变异的遗传基础。哺乳动物的毛色等位基因主要有6个系统，包括鼠灰色系统（A）、褐色系统（B）、白化系统（C）、淡化系统（D）、扩散系统（E）和粉红眼系统（P）。控制家畜毛色的基因都可以在这6个系统中找到相应的基因座。此外，决定毛色的表现还有一系列的修饰基因。由于控制毛（羽）色的基因较多，这些基因之间除了显隐性关系之外，还有互补、上位效应、抑制互作效应等，所以毛色的遗传和变异还有待于进一步深入研究。

1. 牛的毛色

（1）牛的毛色类型　牛的毛色非常丰富，不同品种毛色差异很大。牛的毛色类型基本上分为白色、红色、黑色、褐色、灰色及白斑6类，此外还有很多过渡类型，如黑白花（荷斯坦牛、中国荷斯坦牛）、黄红色或者红黄色（利木赞牛）、黄白花（西门塔尔牛）、红白花（三河牛）、黄褐色（蒙古牛）等。在欧洲牛中分为杂色、白头、斑点、海福特、片花、条带和斑纹共7种基本类型。

（2）牛的毛色基因　牛的毛色主要是由皮肤与毛发中的真黑色素（褐与黑）与伪黑色素（红与黄）的相对数量与分布情况决定的。诸多基因对牛的毛色有影响，就目前的研究结果，一般认为，决定牛毛色的单基因座位就有20余个，其中至少有9个基因座位起主导作用，决定毛色及其类型。国内外的研究表明，位于牛18号染色体上的黑皮质素1受体（MC1R）基因是决定牛毛色的最主要因素，不同的MC1R基因决定着不同的毛色。除此之外，还有一些修饰基因也影响毛色和类型。而且大部分基因座位上都带有两个或两个以上的等位基因，因此，牛毛色形成受多基因调控，具有十分丰富的多态性。

2. 猪的毛色

（1）猪的毛色类型　猪的毛色是猪品种的重要特征之一，尽管与经济性状的关系不大，但因其是一种可利用的遗传标记，在确定品种纯度和亲缘关系及确定杂交组合方面有一定的作用。一个品种内的不同类群和各个个体，都能保持相对一致的毛色。猪的毛色主要有野猪色、全黑色、全红色、多米诺黑斑、黑色或红色花斑、黑色带白点、白色7种类型。

（2）猪的毛色基因　猪的各种毛色是黑色素在毛皮质和髓质中沉积的种类和数量的不同造成的。猪毛色的基因座现已知道至少有7个位点控制，包括显性白色（I位点），毛色扩展（E位点）、白肩带座位（Be位点）、白头座位（He位点）、野生型位点（A）、淡化位点（D）和白化位点（C）。可见，猪的毛色遗传基础复杂，在不同水平上受众多的基因及其产物的调控。

3. 绵羊的毛色

（1）绵羊的毛色类型　通常指绵羊被毛的毛色表型，构成方式有两种：一是由不同颜色的羊毛纤维混合组成，如不同比例的黑色纤维和白色纤维组成色度不一的灰色；二是由具有不同颜色区域的羊毛纤维构成。如由端部浅黄色、基部褐色的羊毛纤维所构成的苏儿色（彩色）等。根据色素类型、毛色图案和是否有白色斑点这三个标准，绵羊毛色主要分为白色、黑色、棕褐色、褐色、灰色、彩色和斑块状杂色等16种类型。

（2）绵羊的毛色基因　1988年由绵羊和山羊遗传学命名委员会（COGNOSAG）提出了毛色命名、基因座、等位基因数及基因的效应等。许多研究结果和众多的实例已揭示绵羊的毛色是由多基因座位上的复等位基因控制的。目前经过实验证明绵羊毛色基因座总共有11个。即鼠灰色位点A、棕色位点B、白化位点C、扩展位点E、斑点位点S、苏儿色位点G、白色位点W、白颈位点WC、黑头波斯毛位点BP、斑点状阿卡拉曼位点 L 和蒙古花毛位点 MRN。需要说明的是：上述研究结果多取于欧系绵羊，事实上世界绵羊品种多达 600 多个，起源于多个系统。要真正提示绵羊的遗传规律，还需丰富资料来源。再者，各毛色位点间的互作对毛色表型的效应等机制还有待更深入研究。

4. 山羊的毛色

（1）山羊的毛色类型　毛色是绒、毛、羔皮、裘皮用山羊的重要经济性状，也是识别个体系统、血液系统、品种归属的遗传标志之一。山羊毛色的表型主要有白色、黑色、灰色（深灰到浅灰）、褐色、棕色、棕褐色且有黑色或暗色背线等。

（2）山羊的毛色基因　山羊毛色的遗传十分复杂，一般以白色为基础，用其他毛色与白色个体交配，观察后代的表型进行显性、隐性的判断。多数研究认为山羊主要的毛色变异是由少数基因座控制的孟德尔性状，以欧洲、西亚和东南亚山羊群体为研究对象发现，主要有野生型座位（A 座位）、稀释毛色因子（D 基因座）、“上位白”（座位 I）、白斑座位（S 座位）4 个类型。这 4 个基因都在常染色体上，互相之间不存在连锁关系。但羊的毛色受外界环境影响，在不同年龄阶段有所变化。例如，初生的卡拉库尔羔羊为黑色，年龄稍大后被毛基部可变为黑棕色或棕褐色。在羊的育种工作中，对毛色选择的目的是保持有经济价值的毛色，消除影响产品经济效益的毛色。目前，已利用不同的毛色基因培育出珍贵的羔皮羊品种。

5. 兔的毛色

（1）兔的毛色类型　兔的毛色多种多样，毛纤维中的黑素细胞存在于皮质层中，色素的不同性质、数量、颗粒形状、分布方式以及不同的酶作用等因素，形成了家兔多种多样的毛色。常见的兔毛色有灰色、黑色（非野生色）、褐色（巧克力色）、白化、青紫蓝色、喜马拉雅白化、蓝眼白化、安哥拉、力克斯等类型。

（2）兔的毛色基因　已知控制家兔毛色的基因至少有 10 个系统（位点），这些基因间的作用各不相同，但有些基因虽然作用不同却产生相似的毛色，所以毛色遗传是一种非常复杂的遗传现象。作用于兔毛色的基因系统有：A、B、C、D、E、E_n、D_u、V、S、W 座位系统，事实上决定兔毛色的基因并不是单一的基因系统起作用，因为：①在若干品种中，家兔的毛色是由两对或两对以上的基因共同作用的结果，例如玳瑁色的荷兰兔牵涉 du^d、du^M、aaee 3 对基因的作用，英国的淡紫色花斑兔更是涉及 Enen、aa、bb、dd 4 对基因的作用。如果用上述两个品种杂交，在子二代中必然会引起异常复杂的毛色分离现象。②由于不同位点上的基因可能发生相互作用，从而在杂交时产生更为错综复杂的遗传现象。例如，两个隐性白色的家兔品种间杂交产生了灰色被毛的杂种。

6. 鸡的羽色

（1）鸡的羽色种类　鸡的羽色具有多样性，是品种的一个重要特征，通过生物学和组织化学的分析，可分为有色羽和无色羽（白色羽）两种类型。有色羽可分为黑色、横斑、金银色、浅花、黄色等类型。

（2）鸡的羽色基因　羽色产生的根源是色素原基因 CC 和氧化酶基因 OO 互相作用的结果。黑色是色素原氧化反应的最终产物，红、黄、蓝等则为色素原氧化反应的中间产物，而无色羽出现的原因之一是缺乏色素原基因 CC 或氧化酶基因 OO。各种羽色性状均受一对或多对基因所控制，并与它们之间的互作有关。

二、角的遗传

1. 牛

在牛角的遗传中，无角基因 P 对有角基因 p 呈显性。在无角牛中常表现出角的痕迹，称为“痕迹角”。它是由另一个基因座上的基因 Sc 控制的。角的遗传在品种间有不同程度的变异。例如，无角安格斯牛与有角瘤牛交配，F_1 雌性后代都有短小的角样组织；若与有角荷兰牛交配，则雄性后代只露出角样组织。可见，无角是不完全显性。

2. 绵羊

绵羊角的遗传比较复杂，控制绵羊角的基因座上存在 3 个等位基因，这 3 个等位基因分别为 H、H′和 h，其显性等级为 H（雌、雄无角）>H′（雌、雄有角）>h（雌无角，雄有角）。用有角品种与无角品种杂交，F_1 代公羊全部有角，F_2 代公羊有 25%无角。绵羊的角性状还受性激素的调节。

3. 山羊

山羊角性状由一对等位基因控制，无角对有角为显性。山羊的无角常常与一些遗传缺陷性状相连锁。

三、肤色的遗传

1. 牛的肤色

夏洛来牛有乳黄色和稀释基因，表现出乳黄、浅乳黄和白色的均正常，而且皮肤常有色斑。

2. 鸡的肤色

鸡的皮肤一般分成白色和黄色，白色为显性，黄色为隐性。有些品种如狼山鸡、边鸡等，其胫和喙是黑色。胫骨和脚表型颜色的变异主要依赖于几个主基因的累积效应和交互效应，及尚未鉴别的修饰基因。Id/id 主控制真皮黑色素，E 主控制表皮，表皮中显性白（I）对于隐性白是上位作用，它对真皮的黑色素起稀释（并非消除）的作用。W+/W 的存在与否致使叶黄素能否与真皮黑色素产生交互作用，从而产生蓝胫或绿胫。

四、其他外部特征的遗传

1. 猪

(1) 猪的耳型　有垂耳和立耳两种类型，垂耳对立耳为不完全显性，两种耳型的纯合体杂交，F_1 代表现为半立耳。

(2) 猪的背型　有垂背和直背两种类型，垂背对直背为不完全显性，两种背型的纯合体杂交，F_1 代表现为中垂背。

2. 山羊

(1) 山羊的肉垂　由一个外显率完全的显性常染色体基因 W 控制，但表型有变异。不同品种的基因频率差别很大。有肉垂（WW 或 Ww）母羊的多产性比无肉垂的母羊（ww）大约高 7%。

(2) 山羊的胡须　是显性的性连锁遗传。

(3) 山羊的耳型　有正常耳、短耳和无耳 3 种类型。正常耳为显性，无耳是隐性，可能由常染色体上的基因控制。

3. 兔的毛长

兔的短毛对长毛为显性，只有隐性纯合个体才能表现长毛兔性状。饲养的各类家兔，按其毛纤维长度可分为 3 种类型，即普通毛型，毛纤维长 2. 5~3cm，目前大量饲养的肉用兔均属此类；长毛型，即安哥拉长毛兔，毛纤维长 6~10cm；还有一种短毛型，即獭兔，毛纤维长 1. 3~2. 2cm。大量的杂交试验和基因分析证实獭兔的短毛型主要受 3 对隐性基因控制，即 r_1r_1、r_2r_2、r_3r_3，只要具有其中一对隐性基因，就可产生短毛的獭兔毛型；安哥拉兔的长毛型受隐性基因 1 控制，在纯合时就表现为长毛兔。

4. 牛双肌性状

双肌牛具有瘦肉率高、肉质好的特点。双肌基因的基本遗传效应使肉牛的产肉性能大大提高。双肌牛的外部特征是臀部和股部肌肉（臀中肌、股二头肌、半膜肌）异常发达，肌肉间缺乏脂肪组织形成明显的臀沟，整体上体型结构不协调。资料表明，牛群中双肌基因频率最高的品种是比利时蓝白花和皮埃蒙特牛，其次是利木赞牛、金黄阿奎丹牛和夏洛来牛。我国已引进皮埃蒙特牛来提高肉牛的生产水平。迄今为止，已经在包括比利时蓝白花、皮埃蒙特在内的 14 种牛以及羊、鼠中发现了双肌基因。

肌生长抑制因子（myostatin）基因，又称 GDF8，是 β 生长调节因子超级家族中的一员。它是肌肉生长发育过程中所必需的负调控因子。研究确认，myostatin 基因位于 2 号染色体上，该基因的突变是造成牛双肌的原因。比利时蓝白花双肌牛的 myostatin 基因在第三外显子处有 11 个核苷酸缺失，引起缺失位点下游的核苷酸重新组合为新的密码子；皮埃蒙特双肌牛的 myostatin 基因在第三外显子处有一错义突变，一个核苷酸 G 突变为 A，使蛋白质成熟区酪氨酸代替了胱氨酸，这些变异使 myostatin 基因失去了原来抑制肌肉生长的特征。

5. 绵羊的双肌臀性状

双肌臀性状受单基因控制，该基因已被命名为 callipyge 基因，用符号 CLPG 表示。绵羊的双肌臀基因表型为后臀肌肉增大近 30%，是由位于绵羊 18 号染色体 GTL2 基因上游 32. 8 kb 处存在一个 A→G 的单核苷酸突变产生的。该突变基因以一种独特的非孟德尔方式遗传方式传递给后代，只有从父本中获得该基因的杂合子后代才表现出双肌臀性状，这种遗传方式被称为“极性超显性”。

6. 家禽

（1）羽形与羽速

① 丝毛羽：丝毛羽由隐性基因 h 控制，例如我国的丝毛乌骨鸡。

② 翻卷羽：翻卷羽由不完全显性基因 F 控制。

③ 翮羽残缺：翮羽残缺由隐性基因 F_1 控制。

④ 羽毛疏乱：羽毛疏乱由隐性基因 br 决定。

⑤ 羽毛的生长速度：鸡的羽毛生长速度可分成快羽与慢羽两种，快慢羽由性连锁基因 k 控制，其中快羽 k 为隐性，慢羽 K 为显性。

（2）家禽体型遗传　家禽的体型可分为正常和畸形两大类，常见的畸形包括以下两种。

① 矮小型鸡：矮小型鸡也称侏儒鸡。到目前为止，在鸡中发现了 8 种矮小基因，它们分别位于常染色体和性染色体上。其中隐性伴性矮小基因（简称 dw 基因）是唯一对鸡体健康无害、对人类有利的隐性突变基因。正常基因 DW 对 dw 显性，因而只有矮小型纯合子的公鸡和携带矮小型基因的母鸡才表现为矮小。矮小鸡成年体重只有正常鸡的 60%~70%，矮小基因杂合子鸡的成年体重大约是正常鸡的 90%，可节省饲料 20%~30%，而在雏鸡出壳体重、产蛋率、种蛋孵化率等方面无明显差异。综合目前的研究证实，矮小型基因的分子基础是由生长激素受体基因的缺陷所造成的。

② 爬行鸡：爬行鸡也称匍匐鸡，是由 Cp 致死基因作用的结果，爬行性状为显性，因纯合致死，所以爬行鸡都是杂合体。

（3）鸡的冠形　冠形为品种品系的特征之一，冠形由 2 对基因控制，单冠由双隐性基因 rrpp 控制，豆冠对单冠为不完全显性；玫瑰冠对单冠完全显性；胡桃冠 R_ P_ 为双显性。角冠（或 V 形冠）D 不完全显性于单冠、玫瑰冠、豆冠等。应该指出，冠形的表现还受修饰基因的调控。

课题三　畜禽的血型及血液蛋白质型的遗传

血型主要是指以细胞膜抗原结构的差异为特征的红细胞抗原性。血型的抗原受基因决定，是一种稳遗传的质量性状，符合孟德尔遗传规律。利用血型可对品种、品系及个体间亲缘程度进行分析，为预测杂种优势的大小提供依据，还可以用于选育抗病和抗应激品系等。

一、血型、血液蛋白质型的概念

一般来说，血型有狭义和广义之分。

（1）狭义血型　狭义血型指能用抗体加以分类的红细胞型，包括 ABO、MN 和 Rh 等血型系统。

（2）广义血型　随着近几年来的研究发现，不仅是红细胞具有抗原性。构成个体的体液包括胃液、尿、汗、乳汁、白细胞、血小板、血浆以及脏器等组织都具有抗原性，因此广义的血型指的是红细胞、血清以及其他体液（唾液、精液、脏器）中的蛋白质、酶的遗传变异，统称为蛋白质型。血细胞抗原因子是由染色体上的基因支配的，支配不同血型系统的抗原因子的基因可以在不同的染色体上，也可以在一条染色体的不同座位上，使一些不同的血型系统之间产生连锁现象。

二、血型、血液蛋白质型与遗传的关系

血型是动物的一种遗传性状，可通过抗原与相对应的抗体进行反应而被鉴定出来。血型的抗原是受遗传基因决定的。遗传性相当稳定。动物血型与人的血型一样，其遗传现象符合遗传基本规律。一般认为血型抗原都是等位基因的产物，可以根据血型抗原的不同，分为不同的血型系统。

1. 畜禽的血型

（1）牛的血型　根据红细胞抗原不同，目前已发现牛的血型系统有 12 个，包括 A、B、C、F、G、L、M、S、Z、R 等，总共有 100 多个血型的因子。其中以 B 系统的血型最为复杂，到目前为止，共发现 B 系统的复等位基因 1000 余种。

（2）猪的血型　国际上已分类的猪红细胞抗原型有 15 个血型系统，70 多种血型因子。各血型系统具有相应的等位或复等位基因。含有一个血型因子的有 C 系统，含有两个血型因子的闭锁系统有 A、B、D、G、I、J、O 等系统。包含多对等位基因的有 E、F、H、K、L、M、W、N 等系统。A 系统在血清学和遗传学上都与其他系统不同。它的 A 和 O 血型因子是可溶性血浆物质，而其他因子属红细胞抗原。猪 A 系统的表现受两个基因座的支配，一个是 A 基因座，包含两个等显性遗传的等位基因 A^A 和 a^O；另一个是 S 基因座，包含 S 和 s 两个等位基因，S 对 s 为显性，S 基因座控制 A 系统的表型，以致只有当动物带有一个 S 基因时，A 和 O 血型因子的作用才会表现出来。此外猪还有 3 个白细胞抗原型座。

（3）羊的血型　其中红细胞血型分为 9 个系统，20 多个血型因子，100 多个表型；淋巴细胞抗原有大约 12 个血型因子。目前已知山羊有 6 个血型系统，20 种以

上的血型因子。绵羊有 7 个血型系统，60 种以上的抗原因子。

（4）家禽的血型　已知鸡存在 14 个血型系统，即 14 个基因座，100 多个等位基因，其中 B 系统中的因子较多，有 30 个以上的等位基因，并与白血病、白痢等抗病性有关；火鸡 7 种；鸭 6 种。

2. 血液蛋白质多态性

家畜的血液蛋白质多态性具有品种特异性，与经济性状存在直接或间接的相关性。血液蛋白质多态位点很多，一些位点只有一对等位基因，而另一些则有许多复等位基因。2 个等位基因之间的最小差异是一个碱基对的变化，相当于最终产物 1 个氨基酸的差异。

（1）牛的血液蛋白质型　现在已经知道共有 8 种遗传系：血红蛋白质型（Hb 型）、血清转铁蛋白质型（Tf 型）、血清白蛋白质型（Alb 型）、慢 α 型（S_α 型）、血清碱性磷酸酶型（AKP 型）、血清淀粉酶型（A_m 型）、血浆铜蓝蛋白酶型（Cp 型）、血细胞碳酸酐酶型（C_A 型）。

（2）猪的血液蛋白质型　迄今为止，已证明有生化遗传多样性的猪血液蛋白质（酶）至少有 23 种。猪的血清型主要有前白蛋白质型（Pa 型）、血清白蛋白质型（Alb 型）、血液结合素型（Hp 型）、血浆铜蓝蛋白质型（Cp 型）、转铁蛋白质型（Tf 型）、淀粉酶型（A_m 型）、丝状蛋白质型（T 型）、慢 α_2-球蛋白（$S_{\alpha2}$ 型）、碱性磷酸酶型（Akp 型）和 6-磷酸葡萄糖脱氢酶（6-PGD 型）。

（3）绵羊的血液蛋白质型　最近根据对绵羊血清蛋白质的多型现象所做的研究，已把蛋白质成分上的遗传性变异当作血清型看待。磷性磷酸酶型（Akp 型）、转铁蛋白质型（Tf 型）、淀粉酶型（A_m 型）、前白蛋白质型（P_r 型）、血清白蛋白质型（Alb 型）、血红蛋白质型与钾型（Hb 型与 HK 型）。

（4）山羊的血液蛋白质型　血清白蛋白质型（Alb 型）、血清转铁蛋白质型（Tf 型）、碱性磷酸酶型（Ap 型）、淀粉酶型（A_m 型）、血红蛋白质型（Hb 型）。

（5）鸡的血液蛋白质型　血清白蛋白质型（Alb 型）、转铁蛋白质型（Tf 型）、血红蛋白质型（Hb 型）、血清脂酶型（ES 型）、碱性磷酸酶型（Akp 型）、亮氨酸氨肽酶和淀粉酶型（Amy 型）。

三、血型、血液蛋白质型在生产上的应用

（1）鉴定亲子关系　利用血型和血液蛋白质型确定个体间的亲缘关系，当需要确定种畜禽的系谱关系或不同个体之间的亲缘关系时，血型鉴别结果是可靠的科学依据之一。

（2）鉴定品种的亲缘程度　利用血型和血液蛋白质型确定品种间的亲缘关系，当进行杂交育种或杂种优势利用时，品种或品系间的血型因子的相似程度或差异的大小，显示出二者在遗传基础上差异的程度，可以预计杂种优势的大小。

(3) 发现和治疗一些遗传性疾病 如当新生畜发生溶血病时，血型分析可准确判断发病原因，从而及时采取措施，可预防新生畜溶血病，防止幼畜死亡。

(4) 预测畜禽的生产性能 根据研究表明，家畜的生产性能与其血型存在着一定的联系，利用血型可以预测畜禽的生产性能。

(5) 利用血型选择抗病品系 鸡的B系统血型中的某些血型因子与白血病、马立克氏病、白痢等有关，通过选择这些血型的个体，可能会增加后代的抗病能力。

课题四 畜禽的遗传缺陷

畜禽由遗传基础发生变化引起的疾病或缺陷称为遗传缺陷或遗传病。畜禽的遗传缺陷主要来源于两个方面，即染色体异常和基因突变，基因突变方面又包括单基因与多基因遗传缺陷。

一、遗传缺陷的种类

根据损害的程度，可将遗传缺陷分为下面三种类型。

(1) 致死型 损害最强烈的遗传缺陷，统统在胚胎期或刚出生就导致死亡。

(2) 半致死型 有遗传缺陷的个体出生后稍晚些时候死亡。

(3) 非致死或有害型 虽然不致使个体死亡，但可能降低生活力，影响生长发育，影响生产力。

二、遗传缺陷的遗传规律

(1) 致死或有害基因存在于某染色体上，大多为隐性或部分显性，同时，必须在纯合时才充分表现其作用。

(2) 有害的隐性基因在群体中一般频率很低，只有在近亲繁殖或近交的情况下出现的概率较高。

(3) 显性致死基因纯合体不存活，因此不能遗传给后代。

(4) 隐性致死基因纯合时，主要影响个体生理生化过程而导致异常和死亡。

(5) 存在于性染色体上的致死基因称为伴性致死基因，不论其为显性还是隐性，它能使染色体异型（XY、XO、ZW）的个体死亡。

三、畜禽常见遗传缺陷

畜禽的遗传缺陷与异常有多少种，目前还没有确切的统计数据。以下列举几个主要畜禽品种的常见遗传缺陷与异常。

1. 牛的遗传缺陷

牛群中的遗传缺陷大多数为隐性遗传，即在纯合状态下才表现出来。

（1）无毛症　病犊牛体表部分缺毛或全身无毛，出生后即死亡。

（2）脑积水　病犊牛前额突出，犊牛多数致死，属于隐性遗传。

（3）裂唇　病牛单裂唇，缺牙床，只有硬腭存在，犊牛吮乳困难。在短角牛中有报道，可能存在基因上位作用。

（4）先天性白内障　病牛在角膜下呈一浑浊体。

（5）脐疝　在荷兰荷斯坦牛中有过报道。脐疝多出现在犊牛 8~20 日龄时，延续到 7 日龄以后疝囊似乎紧缩，可能使疝环关闭。只发现于雄性。属于显性遗传。

（6）多趾　个体在一只或所有的脚趾上具有多余的足趾，可引起跛行。这种遗传疾病可能属于显性遗传。

（7）软骨发育不全　短脊椎、鼠蹊疝、前额圆而突出、腭裂、腿很短；轴骨和附属骨发育不良，头部畸形，短而宽，腿略短。

（8）下颚不全　公犊的下颚比上颚短，存在伴性遗传基因。

（9）癫痫　低头、嚼舌、口吐白沫，最后昏厥，阵发性，隐性遗传。

（10）多乳头　乳头数多于正常数量，隐性遗传。

（11）表皮缺损　膝关节以下，后肢飞节以下无表皮。

（12）先天性痉挛　病牛头和颈表现出连续的或间歇性痉挛运动，通常表现为上下运动，大多数为隐性致死基因。

2. 猪的遗传缺陷

在猪的遗传缺陷中，生产中最为常见的是阴囊疝、隐睾症，肛门闭锁、雌雄间性、内翻乳头等。在单基因与多基因遗传缺陷中，侧重于单基因遗传缺陷性状的描述。

（1）常染色体隐性遗传　无毛、植物性皮炎、先天性上皮缺损、上皮发育不全、三腿、关节屈曲、脑积水、无腿、致死因子（骨骼异常综合征）、异色虹膜（玻璃眼）、进行性肌萎缩、粗腿、子宫发育不全、肥胖症、酸化肉、猪应激综合征、进行性运动失调、先天性震颤、卟啉血症。

（2）常染色体显性遗传　侏儒症、稀毛症、卷毛、胸脊、肾囊肿、并蹄、多趾、运动神经末梢病、Campus 综合征（高频率先天性震颤）。

（3）性染色体遗传　先天性卵巢发育不全、睾丸雌性化。

3. 绵羊的遗传缺陷

（1）无颌　下颌骨完全缺乏或下颌骨高度发育不全，该病多数为死胎或迅速死亡。

（2）侏儒症　软骨发育不全。

（3）短颌缺损　主要表现是下颌缩短 0.5~1.5cm。隐性遗传。

（4）小脑运动失调　不能站立或走动。

（5）隐睾症　出生后睾丸未下降至阴囊。

（6）无耳和小耳　杂合子的耳长只有正常耳的一半，而隐性纯合子实际上没有外耳，所有无耳绵羊全是聋子，呈隐性。

（7）骨钙化不全　可能与骨质疏松及佝偻病的症状结合发生。

4. 山羊的遗传缺陷

（1）间性或雄性化　与无角性状连锁，性别间有外显率差异。

（2）隐睾症　隐睾症由一隐性基因控制，在美国与南非的安哥拉山羊中多见。

（3）侏儒症　侏儒症有垂体发育不全和软骨发育不全两种遗传的类型。

（4）乳房与乳头异常　乳房与乳头异常主要包括附加乳头、少乳头。

另外一些常见的隐性遗传缺陷有先天性无毛、短颚、先天性无纤维蛋白原血症、先天性水肿等。

5. 鸡的遗传缺陷

（1）致死性遗传缺陷　下颚异常、下颚缺失、小眼、黏性胚、无翼。

（2）半致死遗传缺陷　神经过敏症、半眼。

（3）非致死性遗传缺陷　盲眼、矮脚、翼羽缺损、多趾、裸颈、无羽、肢骨弯曲、尻部无毛、无尾等。

项目小结

本项目介绍了质量性状的概念、主要特征、类型等内容。重点是毛色的类型及其基因型，以及家畜血型等在畜牧业上的应用等。

技能考核项目

1. 口述质量性状的概念、主要特征以及在畜禽育种中的意义和作用。要求在10min内完成。

2. 口述猪与牛的血型，毛色的类型。要求在5min内完成。

复习思考题

1. 简述质量性状的概念、主要特征、类型，及其在畜禽育种中的意义和作用。
2. 简述畜禽毛色的类型及其基因型。
3. 什么是家畜血型？家畜血型在生产上有何用途？
4. 简述各家畜的主要遗传缺陷。

项目四 数量性状的遗传

知识目标

1. 性状、数量性状的概念。
2. 掌握数量性状遗传的四个特点。

技能目标

数量性状遗传的参数：遗传力、重复率、遗传相关等。

链接

数量性状遗传的三种方式：中间型遗传、杂种优势、越亲遗传。

拓展

牛、猪数量性状遗传的参数：遗传力、重复率、遗传相关。

数量性状是指那些在类型间没有明显的界限，变异呈连续的可以用计量单位进行计量的性状。如日增量、产乳量、产蛋量、瘦肉率、饲料利用率等。这类性状由许多基因控制，很难分辨各个基因的作用，而且容易受到外界环境因素的影响。

一般来说，数量性状有以下几个特点：①数量性状的变异表现为连续性，并呈现正态分布；②数量性状比较容易受环境条件的影响而发生变异；③数量性状的遗传基础也是基因，不过控制数量性状的是由很多基因构成的多基因系统；④数量性状是可以度量的。

由于数量性状有它自己的特点，这就决定了研究数量性状遗传的方法也有其特点：①性状的表现必须进行测定或度量，以数字表示其变异情况，也就是数量化，而不只是进行简单的区分和文字描述；②必须以群体作为研究的对象；③必须应用生物统计方法进行分析归纳；④在统计分析的基础上，弄清性状的遗传力以及性状间的相互关系。

课题一　数量性状的遗传方式与机制

一、数量性状的遗传方式

1. 中间型遗传

在一定条件下，两个不同品种杂交，其 F_1 的平均表型值介于两亲本的平均表型值之间，群体足够大时，个体性状的表现呈正态分布。F_2 的表型值与 F_1 的平均表型值相近，但变异范围比 F_1 增大。

2. 杂种优势

杂种优势是数量性状遗传中的一种常见遗传现象。杂种优势是指两个遗传组成不同的亲本杂交，其 F_1 代在产量、繁殖力、抗病力、生活力、生长势等方面都超过双亲的平均值的现象，甚至比两个亲本各自的水平都高。但是，F_2 的平均值向两个亲本的平均值回归，杂种优势下降，以后各代杂种优势逐渐趋于消失。

3. 越亲遗传

两个品系或两个品种的杂交子一代表现为中间型，而在以后各代中却出现超过原始亲本的个体，由此可以选育出超过原亲本的品种，这种现象称为越亲现象。例如某一猪品种，其母猪 8 月龄平均体重为 80kg，另一品种猪其母猪 8 月龄平均体重为 140kg。这两个品种杂交，子一代母猪 8 月龄平均体重为 110kg，但在子二代中，出现大于 140kg 或小于 80kg 的个体，由此，可以选育出体重更大的或体重更小的品种。又如，在鸡中有两个品种，一种称为新汉县鸡，体格很大，另一种称为希布赖特观赏鸡，体格很小，两者杂交后可产生出小于希布赖特鸡或大于新汉县鸡的杂种鸡，由此，可能培育出更大或更小类型的品种。

二、数量性状的遗传机制

根据数量性状的遗传方式的不同，将其遗传机制分述如下。

1. 多基因假说与中间遗传

数量性状为什么会呈现连续的变异，并出现中间型遗传现象呢？1908 年瑞典遗传学家尼尔逊·埃尔通过对小麦籽粒颜色的遗传研究，提出了数量性状遗传的多基因假说。尼尔逊·埃尔的多基因假说的要点如下：

① 数量性状是由许多对微效基因的联合效应造成的；

② 微效基因之间大多数缺乏显性。它们的效应是相等而且相加的，所以微效基因又称加性基因；

③ 多基因的遗传行为，同样符合遗传基本规律，既有分离和重组，也有连锁和互换。

2. 基因的非加性效应与杂种优势

多基因假说认为控制数量性状的各个基因的效应是累加的。即基因对某一性状的共同效应是每个基因对该性状单独效应的总和。由于基因的加性效应，就使杂种个体表现为中间遗传现象。但是，基因除具有加性效应外，还有非加性效应。基因的非加性效应是造成杂种优势的原因，它包括显性效应和上位效应。由等位基因间相互作用产生的效应称为显性效应。例如，有两对基因，A_1、A_2 的效应各为 15cm，a_1、a_2 的效应各为 8cm，基因型 $A_1A_1a_1a_1$ 按加性效应计算其总效应为 46cm。而在杂合状态下，即 $A_1a_1A_2a_2$，但其总效应却是 56cm，这多产生的 10cm 效应是由于 A_1 与 a_1，A_2 与 a_2 间互作引起的，这就是显性效应。由非等位基因之间相互作用产生的效应，称为上位效应或互作效应。例如，A_1A_1 的效应是 30cm，A_2A_2 的效应也是 30cm，而 $A_1A_1A_2A_2$ 的总效应则是 70cm，这多产生的 10cm 效应是由这两对基因间相互作用引起的，这称为上位效应。

一般认为，杂种优势与基因的非加性效应有关。目前，对产生杂种优势的机制有两种学说，即显性学说和超显性学说。

3. 越亲遗传现象的解释

产生越亲遗传与产生杂种优势的原因并不相同。前者主要是基因重组，而后者则是基因间互作的结果。比如，有两个杂交亲本品种，其基因型是纯合的，等位基因无显隐性关系，一个亲本基因型为 $A_1A_1A_2A_2a_3a_3$，另一个亲本为 $a_1a_1a_2a_2A_3A_3$，一代杂种基因型为 $A_1a_1A_2a_2A_3a_3$，介于两亲本之间，而杂种一代再杂交，在二代杂种中就出现大于亲本的个体 $A_1A_1A_2A_2A_3A_3$ 和小于亲本的个体 $a_1a_1a_2a_2a_3a_3$。越亲遗传产生越亲个体，可以通过选择保持下来成为培育高产品种的原始材料。

课题二　数量性状的遗传参数

一、数量性状表型值与表型值方差的剖分

1. 表型值的剖分

表型值是一个性状能够直接度量或观察的数值。如一头乳牛日产乳量是 20kg，这 20kg 就是这头乳牛日产乳量这一性状的表型值，如果一个群体所有个体都做了度量，就可以得到一系列数值，取其平均数就可以得到这个群体的平均表型值，如果牛群第一胎产乳量平均数为 4500kg，那么这 4500kg 就是该牛群第一胎产乳量这个性状的表型值。不管是个体或是群体的表型值，均受许多因素的影响，如饲料成分、饲养管理方式、气候条件等都可以影响产乳量，这些影响因素都属于环境因素。在相同的环境条件下，不同的牛群或个体，其产乳并不相同，这可归因于遗传因素。所以，任何一个数量性状的表现都是遗传和环境共同作用的结果，因此，性

状的表型值可以剖分为遗传因素造成的部分和环境因素造成的部分。由遗传因素造成的部分称为遗传值或基因型值，一般用字母 G 表示；由环境因素造成的部分称为环境偏差，用字母 E 表示。那么上述关系写成公式就是：

$$表型值\ (P)=遗传值\ (G)+环境偏差\ (E)$$

多基因假说认为数量性状的遗传基础是多基因，它们的效应是加性的，任何一个生物具有的基因均可划分为等位基因和非等位基因两种。等位基因之间相互作用产生的效应称为显性效应，一般用字母 D 表示；非等位基因之间相互作用产生的效应称为上位效应，一般用字母 I 表示；而无论是等位基因还是非等位基因，只将各基因的单独效应加在一起造成的效应，称为加性效应，一般用字母 A 表示。这样基因型值就由基因加性效应值（育种值）、显性效应值和上位效应值三部分组成，写成公式为：

$$G=A+D+I,\ P=A+D+I+E$$

显性效应和上位效应虽然也是由遗传原因造成的，但在基因的重组和分离过程中基因型被拆散，其效应在后代中不能被保持，在纯繁过程中意义不大，一般可以把这部分忽略。将这部分与环境偏差归在一起，统称为剩余值，即表型值中除育种值外所剩下的部分数值，一般用符号 R 表示。这样表型值就可以剖分为育种值和剩余值两大部分，写成公式为：

$$P=A+R\quad (R=D+I+E)$$

2. 表型值方差的剖分

在畜群中，由于各个体之间存在差异，群体表型值就存在着异，方差就是度量群体表型值变异的指标，方差的组成部分与表型值的组成部分相同。表型方差也可做同样的剖分：

$$表型方差=基因型方差+环境方差$$

$$V_P=V_G+V_E$$

二、数量性状的遗传力

1. 遗传力的概念

遗传力这个概念是美国学者腊什于 1949 年正式提出来的。在数量遗传学研究中，一般把基因型方差与表型方差的比率定义为广义遗传力，即遗传因素对表型的决定程度。用公式表示为：

$$H^2=\frac{V_G}{V_P}$$

而我们把育种值方差与表型方差的比率定义为狭义遗传力，即育种值对表型的决定程度，表示性状能够遗传给后代的能力。用公式表示为：

$$h^2=\frac{V_A}{V_P}$$

很明显，$H^2>h^2$，因为 $V_a>V_A$。由于纯种繁育时主要考虑的是育种值，所以，一般都用狭义遗传力，很少用广义遗传力，广义遗传力又称为遗传决定系数，一般认为是遗传力的上限。

为全面而正确的理解，遗传力的概念应包括如下密切相关的四个方面：

（1）遗传力可以认为是两个变量——基因加性值变量（育种值）与表型变量的比率。这是从基因结构及其效应方面来看的，也是遗传力的定义所在。

（2）遗传力是选择差可以传递给下代的百分数，这是从育种角度、实践意义上考虑的。

（3）遗传力是育种值对表型值的回归系数，表型值可以度量，而育种值只能估计。这是数量遗传学由现象深入到本质的关键所在。

（4）遗传力是根据表型值来估计育种值的准确度的度量。

遗传力估计值可以用百分数或者小数来表示，数量性状的遗传力估计值总是 0~1。根据性状遗传力值的大小，可将其大致划分为三等，即 0.5 以上为高遗传力，0.2~0.5 为中等遗传力，0.2 以下为低遗传力。

从过去的资料中，我们归纳出各种畜禽一些数量性状的遗传力参数（表 1-4）。

表 1-4　　畜禽数量性状的遗传力估计值

畜禽种类	性　状	遗传力估计值
牛	泌乳量	0.20~0.40
	乳脂率（%）	0.30~0.80
	饲料转化率（泌乳）	0.20~0.40
	情期受胎率	0.20~0.50
	外形评分	0.20~0.30
	日增重	0.10~0.30
	饲料转化率（增重）	0.20~0.40
	分割肉比率	0.20~0.50
	背最长肌面积	0.20~0.50
	胸围	0.30~0.60
	乳腺炎抗病力	0.10~0.40
羊	剪毛量	0.30~0.60
	净毛量	0.30~0.60
	毛长	0.30~0.60
	毛重	0.30~0.40
	细度	0.20~0.50
	弯曲度	0.20~0.40
	体重	0.20~0.40
	产羔数	0.10~0.30
马	奔跑速度	0.30~0.60
	障碍赛马评分	0.35~0.40
	快步速度	0.20~0.40
猪	日增重　单饲（下限值来自限饲饲养）	0.10~0.50
	日增重　群饲	0.10~0.25
	饲料转化率　单饲	0.15~0.50
	饲料转化率　群饲	0.20~0.30
	胴体长	0.30~0.70
	背膘厚	0.30~0.70
	背最长肌面积	0.20~0.60
	腿肉比率	0.30~0.60
	肉色	0.30~0.40
	窝产仔数（不考虑母体效应）	0.10~0.15
鸡	入舍母鸡产蛋量	0.05~0.15
	母鸡日产蛋量	0.15~0.30
	开产日龄	0.20~0.50
	体重	0.30~0.70
	蛋重	0.40~0.70
	繁殖率	0.05~0.15
	孵化率	0.05~0.20
	马立克抗病力	0.05~0.20

（摘自欧阳叙向，《家畜遗传育种》，2001）

2. 遗传力的估测

在畜牧实际工作和科学研究过程中，最常见到的资料形式是：几头公畜，每头公畜配与若干母畜，每头母畜产一头或若干头仔畜，在这些仔畜中，有同父异母的半同胞，也有同父同母的全同胞。因而，同一资料既可利用其亲子关系，也可利用其同胞关系测定遗传力。所以，常用的估测遗传力的方法有以下三种。

(1) 根据亲代和子代的资料估计遗传力　对于两个性别都能表现的性状，例如体重、成活率、剪毛量等，可用子代均值和双亲均值的回归系数估测遗传力（h^2），其公式为：

$$h^2 = b_{op}$$

式中　p——母亲某性状的表型值；

o——女儿某性状的表型值；

b_{op}——女儿性状对母亲性状的回归系数。

对于只有一个性别才能表现的性状，如产乳量、产仔数等，计算遗传力的公式为：

$$h^2 = 2b_{op}$$

即计算出子代对一个亲本的回归系数后，乘以 2 就是遗传力。计算步骤如下：

① 整理资料。女儿的个体表型值为 O，母亲的个体表型值为 P。

② 分别计算各公畜组的平方和、乘积和。

③ 将各组的上述数据总加起来，得到公畜内平方和、乘积和。

$$SS_{W(P)} = \sum SS_P$$

$$SS_{W(O)} = \sum SS_O$$

$$SP_{W(OP)} = \sum SP_{OP}$$

式中　$SS_{W(P)}$、$SS_{W(O)}$、$SP_{W(OP)}$——各公畜内的平方和；

$\sum SS_P$、$\sum SS_O$、$\sum SP_{OP}$——公畜组的乘积和。

④ 计算公畜内女母回归和遗传力。

$$b_{w(op)} = \frac{SP_{w(op)}}{\sum SS_{w(p)}}$$

式中　$SP_{w(op)}$——公畜内女母平方和；

$\sum SS_{w(p)}$——公畜组内母亲乘积和。

$$h^2 = 2b_{w(op)}$$

式中　$b_{w(op)}$——女母回归系数。

(2) 根据半同胞资料估测遗传力　同父同母的仔畜为全同胞，全同胞个体某性状育种值间的相关系数为 1/2。同父异母或同母异父的仔畜为半同胞，半同胞个体育种值间的相关系数为 1/4。由通径分析的原理可推导出计算遗传力的公式为：

$$h^2 = 4r_{HS}$$

具有同胞关系的个体间的相关，属于同质相关，即组内关系。因此，计算半同胞个体间表型相关系数时，用公式：

$$r_{HS}=\frac{\sigma_S^2}{\sigma_S^2+\sigma_W^2}$$

为了计算方便，也可以采用公式：

$$r_{HS}=\frac{MS_S-MS_W}{MS_S+(n-1)MS_W}$$

式中 MS_S——组间（或公畜间）均方；

MS_W——组内（或公畜内）均方；

n——每头公畜的仔畜数。

如各公畜仔畜数不相等时，可用其加权平均数，n_0 的计算公式为：

$$n_0=\frac{1}{S-1}\left(\sum n_i-\frac{\sum n_i^2}{\sum n_i}\right)$$

（3）根据“全同胞-半同胞”混合家系计算遗传力 在多胎家畜中，各公畜的子女在大多组成“全同胞-半同胞”混合家系，因此在计算遗传力时，须用混合家系平均亲缘系数除以组内相关系数，计算公式为：

各公畜加权平均子女数：$n_0=\frac{1}{dfs}\left(\sum n_i-\frac{\sum n_i^2}{\sum n_i}\right)$

$$r_I=\frac{MS_S-MS_W}{MS_S+(n_0-1)MS_W}$$

$$\bar{r}_A=0.25\left[1+\frac{\sum\sum n_i^2-N}{\sum(\sum n_i)^2-N}\right]$$

式中 N——子女总数；

n_i——每头母畜子女数；

$\sum n_i$——每头公畜子女数。

故遗传力为：

$$h^2=\frac{r_I}{\bar{r}_A}$$

3. 遗传力的应用

遗传力这个参数的提出与运用，在数量遗传学的发展过程中具有极为重要的意义。它的应用极为广泛，其主要用途有以下几点。

（1）估计种畜的育种值 在育种工作中，根据育种值选留种畜是一种行之有效的选择方法，故可以利用性状的遗传力来估计育种值，再根据育种值来选种准确有效。

根据个体的表型值估计个体的育种值的公式为：

$$A=h^2(P-\bar{p})+\bar{p}$$

式中 A——个体 X 的育种值；

P——个体 X 的表型值；

$\bar{p}$——性状畜群平均值；

h^2——该性状的遗传力。

（2）确定繁育方法 当遗传力高时，根据表型进行选择即根据个体的表现进行选择，可以获得好的效果。遗传力高的性状，可以通过纯种繁育得到巩固、提高。相反，遗传力较低的性状就不能采用纯种繁育的方法来提高，只能用杂交或引入高产基因的方法，或改善饲养管理条件以达到提高的目的。遗传力低的性状宜采用家系选择，可以收到较好的效果。

（3）确定选择方法 遗传力中等以上的性状可以采用个体表型选择这种简便又有效的选择方法。遗传力低的性状宜采用均数选择的方法。均数选择有两种：一种是根据个体多次度量值的均数进行选择，这样能选出好的个体，但需时较长，影响世代间隔；另一种是根据家系均值进行选择，谓之家系选择。近几十年来，鸡的产蛋量遗传进展很快，主要是采用家系选择的结果。

（4）应用于综合选择指数的制定 在制定多个性状同时选择的“综合指数”时，必须用到遗传力这个参数。此外，还可用于预测遗传进展。

三、数量性状的重复率

1. 重复率的概念

在家畜育种工作中，选种是一个重复环节。如何才能及早地判断出家畜个体的生产性能及种用价值，这是人们所关心的问题。当家畜个体有了第一次生产记录时，就可以根据这次的生产记录来判断其优劣。但仅根据一次的生产记录做出判断，是不太可靠的。家畜的许多性状，在其一生中可以进行多次度量。例如牛的产乳量、绵羊的剪毛量等。在评定家畜个体品质时，究竟应该依据哪一次的生产记录呢？一般来说，哪一次都可以作为依据，但不如根据多次度量记录资料进行综合评定更为准确合理。因为度量次数越多，取样误差越小，越能反映家畜的实际生产性能。但是，要取得多次度量资料，需要较长的时间，这样会影响育种进度。那么，如何确定合适的度量次数，这要看具体性状的各次度量值之间的相关程度。如果各次度量值间的相关系数等于 1，说明每次度量的结果都一样，在这种情况下只要度量一次就可以了，随着相关程度的降低，度量次数就需要增加。我们把同一个体同一性状的不同次度量值之间的相关程度称为重复率，用 r_e 表示。如果家畜每次产量都相同或极其相似，重复率就等于 1 或接近于 1；如果每次度量值大小很不一致，重复率就会接近于 0。因此，根据性状重复率大小，可以预测家畜一生的生产成绩。

一般度量次数不止两次，所以需用组内相关法求重复率。

$$\text{重复率}=\frac{\text{个体间方差}}{\text{个体间方差}+\text{个体内度量间方差}},\quad r_e=\frac{\sigma_B^2}{\sigma_B^2+\sigma_W^2}$$

性状的重复率系数一般大于性状的遗传力系数。由于环境影响有两种：一种称为一般环境或永久性环境，这部分虽不属于遗传因素，但能影响个体终生的生产性能，如乳牛在生长发育期间营养不良、发育受阻，对生产力的影响是永久性的；另一种称为特殊环境，譬如，暂时的饲养条件变换，造成产量下，当条件改善时，产量即可恢复正常。因此，重复率是遗传力方差加上一般环境方差占表型值方差的比率。即：

$$r_e=\frac{\sigma_B^2}{\sigma_B^2+\sigma_W^2}=\frac{V_G+V_{Eg}}{V_G+V_{Eg}+V_{Es}}=\frac{V_G+V_{Eg}}{V_G+V_E}=\frac{V_G+V_{Eg}}{V_P}$$

式中 r_e——重复率；

σ_B^2——个体间方差；

σ_W^2——个体内度量间方差；

V_G——遗传方差；

V_{Eg}——永久环境方差（一般环境方差）；

V_{Es}——暂时环境方差（特殊环境方差）；

V_P——表型方差。

由此可见，重复率受性状的遗传方差、一般环境方差和总方差的影响，所以性状的群体遗传特性和畜群所处的环境条件都能影响重复率。特定条件下测定的重复率，只能反映特定条件下的情况。表1-5列举了几种家畜的某些性状重复率估计值的取值范围。

表1-5 家畜数量性状的重复率

家畜种类	性　状	重复率	家畜种类	性　状	重复率
牛	泌乳量	0.35~0.55	猪	性状窝产仔数	0.10~0.20
	乳脂率	0.50~0.70	绵羊	剪毛量	0.40~0.80
	持续泌乳力	0.15~0.25		毛长	0.50~0.80
	受精率	0.01~0.05		断乳重	0.20~0.30
	妊娠期	0.15~0.25	马	马速	0.60~0.80
	牛犊断乳重	0.30~0.50		步距	0.30~0.40
	断乳成绩	0.20~0.60		外形评分	0.30~0.80

注：一般说来，重复率 $r_e \geq 0.60$ 称为高等重复率；$0.30 \leq r_e < 0.60$ 称为中等重复率；$r_e < 0.30$ 称为低等重复率。

（摘自欧阳叙向，《家畜遗传育种》，2001）

2. 重复率的计算

由重复率的定义可知，重复率实际上就是以个体的多次度量值为组内成员的组内相关系数，因而其估计方法与组内相关系数的计算完全一致。其计算公式是：

$$r_e=\frac{MS_B-MS_W}{MS_B+(n-1)MS_W}$$

式中　r_e——重复率；

MS_B——个体间均方；

MS_W——个体内度量间均方；

n——度量次数。

3. 重复率的应用

（1）用于验证遗传力估计的正确性　由重复率估计的原理可以知道，重复率的大小取决于基因型效应和一般环境效应，这两部分之和必然高于基因加性效应，因而重复率是同一性状遗传力的上限。另外，计算重复率的方法比较简单，而且估计误差比相同性状遗传力的估计误差要小，故估计更为准确。因此，如果遗传力估计值高于同性状的重复率估计值，则说明遗传力估计有误。

（2）确定性状需要度量的次数　重复率高的性状，说明各次度量值间相关程度强，只需要度量几次就可正确估计个体生产性能；相反，重复率低的性状，则需要多次度量才能作出正确的估计。根据计算结果，当 r_e 为 0.9 时，度量一次即可；r_e 为 0.7~0.8 时，需要度量 2~3 次。r_e 为 0.5~0.6 时，需要度量 4~5 次；r_e 为 0.25 时，需要度量 7~8 次。

（3）估计个体可能达到的平均生产力　有了重复率参数，可以从家畜早期生产记录资料估计其一生可能达到的平均生产力，从而能在早期确定留种或淘汰。1937 年腊许（Lush）提出的估计畜禽可能的生产力公式是：

$$MMPA=\overline{P}+\frac{nr_e}{1+(n-1)r_e}(\overline{P}_n-\overline{P})$$

式中　$\overline{P}$——全群均数；

$\overline{P}_n$——个体 n 次度量的均值；

r_e——该性状的重复率；

P_n——n 次度量的表型值；

P——全群平均值；

$\frac{nr_e}{1+(n-1)r_e}$——n 次度量的重复率系数；

$MMPA$——个体的最大可能生产力。

（4）应用于评定家畜育种值　在评定家畜育种值时，对多次度量的性状，重复率是不可缺少的一个参数。

四、数量性状的遗传相关

1. 遗传相关的概念

畜禽作为一个有机的整体，它所表现的各个性状之间必然存在着内在的联系，这种联系的程度称为性状间的相关，用相关系数来表示。性状间的相关除遗传因素外，也有环境因素的影响。所以表型相关同样可以剖分为遗传相关和环境相关两部分。群体中各个体两性状间的相关称为表型相关［用 $r_{p(xy)}$ 表示］，两个性状基因型值（育种值）之间的相关称为遗传相关［用 $r_{A(xy)}$ 表示］，两个性状的环境效应或剩余值之间的相关称为环境相关［用 $r_{E(xy)}$ 表示］。按照数量遗传学的原理，性状的表型相关、遗传相关和环境相关的关系如下式：

$$r_{P(xy)}=h_x h_y r_{A(xy)}+e_x e_y r_{E(xy)}$$

从表型相关的组成来看，如果两个性状的遗传力较高，则表型相关主要是遗传相关的影响；相反，遗传力较低时，表型相关主要是环境的影响。然而，实际上造成表型相关的遗传相关和环境相关间的差异是很大的，有时甚至一个是正相关，一个是负相关。例如，鸡的体重和产蛋量的相关。在蛋鸡中，饲养好的鸡群，体重大则产蛋量高，两者表型相关为正值［$r_{p(xy)}$ = 0.09］。但从遗传上看，体重大的鸡比体重小的鸡，其产蛋量却较低，即体重与产蛋量的遗传相关为负值［$r_{p(xy)}$ = −0.16］。在育种实践中，重要的是遗传相关，因为只有这部分相关是能真实遗传的。畜禽部分数量性状间的相关系数见表 1−6。

表 1−6　畜禽数量性状相关系数

畜禽种类	相关性状	$r_{p(xy)}$	$r_{A(xy)}$	$r_{E(xy)}$
牛	产乳量与乳脂量	0.93	0.85	0.96
	产乳量与乳脂率	−0.14	−0.20	−0.01
	乳脂量与乳脂率	0.23	0.36	0.22
猪	体长与背膘厚	−0.24	−0.47	−0.01
	生长速度与饲料利用率	−0.84	−0.96	−0.50
	背膘厚与饲料利用率	0.31	0.28	0.32
绵羊	毛被重与毛长	0.30	−0.02	0.17
	毛被重与每厘米卷曲数	−0.21	−0.56	0.16
	毛被重与体重	0.36	−0.11	0.05
鸡	体重（8 周龄）与产蛋量（72 周龄）	0.09	−0.16	0.18
	体重（8 周龄）与蛋重	0.16	0.50	−0.05
	体重（8 周龄）与开产日龄	−0.30	0.29	−0.05

2. 遗传相关的应用

数量性状间的遗传相关，主要用于以下几个方面。

（1）进行间接选择　在选种过程中，有些遗传力低的性状，如猪的产仔数、鸡的产蛋量等，根据其表型值进行直接选择，效果较差。如能找出一个与其有高度遗传相关，而本身具有较高遗传力的性状作为辅助性状，就可以通过对辅助性状的选择来间接选择我们要选择的性状。

（2）进行早期选种　如果辅助性状是一个幼年时期的性状，还可借此做出早期选种。譬如，猪的日增重与饲料转化率为强的正遗传相关，而日增重容易度量，饲料转化率则难以度量，可以通过选择猪的日增重这个性状来间接提高猪的饲料利用率。

（3）制定综合选择指数　遗传相关系数是制定综合选择指数的重要参数。在制定一个合理的综合选择指数时，需要研究性状间的遗传相关；如果两个性状间呈负相关，同时选择提高两个性状，则很难得到预期的效果。

（4）比较不同环境下的选择效果　遗传相关可用于比较不同环境条件下的选择效果。我们可以把同一性状在不同环境下的表现作为不同的性状看待。这就为解决育种工作中的一个重要实际问题提供了理论依据，解决了在条件优良的种畜场选育的优良品种，推广到条件较差的其他生产场如何保持其优良特性的问题。

项目小结

本项目介绍了数量性状、质量性状的概念；以及数量性状的遗传参数等内容。重点是遗传力、重复率等在畜牧业上的应用。

技能考核项目

1. 口述什么是遗传力，遗传力参数及在畜禽育种中的意义和作用。要求在5min内完成。

2. 口述遗传相关的概念是什么，性状间遗传相关的用途有哪些。要求在5min内完成。

复习思考题

1. 什么是数量性状？数量性状遗传和质量性状遗传有什么区别？
2. 如何解释数量性状的连续性变异？
3. 什么是多基因假说？其要点如何？
4. 什么是越亲遗传现象？为什么会出现越亲遗传现象？
5. 什么是遗传参数？主要的遗传参数有哪些？
6. 什么是广义遗传力？什么是狭义遗传力？估测狭义遗传力时应注意哪几个方面？
7. 重复率的概念是什么？重复率的用途有哪些？
8. 性状间遗传相关的概念是什么？性状间遗传相关的用途有哪些？

第二单元

杂交改良方法

项目一 畜禽选育

知识目标

了解家畜、品种、品系、选配的概念。

技能目标

掌握构成品种的条件、选种的作用等。

链接

猪的生产发育测定、体尺测量、体重估算。

拓展

牛的杂交育种、猪的杂交育种。

课题一 选 种

动物遗传育种是研究动物遗传、育种的理论和方法的科学，也是研究动物性状的遗传、发育、品质的改良、杂种优势利用及新品种培育的理论和实践的一门综合性学科。内容包括遗传学基本原理和育种原理、方法。育种原理和方法部分包括品种资源、选种选配、繁育方法及杂种优势利用的途径和方法等。

选种就是按照育种目标，选择优秀个体作为种用的过程。

一、选种的基本原理

动物的物种是自然选择形成的。而经过人工选择形成的，对人有一定经济价值的动物，称为家畜。各种家畜都是从野生动物驯养和驯化而来。家畜通过选育成为品种。选种是育种工作的基本手段和技术措施。选种的目的是从畜群中选出符合人们要求的优良个体留作种用，同时把不良个体淘汰。

1. 品种的形成

动物的“种”是生物学分类的单位，是指具有一定形态、生理特征和自然分布区域的生物类群。种是生物进化过程中由量变到质变的结果，是自然选择的产物。品种是畜牧学上的概念，是人们为了某种经济目的，在一定的自然和经济条件下，通过长期选育而形成的具有某种经济价值的动物类群，是自然选择和人工选择共同作用的结果。作为一个动物品种应具备以下条件。

（1）较高的经济价值　这是品种存在的首要条件。作为一个品种，首先必须能满足人类的某种需求，具有较高的经济价值，或是生产力较高，或是能生产某种特殊产品，或是对某一地区具有独特的适应性。

（2）来源相同　凡属同一个品种的畜禽，都有着基本相同的血统来源和相似的遗传基础。如新疆细毛羊的共同祖先是哈萨克羊、蒙古羊、高加索羊及泊列考斯羊。

（3）特征特性相似　同一个品种的畜禽在体形结构、生理功能、重要经济性状、对自然环境条件的适应性等方面都很相似，它们构成了该品种的基本特征，据此可与其他的品种相区别。例如，金华猪是“两头乌”，滇南小耳猪的毛色为黑色等。

（4）种用价值高　品种必须具有稳定的遗传性，才能将其典型的特征遗传给后代。这不仅使品种得以保持下去，而且当它与其他的品种杂交时能起到改良作用，具有较高的种用价值，这是纯种畜禽与杂种畜禽的最根本区别。

（5）有一定的结构和数量

① 结构：指一个品种是由若干各具特点的类群（品系、品族或类型）构成的，即除具有该品种的共同特点外还各具特色。例如，太湖猪可分为二花脸、枫泾、梅山、嘉兴黑猪等类型。品种内存在这些各具特点的类群，即品种的异质性使一个品种在纯种繁育时，仍能继续发展、改进和提高。

② 数量：品种的个体数量多，才能分布广，适应性强，避免近交衰退。我国近年提出，猪 10 万头以上，鸡 20 万只以上，牛马 5000 头（匹）以上，符合品种特征，经有关部门鉴定，才算得上品种。

我国近年提出，申报种猪场有一定的数量要求，如在审定地方畜禽遗传资源场群体规模时规定，种猪场：基础母猪 100 头以上，公猪家系 6 个以上；原种猪场：单品种基础母猪 200 头以上，公猪 12 头以上；种猪扩繁场：单品种基础母猪 60 头以上，公猪 6 头以上，家系 4 个以上。

2. 品种的分类

（1）按培育程度分类

① 原始品种：原始品种是在农业生产水平较低，长期选种选配水平不高，而

又饲养管理粗放的情况下所形成的品种，如蒙古马和蒙古牛。其特点是晚熟，个体相对较小；体格协调，生产力低但全面；体质粗壮、耐粗饲、适应性强、抗病力高。原始品种是培育能适应当地条件而又高产的新品种所必需的原始材料。

② 培育品种：培育品种是人们经过有明确目标选择和培育出来的品种，生产力和育种价值都较高，如黑白花乳牛、长白猪、来航鸡等。

③ 过渡品种：过渡品种是原始品种经过品种改良或人工选育，但尚未达到完善的中间类型，如三河马、三河牛等。过渡品种往往很不稳定，进一步选育，即可成为培育品种。

当然，以上三类品种的划分是相对的，是有条件的。

（2）按生产力类型分类

① 专用品种：由于人们的长期选择和培育，使品种的某些特性获得了显著发展，或某些组织器官产生了突出的变化，从而表现出了专门的生产力。根据这个标准，可将牛分为乳用品种（如荷斯坦牛）和肉用品种（如海福特牛）等；羊分为细毛品种（如美利奴羊）、半细毛品种（如考力代羊）、羔皮品种（如湖羊）、裘皮品种（如滩羊）、肉用品种（如波尔山羊）等；猪分为脂肪型品种（如陆川猪）、瘦肉型品种（如长白猪）等；鸡分为蛋用品种（如来航鸡）、肉用品种（如科尼什鸡）等。

② 兼用品种：是指兼备不同生产用途的品种。例如，乳肉兼用牛（如短角牛）、毛肉兼用羊（如新疆细毛羊）、蛋肉兼用鸡（如洛岛红鸡）等。这些兼用品种，体质一般较健康结实，对地区的适应性较强，但生产力低于专用品种。

随着时代的变迁，生产力类型也会有变化，如黑白花乳牛是乳用品种，但有些地方却培育成了乳肉兼用黑白花牛。

3. 选种的作用与影响因素

（1）选种的作用　人们从畜群中选择出优良的个体作为种用称为选种。选种使品质较差的个体繁殖后代的概率受到限制，使优秀个体得到更多的繁殖机会，产生更多的优良仔畜；结果使群体的遗传结构发生定向变化，即有利基因的频率增加，不利基因的频率减少，最终使有利基因纯合个体的比例逐代增多。

（2）影响数量性状选择效果的因素

① 遗传力：指在整个表型变异中可遗传的变异所占的百分数，一般用符号 h^2 来表示。一般认为 h^2 在 0.5 以上的性状是高遗传力，0.2~0.5 为中等遗传力，0.2 以下为低遗传力。遗传力一方面直接影响选择反应，另一方面也影响选择的准确性。

② 选择差与选择强度：选择差就是所选种畜某一性状的表型平均数与畜群该性状的表型平均数之差。

$$R=Sh^2$$

式中　R——选择反应；

S——选择差；

h^2——性状的遗传力。

从公式 $R=Sh^2$ 可以看出，R（选择反应）值既受遗传力直接影响，也与 S（选择差）值的大小密切相关。选择差的大小决定于畜群的留种率和变异程度。留种率越小，性状在畜群中的变异程度越大，则选择差越大，选择的收效也越大。为了便于比较分析，可将选择差标准化，即除以该性状表型值的标准差（以 σ 代表），所得结果称为选择强度（以 i 代表）。用公式表示：

$$i=S/\sigma;\ R=i\sigma h^2$$

式中　i——选择强度；

S——选择差；

σ——性状的标准差。

在育种工作中，根据所选性状的遗传力和标准差，结合以上两项，查选择强度表，找出与留种比率相应的选择强度，即可预测选择反应。

③ 世代间隔：它以双亲产生种用子女时的平均年龄来计算，即从这一代到下一代所需的平均年数。以猪为例，让公、母猪都在 8 月龄时配种，并在头胎仔猪中留种，则种用仔猪出生时的公、母猪双亲年龄都是 8+4=12（月）。世代间隔（GI）=(1+1)/2=1（年）。如从第 3 胎开始留种，则 GI 延长为 2 年。假如连续选择 4 年，则前者可得 4 代种用仔猪，而后者只能得 2 代；当每世代的遗传改进量相同时，当然 4 年内选 4 代的改良速度要比只选两代快 1 倍。为了缩短世代间隔，可以考虑提前配种、头胎留种和减少老年家畜在畜群的比例等。

④ 性状间相关：性状直径的相关包括表型相关与遗传相关。表型相关是反映同一动物两个性状之间的相互联系，可以根据观测到的表型值进行估计。遗传相关是表示一头动物的这一性状与其后代的另一性状之间的相互联系。需要进行一代或数代选择才能做出估计。两种相关的数值都在-1 和+1 之间。数值前面冠以“正”“负”和“无”表示相关的性质，而以“强”“中”和“弱”表示相关的程度。

⑤ 选择性状的数目：现以单一性状的反应为 1，则同时选择几个性状时，每个性状的反应只有 $1/n^{1/2}$。如果同时选择 4 个性状，则每个性状的进展只相当于单项选择时 $1/4^{1/2}=0.5$。所以选择时一定要突出重点，不是什么性状都同时一起选。

二、畜禽的生产力

1. 生产力的概念

生产力是指畜禽给人类提供产品的能力。

在育种实践中，生产力是重点选择的性状，是表示畜禽个体品质最现实的指标。正确评定并计算生产力，对指导育种工作和进行生产有重要意义。

2. 生产力的种类和主要指标

由于畜禽种类不同，用途及特性各异，因而其产品也各不相同。一般可将畜禽生产力分为产肉力、产乳力、产毛力、产蛋力、役用能力和繁殖力。

① 产肉力的指标：肉用畜禽主要有猪、牛、羊、鸡等，其评定指标主要有经济早熟性、日增重、饲料利用率、屠宰率、瘦肉率、膘厚、眼肌面积、肉的品质等。

② 产乳力的指标：产乳动物有乳牛和乳山羊等，其评定指标主要有产乳量、乳脂率、泌乳均衡性、排乳速度等。

③ 产毛力的指标：产毛的动物有绵羊、山羊、兔和骆驼，其评定指标主要有剪毛量、净毛率、毛的品质（长度、密度、细度）、裘皮和羔皮品质等。

④ 产蛋力的指标：产蛋动物有鸡、鸭、鹅等，其评定指标主要有产蛋量、蛋重、蛋的品质（蛋形、蛋壳颜色和厚度、蛋黄量等）。

⑤ 役用能力的指标：役用动物有马、牛、驴、骡、骆驼等，其评定指标主要有挽力、速度和持久力。

⑥ 繁殖力的指标：繁殖力是指单位时间内畜禽繁殖后代数量的能力，其评定指标主要有受配率、受胎率、分娩率、产仔数、断乳仔畜成活率、繁殖率等。

三、种畜的测定

1. 性能测定

（1）性能测定的概念　性能测定是根据个体本身成绩的优劣决定选留与淘汰。性能测定适用于遗传力高、能够在活体上直接度量的性状，如肉用动物的日增重、饲料利用率、母鸡的产蛋性状等。

（2）性能测定的项目　包括生长发育性能测定、胴体品质测定、繁殖性能测定等。

如种猪的生长发育性能测定一般在 2 月龄、6 月龄和成年（24~36 月龄）三个阶段进行，测定项目包括以下几个部分内容。

① 体重：指测定时称取猪的活重。在早饲前空腹称重，单位为“kg”。

② 体长：从两耳根连线的中点，沿背线至尾根的长度，单位为“cm”。测量时要求猪下颌、颈部和胸部呈一条直线，用软尺测量。

③ 体高：从猪最高点至地面的垂直距离，单位为“cm”，用测杖或硬尺测量。

④ 胸围：用以表示猪胸部发育状况。用软尺沿肩脚后角绕胸一周的周径，单位为“cm”。测量时，皮尺要紧贴体表，勿过松或过紧，以将被毛压贴于体表为度。

⑤ 腿臀围：从左侧膝关节前缘，经肛门绕至右侧膝关节前缘的距离。用皮尺量取，单位为“cm”。腿臀围反映了猪后腿和臀部发育状况，它与胴体后腿比例有关，在瘦肉型猪选育中颇受重视。

⑥ 管围：前肢掌骨上 1/3 处的水平周径，一般量左前肢系部最细处的周径，单

位为“cm”。

（3）性能测定的形式 根据测定场所可分为生产现场测定和测定站测定两种形式。现场测定就是在畜禽所在的农场进行测定，测定结果只供本场选种时应用，测定结果不可靠。目前我国的畜禽育种基本上都是采用现场测定的形式，对于小群体的育种场（如猪场），选种效果较差。测定站测定是把要测定的畜禽集中到同一地点，在同样的环境条件、相同的标准下进行性能测定。因此，即使畜禽来自不同的农场，也可以互相进行比较评选出优劣。在畜牧业发达的国家，通常在生产现场测定的基础上，分别从各个生产现场选出一部分优秀后备公畜，再送到测定站进行比较测定，最后选出更优秀的种畜，从而使畜群水平不断提高。

2. 系谱测定

系谱是系统地记载个体及其祖先情况的一种文件。系谱上的各种资料，来自日常的各种原始记录，要求各世代记录完善，包括产仔记录、称重和体尺测量记录、外形鉴定记录、产品产量记录等。系谱一般记载3~5代，因为代数太远的祖先对种畜的影响很小。系谱测定，多用于种畜尚处于幼年或青年时期，是早期选种必不可少的手段，也可用于对种公畜限性性状的选择。

（1）系谱的形式及其编制

① 竖式系谱：竖式系谱就是按子代在上，亲代在下，公畜在右，母畜在左的格式，对号入座，按次填写。系谱的左半部全为母系祖先，右半部全为父系祖先。本身为第1行，表示0世代。第2行为亲代（祖1代），有父母2个祖先；第3行为祖2代，有祖父母和外祖父母4个祖先；第4行为曾祖代（祖3代），有曾祖父母和外祖父母8个祖先。以此类推。竖式系谱各代血统关系的模式：

			本身					0世代
		母			父			祖1代
母母		母父		父母		父父		祖2代
母母母	母母父	母父母	母父	父母母	父母父	父父母	父父父	祖3代

② 横式系谱：横式系谱（括号式系谱）。它是按子代在左，亲代在右，公畜在上，母畜在下的格式来填写的，系谱正中可画一横虚线，表示上半部为父系祖先，下半部为母系祖先。横式系谱各代血统关系的模式：

- 种畜名字及编号
  - 父
    - 父父
      - 父父父
      - 父父母
    - 父母
      - 父母父
      - 父母母
  - 母
    - 母父
      - 母父父
      - 母父母
    - 母母
      - 母母父
      - 母母母

（2）系谱审查　在实际编制过程中，祖先一般都用名字或编号来代表，各祖先的位置上可以记载生产性能、体尺测量结果等数据资料。体尺资料常用的记载方法是按体高-体长-胸围-管围的顺序填写；产乳性能则按××年-胎次-产乳量-乳脂率的顺序填写。

系谱审查实际是以系谱为基础的选择，它是根据父母和其他祖先的表型值，来推断其后代可能出现的品质，以便在出生后不久，就能决定后裔的选留，此外，通过对系谱祖先选配情况的分析，还可了解它们之间的亲缘关系，近交的有无和程度，为以后的选配工作提供依据。

系谱测定的目的在于通过分析各代祖先的生产性能、发育情况及其他资料，来推断其后代品质的优劣，以便确定其是否留种。具体方法是将被鉴定畜禽的系谱放在一起直接进行比较分析，选出祖先较优秀的个体留作种用。在系谱比较时要遵循以下原则：同代祖先互相比较，即亲代与亲代，祖代与祖代，父系与母系的祖先分别比较；比较时重点考虑亲代，血缘关系越远，影响越小；比较时以生产性能为主，同时注意有无近交和遗传缺陷。

审查时，将两个或多个系谱所列各代祖先的资料分别进行比较，即亲代与亲代比，祖代与祖代比，具体比较各祖先个体的体重、生产力、外形评分、育种值等指标的高低，如此经全面分析权衡，定出排队顺序。

3. 同胞测定

同胞测定就是根据一个个体的同胞成绩，对该个体本身做出种用价值的评定。同胞测定主要用于某些在活体难以准确度量的性状（如瘦肉率）和根本不能度量的性状（如胴体品质）等。根据同胞的生产性能来评定公畜，以代替传统的后裔测定方法，从而缩短世代间隔，加快遗传进展。

（1）全同胞测定　同父同母的子女之间为全同胞。该方法主要用于猪、禽等多胎动物。测定时，将后备种畜各自的全同胞成绩排列比较（不包括测定个体本身的成绩），同胞成绩优秀的个体留作种用。

（2）半同胞测定　同父异母或同母异父的子女之间为半同胞。在家畜育种中，由于公畜配种的母畜数量大，所以多数是同父异母的半同胞。测定时，将后备种畜各自的半同胞排列对比（不包括测定个体本身的成绩），其半同胞成绩优秀的个体留作种用。例如，鉴定乳用公牛的产乳量要有 20 头以上的半同胞姐妹牛的产乳成绩；鉴定公鸡的产蛋量要有 30 只以上的半同胞姐妹鸡的产蛋成绩。

4. 后裔测定

后裔测定是根据后裔的生产性能和外貌等特征来估测种畜的育种值和遗传组成，以评定其种用价值。后裔测定方法最可靠，但需要时间长、投资高，一般多用于种公畜，且主要用于生产性能为限性性状的畜禽，如乳用牛和蛋用鸡。目前，由于 MOET 在育种中应用，在牛的后裔测定中，选择反应显著提高。后裔测定的方法有以下几种。

（1）女母对比法　将女儿成绩与母亲成绩相比较，以判断种公畜的优劣。如女儿成绩超过母亲，认为该公畜是“改良者”，反之则为“恶化者”，成绩相近则为“中庸者”。此法简便易行，但母女年代不同，生活条件难以取得一致。

（2）公牛指数法　由于公牛不产乳，不能度量其产乳量，但公牛在产乳量方面是有遗传影响的。为了衡量公牛产乳量的遗传性能，因而提出“公牛指数”这一指标。其原理是假设公牛和母牛对女儿产乳量有同等的影响，因此女儿的产乳量等于其父母产乳量的平均数，即 $D=(F+M)/2$，转换为公牛指数公式：

$$F=2D-M$$

式中　F——父亲的产乳量（即公牛指数），kg；

D——女儿的平均产乳量，kg；

M——母亲的平均产乳量，kg。

公牛指数法的优点在于对测定公牛的质量有了具体的数量指标，各公牛间可以互相比较。在饲养管理基本稳定的牛群，这种后裔测定方法可认为是一种简单易行又比较正确的方法。

（3）同期同龄女儿比较法　该法在国内外乳牛业中广泛采用。是将被测公牛的女儿与同期产犊的其他公牛的女儿进行比较。这种方法可以克服由于年龄、季节及饲养管理条件对测定结果的影响。

（4）不同后代间比较法　该法可用于鉴定种公畜和种母畜。鉴定种母畜的具体方法是将数头被测定的母畜，在同一时期与同一种公畜交配，所生后代都在同一条件下饲养管理，同一季节生长发育，然后通过对各自后代的资料进行分析，用以判定各母畜的优劣。鉴定种公畜的具体方法是将被测种公畜在同一时期与若干生产性能相似母畜配种，所生后代均在相同条件下饲养管理，通过后代的性能比较，判断种公畜的优劣。

四、选种的方法

1. 单性状选择的基本方法

由于单性状选择中，除个体本身的表型值以外，最重要的信息来源就是个体所在家系的遗传基础，即家系平均数。因此，在探讨单性状选择方法时，就是从个体表型值和家系均值出发。经典的动物育种学将单性状的选择方法划分为下面 4 种。

（1）个体选择　也称为大群选择，只是根据个体本身性状的表型值选择，不仅简单易行，而且在性状遗传力较高时，采用个体选择是有效的，可望获得一定的遗传进展，因此在不太严格的育种方案中往往使用这一选择方法。例如对乳牛仅进行产乳量的选择。个体选择的准确性直接取决于性状的遗传力大小。

（2）家系选择　以整个家系为一个选择单位，只根据家系均值的大小决定个体的去留。家系指全同胞和半同胞家系，更远的家系的信息对选择意义不大。

（3）家系内选择　在稳定的群体结构下，不考虑家系均值的大小，只根据个体表型值与家系均值的偏差来选择，在每个家系中选择超过家系均值最多的个体留种。家系内选择主要应用于群体规模较小，家系数量较少，既不希望过多地丢失基因，又不希望近交系数增量过快，而且性状遗传力偏低，家系内表型相关较大时。因此家系内选择的使用价值主要在于，小群体内选配、扩繁和小群保种方案中。家系内选择的准确性取决于性状遗传力和个体的表型相关，而与家系含量无关。

（4）合并选择　考虑到前 3 种选择方法的优缺点，采取了同时使用家系均数和家系内偏差 2 种信息来源的策略，根据性状遗传力和家系内表型相关，分别给予 2 种信息以不同的加权，合并为一个指数 1，依据这个指数进行的选择，其选择的准确性高于以上各选择方法，因此可获得理想的遗传进展。

2. 多性状选择的基本方法

传统的多性状选择方法有 3 种，即顺序选择法、独立淘汰法和综合指数法。

（1）顺序选择法　又称单项选择法，它是指对计划选择的多个性状逐一选择和改进，每个性状选择一个或数个世代，待这个性状得到满意的选择效果后，就停止对这个性状的选择，再选择第二个性状，然后再选择第三个性状等，顺序递选。以乳牛为例，若需对其产乳量、乳蛋白率和乳腺炎抗病力 3 个性状进行改进，按照单项选择法的原则，先至少用 2~3 个世代时间选择产乳量，然后再对乳蛋白率进行 2~3 个世代的选择，最后再选乳腺炎抗病力。这种选择方法显然不理想，家畜的世代间隔一般较长，要想使所有重要的经济性状都有很大改善则需要很长的时间。

（2）独立淘汰法　也称独立水平法，将所要选择的家畜生产性状各确定一个选择界限，例如，在选择种猪时，对日增重、饲料转化率和背膘厚 3 个重要性状分别制定一个选择标准，凡是要留种的家畜个体，必须同时超过各性状的选择标准。如果有一项低于标准，不管其他性状优劣程度如何，均予淘汰。显然独立淘汰法同时考虑了多个性状的选择，肯定优于顺序选择法。但这种方法不可避免地容易将那些在大多数性状上表现十分突出，而仅在个别性状上有所不足的家畜淘汰掉。然而，在各性状上都表现平平的个体反倒有可能保留下来。

（3）综合指数法　将所涉及的各性状，根据它们的遗传基础和经济重要性，分别给予适当的加权，然后综合到一个指数中。个体的选择不再依据个别性状表现的好坏，而仅依据这个综合指数的大小。这个指导思想与独立淘汰法正好相反，它是按照一个非独立的选择标准确定种畜的选留指数选择，可以将候选个体在各性状上的优点和缺点综合考虑。

课题二　选　配

一、选配的概念与分类

选配就是有计划、有明确目的地决定公母畜的交配。要想取得理想的下一代，不仅需要通过选种技术选出育种价值高的亲本，还要特别注重亲本间的交配体制，即亲本间的交配组合。

选配是选种的继续。通过选配，可以使下一代更理想，更接近育种的方向，更能满足人们的要求。

二、选配的作用

选配的任务就是要尽可能选择亲和力好的公母畜来配种。选配的作用在于：

① 能创造新的变异，为培育新的理想型创造了条件。

② 能加快遗传性的稳定。如使性状相似的公母畜相配若干代后，基因型即趋于纯合，遗传性也就稳定下来。

③ 能把握变异的大方向。选配可使有益变异固定下来，经过长期继代选育后，有益性状就会突出表现出来，形成一个新的品种或品系。

三、选配的分类

选配分为个体选配和种群选配两大类。

1. 个体选配

(1) 品质选配　动物的品质包括一般品质（如体质外形、生产性能及产品质量等）和遗传品质（如育种值的高低）。按交配双方品质的异同，可分为同质选配和异质选配两种。

① 同质选配（选同交配）：同质选配就是选用性状相同、性能表现一致或育种值相似的优秀公母畜来配种，以期获得与亲代品质相似的优秀后代。如高产牛配高产牛、超细毛羊配超细毛羊等。此法对遗传力高的性状，以一个性状为主的选配，效果较好。同质选配的优点是，使畜群逐渐趋于同质化。

在育种实践当中，同质选配主要用于下列几种情况。

a. 群体当中一旦出现理想类型，通过同质交配使其纯合固定下来并扩大其在群体中的数量。

b. 通过同质交配使群体分化成为各具特点而且纯合的亚群。

c. 同质交配加上选择得到性能优越而又同质的群体。

② 异质选配（选异交配）：异质选配就是表型不同的公母畜之间的选配。有两

种情况，一种是选用具有不同优异性状的公母畜相配，以期获得兼有双亲不同优点的后代；另一种是选择相同性状但优劣程度不同的公母畜相配，即以优改劣，以期后代有较大的改进和提高。

在育种实践当中，异质选配主要用于下列几种情况。

a. 用好改坏，用优改劣。例如有些高产母畜，只在某一性状上表现不好，就可以选在这个性状上特别优异的公畜与之交配，给后代引入一些合意的基因，使其表型优良。

b. 综合双亲的优良特性，提高下一代的适应性和生产性能。

c. 丰富后代的遗传基础，并为创造新的遗传类型奠定基础。

（2）亲缘选配　亲缘选配即考虑交配双方亲缘关系远近的一种选配。交配双方有较近亲缘关系的称为近亲交配，简称近交；反之则称为远亲交配，简称远交。

亲缘关系是指两个个体在双方系谱中，7 代之内有共同祖先，及共同祖先出现代数的远近和数量多少，出现的代数越近、数量越多，则亲缘关系也越近。表明亲缘关系程度（近交程度）的方法有：

① 罗马数字表示法。

② 近交系数计算法。

③ 畜群近交程度计算法等。

计算近交系数的方法：

$$F_x = \Sigma\left[\left(\frac{1}{2}\right)^{n_1+n_2+1}(1+F_A)\right]$$

式中　F_x——个体 x 的近交系数；

n_1——一个亲本到共同祖先的世代数；

n_2——另一亲本到共同祖先的世代数；

F_A——共同祖先本身的近交系数；

Σ——将按每个共同祖先计算的值加起来。

例如，种畜 x 的系谱如下：

$$x\begin{cases}S\begin{cases}1\triangle\\2\end{cases}\\D\begin{cases}1\triangle\\3\end{cases}\end{cases}$$

在这一系谱中，1 是既出现在父方，又出现在母方的共同祖先，可以用△标记。1 到父亲 S 的代数（n_1）等于 1；1 到母亲 D 的代数（n_2）也等于 1，共同祖先的系谱不清，此时 F_A 可看作 0。将 n_1 和 n_2 代入公式得：

$$F_x = \left(\frac{1}{2}\right)^{n_1+n_2+1} = \left(\frac{1}{2}\right)^{1+1+1} = 0.125或12.5\%$$

由上式计算得，这一系谱中，个体 x 的近交系数是 12.5%。

近交主要有下列几种用途：

① 固定优良性状。近交使优良性状的基因型纯化，能使优良性状确实地遗传给后代，很少发生分化，同质选配也有纯化和固定遗传性的类似作用，但不如近交的速度快而全面。

② 揭露有害基因。由于近交使基因型趋于纯合，有害基因暴露机会增多，因而可以早期将有害性状的个体淘汰。

③ 保持优良个体的血统。

④ 提高畜群的同质性。近交使基因纯合的另一结果是造成畜群分化，但经过选择，却可达到畜群提纯的目的。

由于近交而表现的繁殖力减退，死胎和畸形增多，生活力下降，适应性变差，体质变弱，生长较慢，生产力降低等称为近交衰退。

近交是获得稳定遗传性的一种高效方法，育种中不可不用。但在具体应用时，应切实做好以下几点：

① 须有明确的近交目的。

② 灵活运用各种近交形式。

③ 控制近交的速度和时间。

④ 一定要严格选择那些体质结实、外形健康正常的个体才可继续近交。

2. 种群选配

种群选配就是根据与配双方是属于相同的还是不同的种群而进行的选配。因为使用相同品系或品种个体，和使用不同品系或品种的个体，以及使用不同种或属的个体相配，其结果是不大相同的。

（1）纯种繁育与杂交繁育的关系　种群选配分为纯种繁育与杂交繁育两大类。纯种繁育是使品种内的个体相配，目的是促使更多的成对基因纯合。而杂交繁育则是使品种间的个体相配，目的是促使各对基因的杂合性增加。

基因的纯合与杂合是同一遗传现象的矛盾两极，它们互为依存、相互促进，只有亲本种群越纯，才能使杂交双方基因频率的差越大，所得杂种优势也才更突出。总之，无论何时何地何畜，都必须执行“本品种选育与杂交改良并举”的方针。

（2）杂交繁育的分类　杂交方法很多，但可做以下分类：按种群远近的不同可分为系间杂交、品种间杂交、种间杂交和属间杂交等。按杂交目的不同，可分为经济杂交、改良杂交和育成杂交等。按杂交方式的不同，可分为简单杂交、复杂杂交、引入杂交、级进杂交、轮回杂交和双杂交等。

课题三 本品种选育与引入品种的选育

一、本品种选育

1. 概念及意义

本品种选育是指在一个品种内部通过选种、选配、品系繁育以及改善培育条件等措施，以提高品种生产性能的一种方法。

本品种选育既包括育成品种的纯繁，也包括优良地方品种的改进和提高。

本品种选育的目的是保持和提高品种纯度，克服某些缺点，全面提高品种质量。本品种选育的基础在于品种内存在着差异，利用这些差异科学地进行选种、选配，就可以使优秀的性状和变异得以巩固，或创造出具有新性状的个体，甚至能使畜群发生根本的改变。因此，当一个品种的生产性能基本上适合市场需求，不用改变生产方向；或具有某种特殊的经济价值，必须保留；或生产性能虽低，但当对当地特殊的自然条件和饲养管理条件有高度的适应性时，都可以采用本品种选育的方法加以保留和提高。

2. 本品种选育措施

（1）地方品种的特点　地方品种是在当地的自然条件和经济条件下经人们长期选育而成的，具有体质健壮、耐粗饲、适应性强、抗病力强等优点。但是，地方品种种类繁多，在生产性能的表现和选育程度上差异很大，有的是生产性能突出，选育程度较高的良种，如金华猪、北京鸭等；有的则生产性能差，选育程度低，如蒙古牛、蒙古马等。因此，对于不同的地方品种，采用的选育措施也应有所不同。

（2）地方品种选育的基本措施

① 建立选育机构，制定选育计划。我国地方品种数量多，分布广。在开展本品种选育时，必须加强领导，建立相应的选育协作组织，这是开展品种选育的组织保证。协作组织建立后，首先要进行品种普查，详细了解该品种的主要性能、优缺点、数量、分布和形成的历史、当地的饲养方式等，然后确定选育方向，制定出统一的选育计划。

② 划定选育基地，建立良种繁育体系。选育基地要划在该品种家畜较为集中的产区。在选育基地内建立育种场、良种繁殖场和一般繁殖饲养场三级良种繁育体系。育种场的任务是建立选育核心群，培育优良的纯种公母畜，供给良种繁殖场。良种繁殖场的主要任务是扩大繁殖良种，供给繁殖饲养场。繁殖饲养场的任务就是饲养种畜。在选育基地内也可逐级建立育种辅导站，指导群众性选育工作。

③ 健全性能测定制度，严格选种选配。育种群的种畜必须按全国统一的有关技术规定，及时、准确地做好性能测定，并建立健全种畜档案。要严格执行选种选配方

案，按照选育目标，采取以同质选配为主，适当结合异质选配的方法，使重点选育的性状得到改良；同时，要严格地选优去劣，不断提高畜群的纯合度。

④ 科学饲养，合理培育。只有在适宜的饲养管理条件下，良种才有可能发挥其高产性能。因此，在开展本品种选育时，应把饲料基地建设、改善饲养管理条件和合理培育放在重要地位。

⑤ 开展品系繁育。品系繁育是加快选育进度、提高优良基因纯度的有效手段。在开展品系繁育时，应根据选育品种的特点和育种场的具体条件，采用不同的建系方法。在品系繁育中，采用“父由子代、母由女替”的留种办法，保持品系中优良品种的血缘。

二、引入品种的选育

1. 引种的注意事项

为了提高畜牧业的生产水平，常常需要从外地或国外引进优良品种、品系或新类型家畜，这项工作称为引种。引种时可以直接引入种畜，也可以引入良种公畜的精液或优良种畜的胚胎。引种的目的除了用于纯繁和直接利用外，主要用于改良当地品种或作为育成新品种的亲本以及用作经济杂交的亲本。改革开放以来，各地都引进了大量的优良种畜，产生了巨大的经济效益。但也出现过不少盲目引种、重复引种的现象，造成了很大的经济损失。为了保证引种成功，必须注意以下问题：

（1）正确选择引入品种　引入什么品种，必须根据需要和可能来确定，既要看引入品种的经济价值和种用价值的高低以及是否为市场所急需，确定有无必要引入，又要看其能否适应当地条件，确定是否适宜引入，这是引种的基本原则。

一个品种的适应性，大体上可从一个品种育成的历史和原产地的条件来判断。一般地说，育成历史悠久，分布地区广的品种，如荷斯坦乳牛、美利奴羊等，适应性比较广泛，引种容易成功；引入品种原产地的气候条件、地理条件、饲养管理条件等方面与引入地区越相近，引种越容易成功。判断一个品种是否适宜引入的可靠办法，是先引入少量个体进行引种适应性观察，经实践证明，其经济价值和育种价值良好，能适应当地条件后，再大量引入。

（2）注意引种方法　引种时对个体的挑选，除了要注意品种特征、体质外形及健康、发育状况外，还应加强系谱及相关资料的审查，注意亲代或同胞的生产性能，防止带入有害基因和遗传病。引入的个体间一般不宜有亲缘关系，公畜最好来自不同的品系。另外，幼畜机体可塑性强，容易适应新环境，选择幼龄的健壮个体，有利于引种成功。引种的时间最好选在两地气候差异不大的季节，以便家畜逐步适应气候的变化。引种前对原产地的疫病流行情况要认真调查，加强检疫。运输途中和引入后初期，要严格执行隔离观察制度，防止带入疫病。

2. 引入品种选育的主要措施

引入品种的特点：一是生产性能突出，对培育条件和育种技术要求较高；二是对新环境存在着适应性的问题；三是数量少，易分散。如果对其选育不当，就可能会使多数个体出现生长发育迟缓，生产性能下降，发病率和死亡率增高，繁殖性能显著降低等现象，而且会有逐代加剧的趋势，这就是所谓的品种退化。因此，对引入品种必须采取以下选育措施。

（1）集中繁殖，逐步推广　引入品种的数量往往有限，如果分散饲养，就会因种公畜过少被迫近交而造成退化。因此，引入的外来品种应由条件较好的种畜场集中饲养、驯化和选育，逐步扩大数量后再向外推广。一般认为，大家畜要保持3头以上公畜和50头以上母畜，才不至于因近交系数的增长而引起有害影响。

（2）合理培育，防止退化　为了使引入品种尽快适应新地区的条件，在引种初期要尽量创造与原产地相似的饲养管理条件，以后随着适应性的增强再逐步改变为新地区的条件，但仍然要保证引入品种的营养需要，并采取相应的饲养管理方式。这样，可以避免引入品种因暂时的不适应而导致品质退化。

（3）加强选种选配，在开展品系繁育　选种时，要把适应性作为选择的重点，将那些在新条件下生长发育良好，繁殖力强的个体选留，严格淘汰有退化表现的个体。在选配上，为了防止生活力下降和品质退化，应避免近亲交配。如果引入品种实在不能适应当地条件，必要时可与当地品种进行导入杂交，使其在保持原有品种基本品质的前提下，增强适应性。对种公畜的使用要合理，防止配种负担过重。有条件的地方应开展品系繁育，在保持外来品种原有优良性状的基础上，改进某些缺点，不断提高其生产性能；还可综合来自不同国家的不同类群的优点，建立适合自己的新品系。

课题四　品系繁育

在畜牧生产中，人们可以利用不同品种的特色（品系）进行杂交，以得到产品的杂种优势，从而提高生产能力或者产量。为了得到杂种优势的最大化，首先要有优质的品系。

在自然界，畜禽一般都是以群体的形式存在，随着生物不断进化，起源于同一个群体的畜禽部分分离或迁移，在自然界的选择和竞争中，逐步独立于原始品种而成为新的品种和类群。这类种群在进化的过程中尚未与原始品种有遗传隔阂，但可能在地理学上或多或少已经有了隔离，随着时间的不断推移，这些地理学隔离群体互相之间会形成各自的生物学特点，久而久之就会不断出现新的品系，这是广义的品系概念。根据这一概念，品系必须具有下列条件：第一，相似的外貌特征；第二，独特的生物学特性；第三，稳定的遗传性能；第四，具有共同的遗传来源和一定的遗传结构。

狭义的品系概念是指来源于同一头卓越的系祖，并且有与系祖类似的体质和生产力的种用高产畜群；同时这些畜禽必然符合该品种的基本方向。从这一概念可以看出，这里所指的品系仅限于系祖建系法建立的品系，范围狭窄。为了避免与广义的品系相混淆，宜改称为单系，意即从单一系祖建立的品系。虽然这个定义强调了具有类似的特征和特性，而把品系和亲缘群体区分开，即狭义的品系不包括亲缘群体中那些与系祖没有类似的特征和特性的个体，但另一方面，它也过分强调了亲缘关系，排斥了通过同质选配建系的可能。

一、品系的类别

在现代生物群体选育中，由于经济用途的不同以及动物种类的不同，品系的分类不仅越来越专业化，而且也越来越细化。由于建系的方法、目的的侧重点不同，品系包括以下类别。

1. 近交系

近交系的培育通常是为了固定某些特殊性状，或者是为了使群体具有较高的基因纯化而进行的建系方法；后者在医用实验动物中随处可见，其目的是得到一个高纯度的遗传群体，个体间在遗传上不存在差异，而且对实验的敏感度高度一致，使得在医学领域中的科学实验结果更加可靠。但在畜牧业实际生产中，近交系的用法则会冒一定的风险，除非特殊需要，否则慎用。因为近交系的建立需要很长时间才能达到遗传稳定性，况且在建系的初始阶段，由于群体必须封闭进行世代选育，有害基因纯合的机会大大增加，会造成个体的淘汰率大幅度增加，为此在经济上需要一定的承受能力。

2. 群系

由具有相似的优良性状的动物先组成基础群，而对是否为同胞或近亲个体不加考虑。然后实行群内闭锁繁育方式，巩固和扩大具有该优良特征特性的群体，所建立的品系就称为群系。

群系一般在培育新品系时常用，当人们发现原群体中某些个体特别优秀，或者某些个体的某些性状特别突出时，就把这些个体挑选出来另组群体，然后进行封闭群内选种选配，形成有别于原群体的特色群体。

3. 专门化品系

在某一方面具有特殊性能，并且提供专门与其他品系杂交的品系，称为专门化品系。专门化品系在畜牧生产上的应用已经非常广泛，尤其是在提高动物商品生产力方面，大量的实践证明这是一种非常有效的生产方式。比较常用的专门化品系的培育方式按照父系和母系分别进行，而且父系和母系各自有其突出的性状特点，以使在商品配套生产中能得到最大的杂种优势。作为父系，其突出的优势是以生产性状如生长速度、饲料报酬、瘦肉率等为主，而作为母系则以繁殖性状如产仔数、断乳仔数等母性性状为主。专门化品系具有以下优点：

（1）提高选择进展　专门化品系一般以生产性状培育父系，繁殖性状培育母系为主要方法，而这两类性状在不同的系中进行选择，要比在一个系中同时选择效率要高得多，特别是当性状间存在负相关时。

（2）在杂交体系中具有互补性　由于专门化品系是以主选性状建系为原则，所以具有这些性状的特点，在与其他品系进行杂交时就会发挥这些性状的优势，对这些品系进行补充。

（3）增加杂种优势　专门化品系的选育使动物个体的数量性状基因相对纯合，在实际商品生产中则会得到更大的杂种优势，扩大了杂种优势的利用。

4. 地方品系

在分布较广泛、品种数量较多的品种中，往往由于各地自然地理条件、饲料种类和管理方式不同以及地区性的选择标准的差异而形成品种内的不同地方类群，称为地方品系。

5. 突变系

在实验动物中经常利用一些基因突变的情况，以这些基因突变为基础建立群体，再进行封闭选育，形成的品系称为突变系。

6. 合成系

由 2 个或 2 个以上的品种或品系进行杂交以后，经过若干个世代的群体继代法选育，使这些参加杂交的品种优点基本固定下来，形成有综合性状优势的品系。根据原始品系的性状特点，可以定向选育成专门化品系。

7. 单系

单系是指来源于同一头卓越系祖，并且具有与系祖相似的外貌特征和生产性能的高产畜群。根据现代的育种观点，品系应该是一个更广泛的概念，严格地讲，这种传统意义上的品系已不能代表现代品系的含义，应该称为单系。

二、品系的建立方法

在以上不同品系的类别中，每种类别都会因其特点的不同而采用不同的建系方法。此外，有些类别之间因建系阶段的不同而互相联系，如杂交系（杂交改良初期建立起来的系）和合成系之间先建立杂交系，在杂交系的基础上对群体进行一定时间的选育后，形成合成系。无论用什么方法来建立品系，其目的都是为了能利用优良基因，并且能把这些优良基因保留下来为人类服务。所以，尽管有不同的建系方法，但最终都是为了建立基因库，在需要的时候随时调用即可。

品系建立的方法有很多种，但基本上按照品系的类别来区分，在实际育种工作中的建系方法主要有以下几种。

1. 系祖建系

采用系祖建系法建立品系，首先要在品种内选出或培育出系祖。突出的优秀个体，不仅有独特的遗传稳定的优点，而且其他性状也达到一定水平，才能作为系祖。这种建系方法只选择一头卓越的公畜作为系祖，选留其最优秀的后代（能够完整地继承并遗传系组品质的个体）作为继承者，通过选配（一般是中亲交配），把系祖的优良品质变为群体所共有的稳定特性，形成类似系祖品质的单系。这种建系方法虽然可使系祖的优秀性状具有较强的遗传优势，有较高的育种价值，但此法特别突出一个系祖及其继承者的遗传品质，强调中亲交配，追求世代进展、逐步提高，因而建系时间长，所建品系只能接近或维持系祖水平，畜群改良速度慢。系祖的标准是相对的，不能脱离实际地要求十全十美，选择系祖时可以允许次要性状有一定的缺点，但应不太严重。该建系法在大家畜中比较常用，但在选择优秀个体时必须注意的是：作为一个系祖，最主要的不是优良表型，而是优良基因型。

在系祖建系时除了必须选择有突出性状的个体外，在保证系祖的选种选配的基础上，还必须加强对后代的培育和选择。系祖的后代并非全部是品系的成员。所以，进一步选出品质最优秀且能将其从系祖继承来的优良类型完整地遗传下去的个体作为系祖的继承者。继承者应力求选择公畜，以迅速扩大系祖的影响。后代的数量要尽可能多，以免影响找到可靠的继承者，影响品系的质量。

2. 近交建系

近交建系是在选择了足够数量的公母畜以后，根据育种目标进行不同性状和不同个体间的交配组合，然后进行高度近交，以使更多的基因位点迅速达到纯合，通过选择和淘汰来建立品系。它和系祖建系法的区别，不仅在于近交程度的不同，而且近交方式也不同。它不是围绕一头优秀个体进行近交，所以建立近交系时首先要建立基础群。

最初的基础群要足够大，母畜越多越好，公畜数量则不宜过多，而且相互有亲缘关系。基础群的个体不仅要求性能优秀，而且它们的选育性状相同，没有明显的缺陷，最好经过后裔鉴定。建系前应设法排除具有隐性不良基因的个体，因为以后在采用高度近交时的基因纯合速度很快，隐性不良基因不久就会表现出来而不利于近交系的建成。因此基础群的个体应严格选择，母畜最好来自生产性能已经测定的同一家系，公畜最好经过后裔测定证明是优秀的个体，同时还经过测交证明它未带有隐性的致死、半致死等有害基因。

近交系的建立一般采用全同胞交配或亲子交配的方法，在家禽育种或实验动物育种中常见。由于这两种方法均存在衰退的风险，因此可以采取将基础群分成一些小群，分别建立近交支系，然后综合最优秀的支系建立近交系。

在实际应用近交时，既要考虑亲本个体品质的优秀程度和纯合程度，也要注意配偶家畜间的关系。个体品质较好的，血统来源较混杂的，采用的近交程度可以较高。开始应用时可以较高，以后则通过分析上一代的近交效果来决定下一代的选配方式。如近交后效果很好，则应继续对优秀后代进行较高程度的近交，以迅速巩固其优良品质。如果出现衰退现象，则应暂时停止近交。

3. 专门化品系的培育

专门化品系是按照育种目标进行分化选择育成的品系，每个品系具有某方面的优点，承担专门的任务。

（1）明确建系目标　根据育种目标和实际条件，初步确定采用几系配套杂交生产商品代，确定培育多少个专门化品系，确定父系和母系，将重要经济性状分配到不同的专门化品系中作为目标性状，进行集中选择。在一个群体内集中太多的性状是不可能的，因为选择的性状数目越多，每个性状在单位时间内的遗传进展越小。而将各种性状按其遗传特性或杂交配套的要求分散到不同的群体中去选择，每个专门化品系突出1~2个重要经济性状，则可以加快遗传进展，加快系内目标基因型纯合的速度。

（2）组建基础群　用群体继代选育法建立专门化品系时，基础群是基本素材，一旦闭锁，中途一般不再引入新的种畜，因此，组建一个好的基础群对将来育成的专门化品系起着十分重要的作用。

① 基础群来源：专门化品系可在纯种基础上建系，在生产上一般采用繁殖性能良好的品种建成母系，而具有生长性能和胴体性能的品种建成父系。专门化品系在2个或2个以上品种及品系的杂种基础上建系，这样培育出的专门化品系实际上是一种合成系，其优点是通过杂交扩大了变异，能较快地形成理想中的杂交亲本，但此法要求基础群规模大些，否则不容易成功。

② 基础群的质量：基础群的遗传质量直接影响到选育的进展和建立专门化品系的质量。因此，必须具备以下三个条件。首先，基础群必须具有广泛的遗传基础，可利用系谱等有关资料与外貌评定、全群普查及现场选择等形式，尽量拓宽基因来源，从而构成遗传变异宽广的基础畜群。也就是说，不能要求基础群是整齐的，而要求基础群内的个体具有较大的遗传变异。其次，基础群内个体要有突出的优点，以某一特定性状目标组成群体时，该特定性状必须高于全群平均水平，具有较大的选择差，以保证基础群具有较高的增效基因频率。除主选性状突出外，其他性状的表型值也应合格，更不应带有隐性有害基因。再次，基础群内每个个体的近交系数最好为零。如果限于条件，也应力求大部分个体不是近交，即使有近交，近交系数也要求尽可能低。基础群内的公畜之间没有亲缘关系，以免过早地被迫进行高度的近交。

③ 基础群的规模和公母比例：如果基础群太小，会造成目标基因和目标性状的变异相对贫乏，降低选种效率，导致近交程度增加过快。基础群太大，虽然对选种有利，但受到现场测定能力、畜禽容量、测验费用等的限制。因此，要在权衡两方面利弊的基础上确定群体的大小。基础群应有一定数量的个体，并维持适当的公母比例。具体数量可根据家畜类型和条件情况决定，其作用是确保选种时的选择强

度和避免近交过快。一般认为猪每世代应有 10 头公猪和 100 头母猪，鸡一般以 200 只公鸡和 1000 只母鸡为宜。

（3）选择方案和选择方法

① 选择方案：用群体继代选育法建立专门化品系时，畜群必须闭锁，更新用的后备畜禽都应从基础群的后代中选择。当基础群封闭后，近交系数就会逐代上升，这意味着基础群内各种各样的基因将通过分离而重组，并逐步趋向纯合。经过若干代严格选择，就可以使原始基础群变为具有共同优良特点的品系。

② 选择方法：从基础群开始，每世代所选留的公母数相同，且保持一定的比例，要求每世代家畜集中在短时期内出生，并在相同管理条件下生长和生产，然后根据本身、全同胞或半同胞的生产性能进行严格的选种。选留时要照顾到每个家系，一般每一家系都应留下后代，优秀的家系可以多留一些，优秀个体是否继续参与下一世代繁殖，应权衡提高选种的准确性和群体近交程度的具体情况来决定。一般情况下，经过 4~6 代的闭锁繁育，品系的特点得到进一步巩固和加深，类群达到相当数量时，品系就基本建成。

（4）平均近交系数　用群体继代选育法建立专门化品系时，由于采用的是小群体封闭式多世代连续选择，不可避免地会加快群体的近交程度，群体的平均近交系数会逐代上升。

专门化品系的平均近交系数低于近交系，但又高于品种内个体间的亲缘系数。一般要求在建立专门化品系时 5~6 代后平均近交系数不超过 10%~15% 为宜。

（5）配合力测定　培育专门化品系的主要目的是为了在杂交生产中充分利用专门化品系的特殊配合力。一般要求从第三世代开始，每一世代都要进行配合力测定，以检验专门化品系的一般配合力，以及专门化品系在配套杂交中的地位，同时找到最佳的杂交组合，以便于在生产中推广应用。

4. 专门化品系的优点

（1）有可能提高选择进展　生产性状和繁殖性状这两类性状分别在不同的品系中进行选择，一般情况下，会比在一个品系中选择两类性状其效率要高些，特别是当性状间呈负相关时。

（2）专门化品系用于杂交体系中，有可能取得互补性　在作为杂交父本和母本的不同系中分别选择不同的性状，然后通过杂交把各自的优点结合于商品畜个体上，从理论和实践上看，效果是比较好的。

项目小结

本项目介绍了什么是品种、品系选种等内容。重点要掌握系谱的审定、生产力测定的方法等。重点是近交系的应用。

技能考核项目

1. 口述什么是品种，构成一个品种需要哪些条件。要求在 5min 内完成。

2. 口述专门化品系的概念是什么，专门化品系的优点有哪些。要求在 5min 内完成。

复习思考题

一、名词解释

品种　选种　选配　专门化品系　合成系　突变系

二、简答题

1. 构成品种的条件有哪些？
2. 什么是专门化品系，专门化品系有哪些优点？
3. 引入品种选育的主要措施有哪些？

项目二 杂交改良方案的设计

知识目标

1. 理解杂交、杂交改良和杂种优势的概念。
2. 了解杂种优势产生的理论基础。
3. 掌握杂交改良的基本方法。
4. 熟悉杂种优势利用的方法和步骤。
5. 熟悉产生杂种优势的杂交方法。

技能目标

能够针对本地畜牧业生产中的实际情况，设计畜禽杂交改良方案。

链接

动物生物化学、组织胚胎学。

拓展

猪的育种、牛的育种。

课题一　杂交改良方法

在遗传学中，一般把两个基因型不同的纯合子之间的交配称为杂交。在畜牧生产中，杂交是指不同种群（种、品种、品系）的公母畜禽交配。不同品种或品系杂交产生的后代称为杂种，不同属、种之间杂交产生的后代称为远缘杂交。由于杂交可综合双亲的优良性状、改变家畜的生产方向，以及产生杂种优势等作用，所以在畜牧业生产中，杂交是用来改良品种、提高畜牧业生产水平的常用方法。

杂交改良一般适用于生产性能低下、质量不能满足市场需要的地方品种。为了快速提高其生产性能，一般用外来品种与之杂交。杂交改良方法是影响杂交成效的主要因素，所谓杂交改良方法就是指在一个杂交组合里所用的杂交亲本数目和各个杂交亲本使用的先后顺序。杂交改良的方法包括导入杂交、级进杂交和育成杂交三种。

一、导入杂交

导入杂交又称引入杂交，是以原有品种为主，在保留原有品种基本品质的前提下，通过导入另一品种基因成分来克服和改进原有品种个别缺点的杂交方法。

1. 导入杂交的方法

导入杂交一般选用与原有品种基本上同质，需要导入优良品质方面表现突出的品种作为父本，而以原有品种作为母本，杂交后代再与原有品种回交，使导入品种基因成分占 25%，进行横交固定（杂种自群繁育）。如果原有品种品质尚不能完全保持，也可再与原有品种回交，使后代含导入品种基因成分占 12. 5%，以后在这些后代间横交固定（图 2-1）。

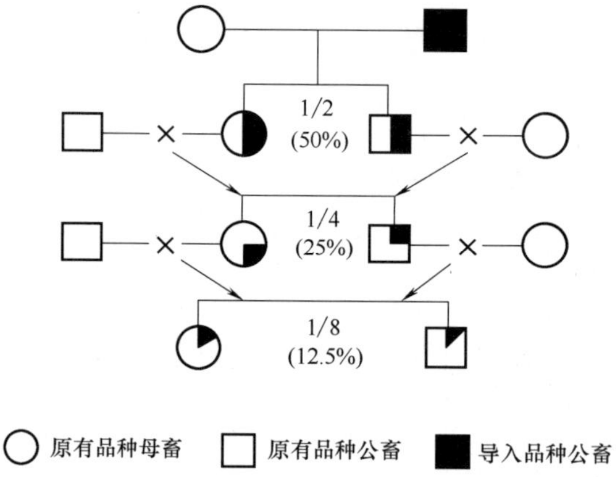

图 2-1　导入杂交示意图

2. 导入杂交的适用范围

（1）原有品种基本上符合要求，但还存在个别性状需要改进，用本品种选育又难以奏效时，可考虑采用导入杂交。例如，荣昌猪用长白猪进行导入杂交，改进其体型和四肢软弱的缺点，取得了明显的效果。

（2）不改变畜种的生产方向，只需要加强或改善其生产力。如一个基本符合要求的瘦肉型猪群体，由于体格过小而且产肉量低时，可以选用一个大型的瘦肉型猪品种进行导入杂交。

3. 导入杂交的注意事项

（1）亲本的选择　导入品种必须与原有品种基本同质，生产方向基本相同。导入品种的公畜（也可导入母畜）必须严格进行选择，要求具有针对原来品种缺陷的显著优点，而且这一优点能够稳定遗传，导入公畜最好经过后裔测验。

（2）加强亲本及杂种的培育　导入杂交需选用优良母畜与导入品种公畜杂交一次，所产杂种后代又将与原来品种进行回交。因此，一方面要对亲本和杂种加强选育，进行严格的选种和细致的选配，防止在几代以后退回到原来的水平。另一方面要提供必需的培育条件，创造有利于导入品种优良性状表现的饲养管理条件，是导入杂交成功的重要保证。

（3）导入外血量要适当　采用导入杂交时，坚持以原有品种为主，一般导入外血的量不超过1/8~1/4，导入外血量过多，不利于保持原来品种的特性。如原来品种与导入品种在主要生产性状及特性方面差异不大，在回交一代（含25%外血）后就可暂时在引血群内横交。如差异过大，则应在回交二代（含12.5%外血）后进行横交。在引血群内选出所需要的纯合子作种畜，然后用以提高整个品种，单纯依靠外血难以巩固所需要的性状。

（4）限定范围　必要时地方品种的本品种选育过程中可采用导入杂交，但应注意杂交只宜在育种场内进行，切忌在良种产区普遍推行，以免造成地方良种混杂。在育种场内一般也只进行少量杂交，还要保留一定规模的地方良种纯繁，供回交时使用。为了试验，也可导入少量外来品种的母畜作改良者。导入母畜进行杂交，至少有两个明显的特点：一是母畜影响面比较小，在试验阶段对整个品种或畜群不致有很大的影响；二是由于有些性状受母本影响大，这样的导入杂交有可能使某些性状的改进效果更好。

二、级进杂交

级进杂交又称改造杂交或吸收杂交。这种杂交方法是以导入品种为主、原有品种为辅的一种改良性杂交。级进杂交是提高本地畜种生产力的一种最普遍、最有效的方法，当原有品种需要做较大改造或生产方向根本改变时使用（图2-2）。

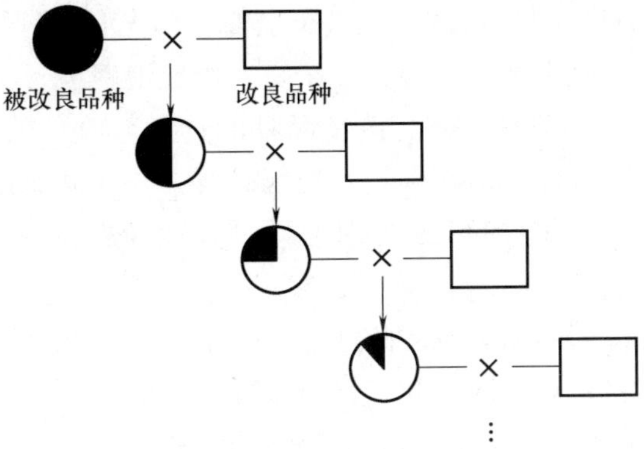

图2-2　级进杂交示意图

1. 级进杂交方法

以改良品种的公畜（导入品种）与被改良品种的母畜交配，产生的杂种母畜连续与改良品种的不同公畜交配（杂种公畜不留种），直到获得理想的类群再进行自群繁育。一代杂种含改良品种的基因成分为50%，二代为75%，三代为87.5%，如此类推。四代以上杂种通称高代杂种。级进杂交在我国畜禽育种中应用较早，尤其是在粗毛羊改为细毛羊，役用牛改为乳用牛和肉用牛方面取得了显著成效。

2. 级进杂交的适用范围

（1）改造生产性能低的品种　当原有品种生产性能低，不能满足国民经济需要时，可用级进杂交方法提高其生产性能，例如我国黄牛耐粗耐劳、适应性强，但是产乳量很低。为了提高产乳量，我国北方大部分地区利用荷斯坦牛改良当地黄牛，取得了明显的成效。

（2）改变畜群的生产方向　如役用牛改成乳用牛，粗毛羊改成细毛羊，都可以采用这种杂交方法。如在黄牛向乳用方向改良的过程中，不少地方用级进杂交，已获得了许多成功的经验。

（3）经济有效地获得大量“纯种”家畜　应用优良纯种公畜改良当地家畜，经过4~5代级进杂交后，杂种在体质外形上和生产性能上都已非常接近“纯种”。所以，有些国家将这些高“血统”杂种登记为“纯种”。这种获取“纯种”家畜的改良途径，省去了购买纯种家畜的大量资金，非常经济有效。

（4）获得大量适应性强且生产力高的家畜　在条件比较艰苦而又难以很快改良，从而不能很好培育优良生产性能高的家畜的地方，可以用生产性能良好的家畜作为改良品种，与能适应当地条件但生产力差的品种进行级进杂交。如果改良代数适当，杂种表现为适应性强且生产力高。

3. 级进杂交注意事项

（1）明确改良的具体目标　进行级进杂交前，首先必须有明确的目标。根据目的不同，制定具体的杂交方案，避免盲目杂交，造成浪费。

（2）选好改良品种和改良个体　改良品种的选择与改良效果的关系极为密切。选择时要认真考虑地区条件、地区规划及地区需要，并在此基础上根据各有关品种的特性和特点做好判断。适宜的改良品种必须是该地区需要的、有发展前途的、生产力高的品种。

改良用畜无论公母都必须有较高的性能，除了生产性能高、能满足畜牧业发展需要外，还要特别注意其对当地气候、饲养管理条件的适应性。因为随着级进代数的提高，外来品种基因成分不断增加，适应性的问题会越来越突出。

（3）杂交代数要适当　级进到几代好，没有固定的模式。但不是代数越高越好，随着杂交代数的增加，杂种优势逐代减弱，因此实践中不必追求过多代数，一般级进2~3代即可。过高代数还会使杂种后代的生活力、适应性下降。事实上，只要体形外貌、生产性能基本接近用来改造的品种就可以固定了。原有品种应当有一定比例的基因成分，这对适应性、抗病力和耐粗性有好处。

（4）加强对杂种的培育与选择　级进杂交中，要注意饲养管理条件的改善和选种选配的加强。随着级进代数的增加，生产性能不断提高，培育条件要相应改善，一般要求饲养管理水平也有相应提高。同时对杂种后代要严格选择，淘汰性能低下及遗传性不稳定的个体。

三、育成杂交

利用两个或两个以上的品种进行杂交培育新品种的杂交方法称为育成杂交，又称创造性杂交。育成杂交的创造性主要表现在综合参与杂交品种的优点，创造新的类群。如果本地品种具有某种优点，但不能满足国民经济的需要，而且又无别的品种可以代替；或者需要把几个品种的优点结合起来育成新品种，便可采用育成杂交的方法。

1. 育成杂交的方法

育成杂交没有固定的杂交模式，它可以根据育种目标的要求，采用级进杂交，或者多品种交叉杂交等方法，以达到育成新品种的目的。例如我国新疆毛肉兼用细毛羊采用四个品种，经过复杂育成杂交育成；新淮猪是用大约克夏猪和淮猪进行正反杂交育成的。

2. 育成杂交的类型

（1）根据所用品种个数分类

① 简单育成杂交：指只用两个品种进行杂交来培育新品种。这种育种方法成本低、简单易行，而且新品种的培育时间较短。采用这种方法，一是要求选用的两个品种其遗传基础要清楚，要包含所有新品种的育种目标性状，优点能互补；二是在培育前需要设计杂交培育方案。杂交方式、培育条件及整个工作内容及工作进度、预计目标等，都要有一个完整的设计方案，这样有助于目标的完成。

② 复杂育成杂交：如果根据育种目标的要求，选择两个品种仍然满足不了要求时，可以多用一两个甚至更多一些品种，这种用三个以上的品种杂交培育新品种的方法，称为复杂育成杂交。所用品种多的好处在于杂交后代的遗传基础丰富，可综合多个品种的优良特性。但也不是越多越好，杂交所用的品种越多，后代的遗传基础越复杂，需要的培育时间也往往相对越长。

（2）根据育种目标分类

① 改变家畜主要用途的育成杂交：如将毛质欠佳、满足不了纺织需要的肉用、兼用型绵羊与细毛羊杂交，培育细毛羊或半细毛羊新品种。改变家畜主要用途的杂交育种，一般要选用一个或几个目标性状符合育种目标的品种，连续几代与地方品种杂交，在得到质量与数量性状均满足要求的杂交后代后，进行自群繁育。我国的

东北细毛羊就是用这种方法育成的。

② 提高生产性能的育成杂交：培育高生产力水平的家畜新品种，对畜牧业生产的发展有着重要的意义。许多地方开展了提高生产能力的杂交育种，例如，北京黑猪、新淮猪、黑白花乳牛和草原红牛的培育等。

③ 提高适应性和抗病力的育成杂交：许多著名的畜禽品种都有最适宜自己生活和发挥最好生产潜力的自然环境条件，当把这些品种引入到环境条件不同的地区时，要求这些品种对新环境有一定的耐受能力。于是就有必要培育具有适应性强和抗病力好的品种。国外用对适应热带干旱条件且不得焦虫病的婆罗门牛与短角牛杂交育成的圣格鲁迪牛，可同时能耐炎热和抗焦虫病。我国地域辽阔，生态环境不仅复杂，有些还极为特殊。

（3）根据育种工作的起点分类

① 在现有杂种群基础上的育成杂交：用外来品种与地方品种杂交，常常希望短期内能提高地方品种的生产性能，取得立竿见影的效果。但是这种“短、平、快”的改良效果不能持久，也不能稳定遗传，而且“改良”后的家畜既不像地方品种，也不如引进品种。于是，人们希望以这些杂种家畜为基础，培育一个兼具当地品种和引进品种优点的新品种。例如我国的三河牛、三河马等就都是在群众性杂交改良基础上培育的。

② 有计划从头开始的育成杂交：培育家畜新品种是畜牧业生产上的一项基本建设。为了保证进度和保证质量，一般应在工作开始前根据国民经济的需要、当地的自然条件和基础家畜的特点，进行细致的分析和研究，然后以现代遗传育种科学的理论为指导，制定出目的明确、依据可靠、目标具体、方法可行、措施有力和组织周密的育种计划。在执行计划中要严格选择杂交品种和个体，培育工作要做好。有计划从头开始的杂交育种可使工作少走弯路，加快进度，缩短育种时间，并且育出高质量的新品种。如拉康白猪是在1947—1957年用长白、巴克夏与捷斯特白猪有计划杂交育成的品种。中国美利奴羊的培育也是有计划从头开始的。1972年，以澳洲美利奴羊为父本，波尔华斯羊、新疆细毛羊和军垦细毛羊为母本，进行有计划的复杂育成杂交，1985年12月经鉴定验收，正式命名为中国美利奴羊。

3. 育成杂交的步骤

（1）确定育种目标和育种方案　建立明确的育种目标非常必要，没有明确的指导思想，会使育种工作盲目性大、效率低、时间长、成本高。首先应在掌握国内外进展，调查分析当地自然经济条件、市场走向与潜在需要以及品种资源情况的基础上，确定选育新品种（或品系）主要的目标性状所要达到的指标以及杂交用的亲本及亲本数，初步确定杂交代数，每个参与杂交的亲本在新品种血缘中占多少比例等。实践中也要根据实际情况进行修订与改进，灵活掌握。

（2）杂交创新阶段　采用杂交手段（将具有不同优良性状的不同品种进行杂

交)，实现基因重组，扩大遗传变异（产生各种变异类型，包括新类型)，通过测定、选择和选配，创造出兼具诸杂交亲本优点的新的理想型杂种群。此阶段的工作除了选定杂交品种或品系外，每个品种或品系中与配个体的选择、选配方案的制定、杂交组合的确定等都直接关系到理想后代能否出现。因此，有时可能需要进行一些试验性的杂交。由于杂交需要进行若干世代，所采用的杂交方法如导入杂交或级进杂交，要视具体情况而定，灵活掌握。理想个体一旦出现，就应该用同样方法生产更多的这类个体，在保证符合品种要求的条件下，使理想个体的数量达到满足继续进行育种的要求。

(3) 自繁固定阶段　这一阶段从杂种自群繁殖起至稳定遗传性为止。此时要求停止杂交，进行理想杂种群内的自群繁育（或称横交，即杂种群内理想型个体的相互交配)，以期使目标基因纯合和目标性状稳定遗传。主要采用同型交配方法，有选择性采用近交。对于个别十分突出的理想型杂种公畜，为了迅速地巩固其优良特性并使其特性能传递给后代，甚至可连续进行父女交配或兄妹交配。例如，乌克兰草原白猪是世界上快速培育新品种的典型例子之一，归功于对种猪极其严格的挑选和较高度的近交。当然，近交的程度以未出现近交衰退为度。在选择理想型杂种准备自群繁殖的过程中，对特别具有某一重要优点且相当突出的个体，可考虑围绕其建立品系。这一阶段，以固定优良性状、稳定遗传特性为主要目标。同时，也应注意饲养管理等环境条件的改善。横交固定一般在育种场内进行。

(4) 扩群提高阶段　在前阶段虽然培育了理想型群体或品系，但是在数量上毕竟较少，还不易避免不必要的近交；在数量上也还没有达到成为一个品种的起码标准。因此，这个阶段应大量繁殖已固定的理想型畜群，增加其数量和扩大分布地区，着手培育新品系，建立品种整体结构和提高品种质量，这是建成一个新品种必备的条件。在横交固定阶段已建立的品系，应予以扩大。还可利用品系间杂交，使后代获得更多的优良特性，进一步提高品种的质量。在增加数量和质量的同时，可逐步推广品种，使之获得广泛的适应性。

这一阶段开始时定型工作虽已结束，但为了加速新品种的培育和提高新品种的质量，还应继续做好性状测定、选种、选配以及饲养管理等一系列工作。不过这一阶段的选配有着鲜明的特点，那就是不一定再强调同质选配了，而且开始转入非近交。选配方法上应该是纯繁性质，一般不许杂交。

课题二　杂种优势利用

一、杂种优势的表现

杂种优势是指杂种后代（子一代）在生活力、生长发育和生产性能等方面的表现优于亲本纯繁群体。如某一良种羊群体平均体重为40kg，本地羊群体平均体重为30kg，两者杂交后产生的杂种群体平均体重为36kg，这就表现出了杂种优势。杂种优势是当今畜牧业生产中一项重要的增产技术，已广泛应用于肉鸡、蛋鸡、肉猪、肉羊、肉牛生产。

但也应注意到，杂种并不是在所有性状方面都表现优势，有时也会出现不良的结果。杂种能否获得优势，其表现程度如何，主要取决于杂交用的亲本群体质量和杂交组合是否恰当。如果亲本缺少优良基因，或双亲本群体的异质性很小，或者不具备充分发挥杂种优势的饲养管理条件等，都不能产生理想的杂种优势。

二、杂种优势产生的理论基础

一般认为，杂种优势与基因的非加性效应有关。目前，对产生杂种优势的机制有几种学说，即显性学说、超显性学说、上位学说和遗传平衡假说。显性学说认为，杂种优势是由于双亲的显性基因在杂种中起互补作用，显性基因遮盖了不良基因的作用结果。超显性学说则认为杂种优势是等位基因的异质状态优于纯合状态，等位基因相互作用可超过任一杂交亲本，从而产生超显性效应。而上位学说强调的是非等位基因间的互作，有时表现为显性上位，有时表现为隐性上位。遗传平衡学说则认为，在基因型不同的个体间杂交时，杂种后代性状将具有不同比率的遗传平衡，其大小与亲本相比将出现增高或减小的变化。关于杂种优势遗传原理，这几种学说都各自从不同角度解释了杂种优势现象，虽都不够全面，但都包含了一些正确看法。这些学说都只是杂种优势理论的一部分。近年来的许多研究更多地支持了这一观点。分子遗传学的研究对基因有了新的认识，发现基因间的作用相当复杂，难以明确区分显性、超显性、上位等各种效应。实践证明，杂种优势现象极其复杂，不同性状有不同的杂种优势率，即使同一性状在不同试验或生产条件下也可能有不同的杂种优势率。采用的杂交方式不同，参与杂交的种群及组合不同，杂种优势大小有明显的差异，高的可达30%~50%，低的仅5%~10%，有时甚至出现负值。

三、杂种优势利用的方法和步骤

杂种优势利用必须有计划有步骤地开展。杂种优势利用既包括对杂交亲本的选优和提纯，又包括对杂交组合的筛选。既有杂交，又有纯繁。它是一整套综合措施。

1. 杂交亲本的选优与提纯

要想成功地开展杂种优势利用工作，获取最佳经济效益，对杂交用的亲本种群的选优和提纯，是杂种优势利用工作的两个基本环节。只有当杂交亲本具有优质高产的遗传基因，能产生明显的显性效应和上位效应，杂种才能显示出杂种优势。

选优，即通过对亲本种群的选择，使亲本群体高产基因的频率尽可能增加。提纯，即通过选择和近交使得亲本群体在主要性状上纯合基因型频率尽可能扩大，个体间差异尽可能缩小。选优与提纯是两个不可截然分开的技术措施，它们是相辅相成，同步进行的一个过程。只有增加了优良基因的频率，才有可能使这些优良基因组合成优质基因型，使种群中纯合子的频率尽可能增多。故杂种优势的利用必须在纯繁基础上进行，亲本越纯，杂交亲本双方的基因频率差异越大，配合力测定的误差越小，所得的杂种生产性能更高，外形体质更加一致，更加规格化。在猪、鸡的生产中，由于事先选育出优良的近交系或纯系，然后进行科学杂交，从而获得了强大的杂种优势，取得了显著的生产效果和良好的经济效益。

选优和提纯的较好方法是品系繁育，用群体品系或近交系建立配套品系，再经配合力测定，筛选最优组合推广应用。用品系繁育方法选优和提纯的优点在于，品系比品种数量小，便于控制，能较快完成选优和提纯，有利于缩短培育亲本的时间。

2. 杂交亲本的选择

在生产中，杂交亲本的选择应按照父本和母本分别选择。

（1）母本的选择　要选择本地区数量多、分布广、适应性强的品种或品系作母本；良好的母本应具有繁殖力强、母性好、泌乳力强等特点。母畜不宜选用大型品种，体格大的个体对营养的维持需要量大，饲料报酬低。

（2）父本的选择　首先要选择生长速度快、饲料利用率高、胴体品质好的品种或品系作为父本。其次要考虑适应性和种畜来源问题。一般父本多选择外来优良品种。

3. 杂交效果的预估

不同杂交组合的杂交效果差异往往比较大，如果每个组合都要通过杂交试验，测定配合力的工作量很大，而且费时费钱。实际上也没有必要进行两两之间的杂交组合试验。在做配合力测定之前，可以根据种群的来源和种群的生产类型作预测和分析。对明显不合要求的杂交组合可不做杂交试验。

（1）一般情况下，分布地区距离较远，来源差别较大，类型特征不同的品种间或品系间杂交，可望获得明显的杂种优势。

（2）长期与外界隔离的封闭畜群，用作杂交亲本，可望获得较大的杂种优势。山区交通不便，或因其他地理条件的自然隔离，形成了一些自然封闭的闭锁繁育种群，这些种群内基因组成较纯，与其他种群之间基因频率差异较大，用作杂交亲本，杂种后代可望产生明显的杂种优势。

4. 配合力测定

配合力是指种群通过杂交能够获得杂种优势的程度，即杂交效果的大小。用分析法判断种群间的杂种优势，情况较复杂，需掌握充分的资料，并要有相当的实践经验，否则不易作出准确的判断，甚至会出现错误的判断。在这种情况下，最好通过杂交试验，进行配合力测定，以筛选出最优杂交组合。配合力测定，最好是在种群经过2~3个世代的选优和提纯以后进行。因为在种群比较整齐一致的情况下所测得的配合力才是可靠的。

配合力按基因的遗传效应分为下面两种。

（1）一般配合力　指的是一个种群与其他各种群杂交所能获得的平均值。如果一个品种与其他各品种杂交经常能够获得较好的效果，那么它的一般配合力就好。如我国荣昌猪与许多品种猪杂交效果很好，说明它的一般配合力好。一般配合力的遗传基础是基因的加性效应。因为显性效应和上位效应值在各杂交组合中有正有负，在平均值中已互相抵消。

（2）特殊配合力　是指两个特定种群之间杂交所能获得超过一般配合力的杂种优势。它的遗传基础是基因的非加性效应，即显性效应和上位效应。一般杂交试验进行配合力测定，主要测定特殊配合力。为了便于理解两种配合力的概念，可用图2-3加以说明。

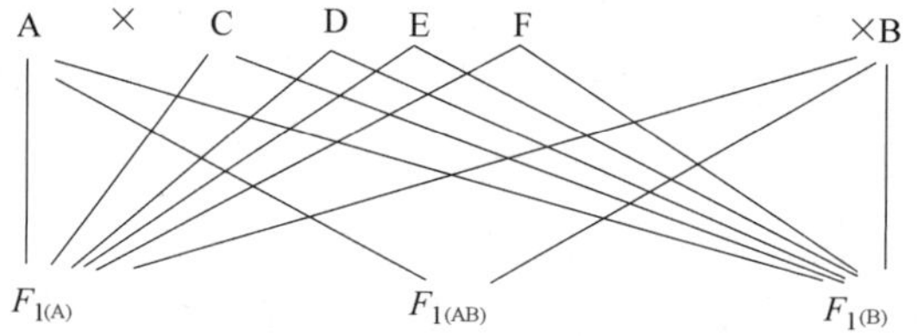

$F_{1(A)}$ —A种群与B、C、D、E……各种群杂交一代的某一性状的平均值，即A种群的一般配合力

$F_{1(B)}$ —B种群与A、C、D、E……各种群杂交一代的某一性状的平均值，即B种群的一般配合力

$F_{1(AB)}$ —A、B两种群杂交一代杂种该性状的平均值

图2-3　两种配合力的概念示意图

根据上图，A、B两种群的特殊配合力为：

$$F_{1(AB)}=[F_{1(A)+}F_{1(B)}]/2$$

一般配合力反映了杂交亲本间群体平均育种值的高低，遗传力高的性状，一般配合力都高，遗传力低的性状，一般配合力都不容易提高。一般配合力主要依靠纯繁选育来提高。特殊配合力反映了杂种群体平均基因型值与亲本群体平均育种值之差，其提高主要依靠杂交组合选择。遗传力高的性状，各组合的特殊配合力差异不会太大，反之，遗传力低的性状，特殊配合力可以有很大的差异，因而有很大的选择余地。一般杂交试验，主要测定两个杂交亲本群体的特殊配合力。特殊配合力一般以杂种优势值表示。

进行配合力测定一般应注意以下几点：

① 应当有合理的试验，设计试验应突出主要性状的测定。要有适当的饲养方式和营养水平，并有严格的记录、记载制度。

② 杂交试验应当设立亲本对照组，试验组和对照组应当在相同条件下饲养和

管理。

③ 不必要的组合可以不做，也不必每个组合都做正交试验和反交试验。有条件的地区，可以集中在同一年度，相同季节内进行，以减少年度和季节造成的偏差，提高测定的准确性。

5. 杂种优势的度量

杂种优势表示的是一个特定杂交组合的特殊配合力，杂种优势的大小，一般以杂种优势值来表示，即：

$$H=\overline{F}_1-\overline{P}$$

式中　H——杂种优势值；

$\overline{F}_1$——一代杂种平均值；

$\overline{P}$——两亲本群体纯繁时的平均值。

为了便于多性状间相互比较，杂种优势值常用相对值来表示，即杂种优势率表示，其计算公式如下：

$$H(\%)=\frac{\overline{F}_1-\overline{P}}{\overline{P}}\times100\%$$

例如，某一次杂交试验结果见表 2-1，计算断乳窝重的杂种优势率。

表 2-1　　约克夏猪与内江猪杂交试验结果

组　别	窝重/kg	平均窝产仔数/个	平均断乳窝重/kg
约内	12	10	129
约约	17	8.2	122.5
内内	17	10.41	105.5

解：计算平均断乳窝重的杂种优势如下

$$\overline{F}_1=129,\ \overline{P}=(122.5+105.5)/2=114$$

$$H(\%)=\frac{\overline{F}_1-\overline{P}}{\overline{P}}\times100\%$$

$$=[(129-114)/114]\times100\%$$

$$=13.16\%$$

在多品种或多品系杂交试验时，亲本的平均值（$\overline{P}$）是各亲本表型值按各自在杂种中所占血缘成分的加权平均值。

6. 建立专门化品系和杂交繁育体系

所谓专门化品系就是优点专一，并专作父本或母本的品系。利用专门化品系杂交可以获得显著的杂种优势。例如，在肉牛生产中，建立生长快、饲料利用率高的父本品系，通过杂交试验，确定最优杂交组合，能获得超出一般水平的理想效果。

为了确保杂种优势利用工作的顺利开展，应特别重视建立杂交繁育体系，即建立各种性质的畜牧场。目前建立的杂交繁育体系有三级杂交繁育体系和四级杂交繁育体系。三级杂交繁育体系即建立育种场、一般繁殖场和商品场。育种场的主要任务是选育和培育杂交亲本；一般繁殖场主要进行纯种繁殖，为商品场提供父母本；商品场主要进行杂交生产商品家畜。这种繁育体系适宜于两品种杂交生产（图 2-4）。

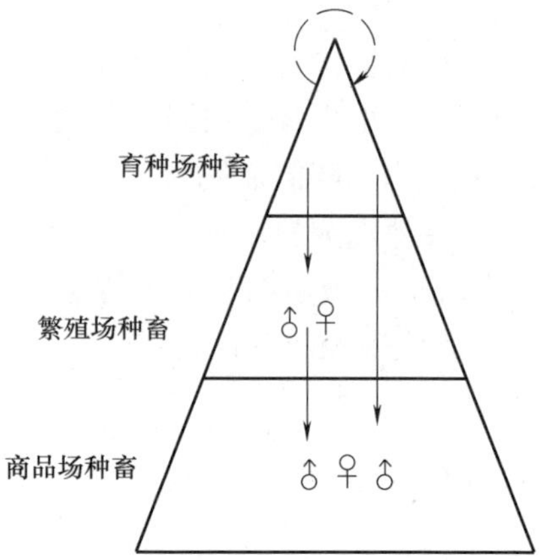

图 2-4　三级杂交繁育体系

四级杂交繁育体系是在三级杂交繁育体系的基础上加建一级杂种母本繁殖场。开展三品种杂交的地区要建立四级杂交繁育体系。

四、产生杂种优势的杂交方法

由于杂交的目的不同，方法各异。但就杂交的性质来看，其实质是通过杂交使各个亲本种群的基因组合在一起，形成新的更为有利的基因型。根据用途的不同，可以把杂交方法分为以下几种。

1. 二元杂交

二元杂交也称为简单的经济杂交。二元杂交就是用两个不同品种（或品系）杂交，产生一代杂种公母畜全部作经济利用，不留种（图 2-5），其基础父母群始终保持纯种状态。

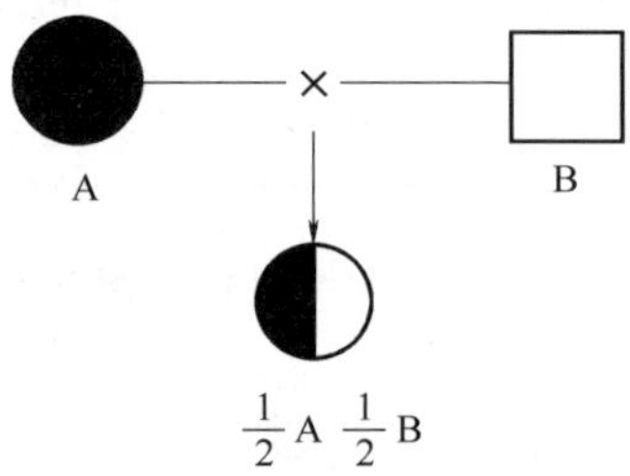

图 2-5　二元杂交模式

这种杂交方法简单易行，特别是在选择杂交组合时较为简单，只需做一次配合力测定。而且杂种优势明显，并具有良好的实际效果。通常以当地品种为母本，只需引进一个外来品种作父本，数量不用太多便可杂交。养猪业中的“公猪良种化、母猪本地化、肉猪杂种一代化”就是用的这种杂交方式。

这种杂交方式的缺点是：①不能充分利用繁殖性能方面的杂种优势，因为用以繁殖的母畜都是纯种，杂种一代直接用于商品，因而其繁殖性能方面的杂种优势没有机会表现出来；②纯种母本需求数量大，成本高。

2. 三元杂交

三元杂交又称为三品种杂交，就是先用两个品种杂交产生具有杂种优势的母本，再与第三个品种的公畜杂交，产生的三品种杂种全部供经济利用。杂交模式见图 2-6。

三元杂交的优点主要表现为在一般情况下其杂种优势要超过单杂交。首先，在整个杂交体系下，三元杂种母畜在繁殖性能方面的杂种优势可以得到利用，二元杂种母畜对三元杂交的母体效应也不同于纯种。其次，三元杂种集合了三个品种的差异和三个品种的互补效应，因而单个数量性状上的杂种优势可能更大。另一方面是母本用杂交一代的母畜，从而可以在相当大的程度上减少纯繁母本，以节约开支，提高效益。在这一点上正好弥补了二元杂交的不足。

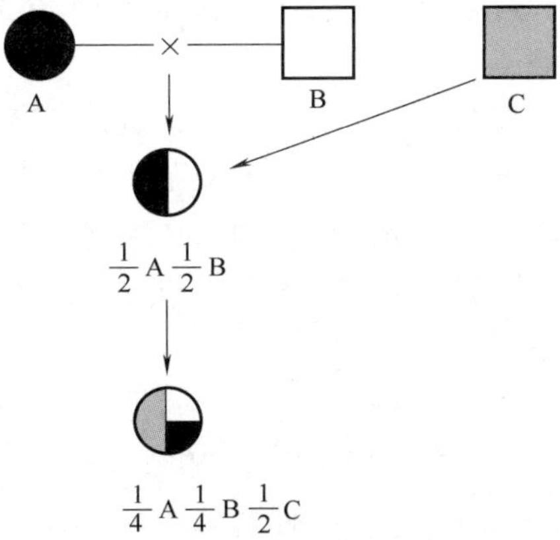

图 2-6　三元杂交模式

三元杂交的缺点是需要有三个繁殖场分别饲养三个纯种，要进行两次杂交试验才能确定最佳杂交组合，因而，三元杂交的组织工作和技术工作都比较复杂，成本也较高。

3. 双杂交

双杂交又称为四元杂交，即用四个品种或品系分别两两杂交，获得的一级杂种，再在两种杂种间进行第二级杂交，所得杂种全部用作商品畜禽，这种方法称为双杂交。

双杂交最初用于生产杂交玉米，在畜牧业中主要用于养鸡生产。鸡的双杂交基本方法是：先用高度近交建立近交系，再进行近交系间配合力测定，选择适于作父本和母本的单杂交系，然后再进行单杂交系间的杂交。选定了杂交组合后分两级生产杂交鸡，第一级是生产单杂交鸡，第二级是生产双杂交商品鸡（图 2-7）。

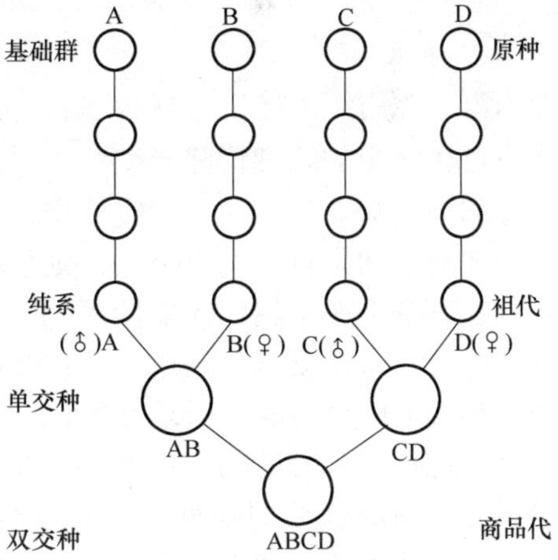

图 2-7　鸡双杂交模式

实践证明，双杂交的杂种比单杂交杂种具有更强的杂种优势，双杂交的商品畜禽生活力强，生产性能高，经济效益显著。由于这种方法的出现被大量采用，极大地促进了现代肉用畜禽的发展。

双杂交的优点是：①遗传基础更广泛，有更多的显性优良基因互作的机会，容易获得更大的杂种优势；②除利用杂种母畜的优势外，还充分利用了杂种公畜的优势。这种优势主要表现为配种能力强，可以少养多配并延长使用年限；③由于大量利用杂种繁殖，可少养纯种，降低生产成本；④杂种一代，除作二级杂交用的父本和母本外，其余杂种完全可作育肥用的商品畜群，而杂种的育肥性能要比纯种好。

双杂交方法的不足是，这种杂交方式涉及四个种群，组织工作比较复杂。在大型动物中要保持四个近交系有相当大的难度，而在家禽生产中同时保持四个纯种群比较容易，费用少，因而在养鸡业中被广泛应用。在现代蛋鸡生产中，所采用的品种多为双杂交种，因而一般要建立四种类型的繁育场，而肉猪生产中则采用纯系配套杂交。

4. 轮回杂交

用两个或两个以上品种或品系，有计划地轮流杂交，各世代的杂种母畜除选留一部分再与另一品种杂交外，其余杂种母畜和全部杂种公畜供经济利用，把这种杂交方式称为轮回杂交（图 2-8）。

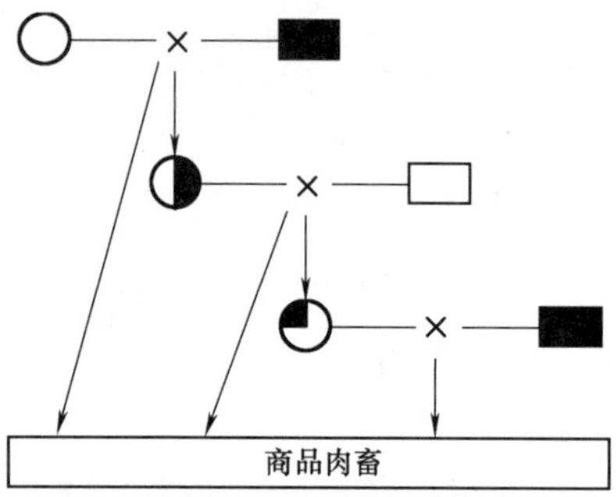

图 2-8　二元轮回杂交模式

这种杂交方法的优点是：①除第一次杂交外，母畜始终都是杂种，有利于充分利用繁殖性能方面的杂种优势；②对于单胎家畜，特别是肉牛业，繁殖用母畜需要较多，杂种母畜也需用于繁殖。采用这种杂交方式最为合适。因为二元杂交不利用杂种母畜繁殖，三元杂交也需要经常用纯种杂交以产生新的杂种母畜，对于繁殖力低的家畜，特别是大家畜都不适宜；③这种杂交方式只需要每代引入少量纯种公畜或利用配种站的种公畜，而不需要自己维持几个纯繁群，在组织工作上方便得多；④由于每代交配双方都有相当大的差异，因此始终能产生一定的杂种优势。

轮回杂交缺点为：①代代需要变换公畜，即使发现杂交效果好的公畜也不能继续使用。而且如果自己饲养公畜，则公畜在使用一个配种期后，要么淘汰，要么闲置几年，直到下一个轮回才能使用。因此可能造成较大浪费。克服的办法是使用人工授精或者几个畜场联合使用公畜；②配合力测定较难，特别是在第一轮回的杂交期间，相应的配合力测定必须在每代杂交之前，但是这时相应的杂种母畜还没有产生，为了进行配合力的测定，就必须在一种类型的杂种母畜大量产生之前，先生产少数供测定用的该类型杂种母畜，这就比较麻烦。但是在完成第一轮回的杂交以后，只要方案不变，就不一定再做配合力的测定。

五、制定杂交改良方案的基本原则

在生产中，要组织开展杂交改良工作，首先必须制定切实可行、科学合理的杂交改良方案，制定杂交改良方案应遵守以下原则。

（1）明确改良目标　改良目标要根据社会经济发展的需要来制定，要能满足人民生活水平日益提高的需要。如黄牛改良的目标是向肉用或乳用方向发展。

(2) 选择适宜的杂交改良方法　要根据选用品种的多少及改良目标确定适宜的杂交改良方法，既要有利于实施，又要能达到预期目的。

(3) 慎重选择杂交亲本，筛选最佳杂交组合　杂交亲本的母本一般选择地方品种，父本一般选择引进优良品种，因而要加强对父本的选择。

(4) 建立杂交繁育体系　可根据需要建立三级或四级杂交繁育体系。

(5) 加强对试验示范推广工作的指导　由于我国畜牧业以户养为主，开展杂交改良工作涉及许多养殖场（户）的利益，因而，推广工作应由点到面逐步进行，并要加强对推广工作的技术指导。

项目小结

本项目介绍了杂交、杂种优势等概念，以及杂交改良的方法等内容。

技能考核项目

1. 口述什么是一般配合力和特殊配合力，什么是杂种优势。要求在5min内完成。

2. 口述杂交改良的方法有哪些，各在什么情况下使用。要求在5min内完成。

复习思考题

一、名词解释

杂交　杂交改良　杂种优势　一般配合力　特殊配合力　单杂交　轮回杂交　双杂交　级进杂交

二、简答题

1. 在畜牧业生产中应用杂交有何作用？
2. 杂交改良有哪些方法？各在什么情况下使用？应用时分别要注意哪些问题？
3. 一般配合力和特殊配合力的区别是什么？杂种优势率如何计算？
4. 简述杂种优势利用的方法和步骤。
5. 简要说明获得杂种优势的主要杂交方法。
6. 根据制定杂交改良方案的基本原则，设计一个适于当地畜牧业生产的畜禽杂交改良方案。

第三单元

畜禽繁殖技术

项目一 生殖激素的使用

知识目标

1. 了解生殖激素的种类与功能、生殖激素的应用。
2. 掌握生殖激素的来源与特性。

技能目标

掌握促卵泡激素（FSH）、促黄体素（LH）、孕马血清促性腺激素（PMSG）等生殖激素在养殖业上的应用。

链接

动物生物化学、组织胚胎学。

拓展

激素在畜牧业上的应用。

课题一　生殖激素的种类与功能

一、激素的概念

激素是由特殊的无腺管分泌细胞合成的在局部或被血液运送到靶组织或靶细胞发挥其作用的一种生物活性物质。它是细胞与细胞之间互相交流、信息传递的一种工具。

激素对畜体的代谢、生长、发育、生殖等重要生理功能起调节作用。激素的种类很多，几乎所有激素都直接或间接地和生殖功能有关。

二、生殖激素

1. 生殖激素的概述

（1）内分泌　是动物的一种特殊的分泌方式。分泌物直接进入血液，借助血液循环，到达靶器官或靶组织，从而调节代谢与功能。

（2）产生激素的腺体　体内产生激素的腺体有：垂体、甲状腺、甲状旁腺、肾上腺、胰岛和性腺等。

激素由内分泌腺进入血液，转运到所需的部位，发挥作用。

（3）生殖激素　生殖激素包括卵巢、睾丸等产生的雌激素、雄激素、神经激素、外激素等。生殖激素控制的作用包括卵巢的变化、发情、妊娠；公畜精子的生成、分娩、泌乳等。一般将那些直接作用于生殖活动，并以调节生殖过程为主要生理功能的激素，称为生殖激素。动物的生殖活动是一个极为复杂的过程。如雌性动物卵子的发生、卵泡的发育、卵子的成熟与排出；发情、排卵的周期性变化；雄性动物精子的发生和交配活动；精子、卵子在生殖道内的运行、受精；胚胎的附植及妊娠的维持；雌性动物的分娩和泌乳等，所有这些生殖功能都与生殖激素有着直接的关系。若生殖激素分泌失调，就可能破坏生殖过程中的任何一个环节，从而造成繁殖的失败。

近年来，随着畜牧业的迅速发展，要求动物的繁殖活动更多地在人为的控制条件下进行，如同期发情、超数排卵、诱发分娩等技术都离不开生殖激素。此外，生殖激素作为药品广泛用于动物不孕症的治疗，而且对提高受胎率和多胎率也有重要作用。

2. 生殖激素的种类

（1）按来源划分　生殖激素的种类很多。根据来源和功能大致可分为四类。①释放激素：来源于下丘脑，能控制垂体合成与释放有关的激素、促乳素释放激素等；②促性腺激素：来源于腺垂体的激素，包括促卵泡成熟素，促黄体生成素，能直接影响卵子的成熟，刺激性腺产生类固醇；③性腺激素：是指由卵巢、睾丸产生的激素。如雄激素、雌激素、孕激素等。能促进生殖器官生长发育和维持，促进性行为；④胎盘激素：由胎盘分泌的激素。如孕马血清促性腺激素，人绒毛膜促性腺激素等。

（2）根据化学特性划分　①蛋白质激素：包括下丘脑产生的激素和垂体产生的激素；②类固醇激素：包括雌激素、孕激素、雄激素等；③脂肪酸激素：如前列腺素等。

3. 生殖激素的作用特点

生殖激素在动物体内的作用过程十分复杂，归纳起来有如下特点。

（1）必须与其受体结合后才能产生生物学效应　各种生殖激素均有其特定的靶器官或靶细胞，必须与靶器官或靶细胞中的特异性受体（内分泌激素）或感受器（外激素）结合后才能产生生物学效应。受体与激素的结合能力越强，其生物活性越高。

（2）高效性　生理状况下，动物体内生殖激素含量极低，但所起的生理作用十分明显。例如，动物体内的孕酮水平只要达到 6×10^{-9}g/mL 水平，便可维持正常妊娠。

（3）活性丧失快　生殖激素在动物机体中由于受分解酶的作用，生物学活性丧失很快。半衰期短的生殖激素（如 FSH、GnRH 等），一般呈脉冲式释放，在体外必须多次提供才能产生生物学作用。相反，半衰期长的激素（如 PMSG）一般只需一次供药就可产生生物学效应。

（4）持续性和累积性　例如孕酮经注射到家畜体内，在 10~20min 内就有 90% 从血液中消失。但其作用要在若干小时甚至数天内才能持续地显示出来。而且多次使用的时候，可以累积作用于某一靶组织或靶细胞。

（5）具有协同和抗衡作用　某些生殖激素之间对某种生理现象有协同作用，例如子宫的发育要求雌激素和孕酮的共同作用，催产素在雌激素的协同作用下可以促进子宫收缩。生殖激素间的抗衡作用现象也常可见到，如雌激素能引起子宫兴奋、增加蠕动，而孕酮则可抵消这种兴奋作用。

（6）复杂性　激素的作用是极为复杂的，包括以下两种情况。一种激素多种功能，如睾酮会引起雄性动物尿生殖道的生长；诱导精子生长；引起氧潴留；增加血红蛋白的合成等，对雌性动物来说，睾酮可抑制卵巢的发育。一个功能多种激素，如雌性动物的泌乳，受到促乳素、糖皮质激素、去甲肾上腺素、雌激素、孕酮和催产素等激素的控制和影响。

课题二　生殖激素的应用

动物的生殖活动是一个复杂的过程，所有生殖活动都与生殖激素的功能和作用有着密切的关系。随着生殖科学的迅速发展，人类利用生殖激素控制动物繁殖过程、消除繁殖障碍，这将进一步促进繁殖潜力的开发，促进规模化养殖，加快品种改良，提高畜牧业生产水平。目前，在畜牧业上应用的有以下激素。

一、促性腺素释放激素（GnRH）

1. 来源与特性

（1）来源　GnRH 主要由下丘脑某些神经细胞所分泌，松果体、胎盘也有少量分泌。

（2）特性　从猪、牛、羊的下丘脑提纯的促性腺激素释放激素由 10 个氨基酸组成，人工合成的比天然的少 1 个氨基酸，但其活性大，有的比天然的高出 140 倍左右。

2. 生理功能

（1）促使腺垂体促性腺激素合成与释放（LH）和（FSH），但以 LH 的释放为主。

（2）刺激排卵　GnRH能刺激各种动物排卵。用电刺激兔下丘脑的腹侧可激发GnRH的释放，从而引起大量LH和少量FSH的分泌，使卵巢上的卵泡进一步发育而排卵。

（3）促进精子生成　GnRH可促使雄性动物精液中的精子数增加，使精子的活动能力和精子的形态有所改善。

（4）抑制生殖系统功能　当大量长期应用GnRH时，具有抑制生殖功能甚至阻碍生育作用，如抑制排卵、延缓胚胎附植、阻碍妊娠、引起睾丸卵巢萎缩以及阻碍精子生成。

（5）有垂体外作用　即促性腺激素可以在垂体外的一些组织中直接发生作用，而不经过垂体的促性腺激素途径。例如直接作用于卵巢影响性激素的合成，或直接作用于子宫、胎盘等。

3. 应用

促性腺激素释放激素分子结构简单，易于大量合成，目前，人工合成的高活性类似物已广泛用于调整家畜生殖功能紊乱和诱发排卵。例如牛卵巢囊肿时，每天用100μg，可使前叶分泌LH，促使卵泡囊肿破裂，使牛正常发情而繁殖。用促性腺激素释放激素2~4mg静脉注射或肌肉注射，能使4~6d不排卵的母马在注射后24~28h内排卵。用150~300μg GnRH静脉注射可使母羊排卵。此外，GnRH类似物可提高家禽的产蛋率和受精率，还可诱发鱼类排卵。

二、促卵泡激素（FSH）

1. 来源与特性

（1）来源　促卵泡激素又称卵泡刺激素或促卵泡成熟素，简称FSH。在下丘脑促性腺激素释放激素的作用下，由腺垂体促性腺激素腺体细胞产生。

（2）特性　促卵泡激素是一种糖蛋白激素，分子质量大，猪约为29000u，绵羊为25000~30000u，溶于水。其分子由α亚基和β亚基组成，并且只有在两者结合的情况下，才有活性。

2. 生理功能

（1）对母畜可刺激卵泡的生长发育　促卵泡激素能提高卵泡壁细胞的摄氧量，增加蛋白质的合成；促进卵泡内膜细胞分化，促进颗粒细胞增生和卵泡液的分泌。一般来说促卵泡激素主要影响生长卵泡的数量。在促黄体素的协同下，促使卵泡内膜细胞分泌雌激素；激发卵泡的最后成熟；诱发排卵并使颗粒细胞变成黄体细胞。

（2）对公畜可促进生精上皮细胞发育和精子形成　促卵泡激素能促进曲精细管的增大，促进生殖上皮细胞分裂，刺激精原细胞增殖，而且在睾酮的协同作用下促进精子形成。

3. 应用

（1）提早动物的性成熟　对接近性成熟的雌性动物和孕激素配合应用，可提早发情配种。

（2）诱发泌乳乏情母畜的发情 对产后4周的泌乳母猪及60d以后的母牛，应用FSH可提高发情率和排卵率，缩短其产犊间隔。

（3）超数排卵 为了获得大量的卵子和胚胎。应用FSH可使卵泡大量发育和成熟排卵，牛羊应用FSH和LH，平均排卵数可达10枚左右。

（4）治疗卵巢疾病 FSH对卵巢功能不全或静止，卵泡发育停滞或交替发育及多卵泡发育均有较好疗效。如母畜不发情、安静发情、卵巢发育不全、卵巢萎缩、卵巢硬化、持久黄体等（对幼稚型卵巢无反应），其用量为：牛、马为200~450IU（国产制剂，下同）；猪50~100IU，肌肉注射，每日或隔日一次，连用2~3次。若与LH合用，效果更好。

（5）治疗公畜精液品质不良 当公畜精子密度不足或精子活率低时，应用FSH和LH可提高精液品质。

三、促黄体素（LH）

1. 来源与特性

（1）来源 促黄体素又称黄体生成素，简称LH。是由腺垂体促黄体素细胞产生的。

（2）特性 促黄体素也是一种糖蛋白激素，其分子质量牛、绵羊为30000u，而猪为100000u。其分子也有n亚基和p亚基组成。促黄体素的提纯品化学性质比较稳定，在冻干时不易失活。

2. 生理功能

（1）对母畜和FSH协同，促进卵巢血流加速，刺激卵巢最后成熟并分泌雌激素；在FSH作用的基础上LH突发性分泌能引起排卵和促进黄体的形成，并能促进牛、猪等动物的黄体释放孕酮。

（2）对公畜可刺激睾丸间质细胞合成和分泌睾酮，这对睾丸、副性腺的发育和精子的最后成熟起决定性作用。

各种家畜垂体中FSH和LH的含量比例不同，与家畜生殖活动的特点有密切的关系。

例如母牛垂体中FSH最低，母马的最高，猪和绵羊介于两者之间。就两种激素的比例来说，牛、羊的FSH显著低于LH，而马的恰恰相反，母猪的介于中间。这种差别关系到不同家畜发情期的长短，排卵时间的早晚，发情表现的强弱以及安静发情出现的多少等。

3. 应用

促黄体素主要用于治疗排卵障碍、卵巢囊肿、早期胚胎死亡或早期习惯性流产、母畜发情期过短、久配不孕、公畜性欲不强、精液和精子量少等症。在临床上常以人绒毛膜促性腺激素代替促黄体素，因其成本低，且效果较好。

近年来，我国已有了垂体促性腺激素 FSH 和 LH 的商品制剂，并在生产中使用，取得一定效果。在治疗马、驴和牛卵巢功能异常方面，一般用 FSH 治疗多卵泡发育，卵泡发育停滞，持久黄体；用 LH 治疗卵巢囊肿，排卵迟缓，黄体发育不全；用两种激素（FSH+LH）治疗卵巢静止或卵泡中途萎缩。所用剂量：牛每次肌肉注射 100~200IU（目前所用单位为大鼠单位），马用 200~300IU，驴用 100~200IU。一般 2~3 次为一疗程，每次间隔时间，马、驴为 1~2d，牛为 3~4d。

此外，这两种激素制剂还可用于诱发季节性繁殖的母畜在非繁殖季节发情和排卵。在同期发情处理过程中，配合使用这两种激素，可增进群体母畜发情和排卵的同期率。

四、促乳素（PRL）

1. 来源与特性

（1）来源　促乳素又称催乳素和促黄体分泌素，简称 PRL。由腺垂体嗜酸性细胞所产生。

（2）特性　促乳素是一种蛋白质激素，其分子质量羊的为 23300u，猪的为 25000u。不同家畜促乳素的分子结构、生物活性和免疫活性都十分相似。

2. 生理功能

促乳素的生理作用，因动物种类不同而有显著区别。从家畜生理的角度看，它的主要生理作用如下。

（1）促进乳腺的功能　它与雌激素协同作用于乳腺导管系统，与孕酮共同作用于腺泡系统，刺激乳腺的发育，与皮质类固醇激素一起激发和维持泌乳活动。

（2）促使黄体分泌孕酮。

（3）对公畜具有维持睾丸分泌睾酮的作用，并与雌激素协同，刺激副性腺的发育。

3. 应用

目前较多使用促进某些母性行为。如鸟类的就巢性和鸟类的反哺行为等。

五、催产素（OXT）

1. 来源与特性

（1）来源　催产素是在下丘脑视上核和室旁核内合成并由神经垂体贮存和释放的物质。

（2）特性　由 9 个氨基酸组成的多肽激素。

2. 生理功能

（1）能强烈地刺激子宫平滑肌收缩，促进分娩完成。

（2）能使输卵管收缩频率增加，有利于两性配子运行。

（3）能引起排乳。

3. 应用

催产素在临床上常用于促进分娩功能，治疗胎衣不下和产后子宫出血，以及促进子宫排出其他内容物。在人工授精的精液中加入催产素，可加速精子运行，提高受胎率。

六、孕马血清促性腺激素（PMSG）

1. 来源与特性

（1）来源　孕马血清促性腺激素主要存在于孕马的血清中，它是由马、驴或斑马子宫内膜的“杯状”组织所分泌的。一般妊娠后 40d 左右开始出现，60d 时达到高峰，此后，可维持至第 120d，然后逐渐下降，至第 170d 时几乎完全消失。血清中 PMSG 的含量因品种不同而异，轻型马最高（每毫升血液中含 100IU），重型马最低（每毫升血液中含 20IU），兼用品种马居中（每毫升血液中含 50IU）。在同一品种中，也存在个体间的差异。此外，胎儿的基因型对其分泌量影响最大，如驴怀骡分泌量最高，马怀马次之，马怀骡再次之，驴怀驴最低。

（2）特性　PMSG 是一种糖蛋白激素，含糖量很高，达 41%～45%，其分子质量为 53000u。PMSG 的分子不稳定，高温、酸、碱等都能引起失活，分离提纯也比较困难。

2. 生理功能

（1）与 FSH 的功能很相似，有着明显的促卵泡发育的作用。

（2）由于它可能含有类似 LH 的成分，因此它能促进排卵和黄体形成。

（3）对公畜还可促使精细管发育和性细胞分化。

3. 应用

（1）催情　PMSG 对于各种动物均有促进卵泡发育引起正常发情的效果。

（2）刺激超数排卵、增加排卵数　PMSG 来源广，成本低，作用缓慢，半衰期较 FSH 长，故应用广泛。但因是糖蛋白激素，多次持续使用易产生抗体而降低超排效果。在生产中常与 HCG 配合使用。

（3）促进排卵，治疗排卵迟滞　在临床上对卵巢发育不全、卵巢功能衰退、长期不发情、持久黄体以及公畜性欲不强和生精功能减退等效果都很好。

七、人绒毛膜促性腺激素（HCG）

1. 来源与特性

（1）来源　人绒毛膜促性腺激素由孕妇胎盘绒毛的合胞体层产生，约在受孕第 8d 开始分泌，妊娠第 60d 左右时升至最高，至第 150d 左右时降至最低。

（2）特性　HCG是一种糖蛋白激素，分子质量为36700u，其化学结构与LH相似。

2. 生理功能

HCG的功能与LH很相似，可促进母畜性腺发育，促进卵泡成熟、排卵和形成黄体；对公畜能刺激睾丸曲精细管精子的发生和间质细胞的发育。

3. 应用

目前应用的HCG商品制剂由孕妇尿液或流产刮宫液中提取，是一种经济的LH代用品。在生产上主要用于防治母畜排卵迟缓及卵泡囊肿，增强超数排卵和同期发情时的同期排卵效果。对公畜睾丸发育不良和阳痿也有较显著的治疗效果。常用剂量为猪500~1000IU，牛500~1500IU，马1000~2000IU。

八、雄激素

1. 来源与特性

（1）来源　在雄激素中最主要的形式为睾酮，由睾丸间质细胞所分泌。肾上腺皮质部、卵巢、胎盘也能分泌少量雄激素，但其量甚微。公畜摘除睾丸后，不能获得足够的雄激素以维持雄性功能。睾酮一般不在体内存留，而很快被利用或分解，并通过尿液或胆汁、粪便排出体外。

（2）特性　属于类固醇激素。基本化学结构式为“环戊烷多氢菲”。

2. 生理功能

（1）刺激精子发生，延长附睾中精子的寿命。

（2）促进雄性副性器官的发育和分泌功能，如前列腺、精囊腺、尿道球腺、输精管、阴茎和阴囊等。

（3）促进雄性第二性征的表现，如骨骼粗大、肌肉发达、外表雄壮等。

（4）促进公畜的性行为和性欲表现。

（5）雄激素量过多时，通过负反馈作用，抑制垂体分泌过多的促性腺激素，以保持体内激素的平衡状态。

3. 应用

在临床上主要用于治疗公畜性欲不强和性功能减退。常用制剂为丙酸睾酮，其使用方法及使用剂量如下。皮下埋藏：牛0.5~1.0g，猪、羊0.1~0.25g；皮下或肌肉注射：牛0.1~0.3g，猪、羊0.1g。

九、雌激素（E_2）

1. 来源与特性

（1）来源　雌激素主要产生于卵巢，在卵泡发育过程中，由卵泡内膜和颗粒细胞分泌。此外，胎盘、肾上腺和睾丸（尤其是公马）也可产生一定量的雌激素。卵巢分泌的雌激素主要是雌二醇和雌酮，而雌三酮为前两者的转化产物。雌激素与雄激素一样，不在体内存留，而经降解后从尿粪排出体外。

（2）特性　是一种类固醇。雌激素可由雄激素衍生而成。

2. 生理功能

雌激素为促使母畜性能器官正常发育和维持母畜的正常性功能的主要激素。其中最主要的雌二醇有以下生理功能：

（1）在发情时促使母畜表现发情和生殖道的一系列生理变化。如促使阴道上皮增生和角质化，以利交配；促使子宫颈管道松弛，并使其黏液变稀，以利交配时精子通过；促使子宫内膜及肌层增长，刺激子宫肌层收缩，以利精子运行和妊娠；促进输卵管增长和刺激其肌层活动，以利精子和卵子运行。

（2）促进尚未成熟的母畜生殖器官的生长发育，促进乳腺管状系统的生长发育。

（3）促使长骨骺部骨化，抑制长骨生长，因此，一般成熟母畜的个体较公畜小。

（4）促使公畜睾丸萎缩，副性器官退化，最后造成不育。

3. 应用

近年来，合成类雌激素很多，主要有己烯雌酚、二丙酸己烯雌酚、二丙酸雌二醇、乙烯酸、双烯雌酚等。它们具有成本低，使用方便，吸收排泄快、生理活性强等特点，因此成为非常经济的天然雌激素的代用品，在畜牧生产和兽医临床上广泛应用。主要用于促进产后胎衣或木乃伊化胎儿的排出，诱导发情；与孕激素配合可用于牛、羊的人工诱导泌乳；还可用于公畜的“化学去势”，以提高肥育性能和改善肉质。合成类雌激素的剂量，因家畜种类和使用方法及目的不同而异。以己烯雌酚为例，肌肉注射时：猪 3~10mg，马、牛 5~25mg，羊 1~3mg；埋藏时：牛 1~2g，羊 30~60mg。

十、孕激素（P）

1. 来源

孕酮为最主要的孕激素，主要由卵巢中黄体细胞所分泌。多数家畜，尤其是绵羊和马，妊娠后期的胎盘为孕酮更重要的来源。此外，睾丸、肾上腺、卵泡颗粒层细胞也有少量分泌。在代谢过程中，孕酮最后降解为孕二醇而排出体外。

2. 生理功能

在自然情况下孕酮和雌激素共同作用于母畜的生殖活动，通过协同和抗衡进行着复杂的调节作用。若单独使用孕酮，可见以下特异效应。

（1）促进子宫黏膜层加厚，子宫腺增大，分泌功能增强，有利于胚泡附植。

（2）抑制子宫的自发性活动，降低子宫肌层的兴奋作用，可促使胎盘发育，维持正常妊娠。

(3) 促使子宫颈口和阴道收缩，子宫颈黏液变稠，以防异物侵入，有利于保胎。

(4) 大量孕酮对雌激素有抗衡作用，可抑制发情活动，少量则与雌激素有协同作用，促进发情表现。

3. 应用

孕激素多用于防止功能性流产，治疗卵巢囊肿、卵泡囊肿等，也可用于控制发情：孕酮本身口服无效。但现已有若干种具有口服、注射效能的合成孕激素物质，其效果远远大于孕酮。如：甲孕酮（MAP）、甲地孕酮（MA）、氯地孕酮（CAP）、氟孕酮（FGA）、炔诺酮、16-次甲基甲地孕酮（MGA）、18-甲基炔诺酮等。生产中常制成油剂用于肌肉注射，也可制成丸剂皮下埋藏或制成乳剂用于阴道栓。其剂量一般为：肌肉注射，马、牛 100~150mg；绵羊 10~15mg，猪 15~25mg；皮下埋藏，马、牛 1~2g，分若干小丸分散埋藏。

十一、松弛素

1. 来源

松弛素主要产生于妊娠黄体，但子宫和胎盘也可以产生。猪、牛等的松弛素主要产生于黄体，而兔子主要来源于胎盘。松弛素是一种水溶性多肽类，其分泌量随妊娠而逐渐增长，在妊娠末期含量达到高峰，分娩后从血液中消失。

2. 生理功能

松弛素是协助家畜分娩的一种激素。但它必须在雌激素和孕激素预先作用下，促使骨盆韧带、耻骨联合松弛，子宫颈开张，以利胎儿产出。

十二、前列腺素（PG）

1. 来源与特性

1934 年，有研究者分别在人、猴、山羊和绵羊的精液中发现了前列腺素。当时设想此类物质可能由前列腺分泌，故命名为前列腺素（PG）。后来发现 PG 是一类具有生物活性的类脂物质，而且几乎存在于身体各种组织中，并非由专一的内分泌腺产生，主要来源于精液、子宫内膜、母体胎盘和下丘脑。

前列腺素在血液循环中消失很快，其作用主要限于邻近组织，故被认为是一种“局部激素”。

2. 结构与种类

前列腺素的基本结构式为含有 20 个碳原子的不饱和脂肪酸。根据其化学结构和生物学活性的不同，可分为 A、B、C、D、E、F、G、H 多型。其中最主要的是 PGA、PGB、PGE、PGF 四型，在家畜繁殖上则以 PGE、PGF 两类最为重要。目前

用得最多的是 PGE_2 和 $PGE_{2\alpha}$。

3. 生理功能

不同类型的前列腺素具有不同的生理功能。在调节家畜繁殖功能方面，最重要的是 PGF，其主要功能如下：

（1）溶解黄体　由子宫内膜产生的 $PGF_{2\alpha}$ 通过“逆流传递系统”由子宫静脉透入卵巢动脉而作用于黄体，促使黄体溶解，使孕酮分泌减少或停止，从而促进发情。

（2）促进排卵　$PGF_{2\alpha}$ 可触发卵泡壁降解酶的合成，同时也由于刺激卵泡外膜组织的平滑肌纤维收缩增加了卵泡内压力，导致卵泡破裂和卵子排出。

（3）与子宫收缩和分娩活动有关　PGE 和 PGF 对子宫肌都有强烈的收缩作用，子宫收缩（如分娩时），血浆 $PGF_{2\alpha}$ 的水平立即上升。PG 可促进催产素的分泌，并提高怀孕子宫对催产素的敏感性。PGE 可使子宫颈松弛，有利于分娩。

（4）可提高精液品质　精液中的精子数和 PG 的含量成正比，并能够影响精子的运行和获能。PGE 能够使精囊腺平滑肌收缩，引起射精。PG 可以通过精子体内的腺苷酸环化酶使精子完全成熟，获得穿过卵子透明带使卵子受精的能力。

（5）有利于受精　PG 在精液中含量最多，对子宫肌肉有局部刺激作用，使子宫颈舒张，有利于精子的运行通过。$PGF_{2\alpha}$ 能够增加精子的穿透力和驱使精子通过子宫颈黏液。

4. 应用

天然前列腺素提取较困难，价格昂贵，而且在体内的半衰期很短，如以静脉注射体内，1min 内就可被代谢 95%，生物活性范围广，使用时容易产生副作用。而合成的前列腺素则具有作用时间长、活性较高、副作用小、成本低等优点，所以目前广泛地应用其类似物，主要应用于以下几方面。

（1）调节发情周期　$PGF_{2\alpha}$ 及其类似物能显著缩短黄体的存在时间，控制各种家畜的发情周期，促进同期发情，促进排卵。$PGF_{2\alpha}$ 的剂量，肌肉注射或子宫内灌注：牛为 2~8mg，猪、羊为 1~2mg。

（2）人工引产　由于 $PGF_{2\alpha}$ 的溶黄体作用，对各种家畜的引产有显著的效果，用于催产和同期分娩。$PGF_{2\alpha}$ 的用量：牛 15~30mg，猪 2.5~10mg，绵羊 25mg，山羊 20mg。

（3）治疗母畜卵巢囊肿与子宫疾病　如子宫积脓、干尸化胎儿、无乳症等症。剂量：牛 15~30mg，猪 2.5~10mg。

（4）可以增加公畜的射精量，提高受胎率。

十三、外激素

1. 来源与特性

外激素是由外激素腺体释放的。外激素腺体在动物体内分布很广泛，主要有皮脂腺、汗腺、唾液腺、下颌腺、泪腺、耳下腺、包皮腺等。有些家畜的尿液和粪便中也含有外激素。

外激素的性质因分泌动物的种类不同而异。如公猪的外激素有两种：一种是由睾丸合成的有特殊气味的类固醇物质，贮存于脂肪中，由包皮腺和唾液腺排出体外；另一种是由颌下腺合成的有麝香气味的物质，经由唾液中排出。羚羊的外激素含有戊酸，具有挥发性。各种外激素都含有挥发性物质。

2. 应用

哺乳动物的外激素大致可分为信号外激素、诱导外激素、性行为激素等。对家畜繁殖来说，性行为外激素（简称性外激素）比较重要。主要应用于以下几方面：

（1）母猪催情　据试验，给断乳后第1~4d的母猪鼻子上喷洒合成性外激素2次，能促进其卵巢功能的恢复。

（2）母猪的试情　母猪对公猪的性外激素反应非常明显。

（3）用于公畜采精　使用性外激素，可加速公畜采精训练。

（4）其他　性外激素可以促进牛、羊的性成熟，提高母牛的发情率和受胎率。性外激素还可以解决猪群的母性行为和识别行为，为寄养提供方便的方法。

课题三　调节繁殖功能的器官和组织

动物的繁殖以性腺的活动为基础，即两性的性腺产生雌、雄配子，配子受精形成合子，继而发育成新的个体。同时，性腺还产生性激素，引起一系列有关的形态、行为、生理生化变化。性腺的活动受垂体、下丘脑以及更高级神经中枢的调节，从而构成大脑—下丘脑—垂体—性腺相互调节的复杂系统（图3-1）。此外，繁殖过程还涉及其他外周器官的活动。

1. 大脑边缘系统

动物繁殖功能的发育和建立、繁殖过程和繁殖行为等，都受外界环境因素（如光照、温度等）的影响，中枢神经系统感受这些外界刺激并做出反应，从而调节动物体的内分泌功能和行为变化。大脑边缘系统包括大脑边缘叶的皮质及皮质下核、边缘中脑区和边缘丘脑核等部分。边缘系统具有多方面的功能，与行为、内分泌、血压、体温和内脏活动等均有关。对于繁殖功能而言，边缘系统也是高级控制中枢，与性成熟、性行为、促性腺激素释放等都有密切关系。

2. 下丘脑

下丘脑也可算做边缘系统的组成部分。下丘脑包括第三脑室底部和部分侧壁。在解剖学上，下丘脑由视交叉、乳头体、灰白结节和正中隆起组成，底部突出以漏斗柄和垂体相连。

3. 垂体

（1）垂体的解剖特点　垂体是内分泌的主要腺体，它分泌的多种激素对繁殖活

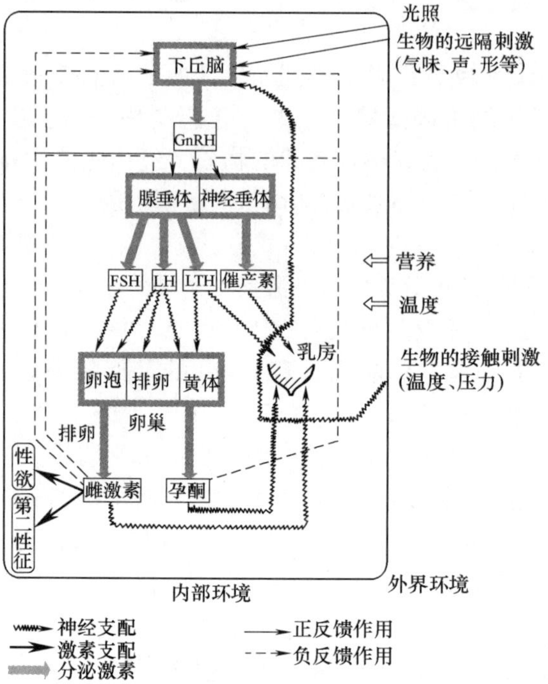

图 3-1　非季节性发情动物发情周期的调节机制示意图

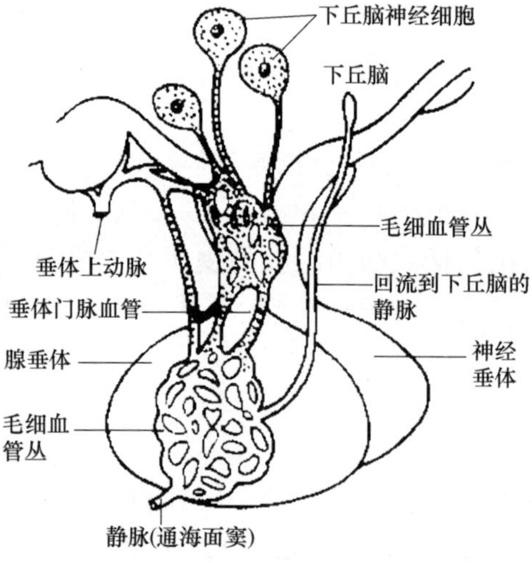

图 3-2　下丘脑与垂体关系示意图

动发挥重要的调节作用。垂体位于大脑基部称为蝶鞍的骨质凹内，故又称为脑下垂体。垂体主要由前叶和后叶及两者之间的中叶组成。不同动物垂体中叶发育程度不一，如牛、马垂体中叶发育良好，猪则不很发达。垂体前叶主要是腺体组织，又称腺垂体，包括远侧部和结节部；垂体后叶主要为神经部，称为神经垂体。

（2）垂体与下丘脑的解剖学关系（图 3-2）　垂体通过垂体柄与下丘脑相连。神经垂体为漏斗柄的延续部分，来自下丘脑神经核（神经内分泌细胞）的神经纤维终止于神经后叶，并和血管接触，下丘脑合成的神经垂体素在此贮存并释放进入血液循环。腺垂体与下丘脑的关系要比神经垂体复杂得多。过去一直认为，下丘脑对腺垂体内分泌活动的调控只有体液途径，即进入垂体的血管——垂体（前）上动脉和垂体（后）下动脉在下丘脑漏斗部形成毛细血管丛，然后组成垂体门脉，经垂体柄进入腺垂体组织内。下丘脑各种神经核及其他神经核发出的神经纤维分布到漏斗部的毛细血管网，形成血管神经突触，下丘脑合成的神经激素借助于垂体门脉系统到达腺垂体，调控前叶的激素合成和释放。然而，后来发现，这些神经纤维与腺垂体的腺细胞关系密切，并有突触联系，可能参与腺垂体分泌的调控。

4. 性腺

雄性动物的睾丸和雌性动物的卵巢是重要的内分泌、旁分泌和自分泌器官。

5. 其他器官和组织

卵巢、子宫、胎盘等器官和组织所分泌的激素不同程度、不同范围地参与动物繁殖功能的调节（图 3-3）。

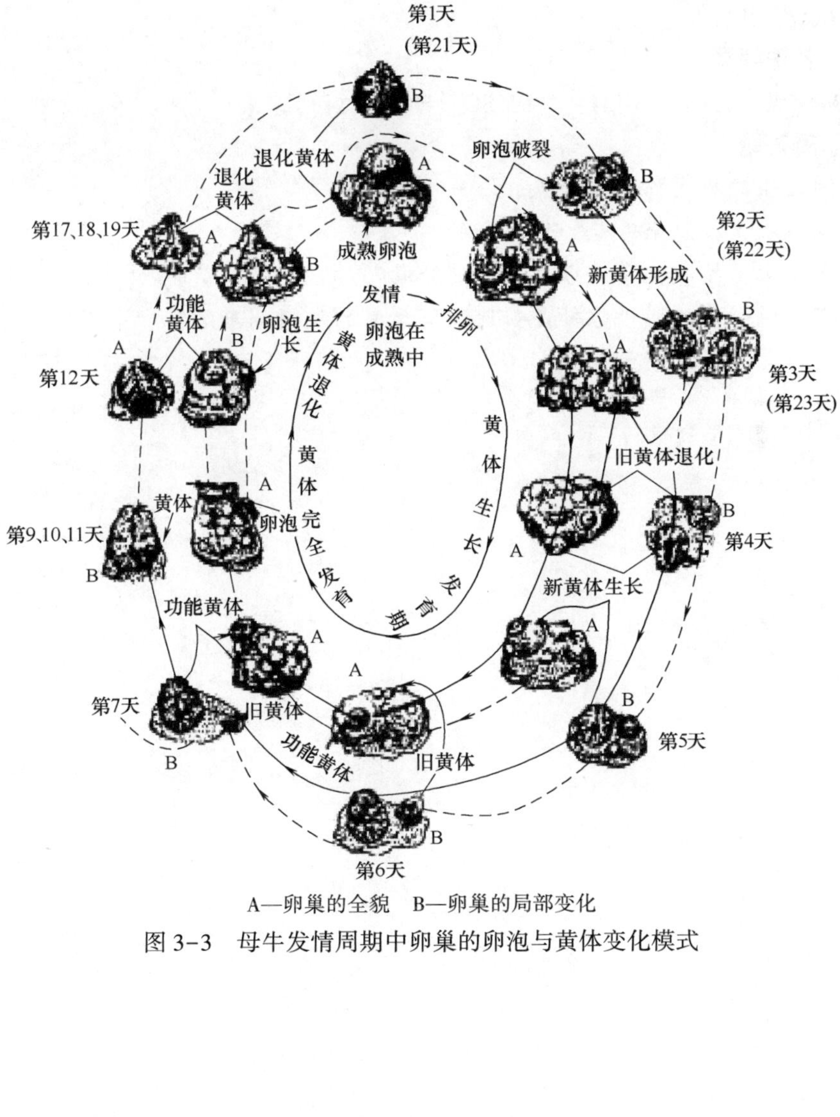

A—卵巢的全貌　B—卵巢的局部变化

图 3-3　母牛发情周期中卵巢的卵泡与黄体变化模式

项目小结

本项目介绍了生殖激素的来源、种类、功能、应用等内容。生殖激素参与了动物的整个生殖过程，现在的畜牧业生产过程已引起高度重视，重点为生殖激素在养殖业上的应用。

技能考核项目

1. 口述生殖激素作用的特点有哪些。要求在 5min 内完成。
2. 口述生殖激素按来源是如何划分的。要求在 5min 内完成。

复习思考题

一、名词解释

生殖激素　FSH　LH　PMSG　HCG　前列腺素

二、简答题

1. 简述生殖激素作用的特点。
2. 生殖激素按照来源是如何划分的?
3. 生殖激素按照化学成分是如何划分的?
4. 下丘脑—垂体—性腺轴是如何调节母畜的发情周期的?

项目二 母畜禽发情鉴定

知识目标

了解母畜禽的生殖器官的组成和结构特点，理解母畜发情排卵和发情鉴定的基础理论知识，掌握猪、牛和羊的发情鉴定的技术要点。

技能目标

能够通过外部观察法和试情法进行牛、羊、猪的发情鉴定；了解直肠检查法进行发情鉴定的原理和基本操作。

链接

母畜、禽的生殖器官的结构特点和发情排卵机制。

拓展

母畜的异常发情、卵泡发育与排卵；黄体形成与退化等。

课题一　母畜的生殖器官

一、母畜生殖器官的组成

母畜的生殖器官（图 3-4）由性腺、生殖道、外生殖器官组成。

（1）性腺　母畜的性腺是卵巢。

（2）生殖道　生殖管包括输卵管、子宫、阴道。

（3）外生殖器官　外生殖器官包括尿生殖前庭、阴门。

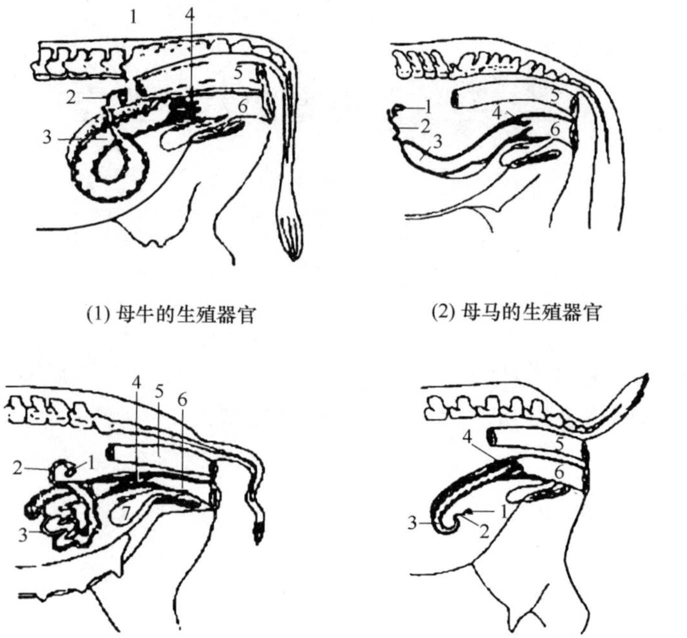

(1) 母牛的生殖器官　(2) 母马的生殖器官

(3) 母猪的生殖器官　(4) 母羊的生殖器官

1—卵巢　2—输卵管　3—子宫角　4—子宫颈　5—直肠　6—阴道　7—膀胱

图 3-4　母畜的生殖器官

二、母畜生殖器官的结构特点和生理功能

（一）卵巢

卵巢是一对重要的生殖腺体，位于腹腔或骨盆腔，其形态和位置因畜种、年龄、生理状态而异。

1. 卵巢的形态位置

卵巢是产生卵子和分泌雌性激素的器官，呈卵圆形或圆形，借卵巢系膜悬挂于肾后方的腰下部或骨盆腔入口附近。卵巢分两缘、两端和两面。卵巢背侧与卵巢系膜相连，称卵巢系膜缘，系膜缘有神经、血管、淋巴管出入卵巢，该处称卵巢门；卵巢腹侧为游离缘。前端与输卵管伞相接，称输卵管端；后端借卵巢固有韧带与子宫角相连，称子宫端。输卵管系膜和卵巢固有韧带之间形成卵巢囊，卵巢位于其中。

母牛的生殖器官见图 3-5，卵巢为稍扁的椭圆形（羊的略圆小），约 4cm×2cm×1cm。位于骨盆前口两侧附近，初产及经产胎数少的母牛，卵巢多位于耻骨前缘之后。经产母牛因胎次增多，卵巢随子宫角前移垂入腹腔至耻骨前缘的前下方。性成熟后，有成熟的卵泡和黄体突出于卵巢表面。

母猪的生殖器官见图 3-6，卵巢呈卵圆形，左侧卵巢较右侧的稍大。性成熟前较小，表面光滑，位于荐骨岬两侧稍后方。接近性成熟时，体积增大，表面有许多卵泡突出呈桑葚状，大小约 2cm×1.5cm，位置稍移向前下方，位于髋结节前缘横切面上部。性成熟后及经产母猪的卵巢更大，长约 5cm，表面有卵泡、黄体等突出呈结节状，卵巢向前向下移至髋关节与膝关节连线的中点上。

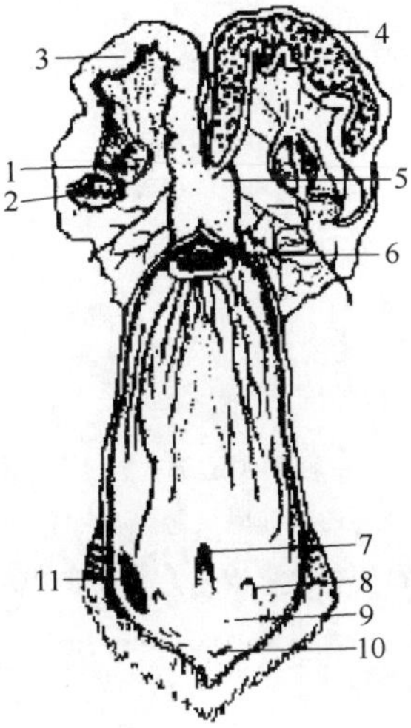

1—卵巢　2—输卵管伞　3—子宫角　4—子宫阜　5—子宫体　6—子宫颈　7—尿道外口　8—前庭大腺开口　9—尿生殖前庭　10—阴蒂　11—前庭大腺

图 3-5　母牛生殖器官模式

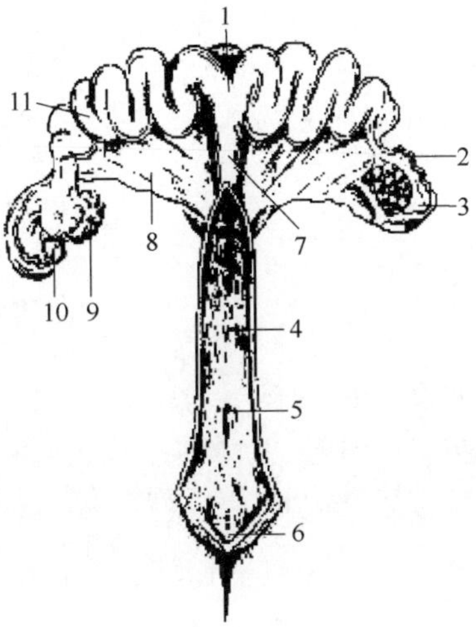

1—膀胱　2—输卵管　3—卵巢囊　4—阴道黏膜　5—尿道外口　6—阴蒂　7—子宫体　8—子宫阔韧带　9—卵巢　10—输卵管腹腔口　11—子宫角

图 3-6　母猪生殖器官模式

母马的生殖器官见图 3-7，卵巢呈豆形，附着缘宽大，游离缘有一凹陷称排卵窝，为马属动物特有，成熟卵泡由此排出。马左侧卵巢位于第 4~5 腰椎横突腹侧一掌处，右侧卵巢位于第 3~4 腰椎横突腹侧，体表投影位置在肷窝附近。

2. 卵巢的组织结构

卵巢的结构依动物的种类、年龄、生殖周期的阶段而有所不同。卵巢由被膜和实质组成（图 3-8）。

（1）被膜　被膜由生殖上皮和白膜构成。卵巢表面除卵巢系膜附着部以外，均被有单层扁平或长方形的生殖上皮，其深面是结缔组织构成的白膜。马卵巢的生殖上皮仅位于排卵窝处，其余部分均被覆浆膜。

（2）实质　实质分为外周的皮质和内部的髓质。皮质部内含许多不同发育阶段的卵泡，又称为卵泡区。髓质部由结缔组织构成，含有丰富的血管、神经、淋巴管等，也称为血管区。马卵巢的皮质在内、髓质在外。

① 皮质：位于白膜的内侧，由基质、卵泡和黄体构成。基质中主要是紧密排

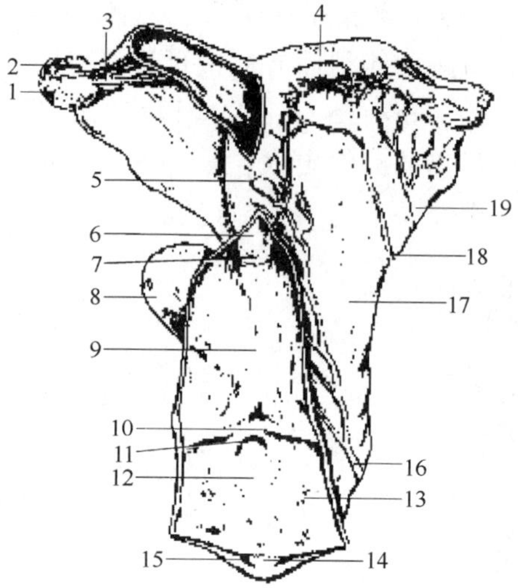

1—卵巢　2—输卵管伞　3—输卵管　4—子宫角　5—子宫体　6—子宫颈阴道部　7—子宫颈外口
8—膀胱　9—阴道　10—阴瓣　11—尿道外口　12—尿生殖前庭　13—前庭大腺开口　14—阴蒂
15—阴蒂窝　16—子宫后动脉　17—子宫阔韧带　18—子宫中动脉　19—子宫卵巢动脉

图 3-7　母马生殖器官模式

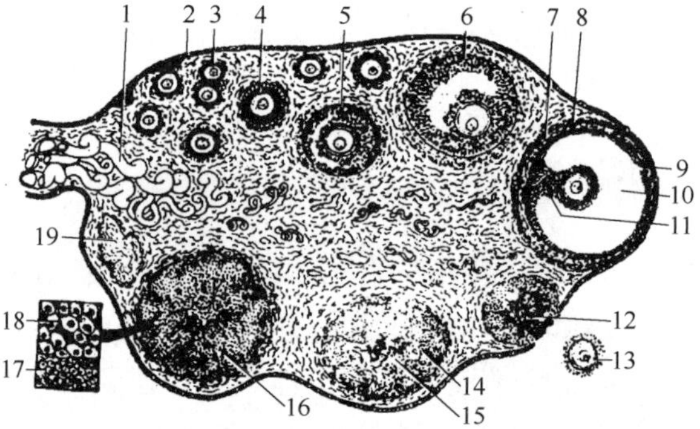

1—血管　2—生殖上皮　3—原始卵泡　4—早期生长卵泡（初级卵泡）
5，6—晚期生长卵泡（次级卵泡）　7—卵泡外膜　8—卵泡内膜　9—颗粒层　10—卵泡腔
11—卵丘　12—血体　13—排出的卵　14—正在形成的黄体　15—黄体中残留的凝血
16—黄体　17—膜黄体细胞　18—颗粒黄体细胞　19—白体

图 3-8　卵巢组织结构模式

列的较幼稚的结缔组织细胞，呈菱形，细胞核长杆状。基质中胶原纤维较少，网状纤维多。皮质中的卵泡大小、形态各不相同。通常在外周的卵泡较小而多，朝向髓质的较大。有的未能发育成熟即退化而成为闭锁卵泡。动物幼年期的卵巢含许多小卵泡，性成熟后卵泡发育，可见许多不同发育阶段的卵泡。

② 髓质：位于卵巢中部，占小部分。含有较多的疏松结缔组织。其中有许多

大的血管、神经及淋巴管。在近卵巢门处有少量的平滑肌，血管、淋巴管及神经由门部进入卵巢。

3. 卵巢的生理功能

卵巢具有卵泡发育和排卵、分泌雌性激素的功能。

（1）卵泡发育　由原始卵泡发育成为生长卵泡和成熟卵泡的生理过程，称卵泡发育。卵泡是由中央的一个卵母细胞及其周围的卵泡细胞组成。根据卵泡的发育特点，将卵泡分为原始卵泡、生长卵泡和成熟卵泡。

① 原始卵泡：位于皮质浅层，体积小、数量多，为处于静止状态的卵泡。原始卵泡呈球形，由一个大而圆的初级卵母细胞及外周单层扁平的卵泡细胞组成，在卵泡细胞外有基膜。

② 生长卵泡：静止的原始卵泡开始生长发育，根据发育阶段不同，又可分为初级卵泡、次级卵泡。

a. 初级卵泡。由原始卵泡发育而成，卵泡细胞为单层立方或柱状细胞。卵母细胞增大，卵泡细胞由单层变为多层，这是卵泡开始生长的标志。在卵母细胞周围和颗粒细胞之间出现一层嗜酸性、折光强的膜状结构，称透明带。透明带是颗粒细胞与初级卵母细胞共同分泌形成的。

b. 次级卵泡。由初级卵母细胞及周围多层的卵泡细胞组成。此期的卵泡细胞有 6~12 层，称为颗粒细胞。位于基膜上的一层颗粒细胞呈柱状，其余为多边形。颗粒细胞间出现若干充满液体的小腔隙，并逐渐融合变大。卵泡周围的结缔组织分化为界线明显的卵泡膜。中央出现一个大的新月形腔，称卵泡腔，腔中充满卵泡液。颗粒细胞参与分泌卵泡液。由于卵泡腔的扩大及卵泡液的增多，使卵母细胞及其外周的颗粒细胞位于卵泡腔的一侧，并与周围的卵泡细胞一起凸入卵泡腔，形成丘状隆起，称为卵丘。卵丘中紧贴透明带外表面的一层颗粒细胞，随卵泡发育而变为高柱状，呈放射状排列，称为放射冠。

③ 成熟卵泡：次级卵泡发育到即将排卵的阶段，卵泡液及其压力激增，即为成熟卵泡。此时卵泡体积显著增大，卵泡壁变薄，并向卵巢的表面突出。由于卵泡腔扩大及卵泡颗粒细胞分裂增生逐渐停止，导致颗粒层变薄。成熟卵泡的透明带达到最厚。

（2）排卵　卵泡破裂，卵母细胞及其周围的透明带和放射冠自卵巢排出的过程，称为排卵。卵泡液将卵母细胞及周围的放射冠、卵丘细胞冲出。排出的卵被输卵管伞接收。每个性周期中单胎动物一般只排 1 个卵，而多胎动物可排多个卵，如猪、兔、鼠等可排 10~26 个卵。

（3）分泌雌性激素　排卵后，卵泡壁塌陷形成皱襞，卵泡内膜毛细血管破裂引起出血，基膜破碎，血液充满卵泡腔内，形成血体（红体）。同时残留在卵泡壁的颗粒细胞和内膜细胞向腔内侵入，胞体增大，胞质内出现脂质颗粒，颗粒细胞分化成粒性黄体细胞，而内膜细胞分化成膜性黄体细胞。黄体是内分泌腺，主要分泌孕酮及雌激素。黄体发育程度和存在时间，完全取决于卵细胞是否受精。如母畜未妊娠，黄体则逐渐退化，此种黄体称为发情黄体或假黄体。如果母畜已妊娠，黄体在整个妊娠期继续维持其大小和分泌功能，这种黄体称为妊娠黄体或真黄体。黄体完成其功能后即退化成为结缔组织瘢痕，称为白体。

在正常情况下，卵巢内的卵泡绝大多数都不能发育成熟，而在各发育阶段中逐渐退化，统称为闭锁卵泡。原始卵泡和初级卵泡闭锁时，卵细胞皱缩并退变，最后被吸收，不留痕迹。次级卵泡和接近成熟的卵泡闭锁时，卵泡失去圆形。卵母细胞核偏位，皱缩，染色质粗糙呈致密颗粒状；透明带膨胀，塌陷；卵泡壁颗粒细胞松散脱落入卵泡腔。退变的残物很快被吸收。

（二）输卵管

输卵管为位于卵巢和子宫角之间的一条细长而弯曲的管道，是输送卵子到子宫的肌性管道，也是受精的场所。

1. 输卵管的形态位置

输卵管分为漏斗部、壶腹部和峡部三部分。

（1）输卵管漏斗部　为输卵管的前端，为一膨大的漏斗状结构。其游离缘有许多不规则的皱褶，称为输卵管伞；漏斗中央的深处有一口通腹腔，为输卵管腹腔口。输卵管的后端开口于子宫角的前端，为输卵管子宫口。

（2）输卵管壶腹部　输卵管的前 1/3 段较粗，称为输卵管壶腹部，是精子和卵子受精的场所。

（3）输卵管峡部　输卵管的后 2/3 段较细，称为输卵管峡部。壶腹部和峡部连接处称为壶峡连接部，是精子到达受精部位的第三道拦筛。峡部的末端以细小的输卵管子宫口与子宫角相连，称为宫管结合处，是精子到达受精部位的第二道拦筛。

牛、羊的输卵管较长，弯曲少，壶腹部不明显，与子宫角之间无明显分界。猪的输卵管壶腹部较粗而弯曲，后部较细而直，与子宫角之间无明显分界。马的输卵管较长，壶腹部明显且特别弯曲。

2. 输卵管的组织结构

输卵管的管壁从外向内由浆膜、肌层和黏膜构成。浆膜包裹在输卵管外面，并形成输卵管系膜。肌层可分为内层的环形肌和外层的纵行肌，混有斜行纤维，以利于协调收缩。黏膜层有许多纵褶，上皮为单层柱状纤毛，有助于运输卵子。

3. 输卵管的生理功能

输卵管具有运输精子、卵子和早期胚胎的功能。同时，是精子获能、卵子受精和卵裂的场所；并为早期胚胎提供营养。

（1）运输精子、卵子和早期胚胎　从卵巢排出的卵子被输卵管伞接纳，借助平滑肌的蠕动和纤毛的摆动将其运送到漏斗和壶腹。同时将精子由峡部反向运送到壶腹部，以便受精结合。受精后，在输卵管内进行近 1 周的发育，早期胚胎由壶腹部下行进入子宫角。

（2）提供精子获能、卵子受精及卵裂的场所　精子在通过子宫和输卵管的同时，获得使卵子受精的能力。精子和卵子只能在输卵管的壶腹部受精结合，形成受精卵。受精卵在向峡部和子宫角运行的同时进行卵裂。

（3）为早期胚胎提供营养　输卵管的分泌物主要是黏蛋白和黏多糖，是精子、卵子及早期胚胎的培养液。

（三）子宫

子宫为孕育胎儿的肌质器官。由一对形态各异的子宫角、一个短而直的子宫体和一个子宫颈组成。大部分位于腹腔内，小部分位于骨盆腔内，借子宫系膜附着于腹腔顶壁和骨盆腔侧壁。

1. 子宫的形态、位置

子宫包括子宫角、子宫体和子宫颈三部分。根据两侧子宫的合并程度，哺乳动物的子宫分为双子宫、双角子宫和单子宫三种，家畜均为双角子宫，家兔是双子宫。

（1）子宫角　子宫角一对，位于腹腔内，呈弯曲的圆筒状，前端分为左右两部分，每侧子宫角向前下方弯曲、逐渐变细，与输卵管相连。后端汇合为子宫体。

（2）子宫体　子宫体多位于骨盆腔内，部分在腹腔内，呈短而直的圆筒状，向后延续为子宫颈。子宫角与子宫体内的空腔称为子宫腔。

（3）子宫颈　子宫颈位于骨盆腔内，为一直管状，突入阴道形成子宫颈阴道部。阴道前方的部分称阴道前部，突入阴道内的部分称阴道部。子宫颈壁厚，内腔狭窄，称子宫颈管。子宫颈管分别以子宫内口和外口与子宫体和阴道相通。

2. 子宫的组织结构

子宫从内向外由子宫内膜（又称黏膜）、肌层和子宫外膜（又称浆膜）三层组成。在发情周期中，子宫经历一系列明显的变化。

（1）子宫内膜　粉红色，膜内有子宫腺。子宫内膜由上皮和固有层构成。上皮随动物种类和发情周期而不同，反刍动物和猪为单层柱状或假复层柱状上皮，马、犬、猫等动物为单层柱状上皮。固有层的浅层有较多的细胞成分及子宫腺导管，深层中细胞成分较少，但布满了分支管状的子宫腺及其导管（子宫阜处除外）。腺上皮由有纤毛或无纤毛的单层柱状上皮组成。子宫腺分泌物为富含糖原等营养物质的浓稠黏液，称子宫乳，可供给着床前附植阶段早期胚胎所需营养。

子宫阜是反刍动物固有层形成的圆形隆起，其内有丰富的成纤维细胞和大量的血管。子宫阜参与胎盘的形成，属胎盘的母体部分。

（2）子宫肌层　子宫肌层由发达的内环行肌和薄的外纵行肌构成。在两层间或内层深部存在有大量的血管、淋巴管和神经，这些血管主要是供应子宫内膜营养，在反刍动物子宫阜区特别发达。子宫颈的环行肌特别发达，形成子宫颈括约肌，平时紧闭，分娩时开张。

（3）子宫外膜　子宫外膜为浆膜，由腹膜延续而成，被覆于子宫的表面，由疏松结缔组织和间皮构成，有时可见少数平滑肌细胞存在。浆膜在子宫角背侧和子宫体两侧形成浆膜褶，称子宫阔韧带，将子宫悬于腰下部。子宫阔韧带内有卵巢和子宫的血管通过，动脉由前至后依次是子宫卵巢动脉、子宫中动脉和子宫后动脉。妊娠时可根据动脉的粗细和脉搏性质的变化进行妊娠诊断。

3. 各种家畜子宫的特点

（1）牛子宫的特点　牛子宫角长 20~30cm，角的基部粗 2~3cm，末端形成伪体，中间有明显的纵隔。子宫体较短，长 2~5cm。青年母牛和产胎次数较少的母牛子宫角呈卷曲的绵羊角状，位于骨盆腔内。经产胎次多的母牛子宫不能完全恢复，常垂入腹腔。两侧子宫角基部之间的连接处有一纵沟，称为角间沟。子宫角分叉处有角间背侧和腹侧韧带相连。子宫黏膜上有 100~200 个卵圆形隆起，称子宫阜；子宫阜上没有子宫腺，深部含有丰富的血管，妊娠时子宫阜发育为母体胎盘。子宫颈长 8~10cm，粗 3~4cm，位于骨盆腔内，壁厚而硬，管腔封闭很紧。发情和分娩时稍开张。子宫颈阴道部粗大，突入阴道 2~3cm，黏膜呈放射状皱襞，经产母牛的皱襞有时肥大呈菜花状。子宫颈肌环形层发达，形成 3~5 个横行新月形皱襞，彼此嵌合，使子宫颈管成螺旋状。子宫颈黏膜上皮为单层柱状上皮细胞，其分娩活动与母牛的生理活动相关。

（2）羊子宫的特点　羊子宫的形态与牛相似，体积较小。绵羊的子宫阜为 80~100 个，山羊的子宫阜为 160~180 个，子宫阜的中央有一凹陷。子宫颈阴道部仅为上下二片或三片突起，上片较大，子宫颈外口的位置多偏向右侧，形成一不规则的弯曲管道。

（3）马子宫的特点　马子宫整体呈 Y 形，子宫角为扁圆桶状，长 30~40cm，宽 4~5cm，前端钝，中部略向下弯曲呈弓形；子宫体发达，长 8~15cm，宽 6~8cm。子宫黏膜形成许多纵行皱襞，无子宫阜。子宫颈突出于阴道部 2~3cm，呈圆柱状，子宫颈阴道部明显，但是收缩不紧密，可容一指，发情时开张更大。

（4）猪子宫的特点　猪子宫角长而弯曲，似小肠。经产母猪的子宫角长达 1.2~1.5cm，管壁较厚。子宫体短，子宫黏膜上多皱襞，无子宫阜。子宫颈长 10~18cm，内壁有左右 2 个彼此交错的半圆形突起，称子宫颈枕，中部较大，靠近两端较小。子宫颈管呈螺旋状。子宫颈后端逐渐过渡为阴道，无子宫颈阴道部，与阴道无明显的界限。

4. 子宫的生理功能

子宫的主要功能是为胚胎的生长发育提供适宜的场所，并参与胎儿的分娩。同时还能促进精子向输卵管运行。

(1) 贮存、筛选和运送精子　母畜发情配种后子宫颈开张，有利于精子逆流运行，子宫颈黏膜隐窝内可贮存大量精子，同时阻止死精子和畸形精子进入，借助子宫肌的节律性收缩运送精子到达输卵管。

(2) 孕体的附植、妊娠和分娩　子宫内膜可提供孕体附植，并形成母体胎盘，与胎儿胎盘结合，为胎儿的生长发育提供良好的环境条件。妊娠期间，子宫颈分泌的高度黏稠的黏液形成栓塞，防止异物侵入，起到保胎作用。分娩前栓塞液化，子宫颈扩张，有利于胎儿产出。

(3) 调节卵巢的功能　在发情周期中，子宫角内膜分泌的 $PGF_{2\alpha}$ 对同侧卵巢的周期性黄体有溶解作用，使黄体功能减退，消除对垂体功能的抑制作用，使促卵泡激素分泌增加，卵泡发育，导致再次发情。在妊娠期，子宫角内膜不分泌 $PGF_{2\alpha}$，黄体持续存在，维持妊娠。

（四）阴道

阴道为中空的肌质器官。位于骨盆腔内，背侧为直肠，腹侧为膀胱和尿道。阴道前端与子宫颈阴道部形成一环行或半环形的隐窝，称阴道穹窿；后端以尿道外口与阴道前庭为界。在尿道外口前方有一横行或环形的黏膜褶，称阴瓣，以驹和仔猪的最为发达。

阴道壁由黏膜、肌层和浆膜（或外膜）组成。内层黏膜呈粉红色，形成许多纵行皱褶，没有腺体。肌层由平滑肌和弹性纤维构成。外层前部为浆膜，后部为结缔组织构成的外膜。

阴道是母畜的交配器官，又是胎儿产出的通道，也称产道。

（五）外生殖器官

外生殖器官包括尿生殖前庭、阴蒂和阴门。

1. 尿生殖前庭

尿生殖前庭位于骨盆腔内，呈短筒状。为阴瓣到阴门裂的部分，是前高后低，稍倾斜的结构。前方以尿道外口与阴道为界，后方经阴门与外界相通。

尿生殖前庭由黏膜、肌层和外膜组成，黏膜呈粉红色。母牛尿道外口的腹侧面有一黏膜凹陷形成的盲囊，称为尿道憩室。在为母牛导尿时应注意避开。在尿道外口后方两侧，有前庭小腺的开口，在阴道前庭的两侧壁有前庭大腺的开口，母畜发情时前庭腺体分泌功能增强。

2. 阴蒂

在阴门联合腹侧的前下方有一阴蒂窝，内有阴蒂。阴蒂由 2 个勃起组织构成，相当于公畜的阴茎，富有感觉神经末梢。母马的阴蒂发达，发情时常暴露于阴门外。

3. 阴门

阴门为母畜生殖器官的末部，位于肛门的腹侧，由左、右阴唇构成，两阴唇间的裂隙称为阴门裂。

课题二　雌犬的生殖生理

雌犬的生殖器官（图 3-9）包括性腺（卵巢）、生殖道（输卵管、子宫、阴道）和外生殖器（尿生殖前庭和阴门）等。此外，乳腺与生殖功能有密切关系。

1. 卵巢

（1）形态与位置　卵巢是产生卵细胞的实质性器官，其形态位置因品种、年龄、发情周期和妊娠而异。

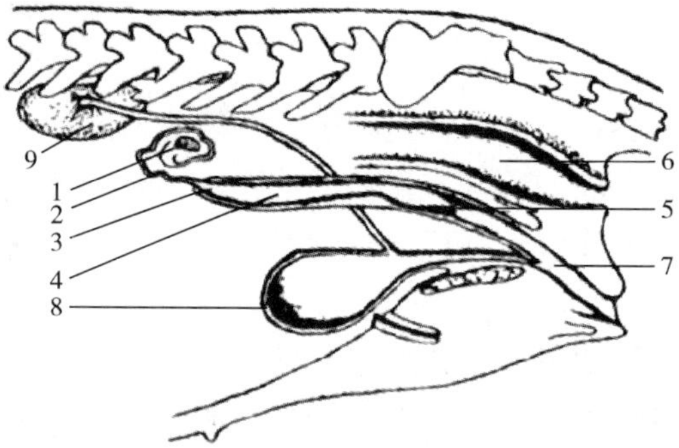

1—卵巢　2—输卵管　3—子宫角　4—子宫体　5—子宫颈　6—直肠　7—阴道　8—膀胱　9—右肾

图 3-9　雌犬生殖器官示意图

犬的卵巢体积为（1.5~3）cm×（0.7~1.5）cm×（0.5~0.75）cm，重 1~3g，由阔韧带固定在腹腔内，位于肾后方 1~2cm 处的第 3~4 腰椎横突腹侧，经产犬位置更为向下。非发情期，卵巢完全被包裹在卵巢囊内，囊的腹内侧有裂隙状开口，囊壁由两层浆膜构成，含有适量的脂肪和平滑肌。浆膜伸延到子宫角，形成输卵管系膜和卵巢固有带。卵巢内含有许多卵泡，在卵巢表面生成许多隆凸，通常有成熟卵泡 3~15 个（直径 0.4~0.5cm），但缺少明显的卵巢门。

（2）组织结构　卵巢分为被膜、皮质和髓质，后两者构成卵巢的实质，组织构造见图 3-10。

① 被膜：卵巢表面除卵巢门外，都覆有一层生殖上皮，是卵子发生的原基。生殖上皮下部为白膜，由一层富含梭形细胞的致密结缔组织构成。

② 皮质：皮质由基质、卵泡、闭锁卵泡、黄体和白体等构成。

a. 基质。由致密结缔组织构成，含有大量的网状纤维和少量的弹性纤维。基质内的细胞为梭形，在一定条件下激活，获得吞噬能力而转变为间质细胞。

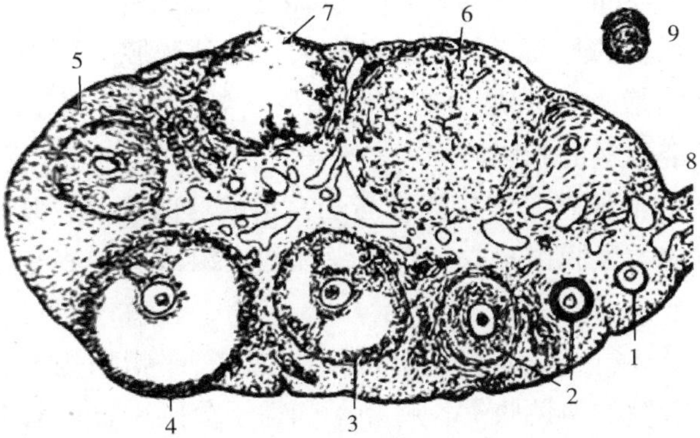

1—原始卵泡　2—初级卵泡　3—生长卵泡　4—成熟卵泡　5—闭锁卵泡
6—黄体　7—排卵　8—卵巢门　9—卵子

图 3-10　犬的卵巢的组织构造

b. 卵泡。皮质中存在大量处于不同发育阶段的卵泡，主要有原始卵泡、初级卵泡、次级卵泡、生长卵泡、成熟卵泡等。每个卵泡都由一个卵母细胞和外周的卵泡细胞所组成。成熟的卵泡以破溃的方式将卵细胞排入腹膜腔。

c. 闭锁卵泡。卵巢内只有少数卵泡发育成熟，大多数在发育过程中退化，成为闭锁卵泡。退化的卵母细胞存在于未破裂的卵泡中。无腔卵泡退化后，一般不留痕迹。有腔卵泡退化时，可观察到萎缩的卵母细胞和膨胀塌陷的透明带。闭锁卵泡最终被结缔组织取代，形成类似白体的结构，随后消失于卵巢基质。

d. 黄体。卵泡成熟排卵后，卵泡壁收缩，塌陷的卵泡腔充满血液，卵泡壁的间质细胞增生，黄体细胞分裂和增殖旺盛，充满卵泡内腔，形成球形或椭圆形的黄体，主要由颗粒细胞和内膜细胞构成。黄体退化后被结缔组织取代，成为斑痕样白体。

③ 髓质：位于卵巢中心，无卵泡，由弹性纤维和结缔组织构成，其内有血管、淋巴管、神经和平滑肌纤维，由卵巢门出入，卵巢门处常有成群较大的上皮样细胞（称门细胞），具有分泌雄激素的功能，在怀孕时，这种细胞增多。

2. 输卵管

（1）形态与位置　输卵管是一对细长而弯曲的管道，位于卵巢和子宫角之间，有输送卵子的作用，同时也是卵子受精的场所。输卵管为子宫阔韧带外层分出的输卵管系膜所固定，输卵管系膜与卵巢固有韧带之间形成卵巢囊。输卵管可分漏斗部、壶腹部和峡部 3 部分。

输卵管的前端膨大部分为漏斗部，漏斗中央的深处有一口为输卵管腹腔口，与腹膜腔相通，卵细胞由此进入输卵管，漏斗的边缘有许多裙状突起，构成输卵管伞；输卵管前段管径最粗，也是最长部分为壶腹部，管壁较薄，卵子在此处受精后进入子宫腔着床；输卵管后段细而直为峡部，管壁较厚，末端以输卵管子宫口与子宫角相通。

犬的输卵管长5~8cm，弯曲度较小。输卵管伞部大部分位于卵巢囊内，有一部分常经囊的裂口伸到囊的外面，其腹腔口较大，通腹膜腔，而子宫口很小，连于子宫角。犬的输卵管的最大特点是含有大量脂肪，特别是伞部，即使是比较瘦弱的犬，其伞部也有一定数量的脂肪。

（2）组织结构　输卵管是连接卵巢与子宫角的弯曲管道，其管壁由外向内由浆膜、肌层和黏膜组成。浆膜由疏松结缔组织和间皮组成，包裹在输卵管的外面，形成输卵管系膜，固定输卵管。

肌层主要由内层环行或螺旋状平滑肌和外层纵行平滑肌组成，其中混有斜行纤维，能够引起整个管壁的协调收缩，将卵子和精子分别由输卵管伞部和峡部向壶腹部运送，并在壶腹部完成受精。

黏膜中有许多纵形皱褶，由单层柱状上皮组成。上皮细胞有两种：一种是有动纤毛的柱状细胞，两者相间排列。其中，前者的纤毛可以向子宫角端摆动，有利于卵子运行。

3. 子宫

（1）形态与位置　子宫是一个中空的肌质性器官，富于伸展性，是胚胎生长发育和分娩的器官。子宫借子宫阔韧带附着于腰下部和骨盆腔侧壁。子宫韧带为宽而厚的腹膜褶，含有丰富的结缔组织、血管、神经及淋巴管，其外侧为子宫圆韧带。

犬的子宫均属双角子宫，可分为子宫角、子宫体和子宫颈3部分。子宫前部呈弯曲的圆筒状结构为子宫角，位于腹腔内，前端以输卵管子宫口与输卵管相通，后端与对侧子宫角相合形成子宫体；子宫体呈直的圆筒状，前半部分位于腹腔内，后半部分位于骨盆腔内，向后延续为子宫颈；子宫颈是子宫体向后延续部分，位于骨盆腔内，后端与阴道相通。

犬的子宫呈“V”字形，细长近似直线。中等体形犬，子宫体较短，呈细的圆筒状，长2~3cm。子宫角长12~15cm，直径0.5~1cm，未孕时管径均匀，有孕时呈串珠状。子宫颈为0.5~1cm，界限清晰，颈壁含有一厚层肌肉形成的圆柱状突，子宫颈管有1/2突入阴道凹陷处，形成子宫颈阴道部，其后部的背侧为阴道背侧褶，向后延伸2~3cm。

（2）组织结构　子宫壁由外向内由浆膜、肌层和内膜构成。浆膜是一层由疏松结缔组织和倒皮组成的坚韧的膜，与子宫阔韧带的浆股相连，将子宫悬吊于腰下部。肌层是平滑肌，由较浮的内环行肌和较薄的外纵行肌构成，两者之间含有丰富血管和神经的血管层。子宫内膜呈粉红色，包括黏膜上皮和固有膜，无黏膜下皮。黏膜上皮为单层柱状上皮，具有分泌作用，细胞游离缘有暂时性的纤毛。

4. 阴道与外生殖器

（1）阴道　阴道既是交配器官，又是产道，是从尿道口到子宫颈的管道部分。

阴道的背侧为直肠，腹侧为膀胱和尿道。尿道腔为扁平的缝隙，前端有子宫颈阴道部突入其中，子宫颈阴道部周围的阴道腔称为阴道穹窿，后端以阴瓣与尿生殖前庭分开，阴道黏膜较厚，无腺体，黏膜在阴道腔内形成许多纵行皱褶，使非扩张状态的阴道闭合。

成年中型犬的阴道长度10~14cm，前端变细，无明显的穹窿。

（2）尿生殖前庭　尿生殖前庭为从阴瓣到阴门裂的短管，前高后低，稍微倾斜。因此，在使用阴道窥镜视诊时，先向前上方越过坐骨弓，再向水平方向插入。做这种检查时，背侧褶和侧壁与底壁的皱裙折叠起来的扣带，往往被误认为是子宫颈，需要格外注意。

犬在胚胎期的尿生殖道发达，有处女膜，但出生时，处女膜则萎缩或消失，仅留有退化的阴道瓣。尿生殖前庭壁前有前庭小腺、前庭小球和前庭缩肌，交配中可以润滑阴茎，将阴茎“锁住”在阴道内。

未妊娠的成年犬的阴门裂宽3cm，阴道前庭连接部的直径为1.5~2cm。

（3）阴唇　阴唇构成阴门的两侧壁，两阴唇间的开口为阴门裂。阴唇的外面是皮肤，内为黏膜，两者之间有阴门括约肌及大量结缔组织。

犬的阴唇的上部联合与肛门的距离为8~9cm，下部联合的前端稍下垂，呈突起状。

（4）阴蒂与阴门　阴蒂是阴唇下联合的前端内侧的圆锥状小突起，相当于雄性动物的阴茎，由勃起组织构成，凸起于阴门下角内的阴蒂窝中。犬的阴蒂长度为0.5cm，直径为0.2cm，有阴蒂骨存在。

阴门为生殖道的末端部，位于肛门下方，以短的会阴与肛门隔开。

5. 乳腺

雌性动物的乳腺与生殖活动密切相关，性成熟后，乳腺受卵巢激素的作用而发育，休情期因萎缩而触摸不到。妊娠后，受孕酮的作用，乳腺与乳头迅速发育，临分娩前1~2d，有少量乳汁分泌。

犬共有5对乳腺，胸区2对，腹区2对，腹股沟区1对；不同部位的乳腺发育程度有明显的差别，腹股沟乳腺发育最好，泌乳量最多，越往前发育越差，胸部乳腺发育最差。

课题三　母禽的生殖器官

一、母禽生殖器官的组成

母禽的生殖器官由卵巢和输卵管构成（图3-11）。母禽只有左侧生殖器官发育完全，右侧生殖器官在孵化的7~9d就停止发育并逐渐退化，到孵出时仅留残迹。

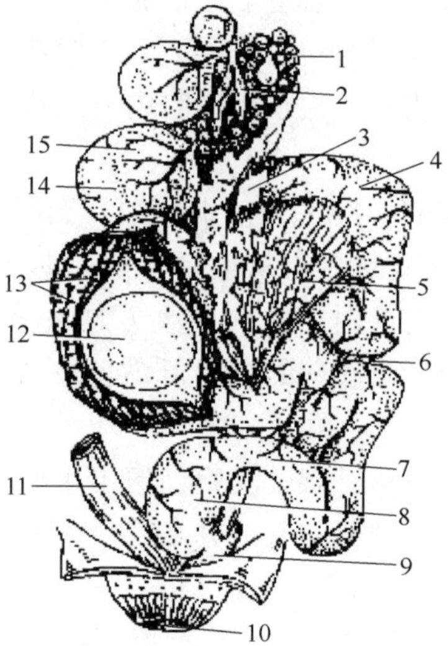

1—卵巢 2—排卵后的卵泡膜 3—漏斗 4—膨大部 5—输卵管腹侧韧带 6—背侧韧带
7—峡 8—子宫 9—阴道 10—肛道 11—直肠 12—在膨大部中的卵
13—黏膜褶 14—卵泡斑 15—成熟卵泡

图 3-11 母禽（鸡）的生殖器官模式

二、母禽生殖器官的结构特点和生理功能

（一）卵巢

1. 卵巢的形态、位置

卵巢位于左肾的前下方，以短的系膜悬挂在左肾前叶的腹侧。卵巢的体积和外形随年龄的增长和功能状态而有较大变化。幼禽的较小，呈扁平的椭圆形，灰白色或白色，表面略呈颗粒状。被覆生殖上皮，皮质区内有卵泡，髓质区为疏松结缔组织和血管。随着雌禽年龄的增长和性活动期的出现，卵泡逐渐成熟，并贮积大量卵黄，突出卵巢表面。母禽临近性成熟时，卵巢活动剧烈，卵细胞由于营养物质积累的增加，形成大小不同的卵泡，排卵前 7～9d，仅以细的卵泡蒂与卵巢相连，状似一串葡萄。产蛋期卵巢有肉眼可见的卵泡 1000～2500 个，用显微镜观察，大约有 12000 个卵泡。其中仅有少数达到成熟排卵，卵巢经常保持 4～5 个较大的成熟卵泡。每一个卵泡含有一个卵子或生殖细胞，最初生殖细胞在中央，随着卵黄的累积，生殖细胞即渐渐升到卵黄的表面，恰好在卵黄膜的下面。

未受精的蛋，生殖细胞在蛋形成过程中一般不再分裂，剖视蛋黄表面有一白点，称为胚珠。受精后的蛋，生殖细胞在输卵管内形成蛋的过程中，经过分裂，形成中央透明、周围暗的盘状原肠胚，称为胚盘。卵泡与卵巢相连处称卵泡柄，卵泡上有许多血管，自卵巢上通过柄运来营养物资供卵子生长发育。卵泡上与柄相对，中央有两条肉眼看不见血管的淡色缝痕即卵泡斑，卵子成熟后破裂并由此排出。

禽的卵泡没有卵泡腔和卵泡液，排出后不形成黄体，卵泡膜在 2 周内退化消失。成熟母鸡产蛋时的卵巢重 40~69g，休产期卵巢回缩，卵巢仅 4~6g，到下一个产蛋期又开始生长。在非繁殖季、孵化季节及换羽期，卵泡停止排卵和成熟，卵巢萎缩。卵巢、卵泡生长发育受脑腺垂体分泌的促卵泡素的影响。

2. 卵巢的生理功能

卵巢是形成卵子的器官，能分泌雌激素，促进输卵管的生长、耻骨及肛门的开张，以利于产蛋。而且还能够累积卵黄营养物质，以供给胚胎体外发育时的营养需要。因此，禽类的卵细胞要比其他家畜的卵细胞大得多。

（二）输卵管

1. 输卵管的形态位置

输卵管为一条弯曲的富有弹性的长管，管壁有许多血管。前端开口于卵巢下方，后端开口于泄殖腔。家禽左侧输卵管发达，是一条长而弯曲的管道，以输卵管背侧韧带悬挂在腹腔背侧偏左。幼禽时期输卵管是一条细而直的小管，到产蛋期管壁增厚、长而弯曲，输卵管长达 60~70cm，为躯体长的 1 倍。在孵卵期回缩至 30cm，在换羽期只有 18cm。根据输卵管的构造和功能的不同，可将输卵管分为漏斗部、膨大部、峡部、子宫部和阴道部五部分。

（1）漏斗部　也称喇叭部，呈漏斗状，是输卵管的起始部，位于卵巢的后方，是由输卵管的前端扩展而成，周围薄而不整齐，边缘有游离的黏膜褶，称为输卵管伞，产蛋期间长 3~9cm，中央有输卵管的腹腔口。漏斗部有摄取卵子的作用，是受精的场所。如母禽经过交配，精子即在此部与卵子结合而受精。

（2）膨大部　也称蛋白分泌部，是输卵管最长部分，30~50cm。长而弯曲，管腔大，管壁厚，黏膜形成螺旋形的纵襞，前端接漏斗部，界限部明显，后端以明显的窄环与峡部区分。膨大部密生管状腺和单细胞腺，在繁殖期呈乳白色，有分泌蛋白质的作用。管状腺分泌稀蛋白，单细胞腺分泌浓蛋白，并形成卵黄系带。

（3）峡部　位于膨大部与子宫部之间，为输卵管较短和较窄段，长约 10cm。管壁薄，内部纵褶不明显。黏膜内有腺体，能分泌角质蛋白，形成蛋白内外壳膜。

（4）子宫部　也称壳腺部，是输卵管峡部后的膨大部分，长 10~12cm，灰色或灰红色，呈袋状。管壁较厚，肌层发达，分布有螺旋状的平滑肌纤维。黏膜形成纵横的深褶，黏膜内有壳腺，能分泌钙质、角质和色素，形成蛋壳和壳上膜（也称胶护膜）。

（5）阴道部　是输卵管的末端，形状呈 S 形，长 10~12cm，开口于泄殖道的左侧，是雌禽的交配器官。阴道部的肌膜发达，黏膜呈白色，形成细而低的皱褶。

在与子宫相连的一段含有管状的子宫腺，称为精小窝，能贮存精子。鸡的精子在母鸡生殖道内可存活很长时间，7d 后精子的受精率可保持在 90%，生产中通常 5d 左右输精一次，仍能保持较高的受精率。蛋产出时，阴道自泄殖腔翻出，因此蛋不经过泄殖腔。交配时，阴道也同样翻出接受公禽射出的精液。

2. 输卵管的生理功能

输卵管的主要生理功能是精子、卵子受精和早期胚胎发育。母鸡输卵管各部的长度、卵的停留时间和生理作用见表 3-1。

表 3-1 母鸡输卵管各部分的长度、卵的停留时间和生理作用

输卵管各部分	长度/cm	卵的停留时间	生理作用
漏斗部	9	15min	承接卵子，受精作用
膨大部	33	3h	分泌蛋白
峡部	10	80min	形成蛋白内外壳膜，注入水分
子宫部	10~12	18~20h	注入水分和盐类，形成蛋壳，壳上膜，着色
阴道部	10	几分钟	产出鸡蛋

（三）母禽生殖器官的生理功能特点

1. 母禽的生殖生理特点

禽类属于卵生，没有发情周期，胚胎不在母体内发育，而是在体外孵化。在一个产蛋周期中能连续产卵，卵泡排卵后不形成黄体；卵内含有大量的卵黄，卵的外面包有坚硬的壳。

2. 蛋的形成和产蛋

蛋的形成是卵巢和输卵管各部共同作用的结果。蛋黄是由肝脏合成，经血液循环运输到卵巢，在卵泡中逐渐蓄积形成，其主要成分是卵黄蛋白和磷脂。卵子从卵巢排出后，被输卵管漏斗吸纳。输卵管伞收缩以及漏斗壁的活动，迫使在旋转中的卵进入输卵管的腹腔口。顺次经过漏斗部、膨大部、峡部、子宫部和阴道部。

在漏斗部，卵子停留 15~25min，并在此受精；在膨大部，卵子在旋转中向后移动，约经 3h，在蛋黄的表面形成系带、内浓蛋白层、内稀蛋白层、外浓蛋白层和外稀蛋白层；在峡部，形成柔韧的卵壳膜；在子宫部，软蛋在子宫肌层的作用下旋转，约经 20h，使卵壳膜表面均匀地沉积钙质、角质和特有的色素，经硬化形成蛋壳，蛋壳的外表面又覆着一薄层致密的胶护膜，有防止蛋水分蒸发、润滑阴道、阻止微生物侵入等作用；形成的蛋经阴道部将蛋产出。

蛋完全形成后，在输卵管的强烈收缩作用下很快产出。鸡从排卵到蛋的产出需要 24h 以上，产出一个蛋后，需经过 30~60min 才排出下一个卵子。因此，鸡每天产蛋的时间要比前一天晚一些。家禽产蛋大多数是连续性的，连续多天产蛋后，停

产1~2d，然后又连续多天产蛋，如此循环，称为产蛋周期。

3. 就巢性

就巢俗称抱窝，是指母禽特有的性行为。表现为愿意坐窝、孵卵和育雏。就巢期间雌禽食欲不振，体温升高，羽毛蓬松，作咯咯声，很少离卵活动寻觅食物。就巢期间母禽会停止产蛋。就巢性受激素的调控，是由于催乳素引起的，注射雌激素可使其停止就巢。

4. 蛋的结构

蛋由蛋壳、蛋白和蛋黄三部分组成（图3-12）。

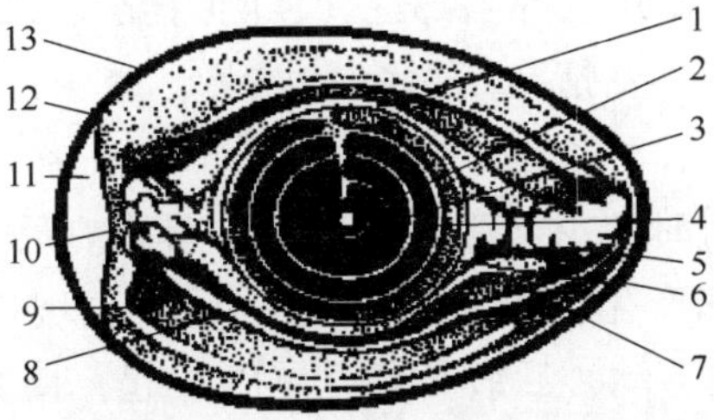

1—胚盘 2—蛋黄心 3—黄蛋黄 4—白蛋黄 5—蛋黄膜 6—系带 7—内稀蛋白
8—浓蛋白 9—外稀蛋白 10—内壳膜 11—气室 12—外壳膜 13—蛋壳

图3-12 蛋的构造

（1）蛋壳 是最外面的硬壳，主要成分是碳酸钙。在蛋壳的内侧是蛋壳膜，分为内外两层，外层称为蛋外壳膜，厚而粗糙；内层称为蛋内壳膜，薄而致密。在蛋的钝端形成气室。蛋壳上密布小的气孔，在胚胎发育过程中可进行水分和气体的代谢。

（2）蛋白 位于蛋壳内蛋黄外，在靠近蛋黄周围的是浓蛋白，接近蛋壳为稀蛋白。蛋黄两端形成白色螺旋形的系带，有固定蛋黄的作用。

（3）蛋黄 呈黄色的球状，也就是家禽的卵细胞。位于蛋的中央，由薄而透明的蛋黄膜包裹。在蛋黄上面有一白色圆点，受精蛋称为胚盘，结构致密；未受精蛋称为胚珠，结构松散。

课题四 母畜发情生理

一、母畜的发情

（一）发情及发情的特征

1. 发情

发情是指母畜发育到一定阶段时所发生周期性性活动的现象。发情是在生殖激素的调节下，母畜的卵巢上有卵泡发育和排卵等变化；生殖道出现充血、肿胀和排出黏液等变化；母畜在行为上有兴奋不安、食欲减退和出现求偶活动等变化。母畜表现出的这一系列生理和行为上的变化称为发情。

2. 发情的特征

母畜发情时主要在卵巢、生殖道和行为三方面表现出特定的变化。

（1）卵巢　母畜发情时，卵巢上有卵泡发育、成熟和排卵的变化过程，这是母畜发情的内在表现，也是母畜发情的本质特征。

（2）生殖道　母畜发情时，随着卵巢上卵泡的发育，在激素的调节下，母畜的外生殖器官发生一系列的变化。外阴部红肿、阴门湿润并常常外翻，阴蒂闪动。生殖道充血肿胀、排出黏液。发情初期量多、稀薄、透明，发情后期逐渐变为浓稠，分泌量减少。

（3）行为　母畜发情时，由于激素的作用，母畜在行为表现上出现许多变化。如兴奋不安，食欲减退和产生交配欲等变化。具体表现出：好动、排尿频繁、鸣叫，愿意接近公畜、静立不动，后肢叉开、尾巴举起，接受交配的姿势。有的还出现拱槽、刨地、爬跨和跳圈，举尾和阴唇翻动的特征。

（二）性功能的发育

母畜的性功能发育经历了一个发生、发展和衰退停止的过程。包括初情期、性成熟、配种适龄和繁殖功能停止期。不同的种类、品种、个体及不同的饲养管理条件，性功能的发育阶段都有差异（表 3-2）。

表 3-2　母畜的繁殖阶段

母畜种类	初情期/月	性成熟/月	适配年龄	繁殖功能停止期/岁
牛	8~12	8~14	1.5~2.0 岁	13~15
水牛	10~15	15~20	2.5~3.0 岁	13~15
猪	3~6	5~8	8~12 月	6~8
绵羊	4~5	6~10	1~1.5 岁	8~11
山羊	4~6	6~10	1~1.5 岁	8~11
马	12	12~18	2.5~3 岁	18~20
兔	4	3~4	6~7 月	3~4
犬	6~8	8~14	12~18 月	

1. 初情期

初情期指母畜第一次发情或排卵的年龄。

初情期的母畜其生殖器官迅速发育，开始出现性活动。由于生殖器官还未发育完全，性功能也不完全。初情期母畜的发情表现往往不完全和明显，没有明显的规律。常常虽有发情表现，但发情周期不正常，发情症状不明显，常表现为安静发情，一旦配种也有受精的可能。

初情期出现的早迟受很多因素影响，如品种、环境温度、饲养管理水平以及有无公畜的接触等。一般小家畜早于大家畜，温暖地带早于寒冷地带，饲养管理条件和健康状况好的早于饲养管理条件和健康状况差的家畜。初情期与母畜体重也有关系，在一般情况下，体重达成年体重的1/3，即出现初情期。

2. 性成熟

初情期后，母畜的生殖器官进一步发育，直到发育完全，发情排卵趋于正常，具备了繁殖后代的能力，此时称为性成熟。

性成熟后，母畜具备了正常发情周期和繁殖功能。但是，母畜的其他器官还未发育完全，此时还不适宜于配种。以免影响母畜自身的发育和胎儿的发育，降低母畜一生的生产力。

3. 初配适龄

初配适龄指根据母畜个体发育情况和使用目的的不同，人为确定的母畜首次配种适宜年龄。初配适龄是在性成熟后，母畜各器官发育基本完全、具备了本品种的外貌特征，体重达到成年体重的70%左右，是参加配种的适宜时间。配种时间过早会影响母畜的生长和胎儿的发育，配种时间过晚会因延长饲养时间造成经济损失。初配适龄对生产具有重要的指导意义，但是具体时间应当根据个体发育情况结合年龄和体重综合判定。当前我国规定黑白花乳牛 16 个月龄体重达 350kg 才进行初配，没有达到 350kg 的须在 20 月龄后方可配种。

4. 繁殖能力停止期

母畜经过多年的繁殖活动，生殖器官逐渐老化、生殖功能逐渐退化直至停止。在家畜繁殖功能停止前，一旦生产效益明显下降就应当淘汰。具体时间因品种、饲养管理、健康等状况不同而异。

（三）发情周期

1. 发情周期

发情周期指在生理或非妊娠条件下，雌性动物每间隔一定时期均会出现一次发情，通常将这次发情开始至下次发情开始，或这次发情结束至下次发情结束所间隔的时期，称为发情周期。母畜的发情周期因畜种类型而异。一般情况下，猪、牛、山羊和马平均为 21（16~25）d，绵羊 17（14~20）d，驴 23（20~28）d。根据母畜在发情周期中的一系列表现特征，将发情周期分为几个时期。一般采用四期分法和二期分法来划分发情周期。

（1）四期分法

① 发情前期：上一个发情周期黄体退化，新的卵泡开始发育；子宫腺体略有

生长，生殖道黏膜轻微充血肿胀，有少量稀薄黏液分泌；阴道黏液涂片上分布有大而轮廓不清的扁平上皮细胞和散在的白细胞；母畜的外表发情行为不明显，尚无性欲表现，不接受公畜和其他母畜的爬跨。发情前期是母畜发情的准备阶段，相当于21d发情周期的16~18d。

② 发情期：卵泡迅速发育，卵巢体积明显增大，多数母畜在发情期末期排卵；生殖道黏膜充血肿胀明显，子宫黏膜显著增生，子宫的弹性增强变硬；子宫颈口松弛开张，子宫和阴道的收缩性增强，腺体分泌活动加强，有大量透明稀薄黏液排出；外阴部充血、肿胀、松弛；阴道黏液涂片上分布有无核的上皮细胞和白细胞；母畜的外表发情行为、性欲表现明显，爬跨或接受爬跨。发情期是母畜集中表现发情表现的阶段，相当于21d发情周期的1~2d。

③ 发情后期：排卵后卵巢开始形成黄体并分泌孕酮；子宫颈管逐渐收缩关闭，子宫颈内膜增厚，子宫收缩性降低，腺体分泌活动减弱，黏液量少而黏稠。阴道黏膜上皮脱落；母畜的精神状态逐渐恢复正常，性欲逐渐消失。发情后期是母畜发情后的恢复阶段，相当于21d发情周期的3~4d。

④ 间情期：也称休情期，性欲消失，恢复常态，在间情期的初期卵巢上的黄体逐渐发育成熟并分泌孕酮，使子宫内膜增厚、腺体分泌活动旺盛，能分泌含有糖原的子宫乳，阴道黏液涂片上分布着有核和无核的扁平上皮细胞和大量的白细胞。如果卵子没有受精，间情期的后期，则黄体产生退行性变化，子宫内膜也恢复回缩，腺体缩小、分泌活动停止，恢复正常。间情期的母畜外部表现处于正常状态，相当于21d发情周期的5~15d。

若母畜未受胎，间情期后则进入下一个发情周期的发情前期。家畜的发情周期种间差异较大，个体间也不尽相同。神经系统和激素的调节是影响家畜发情周期的内在因素，而营养状况（如日粮能量、蛋白质、维生素和微量元素）、温度、光照等是影响家畜发情周期的外在因素。

（2）二期分法　是根据卵巢上组织学变化以及有无卵泡发育和黄体存在为依据，将发情周期分为卵泡期和黄体期。母畜发情周期的实质是卵泡期和黄体期交替进行。

① 卵泡期：上一个发情周期的黄体基本退化，卵巢上有卵泡发育、成熟，直到排卵的阶段。包括发情前期和发情期。猪、牛、羊、马、驴等大动物为5~7d，约占发情周期的1/3。

② 黄体期：从排卵后形成黄体，直到黄体萎缩退化为止的阶段。包括发情后期和间情期。一般在21d发情周期的4~15d，约占发情周期的2/3。

2. 发情持续期

发情持续期指母畜在一次发情中，从开始发情到发情结束所持续的时间，相当于发情周期中的发情期。发情持续的时间因动物的种类、品种、季节、饲养管理状况、年龄以及个体条件等不同。各种家畜的发情持续期：牛 18~19h、水牛 1~2d、山羊 24~48h、绵羊 16~35h、猪 2~3d、马 4~8d、驴 5~6d。

（四）发情季节

家畜的发情受生殖激素的调控，季节变化是影响生殖活动的重要因素，它通过神经系统影响到下丘脑、垂体性腺轴调节系统的调节作用。

有些动物一年中只能在一定时期才能表现出发情表现，这个时期称为发情季节，这些动物只能在发情季节里才能发情排卵。

（1）季节性多次发情　季节性发情的母畜在发情季节里有多个发情周期，如马、驴、绵羊等在春季和秋季发情时，如果没有配种或配种后未受胎，还可以发生多个发情周期。马属动物的发情季节多在 3~7 月，绵羊的发情季节多在 9~11 月。

（2）季节性一次发情　多数野生和毛皮动物是季节性单次发情，犬的发情季节在春、秋两季，但是每个发情季节只有一个发情周期。

（3）常年发情　母畜一年四季都可以发情并配种，如牛和猪。但是高纬度和高寒地区对母畜的发情季节有一定影响。譬如东北地区，牛发情比较集中在 5~8 月；南方地区，湖羊、寒羊等品种，可以出现全年多次发情。

（五）乏情、产后发情和异常发情

1. 乏情

乏情是指母畜到达初情期后不发情，或卵巢无周期性功能活动，处于相对静止状态。产生乏情的因素包括生理性、季节性和病理性因素。

（1）生理性乏情　指母畜因为某些生理状态导致卵巢的周期性活动功能暂时停止，不表现出发情表现。主要包括妊娠性乏情、泌乳性乏情、衰老性乏情等。

① 妊娠性乏情：指母畜配种后在妊娠期间不表现出发情表现。母畜在妊娠期间由于卵巢上存在妊娠黄体，可持续分泌孕激素，妊娠后期的胎盘分泌大量的孕激素，对抗雌激素的作用，抑制母畜的发情活动。妊娠性乏情是保证胎儿正常发育的生理现象，妊娠期不能对母畜配种，以免引起流产。因此，早期妊娠鉴定在生产中具有重要的实践意义。

② 泌乳性乏情：指母畜在分泌后的泌乳期间不表现出发情表现。泌乳性乏情是由于促乳素和孕激素使卵巢的周期性活动功能受到抑制而引起的不发情、排卵。泌乳性乏情的发生和持续时间的长短，因畜种和品种不同而有很大差异。正常情况下母猪是在仔猪断乳后才发情；母牛在产后 2 周左右就可出现发情和排卵；绵羊在羔羊断乳后 2 周左右出现发情。母畜的分娩季节、哺乳仔数和产后子宫复原的程度，对乏情的发生和持续时间也有影响，如春季分娩的母牛，乏情期较短；高产乳牛或哺乳仔数多的，乏情期较长。

③ 衰老性乏情：指母畜因衰老使下丘脑—垂体—性腺轴的功能减退，导致垂体促性腺激素的分泌减少，或卵巢对激素的反应性降低，不能激发卵巢功能活动而表现不发情。衰老性乏情是母畜正常的生理现象，因此，及时淘汰繁殖性能下降的种畜，控制种群的结构，是保持种群繁殖性能的重要措施。

（2）季节性乏情　是由于季节性繁殖的母畜在非繁殖季节卵巢上的卵泡发育无周期性活动变化，而引起不发情。乏情的时间因动物的种类、品种和环境差异而不同。母马在短日照的冬季及早春出现乏情，此时卵巢小而硬，卵巢上既无卵泡发育又无黄体存在，通过逐渐延长白昼光照的刺激，可使季节性乏情的母马重新合成和释放促性腺激素，促使发情。过了夏至光照渐短后绵羊便开始发情，在乏情季节人工缩短光照，可刺激母羊性腺活动而引起发情和排卵，使发情季节提早。因此，对于季节性发情的家畜，可以通过改变环境条件（如光照或温度）使卵巢功能从静止状态转变为活动状态，使发情季节提早到来。

（3）病理性乏情　指因为某些非生理性和季节性因素导致母畜卵巢的周期性活动功能暂时停止，不表现出发情表现。主要包括营养性乏情、应激性乏情、生殖疾病乏情。

① 营养性乏情：指因为营养因素导致母畜不表现出发情表现。日粮水平对卵巢活动有显著的影响，营养不良会抑制发情，青年母畜比成年母畜更为严重。矿物质和维生素缺乏会引起乏情。缺乏维生素 A 和维生素 E 可引起发情周期无规律或不发情。放牧的牛、羊因缺磷会引起卵巢功能失调，发情症状不明显，最后停止发情。母猪和母牛由于饲喂缺锰的饲料会造成卵巢功能障碍，发情不明显，甚至不发情。

② 应激性乏情：指因为应激原因导致母畜不表现出发情表现。不同环境引起的应激都可能抑制母畜的发情、排卵及黄体功能，气候恶劣、畜群密度过大、使役过度、栏舍卫生不良、长途运输等应激因素可使下丘脑—垂体—性腺轴调节系统的功能活动转变为抑制状态，导致母畜暂时不表现出发情表现。

③ 生殖疾病乏情：指因为某些生殖疾病导致母畜不表现出发情表现。由于生殖疾病而引起乏情的因素较多，如先天的生殖器官发育不全、异性孪生不育母犊和两性畸形等，更多的是卵巢功能疾病，如黄体囊肿、持久黄体等。限制母畜卵巢正常的周期性活动功能，导致母畜不表现出发情，生产中常常根据具体情况直接淘汰或进行治疗。

2. 产后发情

产后发情指母畜分娩后出现的第一次发情。母畜在妊娠、泌乳等生理状态下卵巢的周期性活动暂时停止，经过一段时间的修复，卵巢恢复周期性的生理活动，重新出现发情表现。不同的家畜产后发情的时间各不相同，在良好的饲养管理、气候适宜、哺乳时间短以及无产后疾病的条件下，产后出现第一次发情时间就相对较早；反之较迟。

母牛一般可在产后的1个月左右出现发情，但是多数表现为安静发情。由于子宫尚未修复，个别牛的恶露还没有流净，此时即使发情表现明显也不能配种。为保证乳牛一个标准的泌乳期，在产后第二次发情即产后45~60d配种较适宜。

发情季节不明显的母羊大多在产后2~3个月发情，不哺乳的母羊产后20d左右即可发情。

母猪一般在分娩后3~6d出现发情，但是多数不排卵。通常母猪在仔猪断乳后1周之内出现第一次正常发情，此时配种比较适宜。

母马往往在产驹后6~12d发情，一般表现不大明显，甚至无发情表现，但是母马产后第一次发情时有卵泡发育，并可排卵，因此可以配种，俗称“血配”。

3. 异常发情

异常发情主要有以下几种表现形式：

（1）安静发情　指母畜卵巢有卵泡的生长发育并排卵，但是发情症状不明显。各种家畜都可能发生，尤其是高产乳牛或营养不良的母畜容易发生安静发情。产后第一次发情，带仔母畜，年轻、营养不良的母畜由于雌激素和孕激素分泌不足，导致母畜缺乏发情表现。

（2）短促发情　指母畜卵巢有卵泡发育并排卵，但是发情持续期较短，卵泡成熟较快。由于神经内分泌系统的功能失调，卵泡迅速成熟排卵或卵泡发育受阻而引起短促发情。生产中不易掌握配种时间，往往错过配种机会。常见于青年母畜，尤其是乳牛。

（3）断续发情　指母畜发情时断时续，延续发情持续期。由于卵泡交替发育，导致卵泡发育中途停止、萎缩退化，新的卵泡又开始发育，使得母畜的发情表现时断时续。断续发情多见于营养不良的母畜。

（4）持续发情　又称长期发情，指母畜发情表现持续时间长，卵泡迟迟不能排出。持续发情主要发生于母马。

（5）假发情　指母畜有发情症状，但是没有卵子释放，很少有卵泡发育成熟。假发情的原因是生殖激素分泌失调。多见于孕后发情、未合理使用外源激素促进发情的母畜。

二、母畜的排卵

排卵是指成熟卵泡破裂，卵子随卵泡液排出的过程。排卵后在破裂的卵泡处形成一个暂时的激素分泌器官——黄体，黄体分泌的孕激素为胚胎的发育和维持妊娠提供了生理基础。

1. 卵泡生长和成熟

母畜在性成熟后，卵巢上出现周期性的卵泡发育和排卵。卵泡发育分为原始卵泡、初级卵泡、次级卵泡、生长卵泡和成熟卵泡五个阶段。卵泡发育模式见图 3-13。

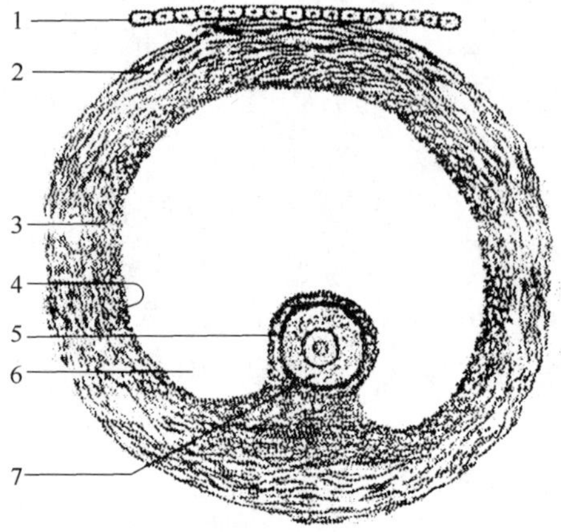

1—生殖上皮　2—外膜　3—内膜　4—颗粒细胞　5—放射冠　6—卵泡液　7—卵母细胞

图 3-13　卵泡发育模式

由于卵泡液不断增加、卵泡腔的扩大，卵母细胞被推向一边并被卵泡细胞所包围，形成半岛状的卵丘，其余卵泡细胞贴于卵泡腔周围成为颗粒细胞。卵泡膜分为内外两层，内膜有血管分布并参与激素的合成。

各种母畜成熟卵泡的直径一般为：牛 12~19mm，绵羊 5~10mm，山羊 7~10mm，猪 8~12mm，马 25~70mm，犬 2~4mm。母畜发情时，由于卵泡液增加，卵泡体积增大，泡壁变薄并部分突出于卵巢的表面。与此同时，卵泡颗粒细胞和内膜细胞出现促卵泡素和促黄体素受体，它们的变化和数量的增加对促进卵泡的成熟和排卵，以及雌激素的合成和分泌及促黄体素起着决定性的作用。

在卵泡生长发育过程中，初级卵母细胞处于减数第一次分裂前期的双线期，到卵泡发育至临排卵前，初级卵母细胞完成减数第一次分裂，产生 1 个次级卵母细胞和 1 个第一极体。此时，牛、羊和猪等多数动物的卵泡已经发育成熟并排出卵子。因此，多数家畜卵巢上排出的卵子是处于次级卵母细胞阶段。次级卵母细胞在进入输卵管后，开始进行减数第二次分裂，当精子进入卵子时，才刺激次级卵母细胞完成减数第二次分裂，形成 1 个卵细胞和 1 个第二极体。马和犬卵巢上排出的卵子仍处于初级卵母细胞阶段，当卵子进入输卵管后才完成减数第一次分裂，成为次级卵母细胞。当精子进入次级卵母细胞时，才完成减数第二次分裂。

2. 排卵

成熟卵泡破裂、释放卵子的过程称为排卵。

（1）排卵过程　卵泡在排卵过程中，由于 LH 和 FSH 的释放量骤增并达到一定比例所引起母畜卵巢出现一系列的变化。首先，卵母细胞细胞质和细胞核发育成熟；继而卵丘细胞聚合力松懈，颗粒细胞各自分离；最后由于卵泡液的增加，卵泡膜进一步变薄，纤维蛋白水解酶活性提高，并分解卵泡膜，造成顶端局部变薄形成排卵点，排卵点附近表层上皮和白膜在有关酶的作用下出现局部崩解，使卵母细胞随卵泡液排出并被输卵管接纳。排卵后，破裂的卵泡腔被淋巴液、血液和卵泡细胞充填，而形成红体和黄体，对维持妊娠和卵泡发育起到重要调控作用。

（2）排卵的时间、数目和类型

① 排卵的时间：家畜的排卵时间与种类、品种及个体有关。就某一个体而言，其排卵时间根据营养状况、环境等条件而有所变化。通常情况下，夜间排卵较白天多，右侧排卵较左侧多。家畜的排卵时间大致为：牛排卵距发情开始（接受爬跨）平均为28~32h，距发情结束（拒配）平均为10~12h；山羊排卵多发生在发情（接受爬跨）结束后数小时内；猪排卵在发情后20~36h时，排卵持续期6~8h；马排卵在发情结束前10~12h；兔是在交配后6~12h排卵。

② 排卵数目：在一个发情期中，不同家畜的排卵数有很大差异。排卵数受畜种、品种、年龄、营养和遗传等因素的影响，变化较大。牛、马、驴、水牛等一般只排1~2枚；羊1~3枚；猪10~30枚。

③ 排卵类型：母畜排卵的类型分为自发性排卵和刺激性排卵，和促黄体素的作用有关，但其作用的途径不同。

卵泡成熟后不经交配刺激能自发排卵，自动形成黄体称为自发性排卵，如猪、牛、羊、马等。母畜的促黄体素作用是周期性的，不决定于交配的刺激，而是由神经内分泌系统的相互作用所激发的。刺激性排卵是指卵泡成熟后只有经交配或子宫颈受到某些刺激后才能排卵，兔、骆驼、猫等即属此类。动物只有当子宫或阴道受到适当刺激后，神经冲动由子宫颈或阴道传到下丘脑的神经核，并于该处产生GnRH，沿着垂体门脉系统到腺垂体，刺激其分泌LH。刺激性排卵动物没有类似自发性排卵动物的发情周期，在交配前2~3d几乎总是处于发情状态，之后一段时间为乏情期。

3. 黄体的形成与退化

（1）黄体的形成　母畜排卵后，卵泡壁破裂流出的血液、淋巴液和残留的卵泡液聚集在卵泡腔形成的凝血块称为红体，此后颗粒细胞和内膜细胞增生变大并吸收类脂物质变为黄体，早期黄体细胞的营养来自红体，随血管的侵入和增生，使黄体靠血液提供营养。牛、绵羊、猪、马黄体达到最大体积的适当时间分别为排卵后7~9d、10d、6~8d、14d。

（2）黄体的退化　如果母畜排卵后未妊娠，形成的黄体称为周期黄体（假黄体），如果妊娠则称妊娠黄体（真黄体）。多数母畜的妊娠黄体存在于整个妊娠期，分泌孕酮以维持妊娠，直至妊娠结束才退化，但母马例外，一般在妊娠中期退化，以后靠胎盘分泌的孕酮维持妊娠，周期性黄体退化的时间，因畜种而异，一般维持

12~17d 退化，退化的黄体先变为白体，最后形成一个疤痕。

课题五 母畜发情鉴定

（一）母畜的发情鉴定

（1）发情鉴定 指对母畜发情的阶段及排卵时间进行判断的过程。发情鉴定技术是家畜繁殖改良工作中的重要技术环节。通过发情鉴定，可以判断母畜是否发情、发情周期所处的阶段及排卵时间，从而能够确定对母畜适宜的配种或输精时间，提高母畜的受胎率。

（2）发情鉴定的依据 母畜发情时，既有外部表现，也有内部变化。外部表现是发情的表面现象，内部变化中卵泡的发育是发情的实质。因此，对母畜进行发情鉴定时，既要观察外部表现，又要检查生殖道及卵泡的发育变化，同时还要联系影响发情的其他因素，根据各种家畜的特点，进行综合的分析判断。

母牛发情时外部表现比较明显且有规律性，发情持续期较短，故主要用外部观察法和试情法，必要时结合直肠检查法；猪、兔发情时外部表现比较明显且有规律性，主要采用外部观察法、配合试情法；羊发情持续期较短，发情外部表现不明显，多采用试情法；马、驴发情持续期较长，卵泡发育较为复杂，排卵时间与外部发情表现的关系不易掌握，发情鉴定以直肠检查法为主，配合外部观察法和试情法。

（二）发情鉴定的基本方法

（1）外部观察法 外部观察法是各种家畜发情鉴定最常用的一种方法，主要是根据家畜的外部表现和精神状态来判断其是否发情和发情程度的方法。

各种家畜发情时的共同特征为：食欲下降甚至拒食，兴奋不安，爱活动；外阴肿胀、潮红、湿润，有的流出黏液，频频排尿。不同种类家畜也有各自特征，如母牛发情时哞叫，爬跨其他牛；母猪拱门闹圈；母马扬头嘶鸣，阴唇外翻闪露阴蒂；母驴伸颈低头、“吧嗒嘴”等。家畜的发情特征是随着发情过程的进展，由弱变强，又逐渐减弱直到完全消失。

（2）试情法 试情法是利用体质健壮、性欲旺盛、无恶癖的非种用公畜对母畜进行试情，根据母畜对公畜的反应来判断母畜是否发情与发情程度的方法。

当母畜发情时，愿意接近公畜且呈交配姿势；不发情的或发情结束的母畜，则远离试情公畜，在强行接近时，有反抗行为。试情用的公畜在试情前要进行处理，最好做输精管结扎或阴茎扭转手术，而羊在腹部结扎试情布即可使用。此方法的优点是简便，表现明显，容易掌握，适用于各种家畜，因此在生产中应用较为广泛。

不足是不能准确鉴定母畜的发情阶段。

（3）阴道检查法　此方法是将灭菌的阴道开张器（或称开张器）插入被检查母畜的阴道内，观察其阴道黏膜的颜色、充血程度、润滑度和子宫颈的颜色、肿胀度、开口大小及黏液数量、颜色、黏稠度等，来判断母畜是否发情的方法。阴道检查法主要适用于马、牛、驴及羊等大家畜。由于此方法不能准确判断母畜的排卵时间，也容易对生殖道造成损伤、感染，故在生产中很少采用，只作为辅助的检查手段。如采用本方法，在操作时要严格保定家畜，防止人畜受到伤害；对母畜外阴部和开张器要严格进行清洗消毒；检查时动作要轻稳谨慎，避免损伤阴道黏膜和撕裂阴唇；检查时要使开张器的温度和畜体的温度接近。

（4）直肠检查法　直肠检查法是将已涂润滑剂的手臂伸进保定好的母畜直肠内，隔着直肠壁触摸卵巢上卵泡的发育情况，以确定配种时期的方法。本方法只适用于大家畜，在生产实践中，对牛、马及驴的发情鉴定效果较为理想。检查时要有步骤地进行，用指肚触诊卵泡的发育情况，切勿用手挤压，以免将发育中的卵泡挤破。此法的优点是：可以准确判断卵泡的发育程度，确定适宜的输精时间，有利于减少输精次数，提高受胎率；也可以在必要时进行妊娠检查，以免对妊娠家畜进行误配，引发流产。此法的缺点是：冬季检查时操作者必须脱掉衣服，才能将手臂伸进家畜直肠，易引起术者感冒和风湿性关节炎等职业病。如劳动保护不妥（不戴长臂手套），易感染布氏杆菌病等人畜共患病。

（5）生物和理化鉴定

① 仿生法：应用仿生学的方法模拟公畜的声音，或利用人工合成的外激素模拟公畜的气味，来测试母畜是否发情。

② 孕酮含量测定法：从母畜的血液、尿液、乳汁中测定其孕激素含量，来判断母畜是否发情的方法。此方法的成本较高。

③ 生殖道分泌物 pH 测定法：母畜性周期的不同阶段，其生殖道分泌物的 pH 呈现一定的变化。发情旺盛时黏液为中性或弱碱性，黄体期偏酸性。

（三）各种家畜发情鉴定的要点

1. 牛的发情鉴定

母牛发情持续期短，外部表现明显，其发情鉴定主要靠外部观察、试情法，结合阴道检查法，必要时才进行直肠检查。

对于舍饲乳牛和群牧牛较多的采用观察母牛相互爬跨的情况来发现发情母牛。乳牛一般在运动场内早晚各观察一次，凡接受其他母牛爬跨而表现静立不动者为发情母牛。对于群牧牛可由放牧人员随时观察；也可采用在试情公牛颌下安放染料装置或在母牛尻部涂抹染料的方法，来观察发情母牛被爬跨的情况，其检出率也很高，且节省人力。

（1）外部观察法　将母牛放入运动场或在畜舍内察看，早晚各 1 次。主要观察母牛的爬跨情况，并结合外阴部的肿胀程度及黏液的状态进行判定。

① 发情初期：发情母牛表现为食欲下降，兴奋不安，四处走动。个别牛会停止反刍。如与牛群隔离，常常大声哞叫，放牧或在大群饲养的运动场，可见追逐并爬跨其他牛的现象，不接受其他牛的爬跨。外阴部稍肿胀，阴道黏膜潮红肿胀，子宫颈口开张，有少量透明的稀薄黏液流出，几小时后进入发情盛期。

② 发情盛期：食欲明显下降甚至拒食，精神更加兴奋不安，大声哞叫，四处走动，常举起尾根，后肢开张，作排尿状，此时接受其他牛爬跨而站立不动。外阴部肿胀明显，阴道黏膜更加潮红，子宫颈开口较大，流出的黏液呈纤缕状或玻璃棒状，以手拍压牛背十字部，表现凹腰和高举尾根。

③ 发情末期：母牛兴奋性逐渐减弱，哞叫声减少，尾根紧贴阴门，不再接受其他牛爬跨并表示躲避又不远离。外阴部、阴道及子宫颈的肿胀稍减退，排出的黏液由透明变为稍有乳白的浑浊，黏液性减退，牵拉如丝状。此后，母牛外部症状消失，逐渐恢复正常，进入间情期。

（2）直肠检查法

① 牛卵泡发育各期特点：母牛在间情期，一侧卵巢较大，能触到一个枕状的黄体突出于卵巢的一端，当母牛进入发情期以后，则能触到有一黄豆大的卵泡存在，这个卵泡由小到大，由硬到软，由无波动到有波动。由于卵泡发育，卵巢体积变大，直肠检查时容易摸到。牛的卵泡发育可分为以下四期。

第一期（卵泡出现期）。卵巢稍增大，卵泡直径为 0.5～0.75cm，触诊时感觉卵巢上有一隆起的软化点，但波动不明显。此期约为 10h，大多数母牛已开始表现发情。

第二期（卵泡发育期）。卵泡直径增大到 1～1.5cm，呈小球状，波动明显，突出于卵巢表面。此期持续时间为 10～12h，后半段，母牛的发情表现已经不太明显。

第三期（卵泡成熟期）。卵泡不再增大，但泡壁变薄，紧张性增强，触诊时有一触即破的感觉，似熟葡萄。此期为 6～8h。

第四期（排卵期）。卵泡破裂，卵泡液流失，卵巢上留下一个小的凹陷。排卵多发生在性欲消失后 10～15h。夜间排卵较白天多，右侧较左侧多。排卵后 6～8h 可摸到肉样感觉的黄体，其直径为 0.5～0.8cm。

② 直肠检查的操作方法：通过直肠检查判断母牛的发情，可以准确地判断母牛的发情阶段和配种时间。由于技术要求较高，需要经训练和长期的实践才能作出较准确的判断，通常只对某些卵泡发育缓慢或排卵不规律者才使用。

骨盆腔段直肠的肠壁较薄且游离性强，可隔肠壁触摸子宫及卵巢。将待检母牛牵入保定栏内保定，尾巴拉向一侧。检查人员将手指甲剪短磨光，挽起衣袖，用温水清洗手臂并涂抹润滑剂（肥皂或香皂）。检查人员应站在母牛正后方，五指并拢呈锥形，旋转缓慢伸入直肠内，排出宿粪。手进入骨盆腔中部后，将手掌展平，掌心向下，慢慢下压并左右抚摸钩取，找到软骨棒状的子宫颈，沿着子宫颈前移可摸到略膨大的子宫体和角间沟，向前即为子宫角，顺着子宫角大弯向外侧一个或半个掌位，可找到卵巢。用拇指、食指和中指固定、触摸卵巢，感觉卵巢的形状、大小及卵巢上卵泡的发育情况。按同样的方法触摸另一侧卵巢，判断母牛发情的时期，确定准确的配种时间。

在直肠检查过程中，检查人员应小心谨慎，避免粗暴。如遇到母牛努责时，应暂时停止检查，等待直肠收缩缓解时再行操作。直肠内的宿粪可一次排出。将手臂伸入直肠内向上抬起，使空气进入直肠，然后手掌稍侧立向前慢慢推动，使粪便蓄积，刺激直肠收缩，当母牛出现排便反射时，应尽力阻挡，待排便反射强烈时，将手臂向身体侧靠拢，使粪便从直肠与手臂的缝隙排出，如粪便较干燥，可慢慢将手臂退出。

2. 猪的发情鉴定

母猪发情时，发情持续期长，外阴部和行为变化明显，因此母猪的发情鉴定是以外部观察为主，结合压背法进行判断。

母猪发情时，食欲下降，兴奋不安，对外界声音敏感，往往拱圈门，不时爬墙张望甚至跳圈寻找公猪，也称“闹圈”。外阴部充血、肿胀非常明显，呈浅红色或紫红色，有时从阴门流出极少量的黏液。用手压按其背腰部，若压背时呈静立不动、尾稍翘起、凹腰弓背，即为出现“静立反射”，向前推动母猪，不仅不逃脱，反而有向后的作用力，说明母猪发情已达最显著时期。生产中常常采用“一看、二听、三算、四按背、五综合”的发情鉴定方法，即一看外阴部变化、行为表现、采食情况；二听母猪的叫声；三算发情周期和持续期；四做按背试验；五进行综合分析。当阴户不再流出黏液，黏膜由红色变为粉红色，出现“静立反射”时，为输精较好时间。具体方法如下。

① 精神状态：母猪开始发情对周围环境十分敏感，兴奋不安，食欲下降、嚎叫、拱地、两前肢跨上栏杆、两耳耸立、东张西望，随后性欲趋向旺盛。在群体饲养的情况下，爬跨其他猪，随着发情高潮的到来，上述表现越来越频繁，随后母猪食欲由低谷开始回升，嚎叫频率逐渐减少，呆滞，愿意接受其他猪爬跨，此时配种最佳。

② 外阴部变化：母猪发情时外阴部明显充血、肿胀，而后阴门充血、肿胀得更加明显，阴唇内黏膜随着发情盛期的到来，变为淡红或血红，黏液量多而稀薄。随后母猪阴门变为淡红、微皱、稍干，阴唇内黏膜血红开始减退，黏液由稀转稠，此时母猪进入发情末期，是配种的最佳期，简而言之，母猪外阴由硬变软再变硬，阴唇内黏膜颜色由浅变深再变浅，正是配种佳期。

③ 爬跨：母猪发情到一定程度，不仅接受公猪爬跨，同时愿意接受其他母猪

爬跨，甚至主动爬跨别的母猪。用公猪试情，母猪极为兴奋，头对头地嗅闻；若公猪爬跨其后背时，则静立不动，正是配种良机。

④ 按压：用手压母猪腰背后部，如母猪四肢前后活动，不安静，又哼叫，这表明尚在发情初期，或者已到了发情后期，不宜配种；如果按压后母猪不哼不叫，四肢叉开，呆立不动，弓腰，这是母猪发情最旺的阶段，是配种最旺期。

可根据上述方法综合鉴定母猪发情而适时配种，也可采用人工合成的公猪外激素对母猪喷雾，观察母猪的反应，具有很高的准确率。

相对而言，培育品种（特别是国外引入品种）的发情表现，不如地方猪种明显。因此，要多观察，从而找到某一猪种甚至个体的发情受胎规律，适时配种，以防空怀。掌握适宜的配种时间是提高母猪受胎率和产仔数的重要因素。具体的配种时间，应根据猪的品种、年龄及个体特点，注意观察母猪的发情表现，以确定最佳配种时间。

3. 羊的发情鉴定

羊的发情持续期短，且外部表现不明显，又无法进行直肠检查，因此母羊的发情常用试情法。

母羊发情时，其外阴部也发生肿胀，但不十分明显，只有少量黏液分泌，有的甚至见不到黏液而稍有湿润。生产中采用将试情公羊（结扎输精管或腹下带试情兜布），按一定比例（通常为1：40）放入母羊群内，每日一次或早晚两次定时放入母羊群中进行试情，接受公羊爬跨者即为发情母羊。同时，在试情公羊的腹部可以采用标记装置或在胸部装上颜料囊，如果母羊发情并接受公羊爬跨时，便将颜色印在母羊背部，有利于将发情母羊从羊群中挑选出来进行配种。

4. 马的发情鉴定

马的发情持续期比其他家畜长，一般为4~7d，卵泡发育受外界环境条件的影响较大，卵泡发育较为复杂，排卵规律不像其他家畜那样易于掌握。发情鉴定方法以直肠检查法为主，配合外部观察法和试情法。

（1）直肠检查法

① 马的卵泡发育特点：马的卵泡发育一般分为六个时期。

第一期（卵泡出现期）。在发情季节，母马一侧卵巢有一个或数个卵泡开始发育，但其中只有一个卵泡获得发育优势（很少有2个），能发育成熟并排卵。初出现的卵泡体积小而质地硬，表面比较光滑，呈硬球状突出于卵巢表面，此期一般持续1~3d。

第二期（卵泡发育期）。此期，获得发育优势的卵泡体积增大，突出于卵巢表面呈半球形，卵泡内充满卵泡液，但波动不明显，排卵窝较深。外界条件（气温、光照、营养）合适时，直径达3~4cm，个别达5~7cm。卵泡发育期持续1~3d，此时母马一般都已发情。

第三期（卵泡成熟期）。是卵泡发育的最后阶段，卵泡的形状发生变化，体积变化不明显。形状变化包括两种：一种是母马卵泡成熟时，泡壁变薄，泡内液体波动明显，弹力减弱，最后完全变软，流动性增强，用手指轻轻按压即可陷入泡腔，这是即将排卵的表现；另一种是母马卵泡成熟时，皮薄而紧，弹力很强，触摸时母马敏感（有疼痛反应），有一触即破的感觉。此期持续时间较短，一般为一昼夜，早春天寒时2~3d。

第四期（排卵期）。卵泡已经完全成熟，形状不规则，泡壁变薄变软，有显著的流动性，卵泡液逐渐流失，2~3h才能完全排空。

第五期（空腔期）。泡液完全流失后，泡壁凹陷呈松弛的两层，触摸时可感到凹陷内有颗粒状突起，母马有疼痛反应，手指按压时，母马有回顾、不安、弓腰或两后肢交替离地等表现。此期持续6~12h。

第六期（黄体形成期）。卵泡液排空后，卵泡壁微血管排出的血液重新充满卵泡腔形成血红体，使卵巢从“两层皮状”逐渐发育成圆形的肉状突起，形状和大小很像第二、三期的卵泡，但没有波动和弹性，触摸时没有明显的疼痛反应。

② 马直肠检查的技术特点：对马进行直肠检查触诊卵泡发育时，有的卵泡难以区别，通常采用连续数天多次检查，加以比较观察，才能做出结论。同时注意正确区分发育卵泡与黄体、大卵泡与卵泡囊肿，以便准确进行发情鉴定。

发育期卵泡和黄体的区别。黄体几乎是扁圆形或不规则的三角形，而卵泡则为圆形，且有弹性或液体流动。黄体有肉团感，卵泡有弹性波动。黄体表面较粗糙，而卵泡表面光滑。黄体在形成过程中越变越硬，而卵泡从发育成熟到排卵是越变越软。

大卵泡和卵泡囊肿的区别。大卵泡壁厚持续时间长，波动不明显，但大卵泡一般都能正常排卵。卵泡囊肿的形态质地和大卵泡相似，但可持续达数个发情周期，仍无明显的变化。只有通过长期多次检查，才能确诊。

（2）外部观察法　发情母马多主动接近公马，举尾，后肢开张，频频排尿，发情高潮时，很难把母马从公马身边拉开，在拴系的饲养条件下，它常常在槽上或墙上摩擦外阴部，尾根、尾毛常因摩擦而蓬乱竖起，有时可见丝状分泌物。

项目小结

本项目介绍了母畜禽的生殖器官的组成和结构特点，母畜的发情与排卵的规律及影响因素，母畜发情鉴定的方法等内容。重点要求掌握的是牛和猪的发情鉴定。

技能考核项目

1. 口述母猪生殖器官（子宫、输卵管、阴道）的特点有哪些。要求在 5min 内完成。
2. 口述影响母畜初情期的因素有哪些。要求在 5min 内完成。
3. 母猪的异常发情有哪些？如何处理？
4. 现场边操作边口述如何对牛或猪进行发情鉴定。

复习思考题

一、名词解释

发情　排卵　初情期　性成熟　初配适龄　发情周期　产后发情　季节性发情　假发情　乏情期

二、简答题

1. 简述各种母畜卵巢的形态、结构、位置和生理功能特点。
2. 简述各种母畜子宫的形态、结构、位置和生理功能特点。
3. 简述母禽生殖器官的结构特点。
4. 母畜的发情表现包括几个方面？各有哪些表现？
5. 如何确定母畜的初配适龄？
6. 发情周期包括几个阶段？各阶段的特点有哪些？
7. 母畜的异常发情包括几种类型？表现的特点和产生的原因是什么？
8. 发情鉴定的方法包括几种？各种家畜常用什么方法进行发情鉴定？

项目三 母畜发情控制

知识目标

懂得母畜生殖系统的结构，能说出各种家畜发情周期的规律等，母畜在某些激素作用下发生的各种反应。

技能目标

能独立进行牛、羊同期发情的操作。

链接

动物解剖学、动物学。

拓展

诱导发情、同期发情、胚胎移植等。

通过某些外源激素或药物人为地控制和调整母畜的个体或群体发情、排卵的技术，称为发情控制技术。发情控制的目的是：缩短母畜繁殖周期，提高母畜产仔能力，使牛由产单胎变双胎等，从而提高养殖者的生产效益。发情控制分为诱导发情、同期发情和超数排卵等。

课题一 诱导发情技术

诱导发情是指母畜在生理性或病理性乏情期内，借助外源激素（如促性腺激素、促黄体激素）或环境条件的刺激，通过内分泌和神经作用，激发卵巢活动，促使卵巢从相对静止状态转变为功能性活跃状态，从而促使卵泡的正常生长发育，以恢复母畜正常发情与排卵。

一、季节性乏情

1. 生殖激素处理

在非发情季节，对乏情羊用孕激素处理 6~9d，在停药前 48h 按每千克体重注射 PMSG 15IU，同期发情率可达 95%以上，第一情期受胎率约为 75%。应用 FSH 或氯地酚也可促使母羊发情排卵，做到两年产 3 胎，使乳山羊全年均衡发情。

在非发情季节里，对母马注射雌激素，可以在一定程度使发情周期恢复，每日一次，注射 5~10mg，连续 10~15d，可诱导发情。

2. 光照处理

母羊在夏、冬非繁殖季节，利用人工暗室，模拟秋季，逐渐缩短光照时间，每日光照 8h，黑暗 16h，处理结束后 7~10 周，开始发情。

3. 公畜刺激

发情季节到来之前，在母羊群中投放公羊，能使母羊提前发情，提早母羊的配种季节。用公猪的叫声也可促使母猪发情。

二、哺乳期乏情

母牛可在产后 2 周开始采用孕激素作预处理约 10d，再注射 PMSG 1000IU，即可诱发发情；也可肌肉注射牛初乳 20mL，同时注射新斯的明 10mg，发情母牛配种时再注射 LH-RH 100IU，可诱发 80%~90%母牛发情排卵。母猪哺乳期通常不发情，因此常采用早期断乳诱发发情。哺乳母猪 1 个月断乳，将仔猪进行人工哺乳，母猪可在 1 周内发情。

哺乳母猪如果在断乳时注射 PMSG 效果更好；大大缩短繁殖周期，做到 2 年 5 胎。产后 1 个月以上的泌乳山羊在耳后皮下埋植 60mg 18-甲基炔诺酮药管维持 9d，在取出药管前 48h，肌肉注射 PMSG 15IU/kg 体重，同时肌肉注射澳隐亭 2mg/只，间隔 12h 再注射一次，发情以后静脉注射 GnRH 100IU/只，诱发发情率达 90%以上。

三、病理性乏情

1. 卵巢功能减退

此病多发生于气候寒冷、营养状况不良、使役过度的母畜或高产乳牛。使用 FSH、LH 等作诱导治疗。

2. 持久黄体

使用前列腺素可溶解黄体、停止孕激素的分泌，促使卵泡生长发育。

课题二 同期发情技术

一、同期发情的概念

利用某些激素使一群母畜在同一时间内集中发情、排卵的技术称为同期发情。

二、同期发情的意义

1. 提高劳动生产效率，增加经济效益

同期发情技术，可控制家畜的妊娠、分娩和配种时间由相对的分散到集中，从而有利于管理，便于组织大规模的生产，使仔畜出生时间接近，初生重接近，家畜以后的生长发育也较快，为家畜规模化生产提供了有力的保障，生产成本下降，节省劳动力，增加了养殖场的经济效益。

2. 大力推广人工授精技术，提高优良种畜的利用率

随着生产的发展，人工授精技术越来越受到人们的重视，尤其是冷冻精液的携带方便。但是比较贫困、分散和经济不发达的牧区往往不能较好的利用人工授精技术，若能使分散地区的家畜集中发情排卵，可便于配种员开展人工授精技术，同时可提高优良种公畜的利用效率，从而提高整个地区家畜的生产性能。

三、同期发情的机制

在母畜的一个发情周期中，卵巢有卵泡期和黄体期两个期。两期交替反复出现，总体来说卵泡期比黄体期短。卵泡发育成熟的前提是黄体消失，体内分泌的对卵泡发育有较强抑制作用的孕酮含量下降，母畜才能出现发情表现，同期发情的中心是控制黄体期的出现时间且使黄体期消失，可使母畜达到同时发情排卵。

在自然情况下，任何一群生殖功能完善、正常的母畜都处于发情周期的各个不同阶段，要想让母畜同时发情，可采用的方法有两种。一种是延长黄体期，同时给一群母畜服用孕激素药物，在用药期间，母畜卵巢上的黄体会出现自然消退的现象，但是在外源孕激素的作用下，抑制了卵泡变成熟，即使在外源孕激素作用期间，黄体也会消退。经过一定时间同时停药，母畜就会一起在同一时间出现发情、排卵现象。常用的药物有孕酮、甲地孕酮、炔诺酮、氯地孕酮、18-甲基炔诺酮、16-次甲基甲地孕酮等。另一种是缩短黄体期，利用前列腺素，促使黄体溶解，卵泡期提前到来，进入发情期，促进垂体促性腺激素的释放。常用的药物有 $PGF_{2\alpha}$ 等（图 3-14 至图 3-16）。

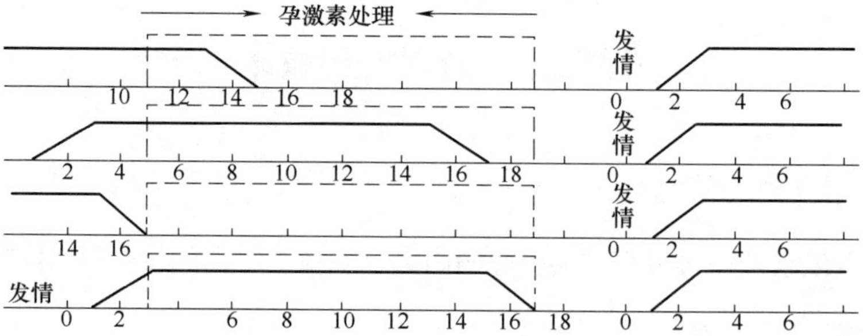

图 3-14　孕激素诱发母牛同期发情

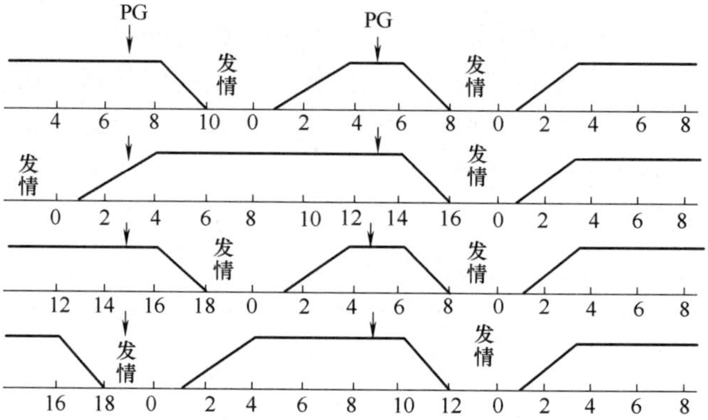

图 3-15　两次使用 PG 诱发全群母牛同期发情

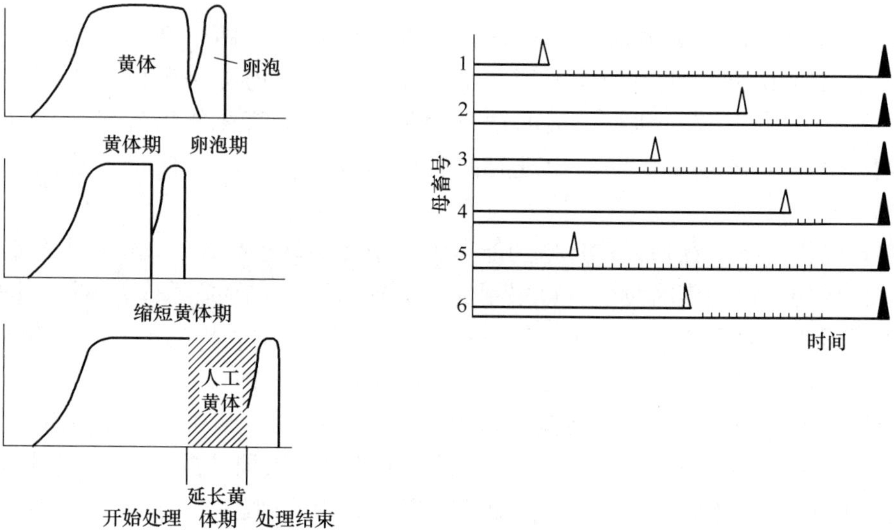

△—自然发情和配种时间的分布情况（分散）▲—用孕激素处理后发情和配种时间的分布情况（集中）

═—外源孕激素与体内孕酮共同作用期　┴┴┴—人为黄体期　——卵泡期

图 3-16　同期发情两种处理方式的比较

四、各种家畜的同期发情

1. 牛和水牛的同期发情

(1) 孕激素阴道栓法　取 50～100mg 18-甲基炔诺酮，用色拉油溶解后，浸于圆柱形的海绵中，海绵的直径大概 10cm，系一 10cm 绳（图 3-17）。在母牛发情周期中，先用开张器扩张阴道，将海绵放入阴道内，但将细绳放在阴门外，9～12d 后取出海绵。

国外还有阴道硅橡胶环孕激素装置（图 3-18），还有另一种孕激素装置为发泡硅橡胶制的棒状 Y 形，称为 CIDR（图 3-19）。

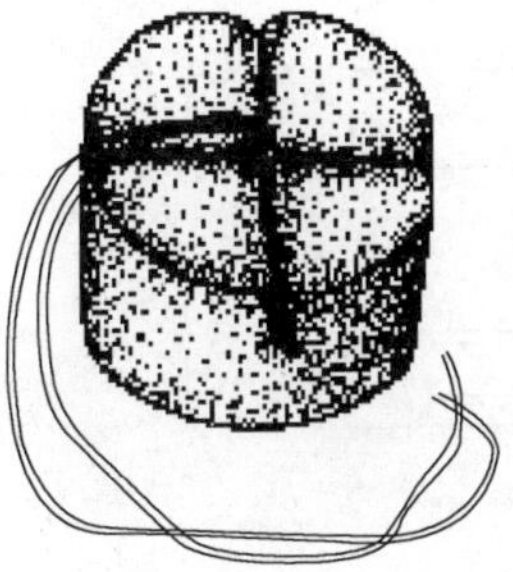

图 3-17　孕激素海绵阴道栓

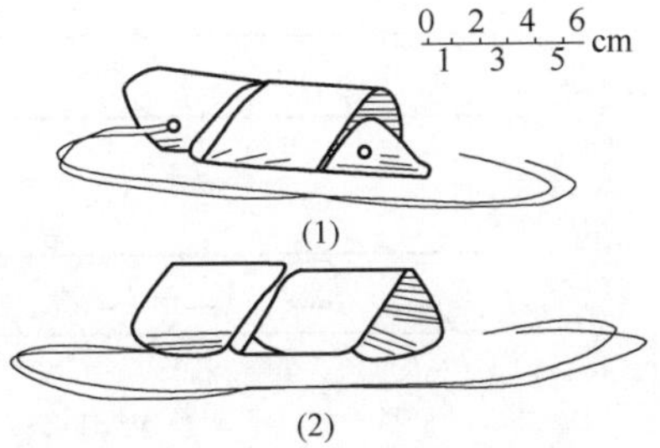

图 3-18　阴道硅橡胶环孕激素阴道释放装置

(1)、(2) 为不同角度的侧面，一端有一细线，另一端内侧有胶囊

孕激素处理结束后，大多数母畜可在 2～4d 发情。可在处理结束后 56h 进行一次输精，从处理结束后第 2～4d，加强发情观察，对发情的母牛适时输精，可提高受胎率。

(2) 孕激素埋植物埋植法　国内通常用 20～40mg 18-甲基炔诺酮与等量或半量磺胺结晶粉混合，一起研磨成细微粉末，填入塑料管中，此塑料管管壁烫有小孔，内径约 2.5mm、长 25～30mm，称为药物埋植管。

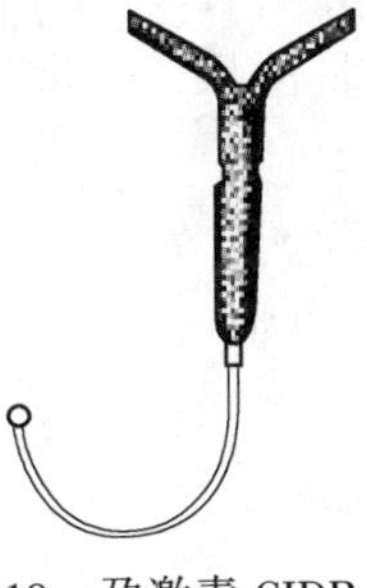

图 3-19　孕激素 CIDR 装置

可用专用的埋植器或套管针进行埋植，部位是牛和水牛的耳背皮下（图 3-20），一般埋植时间为 9～12d。用刀片在原埋植的入口处划开一个口，食指在耳背下面突起，用镊子将埋植物取出。

国外采用的是将甲基炔诺酮 3～6mg 与硅橡胶混合后凝固成为直径 3～4mm、长 15～20mm 的棒状（图 3-21）。

(3) 前列腺素 $F_{2\alpha}$　有子宫注入和肌肉注射两种方法。肌肉注射量为：15-甲基 $PGF_{2\alpha}$ 或去氢 $PGF_{2\alpha}$ 各 4mg；氯前列烯醇为 500μg 。前列腺素对不处于黄体功能期的母牛无作用，因此应在间隔了 11～12d 做重复处理。通常处理的方法有两

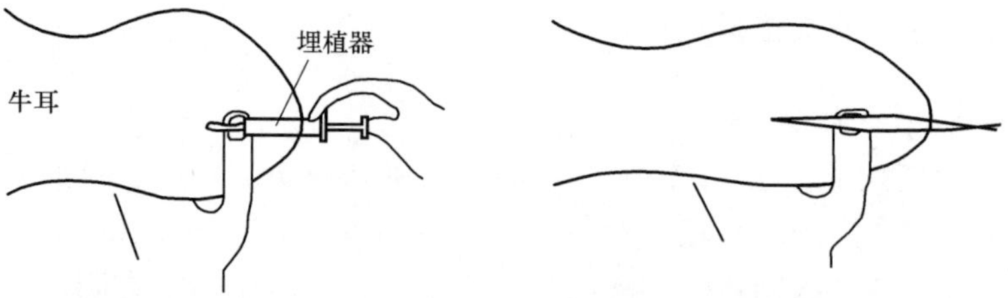

(1) 将埋植物放入埋植器前端的孔内然后推入

(2) 在埋入药管处纵向割开一个小口，用镊子取出药管

图 3-20 水牛耳背皮下埋植孕激素制剂图

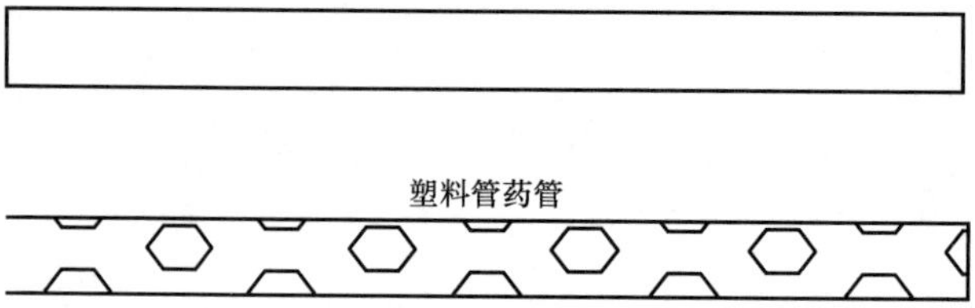

图 3-21 孕激素埋植物

种：一种是第一次处理后不输精，但是在第二次处理后才输精直接用过多的药，造成了浪费；另外一种情况是第一次处理后就观察母牛的发情情况，对已经发情母牛进行人工授精，对不发情的母牛相隔一段时间后再次用 PG 处理。此种情况要求对养殖者多一些责任心，但是节省了成本（图 3-22）。子宫注入法是将药物借助器具注入子宫腔内，虽然操作烦琐但是用药量少且效果明显。

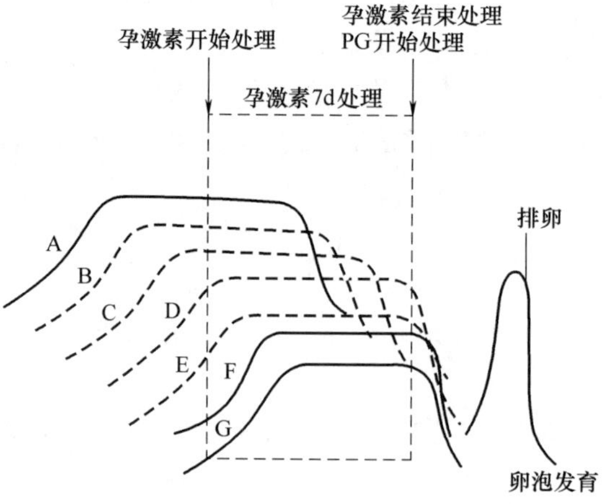

图 3-22 群体母畜孕激素处理 7d 结合 PG 处理后黄体消长和卵泡发育情况示意图

(4) 中草药　中草药能达到良好的效果。例如用当归、淫羊藿、阳起石、菟丝子、生地等进行适当比例调配可给牛肌肉注射，可提高发情期受胎率。

2. 绵羊和山羊的同期发情

(1) 口服法　每日将一定量的孕激素类药物均匀地搅拌在母羊的饲料中，可持续饲喂 12~14d 后停药，这种方法可应用在舍饲母羊，但是较烦琐，为防止群饲采食量不同，最好进行单喂。

(2) 阴道海绵栓法　羊的阴道海绵栓处理方法和牛的处理方法基本相同，只是剂量上有差别，药量相对较少。母羊的发情周期比牛短，因此处理时间也比牛短。短期为 7~8d，长期为 14~16d。当取出栓塞物时，注射 150~500IU 的孕马血清促性腺激素。通常孕激素处理结束后的 2~3d 90%以上的母羊出现发情表现。可在适宜时间进行输精。

(3) 前列腺素处理法　进口前列腺素类物质有高效的氟前列烯醇和氯前列烯醇等，若是肌肉注射一般为 0.5mg，注入子宫一般为 1~2mg。前列腺素处理法对少数母羊无作用，主要是由于前列腺素对处于发情周期 5d 以前的新生黄体溶解效果较低。

3. 猪的同期发情

因为猪的生理特点的特殊性，与牛和羊的同期发情处理方法不同，若采用相同的方法，易引起卵巢囊肿，导致发情率和受胎率下降，猪的同期发情多数采用的方法是同期断乳法。母猪断乳当天可注射 1000IU PMSG，可使母猪断乳后尽快发情。

4. 马的同期发情

马的发情持续期稍长，且排卵后 5d 内的黄体对前列腺素不敏感，因此一次处理后的效果较差，最好间隔 12~16d 进行第二次处理，效果良好。常用的药物是氟前列烯醇 ICI 81008。

课题三　超数排卵技术

一、超数排卵的概念

在母畜发情周期的适当时间，注射外源促性腺激素，使卵巢比自然发情时有更多的卵泡发育并排卵，这种方法称为超数排卵，简称超排。

二、超数排卵的原理

通过在母畜发情周期的适当时间，注射 FSH、LH、HCG 等激素，使卵巢比自然发情时有更多的卵泡发育并排卵，是可以做到的。母畜卵巢上约有 99%的有腔卵泡发生闭锁而退化，只有 1%能发育成熟而排卵。在排卵之前再注射 LH 或 hCG 补充内源性 LH 的不足，可保证多数卵泡成熟、排卵。

三、超数排卵的方法

主要利用缩短黄体期的前列腺素或延长黄体期的孕酮，结合促性腺激素进行家畜的超数排卵。

1. 牛的超数排卵

FSH + PG 法：自然发情的供体，发情之日为 0d，在发情后的第 9~13d 中的任意一天开始连续 4d 递减肌肉注射 FSH，每天 2 次，间隔 12h，注射 FSH 48h 后每头牛注射 $PGF_{2\alpha}$ 4mL。人工输精 3 次，每次间隔 12h。可以实现超数排卵。

2. 羊的超数排卵

FSH + PG 法：绵羊在发情周期的第 12d 或 13d、山羊在发情周期的第 16~18d 任意一天开始连续 3d 分 6 次递减肌肉注射 FSH，每天 2 次，间隔 12h。第 5 次注射 FSH 同时注射 $PGF_{2\alpha}$ 2mL，注射 FSH 后的 24~48h 发情。配种或输精 2 次，每次间隔 12h，同时注射 LH 100~150IU。

项 目 小 结

本项目介绍了诱导发情、同期发情、超数排卵的方法等内容。重点是同期发情与诱导发情在养殖业中的应用。

技能考核项目

1. 口述什么是牛的诱导发情、同期发情。
2. 口述如何进行牛、羊的超数排卵。

复习思考题

一、名词解释

诱导发情　同期发情　超数排卵

二、简答题

1. 简述同期发情的意义。
2. 简述超数排卵的原理。

项目四 人工授精

知识目标

掌握公畜禽生殖器官和功能、采精方法、精液品质检查的方法、精液稀释的方法，能够熟练掌握母牛、母猪、母羊、鸡的输精技术。

技能目标

1. 公猪的采精技术。
2. 精液品质检查方法。
3. 精液稀释和保存。
4. 畜禽的输精技术。

链接

母畜生殖器官的组成，母畜的发情鉴定技术。

拓展

精液的组成与理化特性；精子的发生与生理特性；外界条件对体外精子的影响；其他动物的精液冷冻保存技术。

人工授精指的是用人为的方法代替自然配种使母畜受胎、妊娠、正常繁殖后代的一种技术，主要包括采精、精液的检查、稀释、保存、运输和输精等主要技术环节。

人工授精是在自然配种的基础上发展起来的一种新技术，它的发展、推广和应用是家畜繁殖技术史上的重大改革之一，推动了现代畜牧业的发展。

人工授精的意义：①有效地改变了家畜的配种过程，提高了优良公畜的种用价值；②加快了家畜品种改良的速度，缩短了育种的时间；③减少了公畜饲养费用，节省了饲养成本；④由于公母畜配种时不接触，可防止生殖道疾病的传播；⑤克服了公母畜体型大小悬殊造成的交配困难；⑥由于冷冻精液运输容易，使配种不受地域的限制。

课题一　公畜禽的生殖器官

一、公畜生殖器官和功能

公畜的生殖器官由阴囊、睾丸、附睾、输精管、副性腺、尿生殖道、阴茎、包皮等构成（图 3-23）。

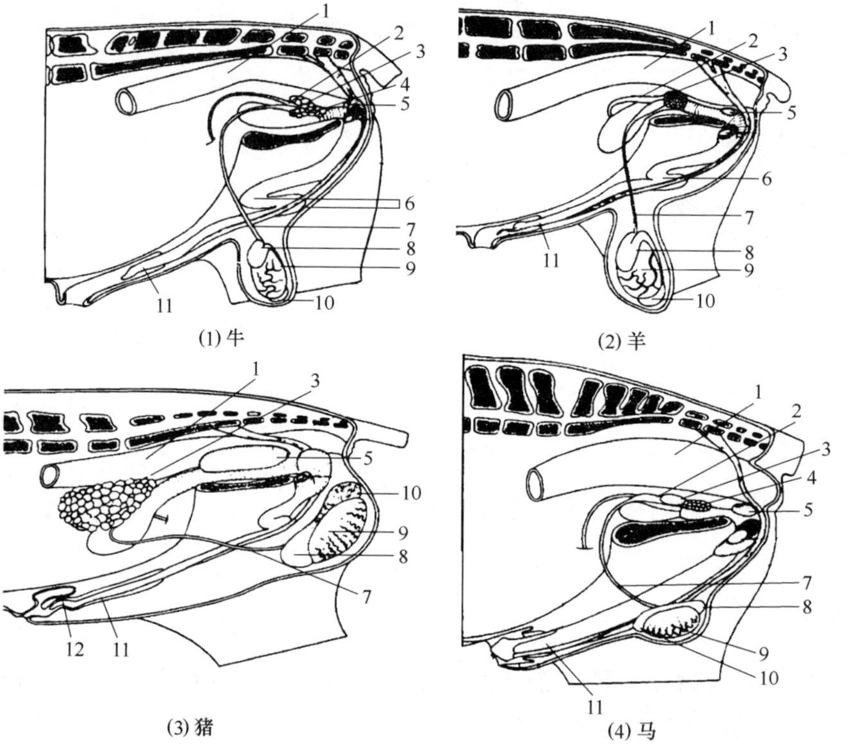

1—直肠　2—输精管壶腹　3—精囊腺　4—前列腺　5—尿道球腺　6—S 状弯曲　7—输精管
8—附睾头　9—睾丸　10—附睾尾　11—阴茎游离端　12—包皮憩室

图 3-23　公畜的生殖器官

（一）阴囊

阴囊是由腹壁形成的囊袋，由皮肤、肉膜、睾外提肌、筋膜和总鞘膜构成。有一中隔将阴囊隔为 2 个腔，2 个睾丸分别位于其中。阴囊具有温度调节作用，以保护精子正常生成。当温度下降时，借助肉膜和睾外提肌的收缩作用，使睾丸上举，紧贴腹壁，阴囊皮肤紧缩变厚，保持一定的温度。当温度升高时，则反之，阴囊皮肤松弛变薄，睾丸下降，降低睾丸的温度。阴囊腔的温度低于腹腔的温度，通常为34~36℃。

（二）睾丸

1. 形态和位置

睾丸为长卵圆形，两侧对称，其大小种间差异较大。猪的睾丸体积和质量相对较大，牛、马次之，各种家畜的睾丸质量及左右睾丸大小差别见表3-3。睾丸都位于腹壁下方的阴囊内。

2. 基本构造

睾丸的最外层由浆膜覆盖，其下为白膜，在睾丸实质部纵轴方向有一结缔组织索状结构形成睾丸纵隔，并由它分出许多锥形小叶，其尖端朝向中央，基部朝向表面，形似玉米。每个小叶内含2~3条曲精细管，管径只有0.1~0.3mm。据估计，公牛的曲精细管的总长可达5km，占睾丸总量的80%~90%。曲精细管在各小叶的尖端各自汇成直精细管，穿入纵隔，形成弯曲的导管网，称为睾丸网，是精细管的收集管道。在附睾头端，由睾丸网分出10~15条睾丸输出管，进入附睾头后合为1条附睾管。

表3-3　各种家畜睾丸质量比较表

畜　种	两个睾丸质量		左右睾丸大小差别
	绝对质量/g	相对质量（占体重）/%	
牛	550~650	0.08~0.09	左侧稍大
水牛	500~600	0.069	
牦牛	180	0.04	
马	550~650	0.09~0.13	左侧大
驴	240~300		
猪	900~1000	0.34~0.38	无固定差别
绵羊	400~500	0.57~0.70	
山羊	150	0.37	
犬	30	0.32	无固定差别
家兔	5~7	0.02~0.03	无固定差别
猫	4~5	0.12~0.16	无固定差别

精细管内主要由各类生精细胞和位于生精细胞中间，附着在基膜上，起营养和支持作用的支持细胞构成。在精细管之间为间质区，内含结缔组织、淋巴、血管、神经和具有分泌雄激素的间质细胞。

3. 主要功能

（1）产生精子　位于睾丸曲精细管生精细胞，经增生、变形后形成精子。随后进入直精细管，再经直精细管入睾丸网、睾丸输出管进入附睾。公畜每克睾丸组织平均每天可产生1000万~3000万个精子。

（2）分泌雄激素　间质细胞分泌的雄激素具有刺激公畜性欲，促进性器官发育，维持第二性征，有利于精子的发生和精子的成熟等作用。

（三）附睾

1. 形态和结构

附睾附着在睾丸的一侧，分头、体、尾三个主要部分。在附睾头处来自睾丸网的睾丸输出管在此处汇成附睾管，并通入附睾体和附睾尾，最后变成输精管。

2. 功能

（1）附睾是精子最后成熟的地方　从睾丸精细管生成的精子，刚进入附睾头时，其形态尚未发育完全，颈部常有原生质滴存在，此时其活动微弱，没有受精能力或受精能力很低。精子通过附睾管的过程中，原生质滴向尾部末端移行脱落，达到最后成熟，使之活力增强，且有受精能力。精子的成熟与附睾的物理及细胞化学特性有关，精子通过附睾管时，附睾管分泌的磷脂质和蛋白质包被在精子表面，形成脂蛋白膜，此膜能保护精子，防止精子膨胀，抵抗外界环境的不良影响。精子通过附睾管时，可获得负电荷，可防止精子的凝集。

（2）附睾是精子的贮存场所　附睾可以较长时间贮存精子，一般认为在附睾内贮存的精子，经60d后仍具有受精能力。但如果贮存过久，则活力降低，畸形及死亡精子增加，最后死亡被吸收。

精子之所以能在附睾内较长期贮存，目前认为主要基于以下几个方面：①附睾管上皮分泌物能供给精子发育所需要的养分；②附睾内环境呈弱酸性（pH 6.2~6.8）、高渗透压、温度低，这些因素可使精子处于休眠状态，减少能量消耗，从而为精子的长期贮存创造了条件。

（3）吸收作用　附睾头和附睾体的上皮细胞具有吸收功能，来自睾丸的稀薄精子悬浮液，通过附睾管时，其中的水分被上皮细胞所吸收，因而到附睾尾时精子浓度升高，每微升含精子400万个以上。

（4）运输作用　来自睾丸的精子借助于附睾管纤毛上皮的活动和管壁平滑肌的收缩，可将精子悬浮液从附睾头运送到附睾尾。精子通过附睾管的时间：牛10d，绵羊13~15d，猪9~12d，马8~11d。

（四）输精管

由附睾尾的附睾管延伸而成，它先和通向睾丸的血管、淋巴管、神经等构成精索，再经腹股沟管入腹腔，折转入骨盆腔，并在膀胱的背部变粗形成输精管壶腹（猪无壶腹部），壶腹末端与精囊腺的排泄管共同开口于尿生殖道起始部背侧的精阜后端的射精孔。

（五）副性腺

精囊腺、前列腺和尿道球腺统称为副性腺，其分泌物为精清，在射精时与来自附睾的浓稠精子混合为精液。

1. 解剖和形态（图 3-24）

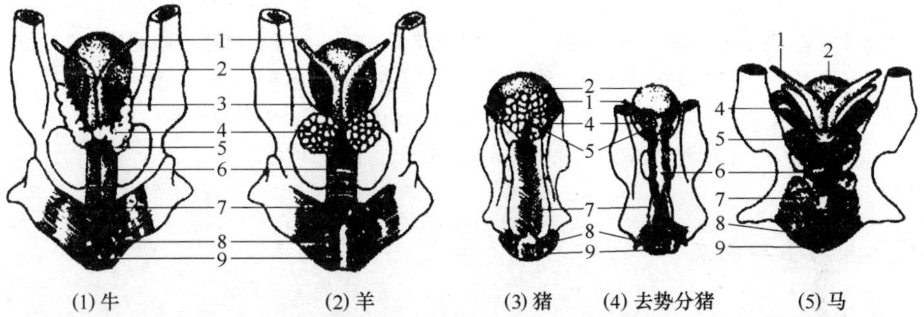

1—输精管　2—膀胱　3—输精管壶腹　4—精囊腺　5—前列腺　6—尿生殖道骨盆部
7—尿道球腺　8—阴茎缩肌　9—球海绵体肌

图 3-24　各种家畜的副性腺（骨盆内背侧观）

（1）精囊腺　一对，位于输精管末端两侧。猪的精囊腺最发达。

（2）前列腺　位于精囊腺后部，即尿生殖道起始部的背侧。牛、猪前列腺分为体部和扩散部；羊的仅有扩散部；马的前列腺位于尿道的背面，并不围绕在尿道的周围。前列腺为复管状腺，有多个排泄管开口于精阜两侧。

（3）尿道球腺　一对，位于尿生殖道骨盆部的外侧。猪的体积最大，马次之，牛、羊最小。

2. 功能

副性腺的分泌物是精清的主要成分，其主要功能是冲洗尿道、稀释精子、提供营养、活化精子、推动和运送精液、缓冲不良环境对精子的影响、形成阴道栓防止精液外流等作用。

（六）尿生殖道（图 3-25）

公畜的尿生殖道起自膀胱颈末端，止于龟头，是精液和尿液的共同排出管道。分骨盆部和阴茎部两部分。输精管及三种副性腺的开口均通向尿生殖道。精阜为海绵组织突起，射精时，精阜膨大，使膀胱颈口至尿生殖道的通路堵塞，防止精液流入膀胱。

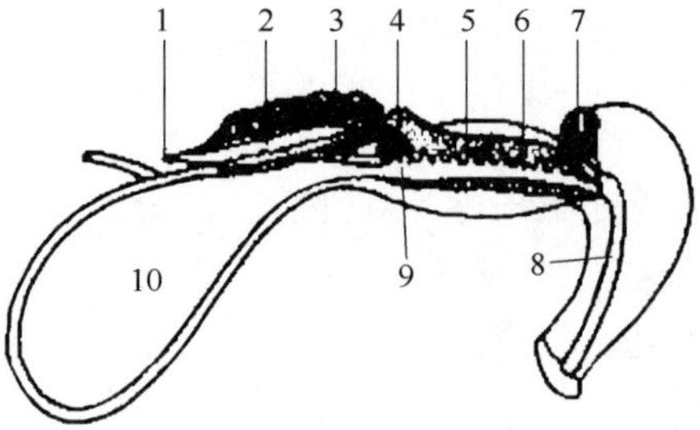

1—输精管　2—输精管壶腹　3—精囊腺　4—前列腺体部　5—前列腺扩散部　6—尿生殖道骨盆部
7—尿道球腺　8—尿生殖道阴茎部　9—精阜及射精孔　10—膀胱

图 3-25　公牛尿生殖道骨盆部及副性腺（正中矢状面）

（摘自中央农业广播电视学校组编，《家畜繁殖学》，1998）

（七）阴茎与包皮

1. 阴茎

阴茎是公畜的交配器官，主要由勃起组织及尿生殖道阴茎部组成，自坐骨弓沿中线先向下，再向前延伸到脐部。由后向前分为阴茎根、阴茎体和阴茎头三部分。阴茎根借左右阴茎脚附着于坐骨弓外侧部腹侧面，阴茎体由背侧的两个阴茎海绵体及腹侧的尿道海绵体构成。阴茎前端的游离部分即为阴茎头（龟头）。

不同家畜的阴茎外形迥异：猪的阴茎较细长，在阴囊前形成 S 状弯曲，龟头呈螺旋状。牛、羊的阴茎较细，在阴囊后形成 S 状弯曲。牛的龟头较尖，沿纵轴略呈扭转形，在顶端左侧形成沟，尿道外口位于此。羊的龟头呈帽状隆突，尿道前端有细长的尿道突，突出于龟头前方。马的阴茎长而粗大，海绵体发达，龟头钝而圆，外周形成龟头冠，腹侧有凹的龟头窝，窝内有尿道突。

2. 包皮

包皮是由皮肤凹陷而发育成的阴茎套。在不勃起时，阴茎头位于包皮腔内，包皮有保护阴茎头的作用。当阴茎勃起时，包皮皮肤展开包在阴茎表面，保证阴茎伸出包皮外。

猪的包皮腔很长，包皮口上方形成包皮憩室，常积有尿和污垢，有一种特殊腥臭味。牛的包皮较长，包皮口周围有一丛长而硬的包皮毛。马的包皮形成内外两层皮肤褶，有伸缩性。阴茎勃起时内外两层皮肤褶展平而紧贴于阴茎表面，该处的包皮垢较多。

二、公禽生殖器官和功能

公禽的生殖器官主要由睾丸（性腺）、附睾、输精管和交配器官构成（图 3-26）。与家畜及其他哺乳动物相比，公禽的睾丸位于腹腔内，且没有副性腺，阴茎不发达或发育不全。

（一）睾丸

公禽的睾丸一般为圆形或椭圆形，位于腹腔肾脏前方的脊柱两侧，其大小和颜色，常因品种、年龄和性活动的情况而有所变化。和家畜一样，公禽的睾丸具有产生精子和分泌雄激素的功能。

（二）附睾

附睾位于睾丸内侧的凹陷部，前端接睾丸，后部变为输精管。公禽的附睾较短而不发达，仅为睾丸产生精子进入输精管的一段通道。

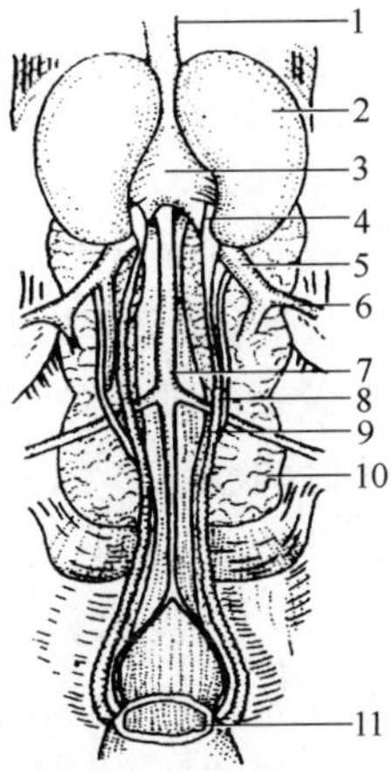

1—后腔静脉　2—睾丸　3—睾丸系膜
4—附睾　5—髂静脉　6—股静脉
7—主动脉　8—输尿管　9—输精管
10—肾　11—泄殖腔

图 3-26　雄禽泌尿生殖系统
（摘自中央农业广播电视学校组编，《家畜繁殖学》，1998）

（三）输精管

输精管为一对弯曲的细管，位于脊柱两侧，与输尿管平行，向后延伸时变粗，最后开口于泄殖腔。输精管的末端为圆锥形，突入泄殖腔，称作乳头。

输精管的主要功能是睾丸产生精子的贮库和进一步成熟的场所，也是精子输出的管道，由输精管分泌的输精管液是精液的组成部分。

（四）阴茎

阴茎是公禽的交配器官，不同种雄禽的阴茎形态和构造差异较大。

公鸡没有真正的阴茎，只有退化的交配器。交配器由泄殖腔上的圆褶和白体组成，交配时，通过勃起的交配器与母鸡外翻的阴道相接触，精液经乳头流入母鸡的阴道。

公鸭和公鹅的阴茎比较发达，表面有螺旋形的输精沟。交配时，阴茎勃起，边缘闭合成管状，其中充满淋巴液，可将精液输入母禽的阴道。

三、雄犬生殖器官和功能

雄犬的生殖器官由性腺（睾丸）、输精管道（附睾、输精管和尿生殖道）、副性腺（前列腺）、外生殖器（阴茎）组成。此外，还包括附属结构（精索、阴囊和包皮）（图 3-27）。

（一）睾丸

1. 形态与位置

睾丸是成对的实质性器官，位于阴囊内，呈长卵圆形，表面光滑，纵轴朝向躯干纵轴的前下方，呈后上方向前下方的倾斜状态。睾丸分为睾丸头、睾丸体和睾丸尾3部分。其中，血管与神经出入的一端为睾丸头，与附睾头相连；另一端为睾丸尾，与附睾尾相连。睾丸的两侧为附睾缘和游离缘，前者有附睾附着，后者游离，朝向阴囊底。

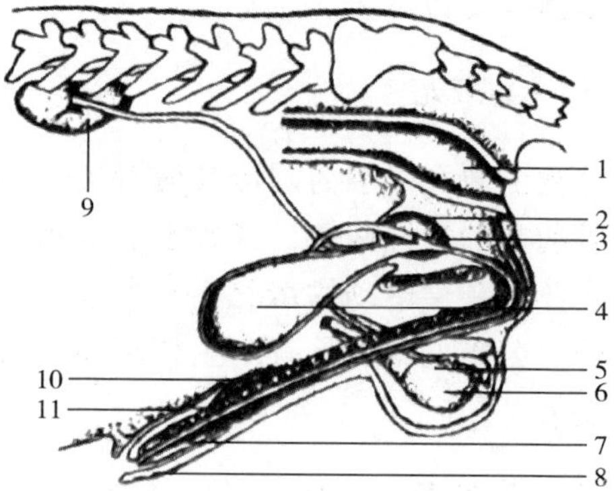

1—直肠　2—前列腺　3—输精管　4—膀胱
5—附睾　6—睾丸　7—阴茎　8—包皮
9—右肾　10—龟头球　11—阴茎骨
图3-27　雄犬的生殖器官示意图
（摘自安铁洙《犬解剖学》，2003）

睾丸的大小与宠物的品种、年龄、个体大小和发育程度密切相关。以中型犬为例，成年犬的睾丸体积为（3.0~4.0）cm×（2.8~3.0）cm×（1.8~2.0）cm，总重10~30g，相当于体重的0.32%。

隐睾：通常，犬出生时，睾丸已经进入阴囊内，或在腹腔内靠近腹股沟环处，出生后不久下降到阴囊内。若一侧或两侧睾丸未下降，成年后仍位于腹腔内则为隐睾。隐藏的睾丸内分泌功能正常，精子形成出现异常，严重时可致不育。所以，在选留种犬时要检查睾丸发育情况，隐睾个体不能留种。此外，发生隐睾的雄犬的性欲异常强烈，难以管理，且隐睾的睾丸间质细胞容易发生肿瘤，虽然大多为良性，但也不排除发生恶性转变的个例，必要时摘除。

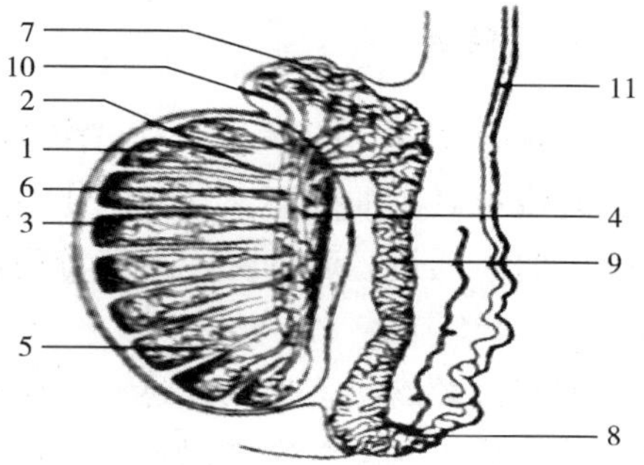

1—曲精小管　2—直精小管　3—小叶
4—纵隔　5—中隔　6—睾丸网
7—附睾头　8—附睾尾　9—附睾体
10—睾丸输出管　11—输精管
图3-28　犬的睾丸与附睾的组织构造
（摘自杨万郊《宠物繁殖与育种》，2007）

2. 组织结构

睾丸（图3-28）表面光滑，除附睾缘外，覆有一层浆膜（固有鞘膜），其下为白膜，由以胶原纤维为主并含有少量弹性纤维的致密结缔组织所构成。睾丸白膜由睾丸头端呈索状深入睾丸内，沿睾丸长轴向尾端延伸，形成睾丸纵隔。纵隔向四周发出放射状的结缔组织间隔为睾丸中隔，将睾丸实质分成许多锥形小叶。

睾丸小叶内有2~5条以盲端起始的曲精小管，在小叶尖端变直为直精小管，各自汇合，穿入纵隔形成睾丸网。弯曲的睾丸网最后汇合成10~30条较粗的睾丸输出管，穿出睾丸头白膜，汇入附睾头的附睾管。睾丸精小管的管壁由外向内依次为：结缔组织纤维、基膜和复层的生殖上皮。生殖上皮成层地排列在基膜上，可以分为支持细胞和生精细胞。

（二）附睾

1. 形态与位置

附睾紧密附着于睾丸，附着缘的管道结构，由附睾头、附体和附尾3部分组成。睾丸头和睾丸游离缘的膨大部分为附睾头，由10~30条睾丸输出管穿出白膜盘曲而成，睾丸输出管最后汇合成一条较粗而盘曲的附管。弯曲的附睾管逐渐变细并延续为细长的附体，在睾丸的远端扩张成附睾尾，附睾尾部的附睾管径增大，弯曲减少，逐渐过渡为输精管，经腹股沟管进入腹腔。

犬的附睾长5~10m，附睾头、尾的朝向同躯干一致。

2. 组织结构

附睾表面有固有鞘膜和白膜，白膜伸入附睾内，将附睾分成许多小叶，内部为一堆盘曲的管道。附睾管是一条长而弯曲的细管，大而整齐，上皮较厚，由高柱状纤毛细胞和基底细胞组成。高柱状纤毛细胞的纤毛长，不能运动，又称静纤毛，具有分泌作用，其纤毛有助于细胞内分泌物的排出，分泌物有营养精子的作用。基底细胞紧贴基膜，体积较小，呈圆形或卵圆形。在基膜外有固有膜，内含有薄的环行平滑肌层。靠近输精管端尚有散在的纵行平滑肌束。

附睾管可以分为3部分：起始部具有长而直的静纤毛，管腔较窄，管内精子很少；中部的静纤毛不太长，管腔变宽，管内精子较多；末端静纤毛较短，管腔较宽，管内充满精子。

（三）输精管和精索

1. 输精管

输精管是输送精子的两条细长管道，由附睾尾进入精索后缘内侧的输精管裙中，经腹股沟上行进入腹腔，再向上方后转，进入骨盆腔，绕过同侧的输尿管，在膀胱背侧的尿生殖内继续向后延伸、变粗，形成不明显的输精管壶腹，末端变细，开口于阴茎基部的尿生殖道（骨盆部）。输精符的管壁由内向外依次为黏融层、肌肉层和浆膜层。黏膜层内有腺体（壶腹腺）分布，又称为输精管腺部。肌肉层较厚，有发达的平滑肌纤维，交配时收缩力较强，能将精子送入尿生殖道内。

2. 精索

精索是包括血管、淋巴管、神经、提睾内肌和输精管的浆膜裙，斜行于阴茎的两侧。精索外部包有固有鞘膜，呈上窄下宽的扁圆锥形索状物，其基部（下部）附着于睾丸和附睾上，上端狭窄甚至闭锁，以腹股沟管的内环（腹环）通腹膜腔和阴囊的鞘膜腔。

（四）副性腺

1. 形态与位置

犬的副性腺只有前列腺和不发达的尿道小腺体。前列腺为分支的管泡状腺体，非常发达，位于尿生殖道起始部背侧，耻骨前缘，为对称的黄色球状体，以多条输出管开口于尿生殖道盆部。以 2～5 岁、体重 11kg 的中等犬为例，前列腺体积为 1.7cm×2.6cm×0.8cm，总重 14.5g 左右。犬的前列腺容易感染，并上行引发附睾炎。

2. 生殖功能

前列腺的分泌物是一种黏稠的蛋白样液体，含有丰富的酶类，有特殊的鱼腥味，呈弱碱性，能够活化和运输精子，同时能吸收精子所产生的 CO_2，有利于精子的活动，还能中和阴道中的酸性分泌物。

（五）阴囊、尿生殖道与外生殖器

1. 阴囊

阴囊是腹壁下陷所形成的囊状结构，容纳睾丸、附睾和部分精索。阴囊紧贴身体，其中的内膜和睾外提肌可以收缩和舒张，通过调节其与腹壁的距离来获得精子生成的最佳温度。阴囊腔的温度低于腹腔内的温度，通常为 34～36℃。

犬的阴囊疝：正常情况下，犬出生时，阴囊通过腹股沟管而以鞘膜口或鞘膜环的形式与腹膜腔相通。当睾丸下降后，腹股沟管闭合，睾丸停留在阴囊内。若腹股沟环过大，游离性较大的小肠可能从此口进入阴囊，形成腹股沟癌或阴囊疝，不仅妨碍生长发育，而且发生嵌顿时，出现肠道腹股沟嵌闭坏死和睾丸与附睾坏死现象，必须进行手术整复。

2. 尿生殖道

尿生殖道可分为骨盆部和阴茎部，骨盆部外面覆有一层发达的尿道肌，管腔较粗，与膀胱颈的连接处为尿道内口，输精管与前列腺均开口于此。阴茎部外面有尿道海绵体和球海绵体肌，又称海绵体部，其开口为尿道外口。

3. 阴茎

阴茎为交配器官，位于包皮内，由阴茎海绵体、尿生殖道阴茎部构成，大致分为阴茎头、阴茎体和阴茎根 3 部分。

犬的阴茎为圆柱状，不勃起时长 6.5～20cm，有发达的阴茎头，其中含有等长的阴茎骨（由 2 个海绵体骨化而成，长 5～10cm），骨的腹面包有尿道，尿道和阴茎骨的外围包被阴茎皮肤。阴茎头的后端有膨大的龟头球，其前部为龟头突。

犬的尿路结石常发生在阴茎骨的后端，因为尿道沟骨质壁限制了此处尿道扩张。阉割后的雄犬性欲退化。

锁结（犬的锁结）：犬的交配在性兴奋开始时，阴茎未充分勃起时插入，随后阴茎完全勃起，球部膨大，体积增大，射精后仍保持勃起状态，与母犬的阴道前庭发生锁结，通常维持 10~30min。之后，雌犬的锁结解除，阴茎滑出阴道，恢复正常状态，完成交配。

4. 包皮

包皮由皮肤折转而形成的管状皮肤套，容纳和保护阴茎，其上分布有淋巴小结和小的包皮腺。阴茎勃起伸长时包皮展平。

犬的阉割术：犬对疼痛敏感，术前需进行麻醉，即每千克体重肌肉注射速眠新 0.04 mL 或复方氯胺酮 5mg。犬仰卧保定后，将阴囊和周围的毛剪除并消毒（用 70%酒精棉球涂擦，再涂以 5%碘酊，最后用 70%酒精脱碘），术者左手拇指和食指掐住阴囊颈部，中指和无名指固定睾丸，右手持刀，距阴囊缝际 0.5cm 处做一切口，挤出睾丸。从外侧切断精索，内侧结扎精索。松开止血钳，确认无血流出，剪去线尾。切口上撒布少许 1∶9 的碘仿磺胺消炎粉，用碘酊涂擦切口周围，切口小的一般不需缝合。

课题二　采　精

动物的配种方法有自然交配和人工授精。

（1）自然交配　指公、母畜直接交配。

（2）人工授精　利用器械的方法采取公畜的精液，对其进行品质检查、稀释保存等适当的处理，再用器械把精液输送到发情母畜生殖器官内，从而使其受孕的一种配种方法。

人工授精的第一个重要环节就是采取公畜（禽）精液。采精的基本要求是，使用的器械简单，操作方便，不影响公畜正常的性行为，使射精顺利，精液量多而不被污染。

一、家畜的采精技术

采精的方法很多，目前公认的适用于各种家畜的常用方法是假阴道采精法。采取公猪的精液，常用手握法，此外还有筒握法。对难于训练或拒绝假阴道采精的公畜（经常是在放牧条件下）或特种经济动物可采用电刺激法。对于家禽和犬可采用按摩法。

（一）采精前的准备

1. 器材的清洗与消毒

采精用的所有人工授精器材，均应力求清洁无菌，在使用之前要严格消毒，每次使用后必须洗刷干净。传统的洗涤剂是2%～3%的碳酸氢钠或1%～1.5%的碳酸钠溶液。在基层单位常采用肥皂或洗衣粉代替，但安全性不及前者。器材用洗涤剂洗刷后，务必立即用清水多次冲洗干净而不留残迹，然后经过严格消毒方可使用。消毒方法因各种器材质地不同而异。

（1）玻璃器材　采用电热鼓风干燥箱进行高温干燥消毒，要求温度为130～150℃，并保持20～30min，待温度降至60℃以下时，才可开箱取出使用；也可采用高压蒸汽消毒，维持20min。

（2）橡胶制品　一般采用75%酒精棉球擦拭消毒，最好再用95%的酒精棉球擦拭一次，以加速挥发残留在橡胶上面的水分和酒精气味，然后用生理盐水冲洗。对于猪、马用的输精胶管，可放入煮沸的开水中浸煮3～5min，然后用生理盐水冲洗。

（3）金属器械　可用新洁尔灭等消毒溶液浸泡，然后用生理盐水等冲洗干净。也可用75%的酒精棉球擦拭；或用酒精灯火焰消毒。

（4）溶液　如润滑剂和生理盐水等，可隔水煮沸20～30min；或用高压蒸汽消毒，消毒时为避免玻璃瓶爆裂，瓶盖要取去或插上大号注射针头，瓶口用纱布包扎。

（5）其他用品　如药棉、纱布、棉塞、毛巾、软木塞等，可采用隔水蒸煮消毒或高压蒸汽消毒。

2. 假阴道的准备

假阴道是模仿母畜阴道内环境条件而设计制成的一种人工阴道。虽然各种家畜用的假阴道在形状、大小等方面不尽相同（图3-29），其类型也多种多样，但设计原理和基本构造是相同的。即由外筒（又称外壳）、内胎、集精杯（瓶、管）、气嘴和固定胶圈等基本部件所组成。此外，牛的还有集精杯保护套或集精胶漏斗。猪的有集精腔漏斗，同时还有双联充气球。牛用假阴道有苏式和欧美式（图3-30）两种类型。苏式集精杯都是保温的双层设计，适宜于低温天气和寒冷地区使用。改进后的苏式牛用假阴道入口处，增加了一个弹性保护膜，这样既可防尘又可起到阴门括约肌的作用。日本西川氏牛用假阴道具有双层内胎，集精杯装在其中，同时杯内装有稀释液，精液采集后即可立即稀释，有利于减少外界不良环境因素对精子的影响。

假阴道安装前应先检查外筒、内胎是否有破损裂缝、沙眼、老化发黏等不正常情况，否则将会发生漏水、漏气而影响采精。

安装好的假阴道，必须具备适宜的温度（38～40℃）、恰当的压力（内胎入口处自然闭合成Y形）和一定的润滑度等基本条件，才能满足公畜需要，顺利地采得精液。温度过低则不能刺激公畜性欲，温度过高则会影响精子生活力。压力不足，公畜不会射精或射精不完全；反之压力过大，不仅妨碍公畜阴茎插入和射精，还可

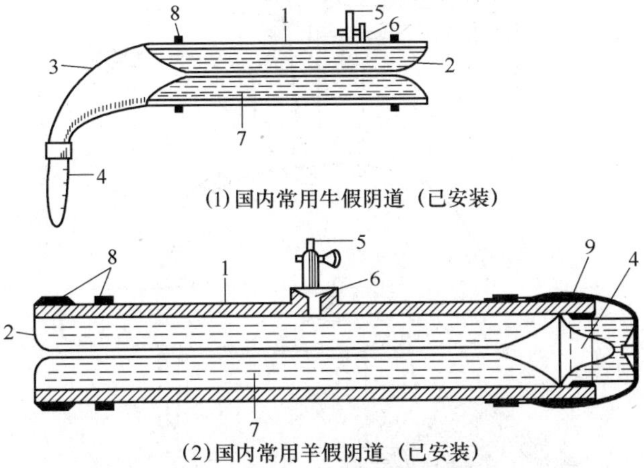

1—外筒　2—内胎　3—橡胶漏斗　4—集精管　5—气嘴　6—水孔　7—温水　8—胶圈　9—外套

图 3-29　家畜的假阴道

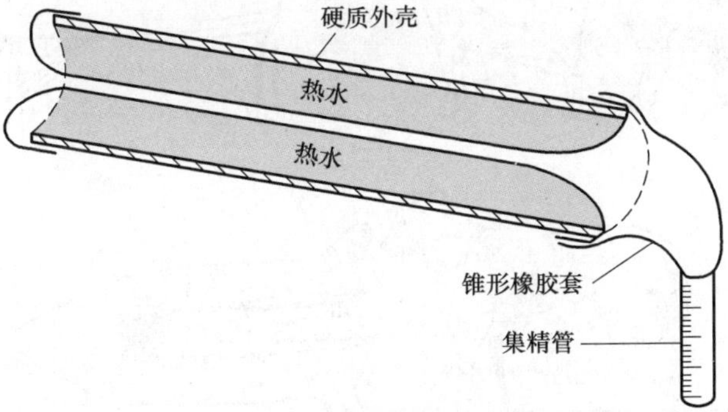

图 3-30　欧美式牛用假阴道

造成内胎破裂和精液外流。润滑度不够，公畜阴茎不易插入并有摩擦痛感；润滑剂过多则往往混入精液从而影响质量。

3. 采精场所的准备

采精要有良好的和固定的场所与环境，以便公畜建立起巩固的条件反射，同时保证人畜安全和防止精液污染。为此，采精场所应该宽敞、平坦、安静、清洁和固定。供保定台畜的采精架（或称配种架，图 3-31 和图 3-32）和供公畜爬跨射精的假台畜，必须坚固牢实，安放的位置要便于公畜出进和采精人员操作。采精场所的地面既要平坦，但又不能过于光滑，最好能铺上橡皮垫以防打滑。采精前要将场所打扫干净，并配备有喷洒消毒液和紫外线照射灭菌设备。

采精虽然可在室外露天进行，但一般条件较好的人工授精站，都有半敞开式采精棚或室内采精室（大家畜采精室的面积一般为 10m×10m）并要紧靠精液处理室。

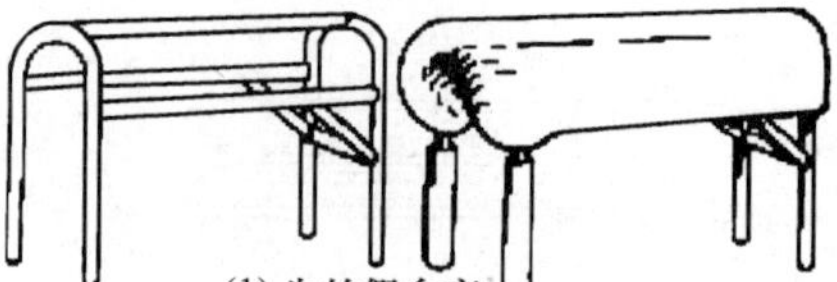

(1) 牛的假台畜

(2) 猪的假台畜

(3) 马的假台畜

(4) 羊的假台畜

图 3-31 采精用的假台畜

4. 台畜的准备

采精用的台畜有真假之分，且各有利弊。所谓真台畜（即活台畜，简称台畜），是指使用与公畜同种的母畜、阉畜或另一头种公畜作台畜。一般说来，只要采精公畜已经习惯，则在性刺激效果上均无明显差别。虽然使用其他种公畜作台畜具有简单方便，不需另添设备和专门饲养台畜的优点，但其缺点是，采精公畜有时可能袭击固定在采精架中作为台畜的种公畜，同时容易养成公畜“自淫”或“互淫”等恶习，故应持慎重态度。

活台畜应选择健康无病（包括性病、其他传染病、体外寄生虫病等）、体格健壮、大小适中、性情温顺而无踢腿等恶癖的同种家畜。一般说来，具备上述条件应用发情母畜最为理想。

对于活台畜的保定。牛、羊应牵到采精架内予以保定；马可用人牵或拴于横木架上，并用保定绳或三角绊固定两后肢（图 3-31），以防蹴踢；发情母猪则一般无须保定。台畜则放在采精台上，由助手固定其头部即可。

所谓假台畜（即采精台），近来各国制作的产品已多样化，但其基本结构均如图 3-31 所示，都是模仿母畜体型高低大小，选用钢管或木料等做成一个具有一定支撑力的支架，然后在架背上铺以适当厚度的竹绒、棉絮或泡沫塑料等有适当弹性的填充物，其表面再包裹一层备皮或麻袋、人造革。有的则完全模仿制成如同类母畜的模样。有的还将假阴道固定安装在其内相应部位——假台畜的后下部，并可随意调节其角度。在西欧一些国家使用机械假台牛（又称采精车）采精（图 3-32），采精员坐在椅子上，下设轨道，可以自动进退，将假阴道方位角度调整好后，即可顺利地采取公牛精液。

图 3-32　牛用采精车

应用假台畜采精是一种方便、清洁、安全、有效的方法，各种公畜都可采用。由于公猪射精时间长，利用活母猪采精操作很不方便，况且公猪比较容易训练爬跨假台猪，所以采精时都用假台猪。见图 3-33，假台猪一般有固定的长凳式和可调节高低的两端式。

当然，公畜适应爬跨假台畜，必须经过一段时间的调教训练。调教方法很多，可根据具体情况选择采用。例如，在假台畜的后躯，涂抹发情母畜阴道黏液或尿液，也可用其他公猪的尿液或精液来代替，或者使用其他公猪已经爬跨采精过的假台猪。又如，在假台畜旁安放一头发情母畜，引起公畜性欲和爬跨，但不让其真正交配，爬上去即拉下来，这样反复多次，待公畜性激动至高潮时，迅速牵走母畜，再诱导公畜爬跨假台畜采精，此时如果假台畜表面覆盖有真畜皮，再沾有发情母畜

图 3-33 公猪爬假台畜

的特异气味，则诱导爬跨的效果更加理想。为此，在训练公猪时，还可将发情的小母猪设法直接安置固定在假台猪的底下，公猪只能爬跨在假台猪上。再如，可令待调教的公畜“观摩”一头已调教好的公畜爬跨假台畜，然后诱其爬跨，但在此种情况下要特别注意做好公畜的保定工作以防斗殴。在调教过程中，还可结合播放母畜发情求偶和交配时的录音带，这也有助于刺激公畜性行为的充分表现，从而促使其爬跨假台畜。

调教期间，要特别注意改善和加强公畜的饲养管理，以保持健壮的种用体况，同时最好是在每日早上公畜精力充沛和性欲旺盛时进行，尤其是在炎夏高温季节，不宜在气温特别高的中午或下午进行。初次爬跨采精成功后，还要连续地经过多次重复训练，才能建立起巩固的条件反射。调教过程中，有些公畜胆怯或不适应，要耐心、多接近、勤诱导，绝不能强迫、抽打、恐吓或有其他不良刺激，以防产生性抑制而给调教工作造成更大障碍。有些公畜性烈，须特别注意安全，提防突然袭击。另外，还要注意保护公畜生殖器官免遭损伤和保持其清洁卫生。

一般说来，有无配种经验的种公畜，都可调教成功。公猪调教比其他种公畜容易，由于肉用公牛的性欲一般比乳用公牛低；公水牛和公瘤牛本来就对配偶的选择性较强；马则比较神经敏感，故对它们更需细心调教。

5. 种公畜的准备

种公畜采精前的准备，包括体表的清洁消毒和诱情的准备两个方面。这和精液的质量和数量都有密切关系。

采精前，应擦洗公畜下腹部，用 0.1%高锰酸钾溶液等洗净其包皮外并抹干，挤出包皮腔内积尿和其他残留物并抹干。

6. 操作人员的准备

采精员应技术熟练，动作敏捷，对每一头公畜的采精条件和特点了如指掌，操作时要注意人畜安全。操作前，要求脚穿长筒靴，着紧身工作服，避免与公畜及周围物体钩挂，影响操作。指甲剪短磨光，手臂要清洗消毒。

（二）采精技术

1. 假阴道法

采精者一般应立于公畜的右后侧。当公畜爬上台畜时，要沉着、敏捷地将假阴道紧靠于台畜臀部，并将假阴道角度调整好使之与公畜阴茎伸出方向一致，同时用左手托住阴茎基部使其自然插入假阴道。射精完毕当公畜跳下时，假阴道不要硬行抽出，待阴茎自然脱离后立即竖立假阴道，使集精杯（瓶）一端在下，迅速打开气嘴阀门放掉空气，以充分收集滞留在假阴道内胎壁上的精液。

牛、羊对假阴道内的温度比压力要敏感，因此要特别留意温度的调节。应用手掌轻托公畜包皮，避免触及阴茎。牛、羊射精时间非常短促，用力向前一冲时即行射精；因此要求动作敏捷准确并注意防止阴茎导入时突然弯折而损伤阴茎，还要紧紧握住假阴道，防止掉落。

公猪在自然交配时，螺旋状的阴茎龟头是在母猪的子宫颈紧紧地约束下才发生射精。用假阴道采精时，也必须特别注意假阴道内的压力调节。公猪射精时间长达数分钟，射精的几个阶段（一般 2~4 个）之间会出现射精暂停，此时特别要通过双联充气球恢复内胎壁有节奏的弹性调节，以保持公猪快感，增加射精量。

2. 手握法和筒握法

猪的手握法（图 3-34）又称拳握法。是用手掌代替假阴道采精，是目前广泛采用的一种方法。与假阴道法相比较，它具有设备简单、操作容易和便于选择性地收集“浓份精液”等优点。

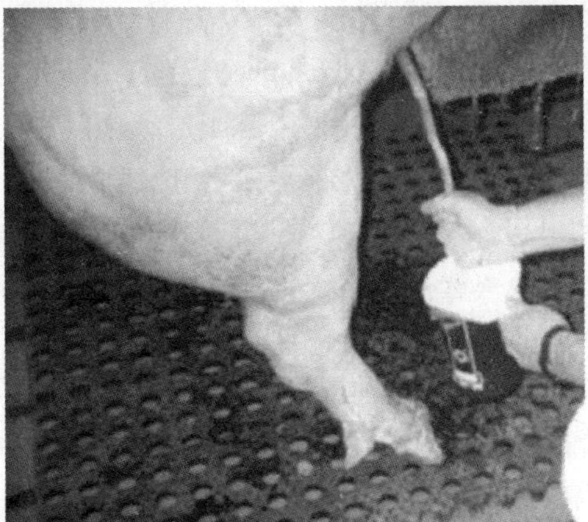

图 3-34　猪的采精（手握法）

手握法的操作方法如下。

采精前一定要做好种公猪和假台猪的清洗消毒工作（特别是公猪包皮附近），并用消毒毛巾擦干。采精员应洗净手掌且消毒擦干，并戴上消过毒的医用外科手套，尽量减少精液污染机会。

当公猪开始爬跨假台猪并逐步伸出阴茎时，采精员应将手掌握成空拳使公猪阴茎导入其内，待公猪阴茎在空拳内来回抽转一些时间后，并且螺旋状阴茎龟头已伸露于掌外时，应由松到紧并带有弹性节奏地收缩握紧阴茎，不再让其转动和滑脱。待阴茎继续充分勃起向前伸展时，应顺势牵引向前将其带出（注：千万不要强拉），同时不让转动和滑脱，手掌继续作有节奏的一紧一松的弹性调节，直至引起公猪射精。

用包裹毛巾或专用棉套子的集精瓶或保温杯接取精液，以防低温打击。射精时可暂时停止弹性调节，但在射精暂停时，可恢复弹性调节，直至重新射精为止。最初射出的少量精液所含精子很少，可以不必接取。如果不需要测量射精量，则可用 2~4 层纱布覆盖集精瓶口来过滤精液，以减少尘埃污染和直接除去胶状物。

手握法也可采用胶管采精套代替手握采精。胶管采精套可取猪用集精胶漏斗或用 1/2 长的羊用假阴道内胎作胶管，在其一端套上一个相应口径大小的圆环，并使胶管翻转包裹固定在环上，以使胶管口呈圆形张开便于套住公猪阴茎。圆环可用截短的适当大小的塑料管、竹筒等制成。

猪的筒握法是将假阴道改短并接一个集精胶漏斗，用手隔着漏斗握住阴茎对龟头施加弹性压力，如同手握法一样采集精液。此法具有假阴道和手握法的双重优点，故同样具有较大实用价值，但其实际应用仍然不如手握法普及。

3. 电刺激法

此法近年来有所发展，牛、羊、猪、兔和特种经济动物都已采用，并已有与之相适应的各种电刺激采精器，其中以羊和特种经济动物使用效果较好，也较多地用于性欲差、肥胖、爬跨困难或不易调教采用假阴道采精的种公牛采精。

电刺激采精法是通过电流刺激有关神经而引起公畜射精。电刺激采精器包括电刺激发生器（电源）和电极探子两个基本部件。电刺激发生器具有控制频率的定时选择电路、多谐振荡器的频率选择电路、调节多挡的直流变换电路和能够输出足够刺激电流的功率放大器 4 部分组成。电极探子则是适应大、中、小动物不同类型的空心绝缘胶棒缠绕而成的直型电极或指环式电极。

在采精时，先将公畜侧卧或站立保定，必要时大家畜（如牛，特别是马、鹿等野生动物）可使用静松灵、司可林、氯胺酮等药物镇静。剪去包皮附近被毛并用生理盐水等冲洗并拭干。如能设法排除直肠内宿粪效果将更好。然后即可持直型电极探子由肛门慢慢插入直肠内，牛、鹿深度 20~15cm，羊约 10cm，小动物（兔）约 5cm。置于紧贴直肠底壁靠近输精管壶腹部。如果采用指环式电极，牛则可将其套在以胶皮手套绝缘的拇指和食指上，插入直肠并固定于腰荐部神经处。接着通过旋钮启动和调节电刺激发生器，接通电源，选好频率，控制电压电流，由低开始，按一定时间通电及间歇，在一定范围内逐步增加电压和电流刺激强度，直至公畜排出精液。一般副性腺的分泌物排出起始于低电压，而射精则发生于高电压。用电刺激法采得的精液量较大而精子密度较小。公绵羊对电刺激反应比牛又快又好，一般每7s增高电压1V，经过4~7次间歇性刺激即可引起公绵羊射精。

4. 按摩法

此法适用于牛、犬和家禽。

公牛按摩采精时，先将直肠内宿粪排除，再将手伸入直肠约25cm处，轻轻按摩精囊腺，以刺激精囊腺的分泌物自包皮排出。然后将食指放在输精管两膨大部中间，中指和无名指放在膨大部外侧，拇指放在另一膨大部外侧，同时由前向后轻轻伴以压力，反复进行滑动按摩，即可引起精液流出，由助手接入集精杯（管）内。为了使阴茎伸出以便助手收集精液，尽量减少细菌污染程度，也可按摩S状弯曲。按摩法比用假阴道法所采得的精液其精子密度较低，并且细菌污染程度较高，生产中较少采用。

（三）采精频率

公畜的采精频率，对维持公畜正常性功能、保持健康体质和最大限度地提高采精数量和质量都是十分重要的。采精频率的确定，要根据睾丸定期内产生精子的数量、附睾的贮精量、每次射精量和公畜饲养管理水平等因素来衡量。睾丸的发育和精子产生数量除遗传因素外，主要与饲养管理密切相关。因此，饲养管理得当，可以适当增加采精频率。但是不顾客观事实随意增加采精次数将适得其反，不仅导致公畜未老先衰，使用年限缩短，而且精液量减少和质量下降，还直接影响受配母畜数以及受配母畜的情期受胎率和产仔数。

公牛每周可采精2~3次，每次连续采精两次，往往第二次采得的精液，无论数量和质量都较第1次好，可将其混合使用。如果饲养管理条件较好，短期内每周采精6次也不会影响性功能。青年公牛的产生精子的数量较成年公牛少1/3~1/2，故采精次数应当酌减。

公猪因射精量大，采精次数一定要适当控制。经常采精时，成年公猪最好不多于隔日一次；青年公猪（1岁左右）和老龄公猪（4岁以上）以每3天采精1次为宜。

绵（山）羊配种季节短，射精量少而附睾贮精量大，因此在配种季节内每天多次采精并连续数周也无多大问题。

在各种公畜人工授精站，如果发现公畜性欲下降，射精量明显减少，精子密度降低，镜检时发现未成熟的精子（如尾部带有原生质滴）比例增加，则要考虑是否由于采精频率过高而引起，应适当休息，调整采精次数和适当增加营养。

二、家禽的采精技术

（一）采精前的准备

（1）用作采精的种禽，除注意其双亲的生产性能和繁殖能力外，还要注意种禽的发育和健康情况，品种特性和营养状况。应选择发育良好，体况适中，品种特征明显，鸡冠发育良好的用作采精公禽。水禽应注意生殖器官疾病的检查。

（2）对公禽性反射能力的选择，可采用将公禽双翅提起，尾巴上翘、有性反射和泄殖腔大而松弛者；或用拇指与食指刺激尾根，有上翘反应者，可望顺利采得精液。

（3）采精用公禽应隔离饲养，已混群饲养者，在采精前 1 周必须分开。水禽采精训练前应隔离 2~4 周。

（4）采精前 3~4h 应停水、停料，以减少粪便对精液的污染。

（5）采精的频率和采精的时间及人员要相对固定。

（6）采精前应剪去公禽泄殖腔周围的羽毛。所有可能与精液接触的器具要做严格的消毒，防止病原微生物的感染。

（二）采精方法及操作

家禽的采精方法有按摩法、台禽法、电刺激法和指套法等。目前国内外广泛应用且简单有效的方法是按摩法。

1. 鸡的按摩法采精

一般由两人操作，保定人员用两手各保定公鸡的一条腿，并使其自然分开。用拇指固定住鸡的翅膀，鸡尾朝向采精员、呈自然交配姿势。采精员左手拇指为一方，其余四指为另一方，从鸡翼根部，沿体躯两侧滑动，推至尾羽，如此反复按摩数次，以此引起公鸡的性欲。采精员右手中指和无名指间夹集精杯，杯口向外或向内。经数次按摩后。立即以左手掌将尾羽拨向背部，同时，右手掌紧贴公鸡腹部柔软处，拇指与食指分开，在耻骨下缘抖动触摩数次，当泄殖腔外翻露出退化的交配器时，左手拇指和食指立即捏住泄殖腔的上缘，轻轻挤压公鸡即可射精，右手迅速以集精杯接取精液。

在采精时，先剪去公鸡泄殖腔周围羽毛和尾部下垂羽毛，用消毒液消毒泄殖腔周围，再用生理盐水擦去残留消毒液。注意避免精液被粪便污染，或被输尿管物质所沾染。采精的过程中切忌伤害公鸡和污染精液。具体操作时，不宜用力过猛，按摩太久。否则会引起排粪或损伤黏膜，甚至造成出血污染精液。

对在采精训练过程中，经反复训练仍不射精或采精中经常排粪、排尿的公鸡，不宜用作人工采精，应予淘汰。

公鸡的按摩法采精一人也可操作。采精员坐在凳上，公鸡固定在两腿间。劈出两手运行上述操作。

2. 鸭和鹅的采精

采精人坐于凳子上，把公禽放于膝盖上，助手坐在采精员的右侧，以左手固定公禽的双腿。若用采精台采精时，助手应站在台的左外侧，两手分别握住公禽的左、右腿及翅膀。为便于操作，公禽的尾部应移出台外15~20cm，轻按公禽使其成趴伏姿势，即可采精。采精员先用生理盐水对肛门周围清洗，再以右手掌托腹部，并轻轻按摩，右手掌心向下，拇指与四指分开，按在公禽的背部，从翼的基部向尾部用力按摩，至尾部时收拢拇指、食指和中指，紧贴泄殖腔外周摩擦而过。一般反复按摩4~5次，手即可感到泄殖腔内阴茎鼓起，此时右手自腹下上移，握住泄殖腔开口部按摩，待阴茎充分勃起的瞬间，左手拇指和食指自背部下移，轻轻压挤泄殖腔上1/3部，使阴茎上的输精沟闭合，精液即从阴茎顶端射出。右手持集精杯顺势接取精液，并以左手反复挤压直到精液完全排出。

3. 台禽诱情法

即使用母禽（台禽）对公禽进行诱情，促使其射精而获取精液的方法。此法主要用于鸭、鹅的采精。

（1）鸭　先将公鸭泄殖腔周围的羽毛剪短，并用生理盐水和消毒液洗净消毒。采精时用产蛋的母鸭作试情母鸭。将母鸭放入公鸭笼内，训练有素的公鸭即会啄住母鸭头部羽毛，并开始骑乘。采精员戴上已消毒好的手套，靠近笼边，帮助公鸭在母鸭背上站稳。当公鸭尾部左右摆动时，采精员轻轻按摩公鸭生殖腔上部的坐骨，试探阴茎是否勃起呈球状硬块，再轻轻挤压，公鸭可伸出阴茎并迅速射精。采精员应迅速用左手的集精杯接住，并防止随射精而排出的粪便污染精液。在公鸭性欲旺盛、采精技术熟练时，只需1~2min即可采到精液。

（2）鹅　首先将母鹅固定于诱情台上（离地10~15cm），然后放出经调教的公鹅，公鹅会立即爬跨台禽，当公鹅阴茎勃起伸出交尾时，采精人员迅速将阴茎导入集精杯而取得精液。有的公鹅爬跨台禽而阴茎不伸出时，可迅速按摩公鹅泄殖腔周围，使阴茎勃起伸出而射精。

（三）家禽人工授精器具

家禽人工授精的器具包括集精杯、输精器、鸭用假阴道、保温杯、恒温干燥箱、毛剪以及75%的酒精、蒸馏水、生理盐水、稀释液、棉花球等。

家禽精液量少，密度和黏度大，所用容器的容量也小。一般以优质耐热棕色玻璃制造，既可防止直射光线对精子的危害，又便于清洗和消毒。

（1）集精杯（图3-35）　如无特制也可用石蜡封住中间小孔的小漏斗代替。

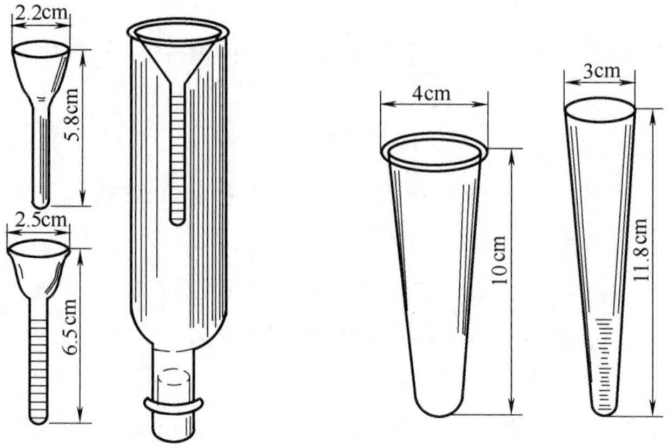

(1) 鸡用集精杯　　(2) 鸭、鹅用集精杯

图 3-35　家禽集精杯

（摘自中央农业广播电视学校组编，《家畜繁殖学》，1998）

（2）输精器（图 3-36）　可用带皮头的玻璃管或塑料管，也可用结核菌素注射器代替。

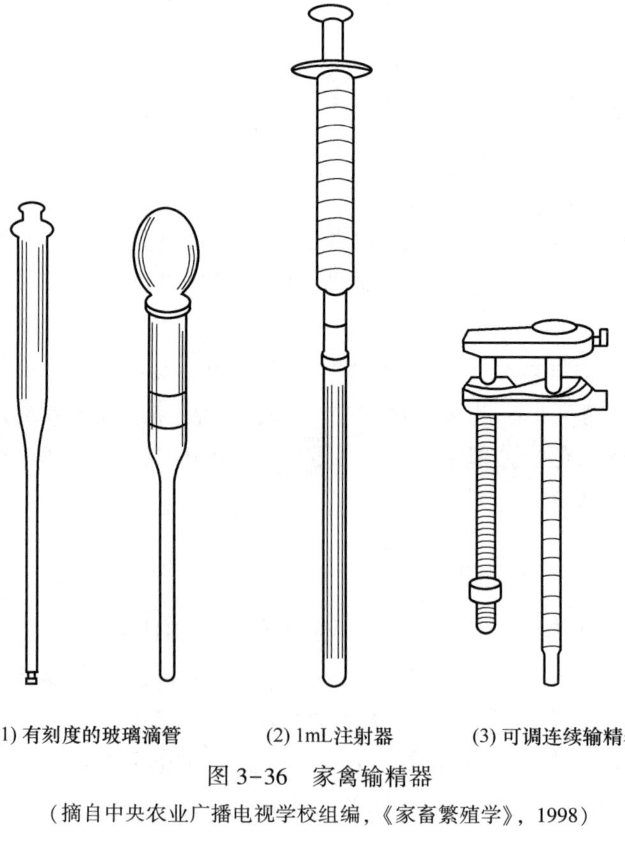

(1) 有刻度的玻璃滴管　(2) 1mL注射器　(3) 可调连续输精器

图 3-36　家禽输精器

（摘自中央农业广播电视学校组编，《家畜繁殖学》，1998）

（四）采精频率

家禽的采精次数以隔 1d 采 1 次的精液品质最好。精液浓稠，呈乳白色。公禽经过 48h 的性休息之后，精液量和精子密度都能恢复到最高水平。如果配种任务大，也可以在 1 周内采精 4~5 次，或每天采精 1 次，但要注意增加蛋白质饲料、维生素 A 和维生素 E。

课题三 公畜禽的精液

一、精液的组成及其理化特性

（一）精液的组成

精液主要由精清和精子两部分组成：精清是由附睾液、副性腺及输精管壶腹的分泌物组成，占精液的绝大部分，精子占的比例很小，精液中 90%~98%为水分，2%~10%为干物质，而干物质中 60%是蛋白质。各种家畜精液量的多少，主要决定副性腺的分泌物。牛、羊、兔副性腺不发达，分泌物少。猪、马、驴副性腺比较发达，分泌物多，所以射精量大。

（二）精液的理化特性

（1）精液的物理特性　精液一般呈不透明的灰色或乳白色。精子密度越大，颜色越浓。牛、羊精液密度大，精液呈乳白或厚乳白色；马、猪精液密度小，精液呈浅乳白色或灰白色。精液一般有腥味，牛、羊精液往往带有微汗脂味。精液 pH 的大小主要由副性腺的分泌物决定，刚采出的精液近于中性，牛、羊的精液呈弱酸性，猪、马的呈弱碱性。此后，由于精子较旺盛的代谢，造成酸度累积，致使 pH 下降，精子存活受到影响。

（2）精液的化学特性

① 无机成分：在精液中的无机离子主要有 K^+、Na^+、Ca^{2+}、Mg^{2+}、Cl^-、PO_4^{3-} 等离子，对维持渗透压起重要作用。

② 糖类：糖类是精液的重要成分，是精子代谢的能量来源。精液中的糖类主要有果糖、山梨醇、唾液酸等。果糖在精液中含量较高，主要来自副性腺。刚排出的精液，果糖很快分解为丙酮酸，其释放的热量是精子的主要能源。

③ 氨基酸：精液中含有 10 多种游离的氨基酸，是精子有氧代谢的基质，有利于合成核酸。

④ 酶：精液中的酶较多，对精子体外代谢起着催化作用。如顶体酶对精卵子

结合受精起重要作用，三磷酸腺苷酶是精子的呼吸和糖酵解活动所必需的，脱氢酶使精子具有受精力等。

⑤ 维生素：维生素对于增加精子活力和密度至关重要。牛的精液中已发现有硫胺素、核黄素、抗坏血酸、烟酸、泛酸等。

⑥ 脂质：精液中的脂质类物质主要为磷脂，卵磷脂有助于延长精子存活时间，对精子能起到抗冷冻作用。

（三）精清的功能

（1）精清有稀释精子的作用，由附睾排出的精子浓稠，不经过与精液混合稀释便无法射精。

（2）精清的渗透压比附睾液低，pH 一般偏碱性，组成成分中各种离子的浓度和比例对精子的运动有促进作用。

（3）来自副性腺分泌物的果糖、山梨醇和甘油磷酰胆碱等，是精子能量的主要来源。

（4）精清中含有的许多成分对精子有保护作用，其中的柠檬酸盐和磷酸盐具有缓冲作用，以维持精液的酸碱平衡，某些抗氧化剂和抗凝集素可防止对精子损害和凝集。

（5）精清中的前列腺素能刺激母畜生殖道平滑肌的收缩，有利于精子的运行。

（6）某些家畜的精清有部分或全部凝固现象，可使精液在射入母畜生殖道后呈凝胶状，防止精液逆流。

二、精子发生及其生理特性

（一）正常精子的形态和结构

各种家畜精子的形态结构都基本相似，分头、颈和尾三部分，如蝌蚪，总长 50~70μm（图 3-37），要在普通显微镜下才能看见。

（1）头部　大部分由核构成，内含遗传物质，核前部是顶体，内含多种与受精有关的酶，顶体的畸形、缺损或脱落会使精子失去受精能力。

（2）颈部　是头与尾的连接部，尾部的轴丝在该部与头相连接，是精子比较脆弱的部分，某些不利因素的影响容易造成精子头尾分离。

（3）尾部　为精子最长部分，是精子代谢和运动器官。根据结构的不同又分为中段、主段和末段。中段外包有线粒体鞘膜，是精子能量代谢的中心。主段是尾部最长部分，与精子的运动密切相关。末段最短，是中心轴丝的延伸，外有蛋白质膜包裹。

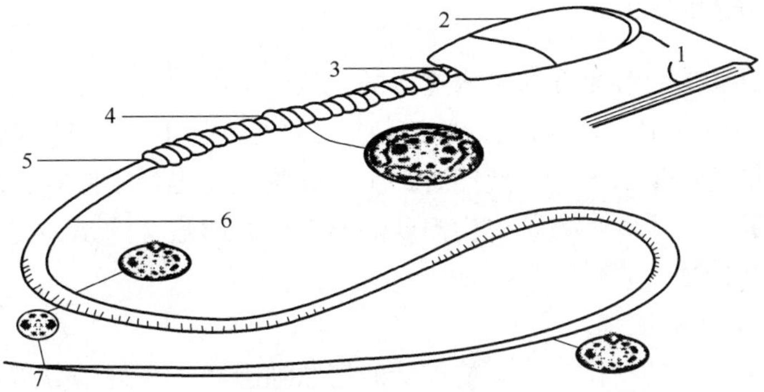

1—顶体　2—头　3—颈　4—中段　5—终环　6—主段　7—末段

图 3-37　牛精子结构

（摘自耿明杰，《畜禽繁殖与改良》，2006）

（二）畸形精子的形态和分类

通常把精液中的畸形精子分为头部、中段和尾部畸形三大类（图 3-38）。按照这一分类方法，头部畸形精子包括：窄头、头基部狭窄、梨形头、圆头、巨头、小头，头基部过宽，头发育不全等类型，而精液中常见的是前面几种。头部畸形精子可能是由于细胞分裂或精子细胞变形过程中的某些不良影响引起的。

睾丸或精子排出管道的某些功能障碍，可在精液中的精子形态方面得到反映；利用对精子形态分析的结果，可以评价精液品质的优劣，也可用以诊断睾丸和附睾以及尿生殖道的功能状态。

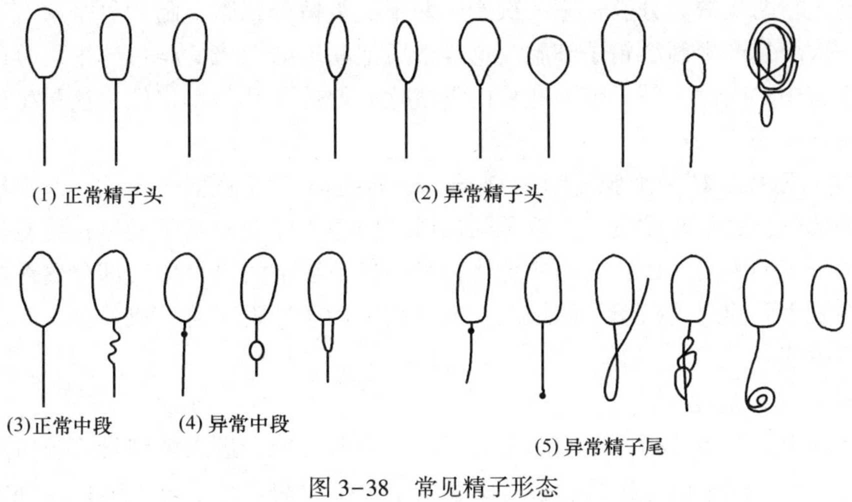

图 3-38　常见精子形态

（摘自中央农业广播电视学校组编，《家畜繁殖学》，1998）

（三）精子的发生

精子的生成和成熟都是在睾丸内进行的。从公畜的初情期开始直到生殖功能衰退，在整个生殖年龄中，睾丸的曲精细管上皮总是在进行着生精细胞的分裂和演变，使精子成批地产生出来，与此同时，生精细胞也会得到不断补充和更新。母畜则早在胚胎期就已形成并贮备了终生需要的所有原始卵泡，这是公、母畜在配子发生方面的重要区别之一。

1. 精子的发生过程

精子的发生过程是指位于睾丸精细管的精原细胞经一系列的分裂和增殖而形成精子的系统过程。如果我们把性成熟公畜的睾丸做成切片在显微镜下观察，就会看到精细管内处在不同阶段的生精细胞，精子就是由这些细胞的不断分裂和演化而来的。各种家畜精子发生的过程大体可分为以下三个阶段。

① 第一阶段，精原细胞的分裂和初级精母细胞的形成。在这一阶段中，位于精细管上皮基层的精原细胞分裂产生两个细胞。一个是活动的精原细胞继续细胞的有丝分裂过程，一个这样的精原细胞经数次分裂，产生数个初级精母细胞（绵羊为16，猪和牛为24）。另一个暂时处于休眠状态，直到活动的精原细胞完成上述分裂后才开始它的分裂过程。各次分裂均为一般有丝分裂，精原细胞和初级精母细胞仍为双倍体是该阶段的特点。

② 第二阶段，初级精母细胞的减数分裂和精子细胞的形成。初级精母细胞形成后，随后即开始了生殖细胞所特有的减数分裂，也称为成熟分裂过程。表现为细胞核内发生一系列变化，主要是染色体的复制，先由原来的二倍体复制为四叠体；然后接连进行两次减数分裂：第一次产生两个次级精母细胞，随后每个次级精母细胞再经一次分裂产生两个精子细胞。这样最后把原来的四倍的染色体平均分配到四个精子细胞中。因此，精子细胞和将由它演化成的精子都是单倍体，这是生殖细胞的重要特征。

③ 第三阶段，精子细胞变形为精子。圆形的精子细胞经过变形，细胞核变为头的主要部分，高尔基体发育为精子的顶体，中心小体变成精子的尾，线粒体逐渐聚集在精子尾的中段形成特有的线粒体鞘膜。精子细胞的原生质大部分萎缩成为一个球形的原生质滴附着在精子的颈部，随着精子在通过附睾时的成熟，该小滴逐渐后移最后脱落。

2. 精子发生周期

精子发生周期指从精原细胞的分裂开始，到形成精子进入精细管管腔所经历的时间。采用示踪原子测定结果，各种家畜精子发生周期：绵羊49~50d，牛60d，猪44~45d，马49~50d。加上精子在附睾内运行的时间：牛10d，猪9~12d，绵羊13~15d。这样就可以估计出精子从发生到排出体外所需要的时间为两个月左右。

在公畜的管理中，试图通过改善饲养管理条件来提高精液品质的效果，实际上在2个月以后（经历一个精子发生周期），才能显示出来。同样，公畜精液品质的某些突然变化，也应追溯到一个精子发生周期前的某些因素的影响。

3. 睾丸产生精子的速度

睾丸产生精子的速度，因畜种而异，以每克睾丸组织日产精子的数量来计算：公牛为1300万~1900万个，公猪2400万~3100万个，公绵羊为2400万~2700万个。

（四）精液的生理特性

1. 精子的代谢

精子的代谢指精子维持其生存和运动，分解周围的营养物质获得能量的过程。精子主要通过糖酵解（也称为果糖酵解）和呼吸（也称有氧氧化）两种代谢方式消耗基质产生能量，一般情况下，精子最容易利用的基质是果糖、葡萄糖和甘露糖等六碳糖。特殊情况下也能分解自身的磷脂和蛋白质。

（1）精子糖酵解　在无氧或不需要氧的条件下，精子分解精清或稀释液中的果糖、葡萄糖等六碳糖为乳酸并释放能量的现象。糖酵解的能力因畜种而异，并受精子的密度、存活率和精液温度的影响。

（2）精子的呼吸　在有氧的条件下，精子可将果糖分解产生的乳酸，进一步分解为二氧化碳和水，并释放能量。精子通过呼吸途径分解果糖所产生的能量是糖酵解的20倍左右，同时也消耗大量的氧和营养物。精子的呼吸作用受精液的保存温度和pH的影响。

当精液中的外源能源物质耗尽时，精子会通过呼吸作用消耗自身的能源物质，并缩短精子的寿命。因此，在进行精液保存时，常采用低温隔绝空气和充入二氧化碳的方法来减少精子的能量消耗，维持和延长精子的存活时间。

2. 精子的运动

正常精子是靠尾部的摆动产生推动力，驱使精子呈直线前进运动。

（1）精子运动形式　精子运动形式大体可分三种：直线前进、原地摆动、转圈运动。只有直线前进运动是正常的运动形式，有可能保证受精作用的实现。

（2）精子运动速度　精子运动速度受周围液体性质的影响，在静止的液体中，精子的运动方向并不固定，在流动的液体里，则逆流加速前进。在母畜生殖道内精子运行的速度，自身运动变为次要了，而子宫和生殖管道的收缩及分泌物的推动，会使精子运动速度大大加快。哺乳动物的精子在37~38℃的温度条件下运动速度快，温度低于10℃就基本停止活动。精子运动的速度，因动物种类有差异，山羊、绵羊和鸡的精子密度大，应适当稀释后观察。通过显微摄影装置连续摄影分析，牛精子的运动速度为97~113μm/s，尾部颤动20次左右，人、马和绵羊分别为75~

100μm/s 和 200~250μm/s。

（3）精子的运动特性

① 向流性：在流动的液体中，精子表现出逆流向上的特性，运动速度随液体流速而加快。在母畜生殖道中，由于发情时分泌物向外流动，所以精子可逆流向输卵管方向运行。

② 向触性：在精液或稀释液中有异物存在时，如上皮细胞、空气泡、卵黄球等，精子有向异物边缘运动的趋向，表现其头部顶住异物作摆动运动，精子活力就会下降。

③ 向化性：精子具有向着某些化学物质运动的特性，雌性动物生殖道内存在某些特殊化学物质，如激素、酶，能吸引精子向生殖道上方运行。

（五）环境因素对精子的影响

环境因素主要指温度、渗透压、酸碱度、离子浓度、稀释、光照、异物、化学药物和振动等。

1. 温度

最适合精子运动和代谢的温度是动物的体温，哺乳动物是 37~38℃，鸟类 40℃。

（1）高温　高温使精子的代谢和活力增强，消耗能量加快，促使精子在短时间内死亡。在 0~10℃，精子的代谢、运动力很低，是精子保存的最佳温区，所以在冷冻保存精液技术开发以前，精子体外保存的最合适的温度是 0~10℃。在 20~40℃是检查精子活力的温度范围。40℃以上的高温，精子代谢、运动异常增进。假如温度进一步升高，原生质即发生凝固、蛋白质发生变性而死亡，精子死亡的温度范围一般认为是 54.5~56℃。

高温的环境（32~40℃）影响精子在睾丸内的生存，可使睾丸精细管退化，精液品质下降。我国南方夏季温度长期超过 25℃以上后，牛、猪、兔等的精液质量都明显差，活力下降、畸形率增加、密度变稀，以致不能用于人工授精或制作冷冻精液。

（2）低温　低温使精子的代谢能力降低，活动力减弱。慢慢将精液的温度下降至 0℃，对精子的存活力没有不良的影响。所以在人工授精中，将精液从体温状态下降至 0~15℃保存时必须缓慢进行。将新鲜的精液突然由体温急剧降至 10℃以下时，能使精子很快失去活力，而且不能复苏，这一现象称为“冷休克”。为防止这一现象的发生，在对精液采用稀释时，加入防“冷休克”物质（如蛋黄、牛乳等）和缓慢降温等措施。

牛精子保存在 5~21℃与 21~37℃相比较，糖酵解耗氧量显著降低。精液温度急剧下降对精子的代谢、活力、受精能力都有不可逆的不良影响。如给牛和绵羊精子以低温打击，糖酵解几乎完全停止，呼吸能力下降，精子表面膜受损伤，通透性增加，细胞膜内的部分蛋白质也受到损伤。

（3）超低温 -196℃液氮超低温保存精子，可使精子的代谢和活动力基本停止，因此可以长期保存。

-60~0℃是对精子生存不利的温区，特别是-25~-15℃是最有害的危险温区。-60℃以下的超低温，水分子的移动受到限制，对细胞的有害程度减少。活细胞在冷冻过程中的损伤主要是冰晶的形成引起。冰晶生存的温度范围为0~30℃。要使在这一温区不形成冰晶就必须以很快的降温速度通过这一温区，在降温过程中，要让水不形成冰晶，而过渡到玻璃化状态，可以保护精子免受冻害。近年来，在畜牧生产中对精液进行特殊的稀释处理，加入甘油作为防冻剂，可将精液在超低温的冷源干冰（-79℃）和液氮（-196℃）中以冷冻状态做长期保存。

2. 渗透压

渗透压指由于细胞膜（或其他半透膜）内外的溶液浓度不同而造成的膜内外压力差。在高渗透压（高浓度）溶液中，精子内部的水分会向外渗出而脱水，使精子干瘪死亡。在低渗液（蒸馏水、常水）中，外界溶液的水分会向精子内部渗入，引起精子膨胀变形而死亡。

3. 酸碱度（pH）

新鲜精液的pH为7左右，接近中性，可用pH试纸或特殊的仪器测知。在一定的限度内，酸性环境对精子有抑制作用，碱性环境则有激发作用，超过一定限度均会引起精子死亡，精子适宜的酸碱度应为弱酸性、中性到弱碱性（pH 6.9~7.5），常利用酸抑制原理将精液的pH调节到7以下，使精子的运动和代谢处于抑制状态，将精液在室温下得到保存，另外，在精液的常温保存过程中，精子代谢产生的乳酸会使pH降低，因此在精液的稀释保存时要加一定量的缓冲物质，以维持pH平衡。

4. 离子浓度

离子浓度影响精子的代谢和运动，一般阴离子对精子的损害力大于阳离子。

（1）阳离子 在哺乳动物精子中K^+比Na^+含量高，而在精液中则相反。精液中少量的K^+能促进精子的呼吸、糖酵解和运动；但高浓度K^+对精子的代谢和运动有抑制作用。Ca^{2+}对牛精子的作用，存在两种不同意见。有人认为Ca^{2+}抑制呼吸和糖酵解，阻碍运动；有人认为Ca^{2+}对精子的代谢运动有促进作用。鸡精子在含K^+、Mg^{2+}的溶液中活力好。Mg^{2+}能促进牛、犬精子的活动力。Mn^{2+}对精子的呼吸、糖酵解、运动有抑制作用。其他微量的重金属元素，如Zn^{2+}是酶的成分，Fe^{2+}是色素的组成部分，对精子的代谢和活力的维持起重要作用，但量过多对精子的生存有毒害作用。Fe^{2+}和Cu^{2+}对绵羊、牛和家兔的精子有害，特别是Cu^{2+}对绵羊精子。Ca^{2+}对人的精子毒性最显著。Co^{2+}、Ni^+的复合物对精子的毒性较弱，Cu^{2+}、Zn^{2+}、Ca^{2+}复合物的毒性最强。

（2）阴离子　Cl^-在动物精液中含量多，与Na^+一起主要维持渗透压，0.9% NaCl溶液是对精子较适宜的生理溶液。HCO_3^-能促进精子在有氧条件下的代谢和呼吸。但HCO_3^-和PO_4^{3-}共同存在时能抑制精子的呼吸和运动。PO_4^{3-}配制的磷酸缓冲液作为稀释液在过去已广泛应用，但高浓度的PO_4^{3-}能抑制人、牛、绵羊精子的呼吸和运动。SO_4^{2-}对精子的代谢没有影响。柠檬酸离子、Cl^-、CO_3^{2-}、Br^-、I^-等离子对精子有害。

5. 稀释

哺乳动物精子射出后在精液中能活泼运动，经适当的稀释后活力更好，精子的代谢和耗氧量增加。有研究认为，超过1.8倍稀释后从精子内渗出K^+、Mg^{2+}、Ca^{2+}，而Na^+向精子内移动，但这种代谢性的变化因稀释液的种类而不同。精液经高倍稀释，对精子的存活力、受精能力都有不良影响，这是因为高倍稀释后，覆盖在精子表面的膜发生变化；使细胞的通透性增大，细胞内的各种成分向外渗出，而外界的离子向精子内部入侵，给代谢和生存能力带来影响。在稀释液中加蛋黄，可以减少高倍稀释的有害影响。

6. 光照

直射的阳光对精子有激发作用，加速精子的运动和代谢，不利于精子的存活，所以精液应尽量避免阳光直射，或用棕色玻璃容器收集和贮运精液。某些短光波，特别是紫外线对精子的危害很大，经其照射的精子，不但受精能力下降，有时还可能影响受精卵的发育。

7. 化学药物

常用的消毒药物，即使浓度很低，也足以杀死精子，应避免接触精液，但某些抗生素类药物（如青霉素、链霉素、磺胺类药物等）。在适当的浓度下，不但对精子无毒害作用，而且还可抑制精液中细菌的繁殖，对精液的保存和受精有利。吸烟所产生的烟雾，对精子有强烈的毒害作用，在处理精液时要严禁吸烟。

8. 震动

在采精和精液的运输过程中，震动往往是不可避免的，轻微震动对精子的危害不大，在液态精液运输时，应将装精液的容器注满、封严，防止液面和封盖之间出现空隙。如果有空气存在，震动可加速精子的呼吸作用，对精子的危害就会增加。但在无氧条件下轻微的震动对精子的危害不大，相对而言，牛精子对震动的影响较敏感些。

9. 异物

异物可使精子发生凝集作用，导致精子活力降低或死亡。

课题四　精液品质检查

一、精液外观检查

精液外观检查指不需仪器而凭人的感觉对公畜精液的一般性状，如颜色、气味、射精量等进行初步评定。

（1）射精量　所有公畜采精后应立即直接观察射精量。猪、马、驴的精液因含有胶状物，还应用消毒过的纱布或细孔尼龙纱网等过滤后再检查射精量。

射精量因家畜种类、品种、个体而异。同一个体又可因年龄、性准备状况、采精方法及技术水平、采精频率和营养状况等而有所变化。射精量超出正常范围太多或太少，都必须立即寻找原因。数量太多可能是由于过多的副性腺分泌物或其他异物（如尿、假阴道漏水）的混入等造成的；如过少可能是采精方法不当以及生殖器官功能衰退等原因造成的。

（2）颜色　正常的精液一般为乳白色或灰白色，而且精子密度越高，乳白色程度越浓，其透明度也就越低。所以各种家畜的精液甚至同一个体不同批次的精液，色泽都在一定范围内有所变化。正常牛、羊精液均为乳白色，但有时呈乳黄色（多见于牛，是因为核黄素含量较高的缘故，如果核黄素过高，对精液品质无影响，过段时间后，黄色即被氧化消失）；水牛精液为乳白色或灰白色；猪、马、兔为淡乳白色或浅灰白色。

如果颜色异常，则为不正常现象。如果精液带有浅绿色或黄色，则是混有脓液或尿液的表现；若带有淡红色或红褐色，即为含有鲜血或陈血。这样的精液应该弃而不用，并应立即停止采精。

（3）气味　公畜的精液略带腥味。如有异常气味，可能是混有尿液、脓液、尘土、粪渣或其他异物，应废弃。颜色和气味检查可以结合进行，使鉴定结果更为准确。

二、精液实验室检查

主要是在实验室内借助显微镜和其他仪器对精子的运动、密度、形态以及其他生理指标的检查和测定。

（一）精子运动的检查

1. 精子活力检查

精子活力又称活率，是指精液中做直线前进运动的精子的含量。活力是精液检查的重要指标之一，在采精后、稀释前后、保存和运输前后、输精前都要进行检查。

（1）检查方法　检查精子活力需借助显微镜，放大200~400倍，把精液样品放在镜下观察。

① 平板压片法：取1滴精液于载玻片上，盖上盖玻片，放在镜下观察。此法简单，操作方便，但精液易干燥，检查应从速。

② 悬滴法：取一滴精液于盖玻片上，迅速翻转使精液形成悬滴，置于凹玻片的凹窝内，即制成悬滴玻片。此法精液较厚，检查结果可能偏高。

（2）评定　评定精子活力多采用“十级一分制”，如果精液中有80%的精子做直线运动，精子活力计为0.8；如有50%的精子做直线运动，活力计为0.5，以此类推。评定精子活力的准确度与经验有关，具有主观性，检查时要多看几个视野，取平均值。

牛、羊及猪的浓份精液精子密度较大，为观察方便，可用等渗溶液，如生理盐水等稀释后再检查。

温度对精子活力影响较大，为使评定结果准确，要求检查温度在37℃左右，显微镜需有恒温装置。

2. 精子的云雾运动

当精液的密度和活力都很高时，将1滴不加盖玻片的精液置于低倍显微镜下，观察精液滴的边缘部分，可以观察到一种旋涡状运动，根据云雾运动的程度，也可大致估计出精液的密度和活力。

3. 精子的死活染色

这是测定精液中死活精子比例的一种方法。具体方法为：在体温条件下，使精液与一定的染色液（如伊红-苯胺黑）混合，并迅速制成抹片，在高倍显微镜下观察，活的精子不能被染色而呈白色，死的精子被染成红色，这样算出死活精子的含量。

（二）密度检查

1. 估测法

对精子密度检查的最简单的方法是取1滴精液置于显微镜下观察，凭经验粗略地分为“密”“中”和“稀”几个等级，这只是粗略的估计方法，因为公畜精子的密度差异很大（表3-4）。

表3-4　精子密度划分标准　单位：个/mL

畜种	牛	羊	猪	马	鸡
密	12亿以上	25亿以上	2亿以上	2亿以上	40亿以上
中	8亿~12亿	20亿~25亿	1亿~2亿	1亿~2亿	30亿~40亿
稀	8亿以下	20亿以下	1亿以下	1亿以下	30亿以下

（摘自中央农业广播电视学校组编，《家畜繁殖学》，1998）

2. 血细胞计数法

较精确的方法是用血细胞计数板（图 3-39）。牛、羊用红细胞吸管吸取原精液至刻度 0.5（稀释为 200 倍）或 1.0 处（稀释为 100 倍），然后吸入 3%的 NaCl 溶液至刻度 101 处，猪、马精液用白细胞吸管吸至刻度 0.5（稀释 20 倍）或 1.0（稀释 10 倍），随后吸入 3%的 NaCl 至刻度“11”（图 3-40）。NaCl 的作用是杀死精子和稀释精子便于观察。

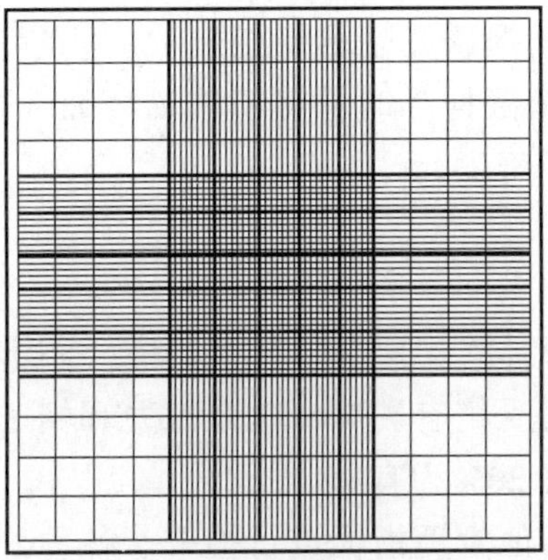

图 3-39 血细胞计数板上计算室平面图

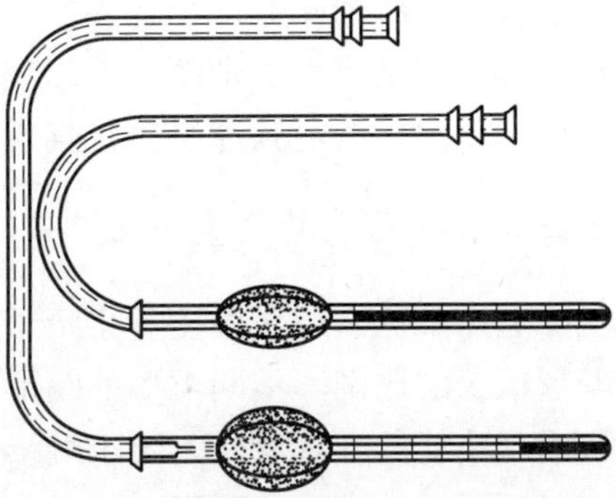

图 3-40 白细胞吸管（里）和红细胞吸管（外）
（摘自中央农业广播电视学校组编，《家畜繁殖学》，1998）

用拇指和食指按住吸管的两端，使吸管中的精液与 NaCl 渗液充分混合。之后弃去吸管前端数滴，再将吸管尖端放在计数板（高 0.1mm）或盖玻片之间空隙的边缘，使吸管中的精液自动流入计数室（图 3-41）。计数板是由刻线分成 25 个正方形的大格和 400 个小方格，面积为 $1mm^2$，将计数板放在显微镜下计算 5 个大方格（含 80 个小方格）的精子数，计算时以精子的头部为准，位于四条边上的精子只算上边和左边，以免重复，选取了 5 个大方格，可在一条对角线上或四角的中央，标出 5 个大格的精子数，用下列公式计算出 1mL 的精子数。

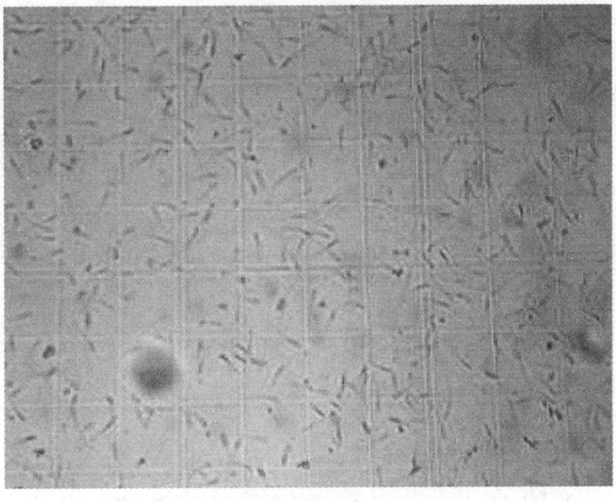

图 3-41 计数板的方格

1mL 原精液的精子数 = 5 个大方格的精子数×5×10×1000×稀释倍数

式中　1000——1mL 稀释精液的精子数；

×5——25 个正方形大方格中只数 5 个；

×10——计数室的高度为 0.1mm，×10 表示 $1mm^3$。

3. 光电比色法

此方法为现世界各国普遍应用于牛、羊的密度测定。此法快速、准确、操作简便。其原理是根据精液透光性的强弱，精子密度越大，透光性就越差。

事先将原精液稀释成不同倍数，用血细胞计数法计算精子密度，从而制成精液密度标准管，然后用光电比色计测定其透光度，根据透光度求每相差 1%透光度的级差精子数，编制成精子密度对照表备用。测定精液样品时，将精液稀释 80~100 倍，用光电比色计测定其透光值，查表即可得精子密度。

（三）精子形态的检查

主要通过染色后用显微镜观察精子的头部、顶体、中段和尾部的形态。测定或估计畸形精子的比例。不同类型的畸形精子不仅对受精有影响，也是睾丸和精子输出管道生理功能的客观反映，要求畸形精子不超过 20%为宜。

有时还要对精液的酸碱度（pH）、渗透压或其他生理指标进行检查。各种公畜精液的一般特性见表 3-5。

表 3-5　　各种公畜精液的一般特性

家畜种类	精液颜色	射精量/mL	精子活率	精子密度/（亿/mL）	一次射精含精子总数/亿	精液 pH
猪	乳白	100~300	0.7~0.8	1~2	200~500	7.4
牛	乳白、淡黄	3~8	0.7~0.8	10~15	50~100	6.9
羊	乳白	0.5~1.5	0.8	20~30	15~30	6.9
马	乳白	50~150	0.6~0.8	1~2	50~100	7.4

课题五　精液的稀释

所谓精液稀释，就是在采得的精液里，添加一定数量的、按特定配方配制的、适宜于精子存活并保持受精能力的溶液。在生产实践中，为了扩大精液容量，提高一次射精量可配母畜头数，必须将精液稀释；同时也只有经稀释处理后，精液才能进行有效地保存和运输。因此精液的稀释，是充分体现和发挥人工授精优越性的重要技术环节。

一、稀释液的主要成分和作用

1. 营养剂

营养剂主要是提供营养，以补充精子在代谢过程中消耗的能源。由于精子代谢只是单纯的分解作用，而不能通过同化作用将外界物质转变为自身成分。因此，为了补充精子的能量消耗，只能使用最简单的能量物质，一般多采用葡萄糖、果糖、乳糖等糖类。

2. 稀释剂

稀释剂主要用以扩大精液容量，要求所选用的药液必须与精液具有相同的渗透压。严格来讲，凡是向精液中添加的稀释液都具有扩大精液容量的作用，均属稀释剂的范畴，但各种物质添加各有其主要作用，一般用来单纯扩大精液量的物质有等渗的0.9%氯化钠溶液、5%的葡萄糖溶液等。

3. 保护剂

保护剂主要保护精子免受各种不良外界环境因素的危害，可以分为多种成分。

（1）缓冲物质　用以保持精液适当的pH。贮存于附睾中的精液呈弱酸性从而有利于抑制精子的活动和代谢。但在射精过程中会与碱性的副性腺分泌物相混合而变为弱碱性，因而激发了精子活动和加速了精子的代谢。在精子代谢过程中，由于代谢产物（如乳酸和碳酸）的积累，pH又会发生偏酸性变化，会影响精液品质，甚至使精子自身酸中毒而发生不可逆性的变性。因此，需要在稀释液中加入适量的缓冲剂，以保持精液相对恒定pH。常用作缓冲剂的物质有柠檬酸钠、酒石酸钾钠、磷酸二氢钾和磷酸氢二钠等。近年来在各种家畜精液稀释液中常采用三羟甲基氨基甲烷(Tris)，这是一种碱性缓冲剂，对精子代谢酸中毒和酶活动反应具有良好的缓冲作用。

（2）非电解质和弱电解质　具有降低精清中电解质浓度的作用。副性腺体分泌物的电离度，比附睾中的精液高10倍，因此射出的精液精清中电离度也很高。这一方面在生理上具有激发精子运动作用，而有利于精子和卵子受精过程的完全；但同时又会促进精子的早衰，破坏精子脂蛋白膜，使精子失去电荷而凝聚，以致不利于精液的有效保存。为此，有必要在稀释液中加入适量的非电解质或弱电解质，以降低精清中的电解质浓度。一般常用的非电解质为各种糖类，弱电解质如甘氨酸等。此外，因猪、马精液的副性腺分泌物多，山羊精液中则含有一种可引起精子凝结的酶，所以对于这几种家畜的精液，在稀释前可先经离心以除去精清，然后再代之以适当的稀释液，对保存和受胎都有良好效果。

（3）防冷刺激物质　具有防止精子冷休克的作用。在保存精液时，常需降温处理，尤其是从20℃以上急剧降至0℃时，由于冷刺激，会使精子遭受冷休克而丧失活力。这是因为精子内的缩醛磷脂融点较高，低温下容易凝结，从而导致精子的代谢不能正常进行而造成不可逆的冷休克死亡。因此，在低温保存稀释液中需要添加防冷休克的物质，其中以卵磷脂的效果最好。因为卵磷脂的融点低，在低温下不易冻结，进入精子体内后，可以替代缩醛磷脂保障代谢的正常进行，从而维护精子的生存。此外脂蛋白以及含磷脂的脂蛋白复合物，也有类似卵磷脂防止冷休克的作用。以上这些物质在乳类和卵黄中均有存在，因此它们是常用的精子防冷刺激物质。

（4）抗冻物质　具有抗冷冻危害的作用。精液在冷冻保存过程中，精子内外环境的水分，必将经历从液态到固态的转化过程，从而导致精子遭受冻害而死亡。而抗冻物质有助于减轻或消除这种危害。一般常用的抗冻物质有甘油、二甲基亚砜（DMSO）、三羟甲基氨基甲烷（Tris）、*N*-三（羟甲基）甲基-2-氨基乙烷磺酸（TES）等。

（5）抗菌物质　具有抗菌作用。在人工授精过程中，即使努力改善环境卫生条件和严格操作规程，虽然能减少微生物对精液和稀释液的污染，但很难做到无菌，而精液和稀释液都是营养丰富的物质，是微生物滋生的适宜环境。这些微生物的污染，不仅直接影响精子的生存，而且是引起母畜生殖道感染、不孕和早期胚胎死亡的原因之一。因此，在稀释液中有必要添加一定数量的抗菌物质。常用的有青霉素、链霉素和氨苯磺胺等。青霉素和链霉素的混合使用具有广谱抑菌效果。氨苯磺胺不仅可以抑制微生物的繁殖，而且可以抑制精子的代谢功能，有利于延长体外精子的存活时间，然而它在冷冻过程中对精子反而有害，故只适用于液态精液的保存。此外近来国外又将数种新的广谱抗生素和磺胺类药物（如卡那霉素、林肯霉素、多黏菌素、氯霉素、磺胺甲基嘧啶钠）试用于精液的稀释保存，取得较好的效果。

4. 其他添加剂

这些添加剂的主要作用，在于改善精子所处环境的理化特性以及母畜生殖道的生理功能，以利于提高受精机会，促进合子发育。常用的有以下几类。

（1）酶类　如过氧化氢酶能分解精子代谢过程中产生的有害物质——过氧化氢，消除其危害，从而具有提高精子活率的作用；β-淀粉酶则具有促进精子获能、提高受胎率的作用。

（2）激素类　如催产素、PGE 等，具有促进母畜生殖道蠕动，有利于精子运行从而提高受胎率的作用。

（3）维生素类　如维生素 B_1、维生素 B_2、维生素 B_{12}、维生素 C、维生素 E 等具有改善精子活率，提高受胎率的作用。

（4）其他添加成分　如 CO_2、已酸、植物汁液（如番茄汁、椰子汁）等可调节稀释液的 pH，有利于精液的常温保存。乙二胺四乙酸（EDTA），具有保护精子抗冷休克的作用，又可通过改变细胞膜渗透性，降低果糖分解和精子活动，从而延长精子寿命并保持受精能力。

二、稀释液的配制原则

（1）配制稀释液的各种药物原料品质要纯净，一般应选择化学纯或分析纯制剂，同时要使用分析天平或普通药物天平按配方准确称量。不能以人用的口服葡萄糖，代替化学纯或分析纯的葡萄糖；不能用未知含糖量的乳粉或炼乳来取代新鲜乳液；蛋黄要取自新鲜鸡蛋，并且不应混入蛋清或蛋黄膜等杂物；稀释用水最好使用pH为7.0左右的中性新鲜纯净的蒸馏水，不要随便用普通开水代替；对新购进的抗菌药物，最好在大批使用前进行效果预试，证明确实对精子无毒害作用而安全可靠时方可使用。

（2）配制和分装稀释液的一切物品用具，事先都必须刷洗干净和严格消毒。

（3）配制稀释液的各种药物原料用水溶解后要进行过滤，以尽可能除去杂质异物。然后采用隔水煮沸（即水浴）或高压蒸汽消毒，并应采用灭菌蒸馏水以补足消毒灭菌过程中蒸发损失的水量，以保持配方要求的正常药物浓度。抗生素、蛋黄、酶类、激素等物质，应在稀释液消毒冷却后再行加入。氨苯磺胺可先溶解于少量蒸馏水（其用量计入配方总水量中），单独加热到80℃，待完全溶解后再加入稀释液中。鲜乳或乳粉溶液需先单独过滤，然后在水浴中加热至92~95℃维持10min，以杀死混入乳中的微生物，并使乳中的乳烃素对精子的杀害作用得到抑制，通过加热还能从牛乳的乳糖中分解出葡萄糖而有利精子利用；使用脱脂乳更加适宜，因为脂肪球减少，有利精子活率的观察检查。

（4）配制好的稀释液如不现用，应注意密封保鲜不受污染。蛋黄、乳类、抗生素等必需成分应在临用时添加。

（5）要认真检查已配制好的稀释液成品，经常进行精液的稀释、保存效果的测定，发现问题及时纠正。凡不符合配方要求，或者超过有效贮存期的变质稀释液都应废弃。

三、稀释方法和稀释倍数

1. *稀释方法*

精液稀释应在采精后尽快进行（一般要求最多不超过半小时），并尽量减少与空气和其他器皿接触。所以，采精前就应将精液品质检查、稀释和保存的各项准备工作做好。

稀释前应防止精液温度发生突然变化，特别是防止遭受低于20℃以下的低温刺激；同时要求稀释液的温度要调整至与精液相同。因此，一般是将精液和稀释液同时置于30℃左右的水浴锅或保温瓶中。

在稀释时，将稀释液沿杯（瓶）壁缓缓加入精液中，然后轻轻摇动或用灭菌玻棒搅拌，使之混合均匀。如做20倍以上的高倍稀释时，则应分两步进行。先做低倍稀释（如3~5倍或加入稀释液总量的1/3~1/2），稍待片刻后再做高倍稀释，即将所剩的稀释液全部加入，以防精子所处环境条件的突然改变，造成稀释打击。

稀释后，静置片刻再做活力检查。如果稀释前后活力一样，即可进行分装与保存；如果活率下降，说明稀释液的配制或稀释操作有问题，不宜使用，并应查明原因。

2. 稀释倍数

（1）决定适当稀释倍数的主要依据　第一，家畜种类不同，精液稀释倍数不相同。公牛精液稀释后保证每毫升中含有 500 万个有活力的精子数时，稀释倍数可达百倍以上，而对受胎率无大影响。不过在一般情况下，只做 10~40 倍稀释。公猪精液一般稀释 2~4 倍，或按每毫升稀释精液含 1 亿个有活力的精子的标准稀释。绵羊和山羊精液，稀释后经保存 1d 时，受精率即有所下降，除非再经浓缩。所以绵羊、山羊精液若在采精后数小时内使用时，宜直接采用原精液进行输精。如果进行稀释，习惯是 2~4 倍。马、驴精液的受精力也下降很快，故应在采精当天或次日内使用完毕，稀释倍数一般为 2~3 倍。兔的精液一般稀释 3~5 倍。

第二，不同配方的稀释液，稀释倍数也不相同。因此，在研制稀释液配方时，应结合有关试验求得该种稀释液的最适宜精液稀释倍数。

第三，精液的保存方法以及稀释后的保存时间要求不同，应考虑采用不同的稀释倍数。如精液冷冻保存就不能像常温、低温保存那样做较高倍数的稀释。

第四，精液稀释结果，要保证不同种类母畜正常受胎率，满足每个输精量所需有效精子数的要求。因此，采得的精液实际精子活率和密度，与稀释倍数密切相关。即活力高、密度也大时，可做适当高倍稀释；两项中有一项高和一项低时，都只能做适当低倍稀释；如果两项都未达到正常标准，则不稀释或者弃而不用。

（2）稀释倍数　加入与原精液等量的稀释液为稀释 1 倍，也称 1∶1 稀释。加入 2 倍于精液的稀释液为稀释 2 倍。精液的稀释倍数主要根据原精液的质量、密度、输精剂量和每个剂量中含有的有效精子数（以做直线运动的精子为依据）而定，另外也与稀释液的种类和保存的方法有关，当精子密度大，活率高时，可适当增加稀释倍数。由于各种公畜精液的特性和母畜对输精的要求不同，精液的稀释倍数也不一致（表 3-6）。

表 3-6　各种公畜精液的稀释倍数和输精剂量

家畜种类	稀释比例	输精剂量/mL	有效精子数/亿
猪	1∶（1~3）	30~50	10~20
牛	1∶（10~40）	1~1.5	0.1~0.15
马	1∶（1~3）	20~30	2.5~5
羊	1∶（1~3）	1~2	0.2~0.5

以决定公牛精液稀释倍数的计算方法举例如下：

射精量＝8mL，精子密度＝12 亿/mL，精子活率＝0.7，

每毫升原精液含有有效精子数＝12（亿）×0.7＝8.4 亿。

每毫升稀释精液中要求含有效精子 3000 万，

所以稀释倍数＝8.4 亿/0.3 亿＝28。

根据以上计算结果表明，8mL 牛精液，可以稀释成 8mL×28＝244mL，每个输精量需稀释后的精液 1mL，所以 8mL 原精液稀释后可供 200 余头母牛输精之用。

课题六　精液的保存和运输

精液在稀释后即可保存。现行保存精液的方法，按保存温度可以分为常温保存（15~25℃）、低温保存（0~5℃）、冷冻保存（-79℃或-196℃）三种。由于前两种保存方法，精液都以液态形式存在，故统称为液态精液保存。

各种精液保存方法的理论根据，在于暂时地抑制或停止精子的运动，降低其代谢速度，减缓其能量消耗，以便达到延长精子存活时间而又不至于丧失受精能力的目的。为了抑制精子活动，降低代谢水平，通常其基本途径有两条：其一是降低保存温度，减弱精子运动和代谢，甚至使精子处于一种休眠状态，但不丧失其生命力；其二是控制稀释液的 pH，使精子处于弱酸性环境下，既不致危害精子，又能有效抑制精子的运动。在以上两种情况下保存的精子，一旦环境中温度和 pH 恢复到正常生理状态，精子又将重新恢复它们的正常运动和代谢水平。

根据上述精液保存的基本原理，首推冷冻保存精液效果最为理想；冷冻保存技术具有广阔的发展前景，但是到目前为止，只有牛的精液冷冻技术基本成熟并得到普及应用，而猪、马、羊等其他家畜的冷冻精液因受胎率仍然偏低，一时尚难在生产实践中全面推广应用；再者冷冻精液的制作与贮运必须具备成套设备，投资颇多，技术难度较大，在我国当前经济技术状况下尚难全面加以推广。因此，液态精液的保存仍有很大的使用价值。

一、常温保存

常温保存的温度在 15~25℃，由于保存温度不十分恒定，故又称室温保存。在这一温度范围内，由于稀释液提供的弱酸性环境，精子的运动和代谢只是受到一定的抑制，因此只能在一定时间限度内延长精子的存活时间和保持受精能力。但常温保存无须特殊控温和制冷设备，处理手续简便，故便于推广普及和具有一定实际价值。特别是适宜公猪精液的保存，其效果比低温保存还好。

采用常温保存延长精子的存活时间，除主要是利用稀释液中的有关成分所创造的弱酸性环境，以抑制精子运动和降低代谢水平外，还依靠稀释液给精子补充足够

的外源性能源（营养物质）和在稀释液中添加适当剂量的抗菌物质以抑制微生物的滋生。有的还在稀释液中加入调节和维持正常 pH 的缓冲物（如柠檬酸钠、碳酸氢钠）。有的还在稀释液中加入明胶以阻碍精子运动。此外适当降低保存温度和设法保持温度恒定，以及隔绝空气造成缺氧环境，对强化常温稀释液的保存效果，也都有一定作用。

牛精液的常温保存，随着冷冻精液的普及，现已不多采用。需要时可采用伊利尼变温稀释液，在 18~27℃下可保存精液 6~7d；采用康奈尔大学稀释液，在 8~15℃下保存 1~5d，一次情期受胎率达 65%以上。

马和绵羊精液采用常温保存，比低温或冷冻保存相对效果较好。采用含有明胶的稀释液，在 10~14℃下呈凝固状态保存，可取得较好效果，保存绵羊精液达 48h 以上，保存马精液在 120h 以上，活率为原精液的 70%。采用葡萄糖-甘油-蛋黄稀释液和马乳稀释液，分别在 12~17℃、15~20℃下保存马精液可达 2~3d 以上。

采取的公猪精液如果立即使用，可不稀释或用一种成分稀释液稀释；如需保存 1~2d 的，可用两种成分稀释液稀释；如需保存 3d 以上的，则必须使用多种成分的稀释液稀释。

猪精液常温保存处理，是在精液稀释后，按规定的输精剂量分装，选择容量恰当的贮精瓶（管），使在分装精液后不再留有余空，瓶（管）口加塞密封（最好蜡封）。如用安瓿分装，则应用酒精喷灯火焰直接封口，并贴上标签，然后利用室内、广口保温瓶、井水或地窖等天然环境保存。虽然常温保存允许温度在 15~25℃变动，但应尽可能在此范围内相对降低温度（猪的全份精液在 15~20℃最为适宜）和保持恒温。

二、低温保存

低温保存是将稀释后的精液，置于 0~5℃的低温条件下保存。一般是放在冰箱内或装有冰块的广口保温瓶中冷藏。在这种低温条件下，精子运动完全消失而处于一种休眠状态，代谢降低到极低水平，而且混入精液中的微生物滋生与危害也受到限制，故其精子的保存时间一般相对延长。公牛的精液在冷冻保存技术成功以前，低温保存是最普遍采用的方法。但公猪精液采用低温保存则反倒不如常温保存的效果好。

公牛的精液，最初就是采用含 2.9%~3.6%柠檬酸钠和 20%~30%的蛋黄等组成的稀释液进行 0~5℃的低温保存，简单、有效，保存时间可达 1 周之久。此后又陆续出现了许多含不同种类的乳、糖稀释液，有效保存期同样可达 1 周，并可做高倍稀释，甚至稀释 100 倍以上时对受胎率也无大影响。由此可见，在冷源和冷冻设备不足的地区，牛精液采取低温保存仍有其实用价值。

由于马和绵羊精液本身的特点，季节配种的影响，以及这方面的研究工作尚嫌不足等原因，采用低温保存的效果尚不理想，因此在生产中应用不普遍。猪的浓份精液或经离心后的精液，虽可在5~10℃的低温下保存3d，且具有正常受胎率，但由于常温保存效果更好，且无须低温制冷设备，处理手续又更简便，故一般都采用常温保存。

采用低温保存精液时，首先要严格遵守逐步降温的操作规程，防止冷休克的发生。其处理方法是待精液稀释分装后，先用数层纱布或棉花包裹精液容器，并包以塑料薄膜袋防水，然后置于0~5℃的低温环境中。这样一般经历1~2h，精液温度即可缓慢降至0~5℃。为防止冷休克，还可使用含蛋黄或乳类的稀释液，蛋黄浓度一般为20%~30%。在整个保存期间应尽量维持保存温度的恒定，防止升温。例如，在用冰块保存时，每天须倾去保温瓶中融解了的冰水，并重新补充足够数量的冰块。

如果没有冰源，也可采用以下方法来解决制冷问题：一是将40g食盐溶于1500mL冷水中，再加入400g氯化铵，一并装入保温瓶中，可有0~2℃的低温；二是在广口保温瓶内，用60g尿素溶于1000mL水中，可以出现5℃的低温。如欲长期维持低温，应每隔1~2d重新按量添加制冷物质。

三、冷冻保存

精液冷冻保存是利用液氮（-196℃）、干冰（-79℃）或其他冷源，将精液经过适当处理后，保存在超低温下，以达到长期保存精液的目的。

1. 精液冷冻保存原理

精子在冷冻状态下，它的代谢几乎停止，活动完全消失，生命以相对静止状态保持下来，一旦温度回升，又能复苏活动。所以，从理论上讲，冷冻精液的有效保存时间是无限的。然而在目前的冷冻方法中，精液内只有部分精子能够经受冷冻，升温后可以复活，而另一部分精子由于在冷冻过程中，造成了不可逆转的变化而死亡。例如，牛精子经过冷冻和解冻后一般有30%~50%（因公牛个体而异）的活精子死去。所以解冻后呈直线前进运动的精子通常只有40%~50%。如何解释精液在冷冻保存过程中，部分精子发生不可逆性死亡，而另一部分精子又能升温复苏？对此，有关研究工作者作过许多探索与解释，其中比较能为大家公认的当推玻璃态假说，其次是微晶态假说。

物质的存在形式，可分为气态、液态和固态。固态又分为结晶态（冰晶态）和玻璃态两种形式。在不同的温度及其他条件下，这种形式可以互相转化。譬如，当气态的物质向绝对零度降温时，越过沸点，就转变为液态；当温度进一步降低而越过熔点时，液态就又转变为固态。这时的固态形式可能有两种情况：如当温度是缓慢下降的，则液态出现结晶化（水分子按有序排列）转变成为结晶态；如果温度是迅速下降的，则液态来不及形成结晶（水分子保持原来无次序排列），便转变为玻璃态（或均匀的细小结晶态）。相反，当缓慢升温时，玻璃态又可循原来的规律依次向相反方向运转，即先变为结晶态，然后再变为液态和气态；但如果是快速升温，则玻璃态可越过结晶态而直接变为液态和气态。

根据上述物质形态转变的基本规律和原理，玻璃态假说认为精子复苏的关键，是精液冷冻保存过程中，在冷冻保护剂的作用下，防止精液水分冰晶化（结晶化），而形成玻璃态。

冰晶化是在一定条件下的降温过程中，水分子重新按几何图形排列形成冰晶（结晶体）。在精液冷冻过程中，水分子的冰晶化（即结冰）是造成精子死亡而不能再复苏的主要原因。因为结冰是首先在精子外的水分——精清和稀释液中的水分开始形成冰晶，从而使尚未结冰部分的溶质浓度增高，以致形成高渗溶液。这时由于精子内外两方面的水分的浓度差，以及冰和水的表面蒸气压差的关系，精子内部的水分经过细胞膜而向外渗透（结冰速度越慢，精子内部水分向外渗透性越强），致使精子本身造成脱水状态，原生质变干，电解质浓度增高，酸碱度失去平衡，因而精子遭受化学淹渍而死亡，这也就是所谓精液的冰晶化导致的化学性伤害。其次是由于精清和稀释液中的大部分水分形成冰晶后，其体积显著增大，以及冰晶块的增大和移动，对精子细胞原生质膜产生机械压力和刺伤，使其失去细胞膜的保护作用，继而发生冰晶渗入精子内部而破坏内部的结构，导致精子死亡，这就是所谓精液的冰晶化造成的对精子的物理性伤害。此外，冰冻过程中也可能有一部分精子内部的自由水来不及渗透出来，而直接在精子内部形成冰晶，从而如上述更加造成对精子内部结构的破坏。

玻璃化是在一定条件下的降温过程中，水分子保持原来无次序的排列，呈现纯粹玻璃样的结晶体。精子在玻璃化冻结状态下，不会出现原生质脱水，结构受到保护，解冻后的精子仍可恢复活力。

上述精液的冰晶化和玻璃化的形成条件各不相同：冰晶化必须在-60～0℃低温区域（冰晶化危险温度区）内，而且只在缓慢降温的条件下才能形成。降温越慢，冰晶越大，其中尤以-25～-15℃（冰晶化最危险温度区）冰晶化对精子的危害最大。玻璃化必须在-250～-60℃的超低温区域（玻璃化温度区）内，而且必须从冰晶化强度区域内开始，就以较快或更快速度降温，迅速超越冰晶化阶段而进入玻璃化阶段，使水分子形成极小的冰晶或来不及形成冰晶就已呈玻璃化冻结。但玻璃化是可逆而不稳定的，当冷冻精液解冻升温时，如果升温缓慢，经过冰晶态温度区域时，玻璃态可循原来规律向相反方向进行，先变成冰晶态而后再变为液态，同样会造成对精子的不可逆性危害。但如果快速升温解冻，玻璃态可越过冰结晶态而直接变为液态。

在冷冻精液的制作和使用过程中，无论降温或升温都必须采取快速越过对精子产生不可逆性危害的冰晶化温度区，使冰结晶来不及形成便已直接转变为玻璃态或液态。

由于目前所采取的降温和升温措施，还达不到完全玻璃化的程度。所以，在精液冷冻技术研究发展过程中，采取在稀释液中添加甘油等抗冻物质的措施，可以增强精子抗冻能力，对防止冰晶化具有重要作用；是精液冷冻保存技术改革中的一项重大突破，其机制也与玻璃态假说有关。甘油（丙三醇）属多羟基化合物，每个分子有三个羟基（—OH），羟基与水形成氢键，因此甘油具有很强的亲水性，它可以在水结晶过程中，限制和干扰水分子晶格的排列，阻碍水形成冰晶；又由于甘油可以渗透精子细胞内外，使两者的蒸气压相近，从而降低精液的冰点，使精液处于过冷状态，从冰晶化危险温度区的上限缩短危险温度区；甘油渗入精子内部，使游离水和一些盐类排出，减轻了电解液浓度增加带来的不良影响；甘油还可保护精子细胞内的谷氨酸-草酰乙酸转氨酶（GOT）免受冻害而逸出，而解冻后精子保留的GOT越多，则精子的活率越高；此外，甘油又是很好的溶剂，具有杀菌作用。但是甘油浓度过高，对精子也有毒害作用，冷冻和解冻过程会加剧这种不良影响，特别是在常温下危害更大，高浓度的甘油可以损伤精子顶体和颈部，造成尾部弯曲、精子长度和体积缩小，破坏某些酶类，以致影响受胎率。所以，应尽量降低甘油的浓度。但不同畜种的精子对甘油浓度反应是不同的。如牛精液冷冻稀释液中甘油浓度高低，对精子活率及受胎率影响不大，一般牛精液冷冻稀释液中加入甘油浓度为5%~7%。猪精液冷冻稀释液中甘油浓度增大时，冷冻精液的活率虽高，但受胎率极不理想，故一般限制甘油浓度为1%~3%。至于绵羊一般控制在4%~6%为宜。除甘油外还有其他一些多羟基化合物（如DMSO、Tris、TES等）乃至糖类，也已成为冷冻保护性成分被广泛应用。

2. *精液冷冻保存稀释液*

冷冻保存精液稀释液的成分从理论而言，一般应含有低温保护剂（如蛋黄、牛乳）、防冻保护剂（甘油等）、维持渗透压物质（糖类、柠檬酸钠等）、抗生素以及其他添加剂。由此可见，冷冻保存精液稀释液，一般都是在原有低温保存稀释液的基础上，再添加一定的防冻物质。各种家畜常用的冷冻保存精液稀释液配方，分别见表3-7和表3-8。

表3-7　　　　公牛常用冷冻精液稀释液

成分		乳糖、蛋黄、甘油液	蔗糖、蛋黄、甘油液	葡萄糖、蛋黄、甘油液	葡萄糖、柠檬酸钠、蛋黄、甘油液	
					第一液	第二液
	蔗糖/g	—	12	—	—	—
	葡萄糖/g	—	—	7.5	3	—
基础液	乳糖/g	11	—	—	—	—
	二水柠檬酸钠/g	—	—	—	1.4	—
	蒸馏水/mL	100	100	100	100	—

续表

成　　分		乳糖、蛋黄、甘油液	蔗糖、蛋黄、甘油液	葡萄糖、蛋黄、甘油液	葡萄糖、柠檬酸钠、蛋黄、甘油液	
					第一液	第二液
稀释液	基础液容量/%	75	75	75	80	86
	蛋黄容量/%	20	20	20	20	—
	甘油容量/%	5	5	5	—	14
	青霉素/（IU/mL）	1000	1000	1000	1000	—
	双氢链霉素/（μg/mL）	1000	1000	1000	1000	—

表 3-8　　马、绵羊常用冷冻精液稀释液

成　　分		马			绵羊		
		乳糖、蛋黄、甘油液	乳-乙-柠-碳-蛋-甘油液	解冻液	乳糖、蛋黄、甘油液	葡-乳-甘油液	解冻液
基础液	葡萄糖/g	—	—	—	—	2.25	—
	乳糖/g	11	11	—	10	8.25	—
	乳粉/g	—	—	3.4	—	—	—
	蔗糖/g	—	—	6	—	—	—
	乙二胺四乙酸/g	—	0.1	—	—	—	—
	柠檬酸钠/g	—	—	—	—	—	2.9
	3.5%柠檬酸钠/mL	—	0.25	—	—	—	—
	4.2%碳酸氢钠/mL	—	0.2	—	—	—	—
	蒸馏水/mL	100	100	100	100	100	100
稀释液	基础液容量/%	95.4	94.5	—	72.5	75	—
	蛋黄容量/%	0.8	2	—	25	20	—
	甘油容量/%	3.8	3.5	—	3.5	5	—
	青霉素/（IU/mL）	1000	1000	—	1000	1000	—
	双氢链霉素/（μg/mL）	1000	1000	—	1000	1000	—

根据配制的要求和稀释的需要，可将冷冻保存稀释液分别配制成如下三种溶液，以便于在生产中应用：基本液——将糖类、盐类等可经高温消毒的药品成分，成批量地配制成溶液，瓶装密封保存；Ⅰ液——根据每次采精量，计算所需冷冻稀释液量，在定量基础液中按配方比例加入一定量的蛋黄和抗生素等，由此配制成的第Ⅰ液，用作精液的第一次稀释液；Ⅱ液——取需要量的第Ⅰ液，按配方比例加入经灭菌的甘油，由此制成的第Ⅱ液，用作精液的第二次稀释液。

精液冷冻之后，因有半数以上的精子遭受冻害而死亡，故精液稀释液倍数，应按照解冻后需保证每头份精液中要求应含有直线前进运动的有效精子数来确定。为此，实际上应根据原精液呈直线前进运动的有效精子总数和冷冻精液解冻后预测精子活力来决定精液的稀释倍数，其计算公式如下：

$$X=YMV/Z$$

式中 X——冷冻精液稀释倍数；

Y——每毫升原精液中呈直线前进运动总精子数；

M——冷冻精液解冻后预测精子活力；

Z——每头份冷冻精液要求最低应含有直线前进运动精子数；

V——冷冻精液剂型容量。

由于细管型冷冻精液的容量为0.25mL或0.5mL，因此稀释倍数较低。而颗粒型冷冻精液前后需经两次稀释（冷冻稀释和解冻稀释），每头份剂量为1.5~2.0mL，因此稀释倍数也就较高。

3. 冷冻保存精液剂型

凡作冷冻保存的精液均需按头份进行分装。目前已有塑料细管、玻璃安瓿、颗粒、塑料薄膜（袋）、载片及胶囊等剂型分装方法，目前通用的是前三种，并以细管型为主将取代其他剂型。但各种剂型分装方法，在标记、冷冻、保存及使用等方面都有各自不同利弊。

（1）塑料细管型　以长125~133mm，容量为0.25mL、0.5mL或1.0mL的各种颜色聚氯乙烯复合塑料细管，通过吸引装置将稀释、降温、平衡后的精液进行分装，用聚乙烯醇粉末、钢球或超声波静电压封口，置液氮蒸气上冷冻，再浸入液氮中保存。

（2）颗粒型　一般是将精液滴冻在经液氮预先冷却的塑料板或金属板（网）上，制成约0.1mL的颗粒，也可将精液直接滴入于冰洞穴中。颗粒冷冻法最初用于牛精液，以后扩展应用在马、绵羊、山羊、鸡、犬、猫、鹿、狼以及其他野生动物和人的冷冻精液制作，效果比较好。

（3）安瓿型　最早采用是从20世纪50年代开始，是用硅酸盐硬质玻璃制成的安瓿盛装精液，剂量多为1.0mL，也有0.5mL的。其优点是：剂量标准；标记明显，密封而不受污染；不必再用解冻液解冻，使用方便；精子苏复率较高。其缺点是：制作工艺（特别是封口）繁杂，生产成本较高；破裂及封口不严的安瓿，解冻时易破碎；解冻后还需吸入输精器内使用；体积大，占用贮精罐空间大。故目前已很少采用。

4. 精液冷冻保存冷源

冷冻精液在制作和贮存期间，都要求保持在一定的超低温冷源条件下。过去曾以干冰（固体CO_2）作为冷源（-79℃），目前已普遍转为使用液氮作为冷源（-196℃）。至于液态空气（-192℃）、液氧（-183℃）和液氦（-269℃）等都曾进行试用研究，然而由于各自的缺点而被淘汰。如液氧易爆不安全；氦在空气中含量很少，制作液氦成本高。

液氮是一种无色、无味、无臭、无毒的超低温液体，标准温度为-195.8℃。在气化时，每升可以从周围夺取 200kJ 的热量，气化后温度上升至 18℃时，体积膨胀 680 倍。此外，液氮为不活泼气体，其渗透性很弱，本身无杀菌能力，故精子、细菌、微生物等仍能在其中生存，只是−196℃的超低温可使多数细菌、病毒停止繁殖。

由于液氮是超低温−196℃，距精液冰晶化危险温度区的温差很大，所以冷冻和贮存精液效果安全可靠。同时液氮的温度可以对流平衡，故在液氮容器中温度稳定，可以长期有效保存冻精，而活率下降极为缓慢。整个使用操作都十分方便。

干冰是由二氧化碳气压缩而成的固态二氧化碳。纯净的固态二氧化碳不经过液态而直接升华变为气体后不留水分和残渣，并吸收大量的热而使温度下降至−79～−78℃，二氧化碳气体为无色、无臭、无味、活性不强的气体，因此干冰也是一种良好的超低温冷却剂。

5. 液氮容器

液氮的容器，包括冷冻精液贮存容器和液氮贮运器两种。前者为贮存精液用，一般多为容积不等的液氮罐，大的达数百升，小的不到 1L。液氮贮运器为贮存和运输液氮用，有大容器的液氮槽、液氮车，也有小容器的运输液氮罐。

目前冷冻精液使用的液氮罐，型号很多，但其基本结构相同（图 3−42、图 3−43）。

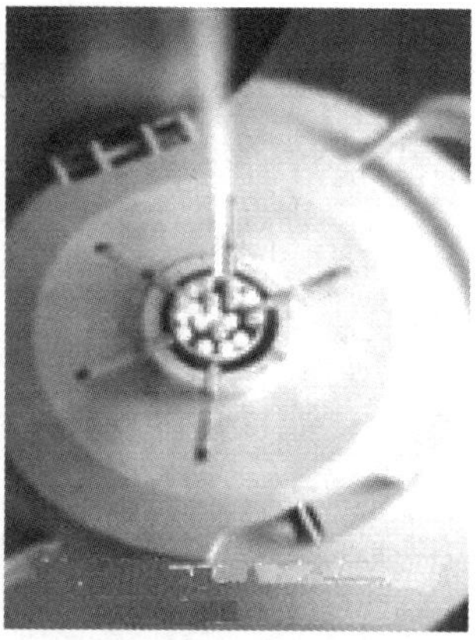

图 3−42　精子的低温保存

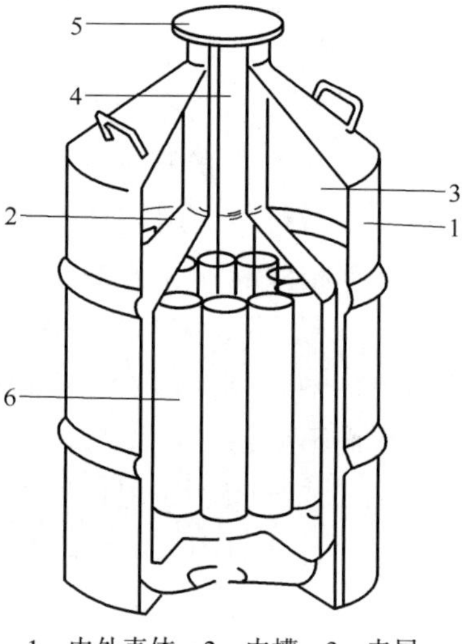

1—内外壳体　2—内槽　3—夹层
4—颈管　5—罐盖塞　6—提筒

图 3−43　液氮罐的结构

（1）内外壳体　液氮罐由内外两层壳体构成，一般采用铝合金制造。

（2）内槽　指液氮罐内胆中的空间。内槽底部有底座，供固定提筒用，液氨、提筒和冻精都置于内槽中。

（3）夹层　指罐内外壳体间的空隙。是抽成高真空状态，为增进罐体的高绝热性能，夹层中还装有活性炭、硅胶等绝热材料和吸附剂。

（4）颈管　是以绝热黏剂将罐内外壳体连接而成的长管。

（5）罐盖塞　由绝热性能良好的塑料制成，具有减少容器蒸发和固定贮精提筒手柄的双重功能。

（6）提筒　置于罐体内，其底部有多个小眼，以便液氮可以渗入其中。提筒用以贮存细管、安瓿及颗粒等各种剂型冻精。

液氮罐是比较精密的容器，它主要靠保持真空和减少导热而维持其正常超低温冷藏功能，为了发挥正常功能和保证安全，应注意正确使用和保养。

6. 精液冷冻保存技术工艺流程

各种家畜中，牛精液冷冻技术已形成一套完整定型的工艺流程，其他家畜精液冷冻技术正在不断进改完善过程中。现简单介绍牛冷冻精液基本技术流程。

（1）采精及精液品质检查　做好采精前的各项准备工作，特别是应尽可能做到精液品质纯净而不受污染，同时要认真熟练进行采精技术操作，力争做到采得的精液质高量多。特别是精子活力要高，密度要大，因为精液品质与冷冻效果密切相关。

此外，马、驴、猪的精液还要经过过滤或高离心浓缩处理，其中猪精液最好采用浓份精液。

（2）精液稀释和降温　采用的冷冻精液剂型不同，所采取的稀释液配方、稀释倍数和次数也不尽相同，一般多采用一次或两次稀释法。三次稀释法应用不多。

一次稀释法：常用于颗粒型精液，近年来也应用于细管型、安瓿型或袋装精液。方法是将采出的精液用含甘油的同温稀释液按比例要求一次加入。

二次稀释法：为尽可能减少甘油对精子的有害作用，采用二次稀释法效果较好。一定甘油浓度的稀释液在室温条件下，会显著地降低精液质量，其危害程度是随着稀释精液温度的增高而加剧，因此采用二次稀释法既可保持甘油最终浓度不变，但又只在低温精液中才加入含甘油稀释液，从而可以减少甘油的毒害。一般常用于细管、安瓿或袋装型精液冷冻。方法是将采得的精液在常温的等温条件下，立即用不含甘油的第Ⅰ液，稀释倍数应根据精液品质做1~2倍的稀释。稀释后的精液经40~60min缓慢降温至4~5℃（猪精液先缓慢降温至15℃维持4h，再从15℃经1h降至5℃），然后加入等温的含甘油的第Ⅱ液，加入量等于第一次稀释后的精液量。第Ⅱ液加入方法又分为一次性或三四次（间隔10min）、缓慢滴入等方法。至于猪还有一种独特的二次精液稀释法；有人认为采得的原精液在室温下静置数小时，可提高猪精子抗冷打击能力，冻后活率有所提高。操作方法是先将采得的浓份精液，直接放到保温瓶中在室温环境下静置2h，然后以1500~2000r/min速度离心除去精清（我国有的试验认为浓份精液离心与否，效果差异不显著，故也可不经离心），做第一次稀释，经2h降温至5℃再做第二次稀释。

三次稀释法：猪精液有时采用三次稀释法。首先用等温的脱脂乳（Ⅰ液）将采得的浓份精液，在30℃下按1∶0.5做第一次稀释，经1h降温至15℃；用等温的蔗糖卵黄液（Ⅱ液）按原精液量1∶1做第二次稀释，经2~3h降至5℃；用等温含甘油的蔗糖卵黄液（Ⅲ液）按原精液量1∶1做第三次稀释。第三次稀释后的精液取样在38~40℃下镜检活率不应低于原精液，方可用来制作冻精。

（3）稀释精液的平衡　经含甘油稀释液稀释后的精液；放入冰箱或冰瓶，使在恒定的原温度（4~5℃）环境下放置一段时间（2~4h），主要是使甘油能充分渗入精子内部，达到渗透的活性物质平衡，产生抗冻保护作用。含甘油稀释液对精液这一作用的时间，称为平衡过程。平衡过程中注意保持温度不变。在平衡过程中还可能有助于精细胞完成离子平衡变化，精子在稀释后重建离子平衡也可能需要平衡的时间，而精子在低温下的离子平衡也可以增强耐冻性，为下一步超低温冷冻做好生理上的准备，减少在冷冻过程中冰晶化危险温度区对精子的损害。

（4）精液的分装　稀释与平衡后的精液，可按畜禽种类、冷源、设施条件等具体情况，选用不同冻精剂型进行分装。这里要特别重复强调，如果是在平衡温度中进行精液分装，则必须注意防止精液温度的回升。

（5）精液的冷冻

① 精液冷冻温度曲线：所谓精液冷冻温度曲线，是由冷冻温度和降温速度构成的，是通过低温温度计测精液在冷冻容器中冷冻面的温度变化，来反映精液温度的变化曲线。

精液冷冻温度曲线的构成如下所述。

始冻温度——冷冻容器中冷冻面的最初温度，即精液刚刚接触冷冻环境的开始温度。

热平衡温度——精液和冷冻面接触后温度迅速下降，而冷冻面温度则随之急剧上升达到一定温度并维持一段时间。热平衡温度从理论上讲，即为精液的冰点温度。

入氮温度——完成冷冻结晶的精液与冷冻面的温度同步下降，最后浸入液氮前的精液温度。

细管型和颗粒型冷冻精液，由于准备冷冻的液态精液和冷冻面在冷冻前有着极大的温差，所以在制作过程中也就形成了不同的精液冷冻温度曲线。

细管型精液冷冻温度曲线——细管型冻精系成批量性生产，数百支细管精液同时一次性放入冷冻罐中。每一支细管精液的始冻温度本来是一致的，并由于是成批放入，所以减少了外界气温的影响，因而降温速度加快，能迅速地越过冰晶化危险温度区（-60~0℃）达到热平衡。但是细管冻精的生产是将精液分装入塑料细管中，并成批量放置在金属架成网盘等承载物体之上的，这样就大大增加了精液细管的总热容量，延缓了精液的降温温度，同时也导致热平衡温度的升高。

颗粒型精液冷冻温度曲线——颗粒型冻精生产是将精液陆续逐粒地滴在冷冻面（板）上，因此造成先后的精液颗粒之间的初冻温度出现差异，随着滴冻精液颗粒数量的增加，冷冻面的温度升高，先后滴冻精液颗粒的始冻温度也在不断地升高。由于冷冻面板质量及导热性能的差异，加之多是在外界气温环境下进行操作，因此精液的降温速度缓慢，通过冰晶化危险区的时间延长，热平衡温度也随之升高，很容易进入精液冰晶化的危险温度区内冷冻。目前国内使用聚四氟乙烯板冻制颗粒冻精效果好的原因，也就在于其绝热性能好，且有一定的厚度和质量，从而增加了热容量。因此陆续滴在经过预冷的这种冷冻板上的精液，不会因热传导而相互影响，就能较好地稳定保持原有的始冻温度，减少颗粒精液之间的初冻温度差异。在滴冻过程中还应注意提高滴冻速度，滴冻结束后冷冻容器须及时加盖，减少在外界气温下的暴露时间，以保持正常的冷冻温度曲线。

② 干冰冷冻精液法——干冰埋藏法：可分为颗粒型、细管、安瓿和袋装型冷冻精液法。

颗粒型精液冷冻法是将干冰置于木盒中，铺平压实，用模板在干冰上压孔，孔径 0.5cm、深度 2~3cm。用预冷滴管将经降温平衡至 5℃的精液，按定量（0.1mL 或 0.2mL）滴入干冰压孔内，然后用干冰封埋，经 2~4min 后，收集所有冻精颗粒装入灭菌纱布袋或小瓶内，放入液氮罐提筒或埋藏于干冰中贮存。

细管、安瓿和袋装型精液冷冻法是将分装的精液平铺于压实的干冰面上，并迅速用干冰覆盖，经 2~4min 后，将冻精移入液氮罐提筒或埋藏于干冰中贮存。

③ 液氮冷冻精液法——液氮熏蒸法：液氮熏蒸法制作冻精，主要靠调节与液氮面的距离和时间，来掌握控制降温速度。

颗粒型冷冻精液法是在装有液氮的广口保温瓶（或其他广口液氮容器）上，放置一块钢筛网或铝等金属薄板作为冷冻板，如果是采用聚四氟乙烯塑料凹板则冷冻效果更好，可事先将其浸泡在液氮中几分钟，然后用泡沫塑料垫底悬浮在液氮面上。冷冻板与液氮表面的距离保持在 0.5~1.5cm（最多不超过 3cm），并使其温度保持在-95℃以下。待冷冻板充分冷却后，用预冷后的玻璃滴管吸取经降温平衡后的精液，定量和连续不断地滴在冷冻板上或氟板的每个凹窝中。经 3~5min，待精液颗粒充分冻结，颜色变白发亮时，从冷冻板上轻轻铲下或翻倒氟板凹窝，收集分装于纱布袋或小瓶内，加上标签移入液氮罐提筒中贮存。用这种方法制作的颗粒冻精，解冻后精子活率往往不会一致，其主要原因是由于冷冻的温度变化不定，最初与最终温度差异过大所致。

细管型冷冻精液法，事先在大口径（80cm 以上）的冻精专用液氮罐中，灌入占罐腔 1/2 容量的液氮，调整罐中冷冻支架和液氮面的距离，使冷冻支架上的温度维持在-135~-130℃。先将精液细管平铺在梳齿状的冷冻屉上，注意彼此不得相互接触，然后把冷冻屉搁置于冷冻支架上，用液氮蒸气迅速降温，经 10~15min，使细管精液遵循一定的降温曲线。当温度降至-130℃以下并维持一定时间后，即可收集细管冻精装入液氮罐提筒置罐内贮存。更先进的细管精液冷冻方法，是使用控制液氮喷量的自动记温速冻器效果更好。

安瓿型冷冻精液法的基本操作与上述细管型冻精法相同，是将封好的精液安瓿置于一平面支架上，放入广口冷冻液氮中并保持与液氮面一定距离，熏蒸一定时间后使安瓿精液温度下降至-130～-120℃，并维持一定时间后即可收集浸入液氮罐中贮存。国外曾设计安瓿冻精专用设备，是将安瓿精液分散放置于冷冻容器中，冷冻容器底部有一风扇装置，可使冷冻容器内各处温度保持一致。冷冻容器一侧有一可调阀门和液氮封闭容器相连接，通过控制阀门的大小来调节通入冷冻容器中的液氮蒸气量，从而来控制冷冻容器温度的下降速度。

（6）冻精的库贮

① 质量检测：各种剂型成品冻精，每批需抽样 2～3 支细管，解冻后按照有关规定项目进行精液质量检测。不合格的冻精应予废弃，不可入库贮存。

② 分装：各种剂型的冻精须在液氮中计数分装。细管型冻精可每 10 支装入小塑料筒中，或按 50～100 支装入纱布袋中。颗粒型冻精可按一定数额分装于塑料盒、玻璃瓶或纱布袋等各种小容器内。安瓿型冻精则需包装在特制的安瓿卡或包装袋中。

③ 标记：冷冻精液的包装上，需明确标记公畜品种、编号、冻精生产日期以及冻精活率等质量指标，然后按照公畜品种及编号分类装入液氮罐提筒内，浸入液氮罐内贮存。不得使不同品种或编号公畜冻精混杂贮存。

④ 贮存：贮存冻精的液氮罐应放置在干燥、凉爽、通风和安全的专用室内。由专人负责保管，并每隔 5～7d 检查一次液氮容量，当只剩余液氮罐容量 2/3 的液氮时，即应及时补充；要经常检查液氮罐的状况，如发现罐体外壳有小水珠或盖塞挂霜，或发觉液氮消耗过快时，说明由于液氮罐部件破损使其保温性不佳，就应及时更换与修理。作长期贮存的冻精，每半年左右应抽样检测精子活率。如发现有异常情况则应随机抽检，以确保库贮冻精质量符合国家标准要求。

⑤ 分发、转移：冻精的分发或转移，应在 5L 广口液氮罐或其他容器内的液氮中进行。冻精一次离开液氮时间不得超过 5s。零星冻精取用，则贮精提筒不得超过液氮颈管的下沿，开罐时间一次 3～5s，最长也不得超过 10min。

⑥ 记载：每次入库、分发、转移、取用、耗损、废弃的冻精数量，均需及时记载，每月结算一次。

（7）冻精的解冻　冻精的解冻是使用冷冻精液的重要环节，因为解冻温度、解冻方法和解冻液的成分，都直接影响着解冻后精子的活力。

前文已述及冻精的解冻过程，如同冷冻过程一样，必须迅速通过精子冰晶化的危险温度区，才不致对精子细胞造成损伤。目前的解冻温度有低温冰水解冻（0～5℃）、温水解冻（30～40℃）和高温解冻（50～70℃）等。实践中以 30～40℃的解冻较为实用，因为比较安全、稳妥，解冻效果也较好。

实践中应用的解冻操作方法有 5 种：①将冻精放在如上所述不同温度的水里；②放在室温下自然融化；③握在手中或装在衣袋里依靠体温来解冻；④将冻精细管装在输精枪内直接输入生殖道，靠母牛阴道及子宫颈温度来解冻；⑤浸入 1～2℃的酒精内（只限于玻璃安瓿）。由于冻精剂型不同，解冻方法也有不同。

细管型、安瓿型和袋装精液，可将其直接投入 35～40℃温水中，待冻精融化一半时，立即取出备用。

颗粒型冻精有干解冻和湿解冻两种方法：干解冻是先将灭菌试管置于 35～40℃水中恒温后，投入牛冻精颗粒，摇动和搅拌至融化，同时加入 1mL 20～30℃的解冻液。湿解冻是先将 1mL 解冻液装入灭菌试管内，置 35～40℃水中恒温后，投入牛颗粒冻精，摇动至融化。相对而言，湿解冻由于已先加入解冻液升温，故可以加快颗粒冻精解冻的速度，解冻后精子活力较高。

颗粒冻精的解冻需要使用解冻液，同时也是精液再次稀释的过程。常用的配方如下。

牛用解冻液：①二水柠檬酸钠 2. 9g，加蒸馏水至 100mL；②葡萄糖 3g，二水柠檬酸钠 1. 4g，加蒸馏水至 100mL；③二水柠檬酸钠 1. 7g，蔗糖 1. 15g，碳酸氢钠 0. 09g，磷酸二氢钾 0. 325g，氨苯磺胺 0. 3g，加蒸馏水至 100mL。

绵羊用解冻液：①肌醇 210mmol，柠檬酸钠 40mmol，加蒸馏水至 100mL；②Tris 3. 634g，果糖 1g，二水柠檬酸钠 1. 99g，加蒸馏水至 100mL。

猪用解冻液：葡萄糖 3. 7g，二水柠檬酸钠 0. 6g，乙二胺四乙酸 0. 125g，碳酸氢钠 0. 125g，氧化钾 0. 075g，青霉素 1 万单位，链霉素 0. 1g，加蒸馏水至 100mL。

四、精液的运输

精液的运输是在保存的基础上进行的，充分发挥了公畜选优集中饲养和分散输精的优越性。随着精液有效保存时间的延长和某些大型人工授精和冷冻精液站的建立。通过运输可以使服务范围扩大到本县、本地区、本省乃至全国各地，冻精在国际间交流也早已开始。

精液在运输前要有较详细的说明和标记；对不同保存方法的精液在运输的过程中要保证温度要求，并提供适宜的冷源，还要避免剧烈振动和碰撞；对运送和贮存冷冻精液的液氮容器尤应注意保管。

课题七　输　精

一、输精前的准备

（1）母畜要保定，以利安全操作。

（2）输精人员的手掌和手臂、输精用的器械和用具、母畜的外阴部及其周围，都必须洗涤和消毒，以防母畜生殖道感染。

（3）低温和冷冻保存的精液要进行升温或解冻，精液要经活力检查，符合输精质量要求者（液态保存精液活力不低于0.6，冷冻保存精液活力不低于0.3）才能使用。然后按各种家畜的输精剂量标准，装入输精器中，用毛巾纱布盖好，以待使用。

常温或低温保存的精液要求缓慢升温到35℃左右。夏天可采取自然升温法，即将精液置于室内20~30min即可。冬季要采取先用冷水浸泡低温保存的精液，然后逐渐加入温水，使之缓慢升温到所需温度。

二、输精的基本技术要求

输精量和输入有效精子数与母畜的种类、母畜状况（体型大小、胎次、生理状态等）、精液保存方法、精液品质的好坏、输精部位以及输精人员技术水平高低等都有一定关系。例如猪、马、驴的输精数量大于牛、羊等其他家畜。体型大、经产、产后配种和子宫松弛或屡配不孕的母畜，应适当增加输精量；相反，对体型小、初次配种和当年空怀的母畜，可适当减少输精量。液态保存精液其输入有效精子数一般比冷冻精液多，而细管冷冻精液则又比安瓿或颗粒冷冻精液少一些。精液品质较差时输精量应适当增加，以保证输入的有效精子数达到规定标准。输精技术熟练者，往往可以使用较少的精液使母畜达到正常的受胎率。

适宜输精时间是根据各种母畜排卵时间，精子和卵子的运行速度和到达受精部位（输卵管壶腹部）的时间，以及它们可能保持受精能力的时间和精子在母畜生殖道内完成获能时间等综合决定的。总体说来，各种母畜都适宜在排卵前的4~6h进行输精，以便刚刚完成获能并已到达受精部位，生命力强的精子恰恰和排出不久的卵子相遇而受精。如果输精太早，等卵子到达受精部位时，精子已衰老或丧失受精能力甚至已死亡，从而降低受精能力；输精过迟时，即使精子具有很强的受精能力，但卵子排出时间已久而衰老，同样不能受精。尤其是使用冷冻精液输精更应注意适时授精，因为家畜精液经过冷冻后，其精子在母畜生殖道内可能存活的时间，无疑会比液态保存精液特别是比新鲜精液短。在生产实践中，常用发情鉴定来判定输精适宜时间；同时根据配种繁殖档案分析和向饲养员（畜主）的调查询问，来具体摸索和掌握各头母畜发情排卵规律和成功输精受胎的经验也是十分重要的。一般的经验是发现母牛早晨发情，当天下午或傍晚输精；下午发情的特别是傍晚发情的于次日早晨输精。母马多根据卵泡发育程度，采取“三期”酌配，“四期”和“五期”必输，排卵后灵活追补的办法；或者采用自发情后2~3d，隔日输精一次，直至发情结束。母猪是在发情高潮过后而仍接受“压背”试验时，或在发情开始后的第二天输精为宜。母羊可根据试情制度来解决输精适期：即每天试情一次，于发现发情当天和经半天各输精一次；每天试情两次时，可在发情开始后过半天输精一次，间隔半天再输精一次。

输精次数和间隔时间，是依据输精时间与母畜排卵时间的距离、精子在母畜生殖道内保持受精能力的时间长短而决定的。牛、羊、猪、兔等家畜常以外部观察法（牛、猪）或试情法（羊）来进行发情鉴定，不易确定排卵时间。因此，在一个发情期内采用两次输精为宜，以增加精卵相遇机会，可以提高受胎率，两次输精间隔8~10h（猪间隔12~18h）。马、驴输精次数，在判断排卵时间准确的情况下，即使输精一次也可，否则就要增加输精次数，其间隔时间为1~2d，但过多次数的输精是不必要的甚至是有害的，以致不仅本发情期内不易受胎，而且影响下次发情。

输精部位与受胎率有关。牛的子宫颈浅部输精比子宫颈深部输精受胎率低；猪、马、驴以子宫内输精为好，但采取子宫角内输精并不能提高受胎率；羊、兔只需在子宫颈内浅部输精（羊0.5~1.0cm）一般即可达到受胎目的，但绵羊冻精输精应尽量深些，如用手术子宫内输精或借助腹腔镜子宫角内输精，就可大大地提高冻精受胎率（与新鲜精液无显著差异），而且一次输入活精子数可以减少到1000万个。此外绵羊如果能利用螺旋式输精器输精，输入子宫颈深度在2cm以上，受胎率也可显著提高，但事实上只有部分母绵羊可以做到子宫颈深度输精。山羊的子宫颈结构不像绵羊那么多皱，因此可以实行深部输精。

三、各种家畜的输精方法

1. 母牛的输精

母牛的输精方法有如下2种。

（1）阴道开张器输精法　此法是用一手持涂抹有少量灭菌的润滑剂的阴道开张器，插入阴道将其张开，借助额灯等光源寻找子宫颈外口。然后用另一手将吸有精液的输精器的导管尖端小心插入子宫颈内1~2cm深处，徐徐注入精液，随后取出输精器，接着取出阴道开张器。为了防止母牛拱背而使精液倒流，可在输精时和输精后由助手用力按捏母牛背腰部，并稍待片刻后再将母牛缓步牵回牛舍。输精过程中如果母牛左右摆动不定，则应暂时中止操作，并立即将阴道开张器和输精器交由一手握住保定，使两者一起随着母牛一个方向摆动，以免输精器突然折断。等母牛安定后再继续输精。

此法能直接看到输精管插入子宫颈口内，适应于初学者。但操作烦琐，容易引起母牛骚动，易使阴道黏膜受伤，因输精部位浅，精液容易倒流，故受胎率较低。因此，目前已很少采用。

（2）直肠把握子宫颈输精法　简称直把输精法，也称深部输精法。右手将阴门撑开，左手将吸有精液的输精器，从阴门先倾斜向上插入阴道5~10cm，即通过阴道前庭避开尿道口后，再向前水平插入直抵子宫颈外口。随后右手伸入直肠，隔着直肠壁探明子宫颈位置，并将子宫颈半捏于手中，使子宫颈下部紧贴固定在骨盆腔底上。然后在两手协同配合下，使输精管导管尖端对准子宫颈外口，并边活动边向前插，当感觉穿过2~3个子宫颈内横行的月牙形皱褶时，即可徐徐注入精液。输精完毕后，先抽出输精器，然后抽出手臂。在输精过程中，输精器不可握得太死，应随牛的后躯摆动而摆动，以防折断输精器的导管。当输精器插入阴道和子宫颈时，要小心谨慎，不可用力过猛，以防黏膜损伤或穿孔。

由于此法将精液注入子宫颈深部，受胎率较高；用具较少，操作安全，阴道不易感染；母牛无痛感刺激，处女牛也可使用；但此法初学者较难掌握，在操作时要特别注意把握子宫颈的手掌位置，不能太靠前，也不能太靠后，否则都不易将输精管插入子宫颈的深部。

2. 母猪的输精

由于母猪阴道和子宫颈接合处无明显界限，因此，一般都采用输精管插入法（图3-44）。猪的输精器种类较多，一般包括一个输精管（橡皮胶管或塑料管）和一个注入器（注射器和塑料瓶）。

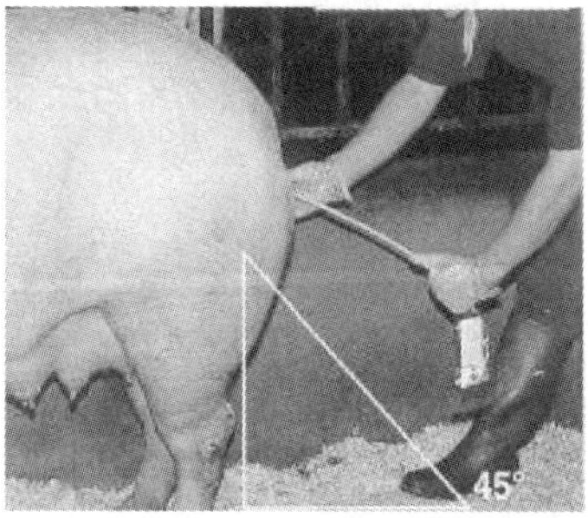

(1) 输精管与后肢呈45°

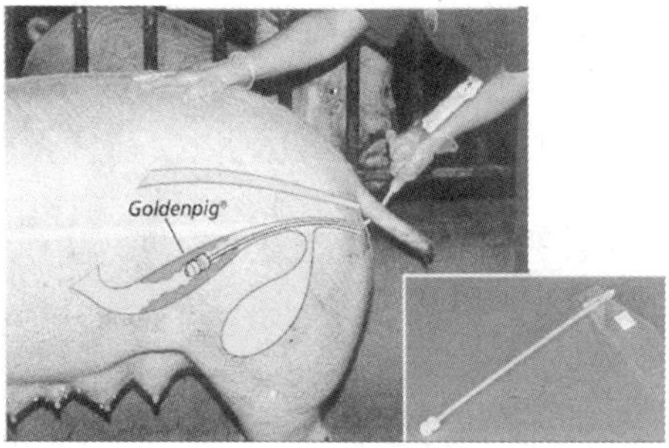

(2) Goldenpig黄色输精管的尖端

图3-44 母猪的输精

为了防止输精时精液的倒流，有些输精管的尖端，模仿公猪的阴茎头设计成螺旋状，有的则在输精管尖端带有一个充气环。

在输精时让母猪自由站立。将精液吸入注入器内，接上输精管，涂抹少量的灭菌润滑剂（或注入少量精液于母猪阴门处作润滑剂也可）。左手保定注射器，右手持输精管先沿阴道上壁插入，避开尿道口后即以水平方向，边左右旋转边向前推进，经抽送2~3次后，直至不能继续再前进为止，此时即已插入子宫内，然后向外拉出一点，缓缓注入精液。与此同时，如果轻轻捏摸母猪阴蒂，则可增加母猪快感，从而保持母猪安定，促使输精顺利进行。还可由畜主或饲养员按压母猪背腰部，以免母猪拱背，防止精液倒流。精液温度不要低于20~25℃，否则可能刺激子宫收缩造成精液倒流。若母猪走动，应暂停注入，待安抚母猪站稳后再继续输精。如遇精液倒流，也应暂停注入，并稍微挪动一下输精管位置以排除障碍，然后再继续输精。输精完毕后慢慢抽出输精管，按压母猪腰臀部并使母猪静待片刻，不可马上驱赶急行或引诱母猪前肢悬跨栏上，否则都易引起精液倒流。

项目小结

本项目介绍了公畜生殖器官结构及功能；采精前的准备；采精频率；精液品质检查的基本操作原则；精液品质检查项目；精液的稀释；精液的保存方法；输精前准备等。重点是精液的检查与输精。

技能考核项目

1. 现场边操作边口述：如何进行精液的外观检查？
2. 现场进行精液的实验室检查。
3. 输精前应做好哪些准备？如何对母猪进行输精？
4. 现场边操作边口述：牛的输精方法。

复习思考题

一、判断题

1. 精子在附睾中的运动比较活跃，因为附睾中有大量营养物质。 （ ）
2. 精子在精清中的存活时间比存附睾中的存活时间长。 （ ）
3. 渗透压直接影响精子形态，高渗透压使精子水肿。 （ ）
4. 在马、牛、羊、猪四种家畜中，猪的精液量最大。 （ ）
5. 在精液的稀释过程中，将精液缓慢倒入稀释液。 （ ）
6. 因为精子对温度变化十分敏感，所以在稀释精液时，要把精液温度调节到与稀释液温度相同。 （ ）

二、简答题

1. 如何确定猪、牛、羊的输精时间？
2. 人工授精的意义是什么？
3. 试述外界环境对精子的影响。
4. 如何进行母猪的输精？

项目五 妊娠诊断

知识目标

了解精、卵在受精前的准备、胚胎发育及附植的过程；明确精子在母畜生殖道内的运行过程、精子获能的意义和胎儿胎盘与母体胎盘间的关系；熟悉精、卵受精过程。

技能目标

掌握各种家畜早期妊娠诊断的方法。

链接

家畜解剖学、动物生理学、组织胚胎学。

拓展

胚胎分割技术、克隆技术等。

母畜妊娠后，由于胎儿、胎盘及黄体的存在，使母畜整个机体发生形态、功能的变化，这些变化成为妊娠诊断的依据。

课题一 受精生理

受精是指两性配子（精、卵）结合，形成新的合子的生理过程。在这个过程中，配子经历一系列严格有序的变化，使单倍体的雌、雄生殖细胞共同构成双倍体的合子。受精的实质是把父本精子的遗传物质引入母本的卵子内，使双方的遗传性状在新的生命中得以表现，促进物种的进化和家畜品质的提高。

一、配子的运行

配子的运行是指精子由射精部位（或输精部位）、卵子由排出的部位到达受精部位的过程。精子运行的路径比卵子更长、更复杂。在自然交配时，家畜的射精部位一般可分为阴道射精型和子宫射精型两种类型，牛、羊属于阴道射精型，射精时公畜只能将精液射入母畜的阴道内；而猪、马等动物属于子宫射精型，射精时公畜可将精液射入母畜的子宫颈和子宫体内。

1. 精子的运行

以牛、羊为例，射精后精子在母畜生殖道的运行主要通过子宫颈、子宫和输卵管三个主要的部分，最后到达受精部位（输卵管壶腹部）。

（1）精子在子宫颈内的运行　处于发情阶段的牛、羊子宫颈黏膜上皮细胞具有旺盛的分泌作用，在射精后，一部分精子借自身运动和黏液向前流动进入子宫；另一部分随黏液的流动进入子宫颈黏膜形成的腺窝，暂时贮存，贮存的活精子随子宫颈的收缩相继被拥入子宫或进入下一个腺窝，而死精子被排出或被白细胞吞噬而清除。

子宫颈对精子的第一次筛选，既保证了运动和受精能力强的精子进入子宫，又防止过多的精子同时进入子宫。因此，子宫颈称为精子运行中的第一道栅栏。

（2）精子在子宫内的运行　穿过子宫颈的精子在阴道和子宫肌收缩活动的作用下进入子宫。大部分精子进入子宫内膜腺，形成精子贮库。精子在子宫肌和输卵管系膜的收缩、子宫液的流动以及精子自身运动综合作用下通过子宫，进入输卵管。一些死精子和活动能力差的精子被吞噬，使精子又一次得到筛选。精子自子宫角尖端进入输卵管时，由于输卵管平滑肌的收缩和管腔的狭窄，使大量精子滞留于该部，并不断向输卵管释放。因此，宫管连接部称为精子运行的第二道栅栏。

（3）精子在输卵管中的运行　进入输卵管的精子，靠输卵管的收缩、黏膜皱襞及输卵管系膜的复合收缩，以及管壁上皮纤毛摆动引起的液流的运动继续前行。在壶峡连接部精子因峡部括约肌的有力收缩被暂时阻挡，壶峡连接部称为精子运行的第三道栅栏，限制更多的精子进入输卵管壶腹部，在一定程度上防止卵子发生多精受精。

各种动物的射精量、精子总数和精子运行情况见表3-9。精子在母畜生殖道内存活时间为1~2d，牛为15~56h，猪为50h，羊为48h，马的时间最长可达6d。维持受精能力的时间比存活时间要短些，牛28h，猪24h，绵羊30~36h，马5~6d，犬2d。精子在母畜生殖道内存活和保持受精能力时间的长短，不仅与精子本身的生存能力，也与母畜生殖道的生理状况有关。

各种家畜在交配时射入母畜阴道或子宫的精子常达几十亿，但只有极少数的精子到达输卵管壶腹部，一般不超过1000个，大多数的精子在运行的途中死于子宫颈、宫管连接部和壶峡连接部。

表 3-9　　各种动物的射精量、精子总数和精子运行情况

种别	射精量/mL	一次射的精子总数/百万	射精部位	射精到输卵管出现精子的时间/min	到达受精部位的精子数/个
猪	100~300	40000	宫颈、子宫	15~30	1000
牛	3~8	7000	阴道	2~13	很少
马	50~150	10000	宫颈、子宫	24	—
绵羊	0.8~1	3000	阴道	6	600~700
兔	1	700	阴道	数分钟	250~500
犬	10	—	子宫	数分钟	50~100
猫	0.1~0.3	—	阴道、宫颈	—	40~120
小鼠	>0.1	50	子宫	15	<100
大鼠	>0.1	—	子宫	15~30	50~100
仓鼠	0.1	58	子宫	2~60	很少
豚鼠	0.15	80	子宫	15	25~50

2. 卵子的运行

（1）卵子的接纳　当母畜临近排卵时，在雌激素的作用下，输卵管伞充血而撑开呈伞状，并靠输卵管系膜肌肉的收缩作用紧贴于卵巢的表面，同时，卵巢固有韧带的收缩使卵巢围绕自身纵轴缓慢旋转，从而便于输卵管接纳排出的卵子。输卵管伞黏膜上摆动的纤毛形成液流，使卵子进入输卵管伞的喇叭口。

猪、马和犬等家畜的伞部发达，卵子易被接受，但牛、羊因伞部不能完全包围卵巢，借助纤毛向输卵管摆动而形成的液流将落入腹腔的卵子吸入输卵管。

（2）卵子运行的过程　卵子（或受精卵）在输卵管的运行是在管壁平滑肌和纤毛的协同作用下实现的。被输卵管伞接纳的卵子，借助输卵管管壁纤毛摆动和肌肉活动进入壶腹的下端，在这里和已运行到此处的精子相遇完成受精过程。排出的卵子被卵泡细胞形成的放射冠所包围，在运行的过程中，某些畜种的放射冠会逐渐脱落或退化，使卵子（卵母细胞）裸露。牛和绵羊的放射冠一般在排卵后几个小时退化，而猪、马和兔则晚些。

多数家畜的受精卵在壶峡连接部停留的时间较长，可达 2d 左右。这可能是防止受精卵过早进入子宫的一种生理保护作用。

随着输卵管逆向蠕动的减弱和正向蠕动的加强，以及肌肉的放松，受精卵运行至宫管连接部并在此短暂滞留，当该部的括约肌放松时，受精卵和输卵管分泌液迅速流入子宫。

卵子在输卵管全程的运行时间因不同家畜而异，一般为3~6d，牛约90h，绵羊约72h，猪约50h，马约120h。

（3）卵子保持受精能力的时间　排出的卵子保持受精能力的时间比精子要短，其受精能力的消失有一个过程。各种家畜的卵子在输卵管内保持受精能力的时间见表3-10。

表3-10　卵子在输卵管内保持受精能力的时间　单位：h

种类	牛	猪	绵羊	马	兔	犬	豚鼠	大鼠	小鼠
时间	18~20	8~12	12~16	4~20	6~8	4.5d	20	12	6~15

卵子在输卵管壶腹部才有正常的受精能力，如果卵子排出后进入受精部位但未能及时与精子相遇并受精，那么卵子将很快老化，其表现为细胞核的固缩，细胞变形，最后被白细胞吞噬。因此，配种或人工授精一定要在排卵前的适宜时间进行。因某些特殊情况落入腹腔的卵子多数退化，极少数造成子宫外孕的现象。

二、配子在受精前的准备

受精前，精子和卵子都要经历一个进一步生理成熟的阶段，才能顺利完成受精过程，并为受精卵的发育奠定基础，这就是配子在受精前的准备。

1. 精子获能

精子在受精之前必须先在子宫或输卵管内经历一段时间，并发生一系列生理性、功能性变化，才具有与卵母细胞受精的能力，这种现象称为精子获能。经过获能，精子的游动能力和呼吸强度都提高，这是受精所必需的。一般认为，精子获能的主要意义在于使精子为顶体反应做好准备，促进精子穿越透明带。

（1）精子获能的部位及时间　精子获能部位主要是子宫和输卵管（图3-45）。不同动物精子在雌性生殖道内开始和完成获能过程的部位不同。子宫型射精的动物，精子获能开始于子宫，但在输卵管最后完成；阴道型射精的动物，精子获能始于阴道，当子宫颈开放时，流入阴道的子宫液可使精子获能，但获能最有效的部位是子宫和输卵管。各种动物精子获能时间有明显的差别，见表3-11。

表3-11　不同动物精子获能时间

动物种类	获能时间/h	动物种类	获能时间/h
牛	3~4（20）	小鼠	1~2（<1）
猪	3~6	大鼠	2~3
绵羊	1.5	仓鼠	2~4
兔	5	豚鼠	4~6
犬	7	猴	5~6

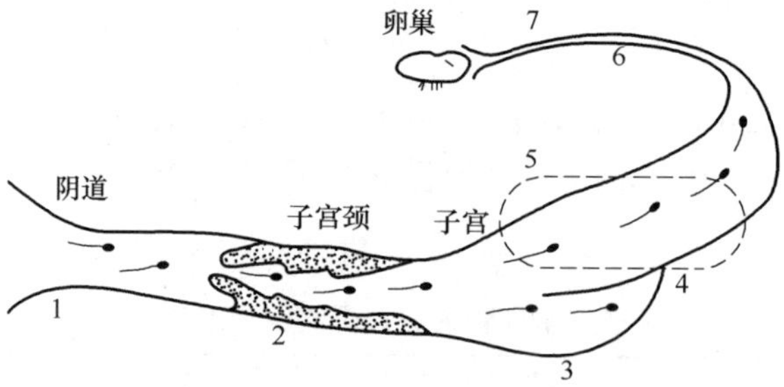

1—射精（射出精子含高水平的胆固醇、氨基多糖等） 2—子宫颈黏液（去除精清和不活动的精子）
3—子宫分泌物（在雌激素较高时，子宫分泌物有助于去除精子表面各种成分）
4—获能（去除精子表面胆固醇、氨基多糖和其他成分） 5—去能（如将精子重新在精液中孵育，则又恢复其表面覆盖物） 6—输卵管（精子在输卵管峡部贮存） 7—在钙离子存在条件下，低水平的胆固醇和氨基多糖，为顶体反应提供适宜环境

图 3-45 精子在母畜生殖道内运行时发生的与精子获能有关的生理现象

（2）去能和再获能 动物精液中存在一种抗受精的物质，称为去能因子。它来源于精清，可抑制精子的获能，稳定顶体，与精子结合后可抑制顶体水解酶的释放，因此，也称为“顶体稳定因子”。经获能的精子若重新放入动物的精清中，会失去受精能力，这一过程称为去能。而经去能处理的精子，在子宫和输卵管孵育后，又可获能，称为再获能。由此可见，获能的实质就是使精子去掉去能因子或使去能因子失活的过程。

2. 精子的顶体反应

精子获能之后，在受精部位与卵子相遇，顶体开始膨大，精子质膜和顶体外膜开始融合，使精子顶体形成泡状结构，通过空泡间隙释放出透明质酸酶、放射冠穿透酶和顶体酶等，可溶解卵丘、放射冠、透明带等，这一过程称顶体反应。

精子获能和顶体反应对于解除对精子顶体酶类的抑制、释放，打通精子入卵的通道以及促进精子与卵子质膜的融合都具有重要的作用。

3. 卵子在受精前的准备

未通过输卵管的卵子即使与获能精子相遇也不能受精。卵母细胞在运行到输卵管受精部位的过程中，可能发生了某种类似精子获能的生理变化而获得与精子结合的能力。对于家畜来说，猪和羊排出的卵子为刚刚完成第一次成熟分裂的次级卵母细胞；马和犬排出的卵子仅为初级卵母细胞，尚未完成第一次成熟分裂。它们都需要在输卵管内进一步成熟，达到第二次成熟分裂的中期，才具备被精子穿透的能力。小鼠的卵子也有类似的情况。

卵子在减数第二次分裂中期，等待精子入卵，入卵后激活卵子完成第二次成熟分裂，放出第二极体。

三、受精过程

受精过程主要包括以下几个步骤：精子穿越放射冠（卵丘细胞）；精子接触并穿越透明带；精子与卵子质膜的融合；雌雄原核的形成；配子配合和合子的形成等。

1. 精子穿过放射冠

卵子周围被放射冠细胞包围，这些细胞以胶样基质粘连；精子发生顶体反应后，可释放透明质酸酶，溶解胶样基质，使精子顺利地通过放射冠细胞而到达透明带的表面。

对于啮齿类动物在受精前放射冠的存在可能对刺激精子的活力和增加精卵结合的机会有一定作用。但对于大多数家畜（特别是牛）来说，放射冠在排卵后 3~4h 即被顶体释放的酶解散、消失；而马的卵排出后即无放射冠，称为裸卵。因此，在这种情况下，精子可与透明带直接接触。

2. 精子穿越透明带

当精子与透明带接触后，有短期附着和结合过程，有人认为这段时间前顶体素转变为顶体酶，精子与透明带结合具有特异性，在透明带上有精子受体，保证种的延续，避免种间远缘杂交，顶体酶将透明带溶出一条通道，精子借自身的运动穿过透明带。

当精子接触卵黄膜，会激活卵子，同时卵黄膜发生收缩，释放一种物质（皮质颗粒），迅速传播至卵黄膜表面，扩散到卵黄周隙，引起透明带阻滞后来的精子再进入透明带，这一变化称为透明带反应。

迅速而有效的透明带反应是防止多个精子进入透明带，进而引起多精子入卵的屏障之一。兔的卵子无透明带反应，可在透明带内发现许多精子，称补充精子。猪的透明带反应不迅速，有补充精子进入透明带。其他家畜的透明带内极少见到补充精子，这反映了透明带反应的种间差异。

多种动物的精子在穿越透明带时，其头部以斜向或垂直方向穿入。通常精子附着于透明带后 5~15min 穿过透明带，留下一条狭长的孔道。

3. 精子穿过卵黄膜

精子头部接触卵黄膜表面，卵黄膜的微绒毛抓住精子头，然后精子质膜与卵黄膜相互融合形成统一膜覆盖于卵子和精子的外部表面，精子带着尾部一起进入卵黄。

当精子进入卵黄膜时，卵黄膜立即发生一种变化，具体表现为卵黄紧缩、卵黄膜增厚，并排出部分液体进入卵黄周隙，这种变化称为卵黄膜反应。具有阻止多精子入卵的作用，又称为卵黄膜封闭作用，可看作在受精过程中防止多精入卵的第二道屏障，对某些动物如兔来说十分重要。鸟类的多精入卵比较普遍，而哺乳动物只占1%~2%。

4. 原核形成

精子入卵后，引起卵黄膜紧缩，并排出少量液体至卵黄周隙；精子头部膨大，尾部脱落，细胞核出现核仁，核仁增大，并相互融合，最后形成一个比原精细胞核大的雄原核；由于精子入卵刺激，使卵子恢复第二次成熟分裂，排出第二极体，卵子核膜、核仁出现，形成雌原核。雌、雄原核同时发育，数小时内体积增大约20倍。除猪外，其他家畜的雌原核都略小于雄原核。

5. 配子配合

两原核形成后，雌、雄原核相向往中心移动，彼此靠近，原核相接触部位相互交错，松散的染色质高度卷曲成致密染色体。两核膜破裂，染色体合并形成二倍体的核，随后染色体对等排列在赤道部，出现纺锤体，达到第一次卵裂的中期。受精至此结束，受精卵的性别也取决于参与受精的精子性染色体。

哺乳动物的正常受精均为单精子受精，形成的合子发育成正常的新个体。异常受精占2%~3%，其中以多精受精、单核发育和双雌核发育较为多见。

多精受精可能是由于两个或两个以上的精子几乎同时与卵子接近并穿入卵内造成的，往往与卵子阻止多精子入卵功能不完善有关。在畜牧生产实践中，母畜配种和输精延迟都可能引起多精受精。单核发育指在受精开始时是正常的，但受精后如有一方的原核未能形成，即造成单倍体。双雌核是由于卵母细胞某一次减数分裂时，未排出极体所致，如此形成有3个原核的三倍体。双雌核受精多见于猪，母猪发情开始后36h以后配种，则20%以上的卵子是双雄核。多倍体和单倍体胚胎均不能正常发育，在发育早期死亡。

课题二　妊娠生理

妊娠又称怀孕，是指受精卵第一次卵裂到胎儿成熟娩出的时期。整个过程，可分为胚胎早期发育期、胚胎附植期和胎膜、胎盘期。在妊娠早期对母畜进行妊娠诊断，对保胎防流、减少空怀、提高母畜繁殖力具有重要意义。

一、胚胎的早期发育和附植

1. 胚胎的早期发育

从受精卵第一次卵裂到原肠胚形成的过程称为胚胎早期发育，受精卵形成后即进行有丝分裂，因此，胚胎的早期发育在输卵管内就开始了。受精卵的发育及其进入子宫的时间有明显的种间差异（表3-12）。

表 3-12　　各种动物受精卵发育及进入子宫的时间

动物种类	受精卵发育时间/h					进入子宫时间	
	2 细胞	4 细胞	8 细胞	16 细胞	桑葚胚	时间/h	发生阶段
小鼠	24~38	38~50	50~60	60~70	68~80	3	桑葚胚
大鼠	37~61	57~85	64~87	84~92	96~120	4	桑葚胚
豚鼠	30~35	30~75	80	—	100~115	3.5	8 细胞期
兔	24~26	26~32	32~40	40~48	50~68	3	桑葚胚
猫	40~50	76~90	—	90~96	<150	4~8	桑葚胚
犬	96	—	144	196	204~216	8.5~9	桑葚胚
山羊	24~48	48~60	72	72~96	96~120	4	10~16 细胞期
绵羊	36~38	42	48	67~72	96	3~4	16 细胞期
猪	21~51	51~66	66~72	90~110	110~114	2~2.5	4~6 细胞期
马	24	30~36	50~60	72	98~106	6	桑葚胚
牛	27~42	44~65	46~90	96~120	120~144	4~5	8~16 细胞期

注：马、牛、犬为排卵后时间，其他动物为交配后时间。

根据形态特征可将早期胚胎的发育分为以下几个阶段（图 3-46）。

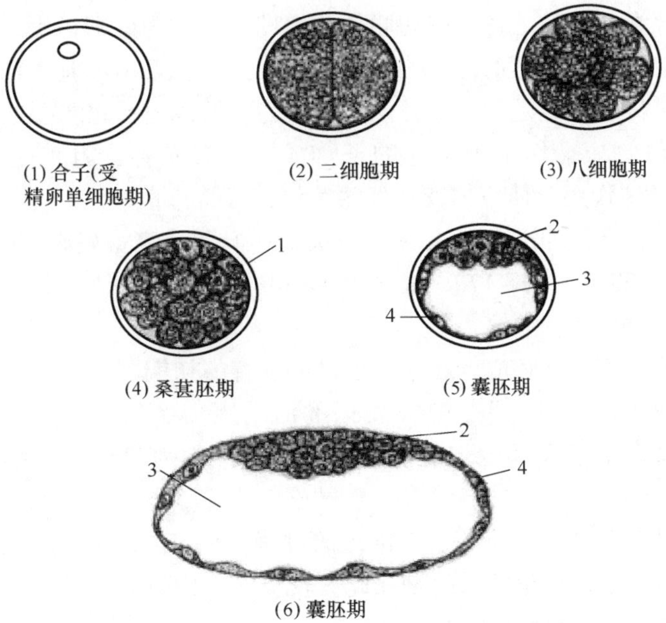

1—透明带　2—内细胞团　3—囊胚腔　4—滋养层

图 3-46　牛、猪早期胚胎的发育

（1）桑葚胚　卵子受精后，受精卵在透明带内开始进行细胞分裂，称卵裂。当卵裂细胞数达到16~32个时，卵裂球在透明带内形成致密的细胞团，形似桑葚，故称桑葚胚。

（2）囊胚　桑葚胚形成后，卵裂球分泌的液体在细胞间隙积聚，最后在胚胎的中央形成一充满液体的腔——囊胚腔。随着囊胚腔的扩大，多数细胞被挤在腔的一端，称为内细胞团，将来发育成胎儿；而另一部分细胞构成囊胚腔的壁，称为滋养层，以后发育为胎膜和胎盘。在滋养层和内细胞团之间出现囊胚腔。这一发育阶段称为囊胚 。

（3）原肠胚　囊胚进一步发育，出现两种变化：①内细胞团外面的滋养层退化，内细胞团裸露，成为胚盘；②在胚盘的下方衍生出内胚层，它沿着滋养层的内壁延伸、扩展，衬附在滋养层的内壁上，这时的胚胎称为原肠胚（gastrula）。在内胚层的发生中，除绵羊是由内细胞团分离出来外，其他家畜均由滋养层发育而来。

原肠胚进一步发育，在滋养层（也即外胚层）和内胚层之间出现中胚层；中胚层进一步分化为体壁中胚层和脏壁中胚层，两个中胚层之间的腔隙，构成以后的体腔。

三个胚层的建立和形成，为胎膜和胎体各类器官的分化奠定了基础。

2. 妊娠的识别

卵子受精后至附植之前，早期胚胎产生激素信号，传给母体，母体产生相应反应，识别胎儿存在，并与之建立密切联系的生理过程称为妊娠识别。要保证妊娠的维持，必须要使周期黄体不退化来分泌孕酮，维持子宫环境的基本稳定，虽然在妊娠建立时，神经传递可能是重要的，但目前认为胚胎本身是最重要的因素。胚胎产生某种抗溶黄体物质，作用于母体的子宫或（和）黄体，阻止或抵消前列腺素（$PGF_{2\alpha}$）的溶黄体作用，使黄体变为妊娠黄体，维持母畜妊娠。

妊娠识别后，母畜即进入妊娠的生理状态。但各种家畜妊娠识别的时间不同。猪为配种后10~12d、牛16~17d、绵羊12~13d、马14~16d。

3. 胚泡的附植

囊胚阶段的胚胎又称胚泡。胚泡在子宫内发育的初期阶段是处在一种游离的状态，由于胚泡的体积不断变大，在子宫内的活动逐步受到限制，位置渐渐固定下来，与子宫内膜发生组织及生理的联系。这一过程称为附植，也称附着、植入或着床。

（1）附植的时间　胚泡附植是个渐进的过程，在游离期之后，胚泡与子宫内膜即开始疏松附植；紧密附植的时间是在此后较长的一段时间，且有明显的种间差异（表3-13），最终以胎盘建立告终。

表 3-13　胚泡附植的进程（以排卵后的天数计算）　单位：d

畜种	妊娠识别	疏松附植	紧密附植
猪	10~12	12~13	25~26
牛	16~17	28~32	40~45
绵羊	12~13	14~16	28~35
马	14~16	35~40	95~105

（摘自张忠诚，《家畜繁殖学》，2006）

胚泡附植后，胎盘系统逐渐形成，胎儿与母体通过胎盘进行营养及代谢物质的交换。掌握完成附植的时间，对加强孕畜饲养管理及防流保胎是很重要的。

（2）附植的部位　胚泡在子宫内附植时，通常都是寻找最有利于胚胎发育的位置即子宫血管稠密的地方；如有两个以上的胚泡附植，胚泡间有适当的距离，防止拥挤，一般是位于子宫系膜对侧。多胎动物可通过子宫内迁作用均匀分布在两侧子宫角；牛、羊单胎时，常在子宫角下 1/3，双胎时则均分于两侧子宫角；马单胎时，常迁至对侧子宫角，而产后第一次发情配种受胎时，胚泡常在上次妊娠空角的基部附植。猪由于排卵较多，胚泡多趋于平均分布在两个子宫角内。

二、胎膜和胎盘

1. 胎膜

胎膜是胎儿的附属膜，是卵黄囊、羊膜、尿膜、绒毛膜和脐带的总称。胎囊是指由胎膜形成的包围胎儿的囊腔，一般指卵黄囊、羊膜囊和尿囊（图 3-47）。胎膜的作用是与母体子宫黏膜交换养分、气体及代谢产物，对胎儿的发育极为重要。在胎儿出生后，即被摒弃，所以是一个暂时性器官。

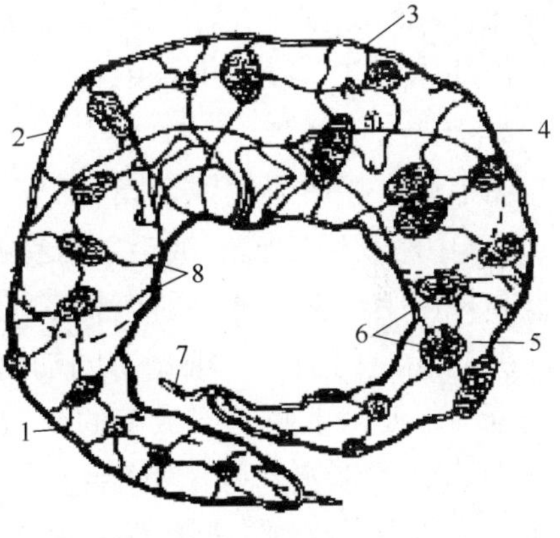

1—绒毛膜尿膜　2—绒毛膜　3—羊膜绒毛膜
4—羊膜腔　5—尿囊腔　6—子叶
7—坏死端　8—尿囊血管

图 3-47　牛的胎膜和胎囊

（1）卵黄囊　在哺乳动物，卵黄囊由胚胎发育早期的囊胚腔形成。是胚胎发育初期从子宫中吸收养分和排出废物的原始胎盘，一旦尿膜出现，其功能即为后者替代。随着胚胎的发育，卵黄囊逐渐萎缩，最后埋藏在脐带里，成为无功能的残留组织，称为脐囊，这在马中较为明显。

（2）羊膜　羊膜是包裹在胎儿外的最内一层膜，由胚胎外胚层和无血管的中胚层形成。在胚胎和羊膜之间有一充满液体的腔，称为羊膜腔。羊膜腔内充满羊水，能保护胚胎免受震荡和压力的损伤，同时，还为胚胎提供了向各方面自由生长的条件。羊膜能自动收缩，使处于羊水中的胚胎呈摇动状态，从而促进胚胎的血液循环。

（3）尿膜　尿膜是构成尿囊的薄膜。尿囊通过脐带中的脐尿管与胎儿膀胱相连。尿囊中存有尿水，其功能相当于胚体外临时膀胱，并对胎儿的发育起缓冲保护作用。当卵黄囊失去功能后，尿膜上的血管分布于绒毛膜，成为胎盘的内层组织。随着尿液的增加，尿囊也增大，在奇蹄类，尿膜分为内外两层。内层与羊膜黏合在一起，称为尿膜羊膜；外层与绒毛膜黏合在一起，称为尿膜绒毛膜。牛、羊、猪的尿囊在胎儿的腹侧和两侧包围羊膜囊；马、驴、兔的尿囊则包围整个羊膜囊。

（4）绒毛膜　绒毛膜是胚胎最外层膜，它包围尿囊、羊膜囊和胎儿。绒毛膜表面分布有大量弥散型（马、驴、猪）或子叶型（牛、羊）的绒毛，富含血管网，并与母体子宫内膜相结合，构成胎儿胎盘。除马的绒毛膜不和羊膜接触外，其他家畜的绒毛膜均有部分与羊膜接触。绒毛膜表面绒毛分布家畜间有不同。绒毛膜的整个形状，家畜间也不同。马的绒毛膜填充整个子宫腔，因而发育成两角一体。反刍动物形成双角的盲囊，孕角较为发达。猪的绒毛膜呈圆筒状，两端萎缩成为憩室。

（5）脐带　脐带是胎儿和胎盘联系的纽带，被覆羊膜和尿膜，其中有两支脐动脉，一支脐静脉（反刍动物有两支），有卵黄囊的残迹和脐尿管。脐动脉含胎儿的静脉血，而脐静脉则是来自胎盘，富含氧和其他成分，脐带随胚胎的发育逐渐变长，使胚体可在羊膜腔中自由移动。

2. 胎盘

胎盘通常指由尿膜绒毛膜和子宫黏膜发生联系所形成的一种暂时性的“组织器官”。其中尿膜绒毛膜的绒毛部分为胎儿胎盘，而子宫黏膜部分为母体胎盘。胎儿胎盘和母体胎盘都有各自的血管系统，并通过胎盘进行物质交换。

（1）胎盘的类型　根据不同动物母体子宫黏膜和胎儿尿膜绒毛膜的结构和融合的程度，以及绒毛膜表面绒毛的分布状态，一般将胎盘分为下面四种类型。

① 弥散型胎盘：弥散型胎盘是动物中比较广泛的一种胎盘类型，猪、马和骆驼为此类胎盘。这种类型的胎盘绒毛膜的绒毛均匀地分布在整个绒毛表面，与绒毛相对应的子宫黏膜上形成陷窝，绒毛即插在陷窝中。弥散型胎盘结构简单，绒毛容易从陷窝中脱出。因此，分娩时胎儿胎盘和母体胎盘分离较快，很少出现胎衣不下，但胎儿和母体胎盘结合不甚牢固，易发生流产。

② 子叶型胎盘：子叶型胎盘以牛、羊等反刍动物为代表。胎儿尿膜绒毛膜的绒毛集中形成许多绒毛丛，呈盘状或杯状突起，称胎儿子叶；母体子宫内膜上对应分布有子宫阜（母体子叶）。胎儿子叶上的许多绒毛，嵌入母体子叶的许多凹下的腺窝中，称子叶型胎盘。

这种胎盘结构复杂，母仔联系紧密，分娩时不易发生窒息。牛的子宫阜是凸出的饼状物，分娩时胎儿胎盘和母体胎盘分离较慢，多出现出现胎衣不下；而绵羊和山羊的子宫阜是凹陷的，分娩时胎衣容易排出。牛、羊的绒毛和子宫结缔组织相结合，因此，在分娩过程中，当胎儿胎盘脱落时常会带下少量子宫黏膜结缔组织，并有出血现象，又称半蜕膜胎盘。

③ 带状胎盘：带状胎盘以犬、猫等肉食类为代表，其特征是绒毛膜上的绒毛聚集在一起形成一宽带（宽 2.5~7.5cm），环绕在卵圆形的尿膜绒毛膜囊的中部，子宫内膜也形成相应的母体带状胎盘。由于绒毛膜上的绒毛直接与母体胎盘的结缔组织相接触，分娩过程中，会造成母体胎盘组织脱落、血管破裂出血，又称半蜕膜胎盘。

④ 盘状胎盘：盘状胎盘以啮齿类和灵长类（包括人）为代表，胎盘呈圆形或椭圆形。绒毛膜上的绒毛在发育过程中逐渐集中，局限于一圆形区域，绒毛直接侵入子宫黏膜下方血窦内。因此，又称血绒毛型胎盘。分娩会造成子宫黏膜脱落、出血，也称蜕膜胎盘。

（2）胎盘的功能　胎盘是一个功能复杂的器官，具有物质运输、合成与分解代谢及分泌激素等多种功能，是胎儿防御的屏障。

① 胎盘的运输功能：根据物质的性质及胎儿的需要，胎盘采取不同的运输方式。a. 单纯弥散。物质自高分子浓度区移向低浓度区，直到两方取得平衡。如二氧化碳、氧、水、电解质等都是以此方式运输的。b. 加速弥散。某些物质的运输率，如以分子质量计算，超过单纯弥散所能达到的速度。细胞膜上特异性的载体，与一定的物质结合，以极快的速度，将结合物从膜的一侧带到另一侧。如葡萄糖、氨基酸及大部分水溶性维生素以加速弥散的方式运输。c. 主动运输。胎儿方面的某些物质浓度较母体高，该物质仍能由母体运向胎儿方面，是因为胎盘细胞内酶的功能作用，才能使该物质穿越胎盘膜，如氨基酸、无机磷酸盐、血清铁钙及维生素等就是这样运输的。d. 胞饮作用。极少量的大分子物质，如免疫活性物质及免疫过程中极为重要的球蛋白借这一作用而通过胎盘。

② 胎盘的代谢功能：胎盘组织内酶系统极为丰富，所有已知的酶类，在胎盘中均有发现。因此，胎盘组织具有高度生化活性，具有广泛的合成及分解代谢功能。胎盘能以乙酸或丙酮酸合成脂肪酸，以乙酸盐合成胆固醇，也能从简单的基础物质合成核酸及蛋白质，并具有葡萄糖、戊糖磷酸盐、三羧酸循环及电子转移系统。所有这些功能对胎盘的物质交换及激素合成功能无疑都很重要。

③ 胎盘的内分泌功能：胎盘像黄体一样也是一种暂时性的内分泌器官。既能合成蛋白质激素如孕马血清促性腺激素、胎盘促乳素，又能合成类固醇激素。这些激素合成释放到胎儿和母体循环中，其中一些进入羊水被母体或胎儿重吸收，在维持妊娠和胚胎发育中起调节作用。

④ 胎盘屏障：胎儿为自身生长发育的需要，既要同母体进行物质交换，又要保持自身内环境同母体内环境的差异，胎盘的特殊结构是实现这种矛盾对立生理作

用的保障，称为胎盘屏障。在这一屏障的作用下，尽管许多物质可以进入和通过胎盘，但是具有严格的选择性。有些物质不经改变就可经过胎盘在母体血液和胎儿血液之间进行物质交换；有些则必须在胎盘分解成比较简单的物质才能进入胎儿血液；还有些物质，尤其是有害物质，通常不能通过胎盘。

三、妊娠的维持和妊娠母畜的变化

1. 妊娠的维持

在维持母畜妊娠的过程中，孕酮和雌激素起着重要的作用。排卵前后，雌激素和孕酮含量的变化，是子宫内膜增生、胚泡附植的主要动因。而在整个妊娠期内，孕酮对妊娠的维持则体现了多方面的作用：①抑制雌激素和催产素对子宫肌的收缩作用，使胎儿的发育处于平静而稳定的环境；②促进子宫颈栓体的形成，防止妊娠期间异物和病原微生物侵入子宫、危及胎儿；③抑制垂体 FSH 的分泌和释放，抑制卵巢上卵泡发育和母畜发情；④妊娠后期孕酮水平的下降有利于分娩的发动。

雌激素和孕酮的协同作用可改变子宫基质，增强子宫的弹性，促进子宫肌和胶原纤维的增长，以适应胎儿、胎膜和羊水增长对空间扩张的需求；此外还可刺激和维持子宫内膜血管的发育，为子宫和胎儿的发育提供营养来源。

2. 妊娠母畜的主要生理变化

（1）生殖器官的变化

① 卵巢：有妊娠黄体存在，其体积比周期黄体略大，质地较硬。妊娠黄体持续存在于整个妊娠期，分泌孕酮，维持妊娠。妊娠早期，卵巢偶有卵泡发育，致使孕后发情，但多不能排卵而退化，闭锁。马属动物的妊娠黄体在妊娠的 160d 左右便开始退化，到 7 个月时仅留痕迹，以后靠胎盘分泌的孕酮维持妊娠。

② 子宫：随着妊娠期的进展，胎儿逐渐增大，子宫也通过增生、生长和扩展的方式以适应胎儿生长的需要，同时子宫肌层保持着相对静止和平稳的状态，以防胎儿的过早排出。

附植前，在孕酮的作用下子宫内膜增生，血管增加，子宫腺增长、卷曲、白细胞浸润；附植后，子宫肌层肥大，结缔组织基质广泛增生，纤维和胶原含量增加。子宫扩展期间，自身生长减慢，胎儿迅速生长，子宫肌层变薄，纤维拉长。

在家畜怀单胎时，孕角和空角始终不对称。妊娠的前半期，子宫体积的增大主要是子宫肌纤维的增长；后半期由于胎儿的增大使子宫扩张，子宫壁变薄。妊娠末期，牛、羊扩大的子宫占据腹腔的右半部，致使右侧腹壁在妊娠末期明显突出。马扩大的子宫多偏于左侧。猪在妊娠时扩大的子宫角最长可达 1.5～3m，曲折位于腹腔的底部。

③ 子宫颈：子宫颈在妊娠期间收缩紧闭，几无缝隙。子宫颈内腺体数目增加并分泌浓稠黏液形成栓塞，称子宫栓，有利于保胎。牛的子宫颈分泌物较多，妊

娠期间有子宫栓更新现象；马、驴的子宫栓较少。子宫栓在分娩前液化排出。

④ 阴道和阴门：妊娠初期，阴门收缩，阴门裂紧闭，阴道干涩；妊娠后期，阴道黏膜苍白，阴唇收缩；妊娠末期，阴唇和阴道水肿、柔软，有利于胎儿产出。在猪、牛中表现尤为突出。妊娠中后期阴道长度有所增加，临近分娩时变得粗短，黏膜充血并微有肿胀。

（2）母体的变化　妊娠期间，由于胎儿的发育及母体新陈代谢的加强，孕畜体重增加，被毛光亮，性情温驯，行动谨慎。妊娠后期，胎儿迅速生长发育，母体常不能消化足够的营养物质以满足胎儿的需求，需消耗前期贮存的营养物质，供应胎儿，往往会造成母畜体内钙、磷含量降低。若不能从饲料中得到补充，则易造成母畜脱钙，出现后肢跛行、牙齿磨损快、产后瘫痪等表现。妊娠末期，母畜血流量明显增加，心脏负担加重，同时由于腹压增大，致使静脉血回流不畅，常出现四肢下部及腹下水肿。

3. 妊娠期

妊娠期是指母畜妊娠全过程所经历的时间，其长短因畜种、品种、年龄、胎儿因素、环境条件等不同而异。各种家畜的妊娠期见表 3-14。

表 3-14　家畜的妊娠期　单位：d

种类	平均	范围	种类	平均	范围
牛	282	276~290	马	340	320~350
水牛	307	295~315	驴	360	350~370
牦牛	255	226~289	犬	62	59~65
猪	114	102~140	猫	68	55~60
绵羊	150	146~157	兔	30	29~33
山羊	152	146~161	大鼠、小鼠	22	20~25

一般早熟品种妊娠期较短。初产母畜、单胎动物怀双胎、怀雌性胎儿以及胎儿个体较大等情况，会使妊娠期相对缩短。多胎动物怀胎数更多时会缩短妊娠期；家猪的妊娠期比野猪短；马怀骡时妊娠期延长；小型犬的妊娠期比大型犬短。

课题三　妊娠诊断技术

妊娠诊断是繁殖管理的一项重要内容，妊娠诊断的目的是了解和掌握动物配种之后妊娠与否和妊娠月份，以及与妊娠有关的其他情况。有效的早期妊娠诊断，是母畜保胎、减少空怀，增加畜产品和提高繁殖率的重要技术措施。在临床上早期妊娠诊断的价值较大，对确诊已妊娠的母畜，可以注意加强饲养管理，增强母畜健康，保证胎儿正常发育，防止流产以及预测分娩日期。对未妊娠的母畜，可以及时进行母畜科检查，找出未孕的原因，采取相应的治疗或管理措施，提高母畜繁殖效率。总之，妊娠诊断确诊越早越有意义。常用的妊娠诊断方法可以概括为以下六种。

一、外部检查法

外部检查法主要根据母畜妊娠后的行为变化和外部表现来判断是否妊娠。母畜妊娠以后，一般表现为发情周期停止，食欲增进，营养状况改善，毛色润泽光亮，性情变得温驯，行为谨慎安稳；妊娠中期或后期，腹围增大，向一侧突出（牛、羊为右侧，马为左侧，猪为下腹部）；乳房胀大，有时牛、马腹下及后肢可出现水肿。牛 8 个月以后，马、驴 6 个月以后可以看到胎动，即胎儿活动所造成的母畜腹壁的颤动。在一定时期（牛 7 个月后，马、驴 8 个月后，猪 2.5 个月以后），隔着右侧（牛、羊）或左侧（马、驴）或最后两对乳房的上方（猪）的腹壁可以触诊到胎儿，在胎儿胸壁、紧贴母体腹壁时，可以听到胎儿的心音，可根据这些外部表现诊断是否妊娠。

外部检查法对牛，马等大家畜来说并不重要，因为有更可靠的直肠检查法；对猪、羊等中等体型动物，在妊娠中期后，可隔着腹壁直接触及胎儿，较为实用可靠。在给猪触诊时，可抓痒令母猪卧下，然后再用一只手或两只手在最后两对乳房上壁处前后滑动，触摸是否有硬物而判断。在给羊检查时，术者两腿夹住颈部（或前躯）保定，用双手紧贴下腹壁，以左手在右侧腹壁前后滑动，触摸是否有硬块，有时可以摸到子叶，给予确诊。

上述方法的最大缺点是不能早期进行诊断，同时，在没有某一现象时也不能肯定未孕。此外，不少马、牛在妊娠后，也有再出现发情的，以此做出未孕的结论将会导致判断错误。还有的在配种后没有妊娠，但由于饲养管理、利用不当、生殖器官炎症，以及其他疾病而不复发情，据此作出妊娠的结论也是不合适的。因此，外部观察法并非一种早期、准确和有效的妊娠诊断方法，常作为早期妊娠诊断的辅助或参考。

二、直肠检查法

直肠检查是隔着直肠壁触诊卵巢、子宫和胚泡的形态、大小和变化。此法普遍应用于大家畜的妊娠诊断，而且是最经济可靠的方法。其优点是：在整个妊娠期间均可应用，也是早期妊娠诊断的可靠方法；诊断结果准确，并可大致确定妊娠时间；可发现假妊娠、假发情（妊娠后发情）、生殖器官一些疾病及胎儿死活等情况；所需设备简单，操作简便。

判定母畜是否妊娠的重要依据是妊娠后生殖器官的变化，在具体操作时要随妊娠的时间阶段有不同的侧重。妊娠初期，主要以卵巢上黄体的状态，子宫角的形状和质地的变化为主；当胚泡形成后，要以胚泡的存在和大小为主；当胚泡下沉入腹时，则以卵巢的位置、子宫颈的紧张度和子宫动脉妊娠脉搏为主。

1. 牛的直肠检查

(1) 检查步骤及方法　首先将牛放在牛栏或诊疗架内保定，使其不能跳跃、踢蹴。检查前术者应戴上乳胶或塑料薄膜长筒手套。检查时用一只手握住尾巴并将它拉向一侧，另一只手并拢成为楔形插入肛门，然后缓缓进入直肠，再将手向直肠深部伸入。在向直肠深部深入时，可将手握成拳头，这样可以防止损伤肠壁。当手臂伸到一定深度时，就可感到活动的空间增大，这时就可触摸直肠下壁，检查其下面的生殖器官。检查时，遇到肠管蠕动收缩，应停止活动，待肠壁收缩波越过手背、肠道松弛时再进行触摸，必须时还要随着收缩波后退，待蠕动停止时再向前伸检查(图 3-48)。

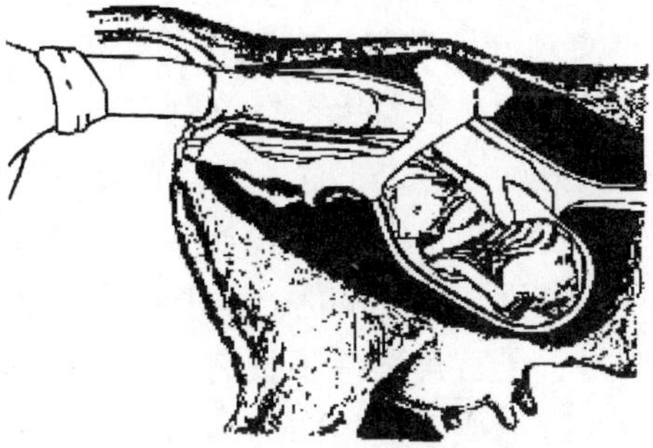

图 3-48　牛的妊娠诊断

(2) 妊娠期间生殖器官的变化　当母牛未妊娠时，子宫角位于骨盆腔内，经产牛的子宫角有时位于耻骨前缘或稍垂入腹腔。角间沟清楚，子宫角质地柔软，触之有时有收缩反应，呈卷曲状态。

配种后约一个情期（19~22d），如果母牛仍未出现发情，可进行第一次直肠检查，但此时子宫角的变化不明显。如卵巢上没有正在发育的卵泡，而在排卵侧有妊娠黄体存在，可初步诊断为妊娠。

当妊娠 1 个月时，两侧子宫角已不对称，妊娠侧子宫角比空角略粗大、柔软、壁薄，卷曲状态不明显。稍用力触压，感觉子宫内有波动，收缩反应不敏感，空角较厚且有弹性。

当妊娠 2 个月时，角间沟不易辨清，两角大小明显不同，孕角比空角大 1~2 倍。孕角壁薄而软，波动明显，可摸到整个子宫。

当妊娠 3 个月时，角间沟消失，孕角显著粗大，内有明显波动，子宫开始沉入腹腔，子宫颈前移至耻骨前缘之上，孕角侧子宫动脉增粗，根部出现妊娠脉搏。

当妊娠 4 个月时，子宫全部沉入腹腔，子宫颈越过耻骨前缘，一般只能摸到子宫背侧的子叶，偶尔可摸到胎儿漂浮于羊水中，孕侧子宫动脉妊娠脉搏明显。

此后到分娩，子宫进一步扩张，手已无法触到子宫的全部，子叶逐渐增大至胡桃或鸡蛋大小，子宫动脉粗如拇指，双侧都有明显的妊娠脉搏。妊娠后期可触到胎儿肢体。

2. 马的直肠检查

(1) 检查步骤及方法　马直肠检查诊断妊娠具体的方法步骤与牛基本一样。所不同的是早在妊娠 20d 时就能确定妊娠与否，而且准确率很高；另外由于马生殖器宫及直肠的解剖结构和牛的有所差异，所以检查的顺序和注意事项也不完全相同。马的直肠壁较牛薄，而且直肠往往积有大量粪球，手伸入直肠后，首先须将粪球全部掏出，如有可能可事先应用肥皂水灌肠，促使直肠排空。马的子宫颈比较柔软，不易感觉，因此检查是先从卵巢开始，在左侧的第四、第五腰椎横突左下方，或右侧第三、第四腰椎横突右下方相应区域找到卵巢并检查之后，可用手心握住卵巢，沿着阔韧带向下滑动，达到子宫角进行检查，其后用同样的方法依次找到子宫体及另一侧的子宫角和卵巢检查。另外也可应用钩底法，即将手指向前伸，越过整个子宫，再将手指向下弯曲并缓慢向后抽回，把子宫体和子宫角钩在手内进行检查。

（2）妊娠期间生殖器官的变化　当马未妊娠时，两子宫角基本匀称、松软，呈扁筒状，角基部宽大，分叉部平滑。

当妊娠 20~25d 时，子宫角收缩呈圆柱状角壁厚，中间有弹性，在子宫角基部可感觉有突出部分，有波动感；空角弯曲、较长，孕角平直或弯曲。

当妊娠 20~25d 时，在子宫角基部，有突出明显的圆形胎泡，直径 2~4cm，波动明显；子宫角进一步收缩硬化，空角弯曲增大，孕角自胎泡上方开始弯曲，两角的分叉部形成明显的凹沟。

当妊娠 25~30d 时，上述变化明显，胎泡增大，直径可达 4~6cm，孕角缩短下沉，卵巢随之下降。

当妊娠 30~40d 时，胎泡迅速增大，直径可达 6~8cm，触之柔软有波动。

当妊娠 40~50d 时，胎泡直径可达 10~12cm，下沉至耻骨前缘，胎泡存在部位子宫壁变薄。

当妊娠 50~70d 时，胎泡直径可达 12~16cm，呈椭圆形。仍可触及孕角尖端和空角全部，两侧卵巢因下沉而靠近。

当妊娠 70~90d 时，胎泡直径可达 20~25cm，下沉至耻骨前缘稍下或腹腔上方，不易摸到胎泡的全部轮廓，两侧卵巢下降明显，距离显著缩短。

当妊娠 90d 以后，胎泡逐渐沉入腹腔，手只能触到部分胎泡，卵巢进一步靠近，致使一只手可以摸到两个卵巢。妊娠 150d 孕侧子宫动脉妊娠脉搏出现，并可感觉到胎驹的活动。

3. 直肠检查诊断妊娠时可能造成误诊的一些情况

（1）干尸化胎儿　有些胎儿死亡后不排出体外，也不被吸收，而是脱水干尸化。胎儿已干尸化的母畜，妊娠足月时也看不出任何外部变化。在直肠检查时，可感到子宫质地及其内容物硬实，其中没有液体，有时可摸到子宫动脉搏动。月份较大的干尸化的胎儿很难自行排出，长时间停留在子宫内使子宫受到损害。

（2）子宫内膜炎和子宫积脓（水）　子宫发炎白细胞增多，大量积聚可引起子宫肿胀子宫体积增大，子宫有弹性并有可塑性，子宫壁增厚。触诊前可见到阴门流出炎性排泄物，触诊时压迫子宫流出的分泌物会更多。

(3) 粗大的子宫颈 有些品种的子宫颈本来就比其他品种粗大，初学者可能将其误认为胎儿。

(4) 品种 有些品种牛直肠触摸生殖系统比较容易，乳牛比较容易触诊，但体型大者较困难。触诊肉牛最为困难，如婆罗门肉牛肠壁特别厚，活动性很小，很难触诊。

(5) 肥胖家畜 过肥的家畜，即使有经验的检查者，也很难触诊清楚，因为手在直肠内活动很困难，而且检查时间稍长，使得无力再继续检查。

三、阴道检查法

阴道检查判定母畜是否妊娠的主要依据是由于胚胎的存在，阴道的黏膜、黏液、子宫颈发生了某些变化。这种方法只适用于牛、马等大动物。主要观察阴道黏膜的色泽、干湿状况，黏液性状（黏稠度、透明度及黏液量），子宫颈形状位置。这些性状的表现，各种家畜基本相同，只是稍有差异。一般于配种后经过一个发情周期以后进行检查，这时如果未妊娠，周期黄体作用已消失，所以阴道不会出现妊娠时的征象。如果已妊娠，由于妊娠黄体分泌孕酮的作用一般出现以下变化。

1. 阴道黏膜

一般妊娠 3 周以后，阴道黏膜由粉红变为苍白色，表面干涩无光泽，阴道收缩变紧。

2. 阴道黏液

马、牛妊娠 1.5~2 个月，子宫颈口处有浓稠的黏液；3~4 个月后，阴道黏液量增多，为灰白色或灰黄色糊状黏液，马的糊状黏液带有芳香味；6 个月后，变为稀薄而透明。羊妊娠后 20d 后，阴道黏液由原来的稀薄、透明变得黏稠，可拉成丝状；若稀薄而量大，颜色呈灰白色脓样为未孕。

3. 子宫颈

妊娠后子宫颈紧闭，有黏液塞于子宫颈口形成子宫栓。随妊娠的进展，子宫增重向腹腔下沉，子宫颈的位置发生相应的变化。牛妊娠过程中子宫栓有更替现象，被更替的黏液排出时，常黏附于阴门下角，并有粪土黏着，是妊娠的表现之一。马妊娠 3 周后，子宫颈即收缩紧闭，开始子宫栓较少，3~4 个月以后逐渐增多，子宫颈阴道部变得细而尖。

在阴道检查时，术前准备及消毒工作和发情鉴定的阴道检查法相同，必须认真对待。如果消毒不严，会引起阴道感染，如果操作粗鲁，还会引起孕畜流产，故务必谨慎。

阴道检查所提各项，因个体间差异颇大，所以难免造成误诊，如当被检查的母畜有异常的持久黄体或有干尸化胎儿存在时，极易和妊娠征象混淆，而误判为妊娠。当子宫颈及阴道有病理过程时，孕畜又往往表现不出妊娠症状而判为空怀。阴道检查不能确定妊娠日期，特别是它对于早期妊娠诊断不能作出肯定的结论，所以阴道检查法只可作为判断妊娠的参考。

四、免疫学诊断法

免疫学诊断法是指根据免疫化学和免疫生物学的原理所进行的妊娠免疫学诊断。对家畜妊娠免疫学诊断的方法研究虽然较多，但真正在实践中应用的很少。

免疫学妊娠诊断主要依据是：母畜妊娠后，胚胎、胎盘及母体组织产生某些化学物质、激素或酶类，其含量在妊娠的过程中具有规律性的变化；同时其中某些物质可能具有很好的抗原性，能刺激动物产生免疫反应。如果用这些具抗原性的物质去免疫家畜，会在其体内产生很强的抗体，制成抗血清后，只能和其诱导的抗原相同或相近的物质进行特异结合。抗原和抗体的这种结合可以通过两种方法在体外被测定出来：其一是荧光染料和同位素标记，然后在显微镜下定位；其二是利用抗体和抗原结合产生的某些物理性状，如凝集反应、沉淀反应的有无来作为妊娠诊断的依据。

目前研究较多的有红细胞凝集抑制试验、红细胞凝集试验和沉淀反应等方法。这种方法早期妊娠诊断的准确性和稳定性还有待进一步研究。

五、血或乳中孕酮水平测定法

当母畜妊娠后，由于妊娠黄体的存在，在相当于下一个情期到来的时间阶段内，其血清和乳中孕酮含量要明显高于未孕母畜。采用放射免疫、蛋白竞争结合法等测定妊娠母畜血清或乳中孕酮含量，与未妊母畜对比做出妊娠判断。根据被测母畜孕酮水平的实测值很容易做出妊娠或未妊娠的判断。这种方法适于进行早期妊娠诊断，一般其判断妊娠的准确率在 80%～95%；而对未妊判断的准确率常可达到100%。这主要是由于造成被测母畜孕酮水平高的原因很多，诸如持久黄体、黄体囊肿、胚胎死亡或其他卵巢、子宫疾病等，往往造成一定比例的误诊；此外，孕酮测定的药盒标准误差、测定仪器和技术水平等都可能影响诊断的准确性。

一些研究的结果还表明，采用孕酮测定法还可以有效地进行母畜的发情鉴定、持久黄体、胚胎死亡等多项监测。

孕酮测定法所需仪器昂贵，技术和试剂要求精确，适合大批量测定。从采样到得到结果的时间需要几天，又由于对妊娠诊断的准确率不甚高，推广应用较困难。

六、超声波诊断法

超声波诊断法是采用超声波妊娠诊断仪对母畜腹部进行扫描，观察胚胞液或心动的变化。超声诊断的种类主要有三种，即 A 型超声诊断法、多普勒超声诊断法和 B 型超声诊断法。

A 型超声诊断仪可对妊娠 20d 以后的母猪进行探测；30d 以后的准确率可达 93%~100%；绵羊最早在妊娠 40d 才能测出，60d 以上的准确率可达 100%；牛、马妊娠 60d 以上才能做出准确判断。可见该型仪器的诊断时间在妊娠中后期才能确诊。

多普勒超声诊断仪又称 D 型超声诊断仪，在妊娠诊断中，检测的多普勒信号主要有子宫动脉血流音、胎儿心搏音、脐带血流音、胎儿活动音和胎盘血流音。适用于妊娠的早期诊断，但是，由于操作技术和个体差异常造成诊断时间偏长，准确率不高等问题，尚待进一步研究。

超声断层扫描简称 B 超，是根据超声波在家畜体内传播时，由于脏器或组织的声阻抗不同，界面形态不同，以及脏器间密度较低的间隙，造成各脏器不同的反射规律，形成各脏器各具特点的声像图。用 B 超可通过探查羊水、胎体或胎心搏动以及胎盘来判断母畜妊娠阶段、胎儿数、胎儿性别及胎儿的状态等。但早期诊断的准确率仍然偏低。对绵羊所做的妊娠检查的结果表明，0~25d 的准确率只有 12.8%，25d 以后准确率增加到 80%，50d 以上可达 100%。

从上述诸多方法可知，进行妊娠诊断是以配种后一定时间作为检查依据，因此，对于一个现代化的规模养殖场，做好配种及繁殖情况记录是极为重要的，它们是繁殖管理科学化的重要依据，必须做好原始资料的记录、保存和整理工作。

项目小结

本项目介绍了受精生理、妊娠生理及常用的妊娠诊断方法内容。重点是牛的妊娠诊断技术的应用。

技能考核项目

1. 口述猪、马、牛、羊胎盘的类型。
2. 口述猪、马、牛、羊正常的妊娠期。
3. 现场对猪、牛进行妊娠诊断。

复习思考题

一、名词解释

受精　配子运行　精子获能　卵黄膜反应　附植　胎盘屏障

二、简答题

1. 家畜的射精部位类型有哪些？
2. 简述精子和卵子受精的过程。

3. 在受精过程中防止多精入卵有哪几道屏障？
4. 胎膜包括哪几部分？
5. 简述胎盘的类型以及功能。
6. 母畜的常用妊娠诊断方法有几种？各有什么特点？
7. 在妊娠期间，牛的生殖器官有哪些变化？

项目六 胚胎移植

知识目标

1. 了解胚胎移植的概念、意义。
2. 了解胚胎移植的生理学基础和操作原则。
3. 熟悉掌握胚胎移植的基本技术环节和操作要领。
4. 了解其他胚胎生物工程技术。

技能目标

牛的非手术子宫角采胚与移植方法。

链接

母畜的发情及发情鉴定；人工授精；妊娠及妊娠诊断。

拓展

饲养管理与环境卫生；母畜疾病的治疗与防控。

胚胎移植又称受精卵移植，俗称人工授胎或借腹怀胎，是指将雌性动物的早期胚胎，或者通过体外受精及其他方式得到的胚胎，移植到同种的、生理状态相同的其他雌性动物体内，使之继续发育为新个体的技术。提供胚胎的个体称为供体，而接受胚胎的个体称为受体。国外将常规的胚胎移植常称为 MOET，即超数排卵胚胎移植或称为多排卵胚胎移植。

胚胎移植是畜牧业生产上正在发展的一项新技术，利用胚胎移植，可以开发遗传特性优良的母畜繁殖潜力，较快地扩大良种畜群。另外，由于胚胎可长期保存和远途运输，还为家畜基因库的建立，品种资源的引进和交换，以及减少疾病传播等提供了更好的条件。随着现代生物工程技术的发展，胚胎移植作为应用基础技术在国内外畜牧业生产中得到了广泛应用，特别是牛的胚胎移植技术已日趋成熟，取得了巨大的社会效益和经济效益。

课题一　胚胎移植的生理学基础和操作原则

一、胚胎移植的生理学基础

（1）母畜发情后生殖器官的孕向发育　母畜在发情后的一段时期（周期性黄体期），生殖系统的变化相同，即在相同的时期，生理状态一致，子宫内的环境相同。所以，发情后母畜的生殖器官的孕向变化，在进行胚胎移植时，未配种的受体母畜可以接受胚胎，并为胚胎发育提供各种条件。

（2）胚胎的游离状态　胚胎发育早期有相当一段时间（附植之前）游离于输卵管和子宫腔内，其发育靠本身卵胞质提供营养。再者，早期胚胎有透明带的保护，可以机械性的移位而不受损害。所以，在离体条件下可以存活，当移植回与供体相同的环境中时，又会继续发育。

（3）胚胎移植不存在免疫问题　胚胎必须和受体的子宫内膜建立起生理上和组织上的联系才能保证其以后的发育。一般认为，在同一物种之间移植的胚胎没有免疫排斥现象，所以当胚胎由供体转移到受体时可以存活下来。然而，在实际生产中，移植的胚胎有时不能存活，这除了其他因素之外，可能还涉及复杂的妊娠免疫问题，仍然需继续进行研究。

（4）胚胎的遗传特性不受受体母畜的影响　胚胎的遗传特性和性别在母畜体内受精时就已经决定了，受体母畜只是给移入的胚胎提供了一个孕育的环境，胚胎的遗传特性不受受体母畜的影响。

二、胚胎移植的操作原则

1. 胚胎移植环境的同一性

胚胎移植同一性是指胚胎移植后的生活环境和胚胎发育阶段相适应，主要包括下述两个方面。

（1）供体和受体在分类学上的相同属性　即二者属于同一个物种，但并不排除不同种（在动物进化史上，血缘关系较近，生理和解剖特点相似）间胚胎移植有成功的可能性。一般来讲，分类上关系较远的不同种动物，由于胚胎的组织结构、发育所需条件（营养、环境）和发育速度（附植的时间和妊娠期）差异太大，它们之间的胚胎移植不能存活或只能存活很短时间，如绵羊、山羊、牛的幼龄胚胎移植到兔输卵管内，可以存活数日并能够发育，但最终不能发育为个体。异种之间移植日龄较大的胚胎不易存活。

（2）供体和受体生理及解剖部位的一致性　即受体和供体在发情时间上的同期

性，保证受体和供体生理上的一致性。移植后的胚胎应与其在供体所处的空间环境相似，因为发育着的胚胎对母体生殖道的环境变化非常敏感，而生殖道又在卵巢类固醇激素等多种因素的作用下，处于时刻变化的动态之中。受精后胚胎和子宫内膜的发育是同期的、相适应的，随着胚胎发育的进行，其在生殖器官的位置也发生着相应的变化。胚胎发育的各个阶段需要相应的特异性生理环境和生存条件，与此相适应，生殖道的不同部位（输卵管和子宫角的各个部位）就具有不同的生理生化特点，以符合胚胎发育的需要。胚胎发育与生殖道环境的协调一致性如果发生脱节和错乱，就意味着相互关系的破坏，导致胚胎的死亡。

2. 胚胎发育的期限

从生理学上讲，胚胎采集和移植的期限（胚胎的日龄）不能超过母畜发情周期黄体的寿命，最迟要在受体周期黄体退化之前数日进行移植，不能在胚胎开始附植之时进行。因此，通常是在供体发情配种后 3~8d 收集胚胎，受体也在相同时间接受胚胎移植。如果超过周期的黄体期进行胚胎移植，受体的子宫内环境发生未孕的退行性变化（发情的准备），胚胎是不能存活的。

3. 胚胎的质量

整个胚胎移植操作中，胚胎不应受到任何不良因素（物理因素、化学因素、微生物因素）的影响而危及生命力，移植的胚胎必须经过鉴定确认是发育正常者。

课题二 胚胎移植基本程序

胚胎移植的基本程序主要包括：供、受体母畜的选择，供体的超数排卵，受体同期发情处理，供体的配种，胚胎的收集，检查与评定及胚胎移植等（图 3-49）。下面主要以应用较为广泛的牛胚胎移植技术程序作详细介绍。

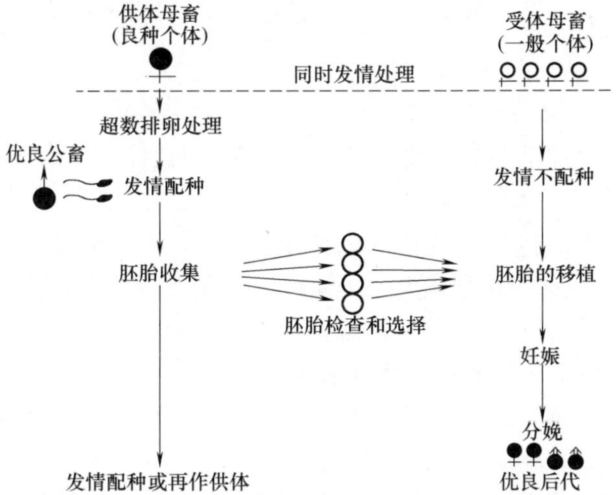

图 3-49 胚胎移植程序示意

一、供、受体母畜的选择

1. 供体母畜

选择具有较高的种用价值、遗传性能好、身体健康、无生殖器官疾病、发情周期正常、生殖功能处于较高水平的母畜。

在实施牛的胚胎移植时，供体牛的选择标准大致如下。

（1）供体牛应符合品种标准，生产性能高，经济价值大。具备遗传优势，具有较高种用价值。一般选择经产母牛，配种不超过两个情期即可妊娠。而且没有发生过难产，没有遗传缺陷。

（2）供体牛的年龄一般为3~8岁，青年牛在18月龄左右。同时应选择性情温驯的母牛作为供体，以便于操作。

（3）供体牛的健康状况是胚胎移植成功与否的关键。供体牛必须反复检查确认无传染性疾病，同时还应对某些传染病进行预防注射。

（4）供体母牛生殖器官正常，不得患有子宫内膜炎、卵巢囊肿、卵巢炎和子宫过度弛缓、下垂等产科疾病。同时母牛的既往繁殖史正常，无遗传缺陷、具有良好的繁殖能力且分娩顺利。

（5）在超排处理中，母牛发情及发情周期规律是极为重要的。如果母牛的发情及发情周期不正常，那么就会影响给药时间，影响激素的作用，结果造成超排失败。对超排母牛至少应预先连续观察两个发情周期。如果还有环境和饲养管理条件的变化，更应长期观察。

（6）供体牛的膘度要适中，体质健壮，过肥或过瘦都会降低受胎率。根据母牛的膘情，适当调整饲料的营养成分，保持供体群的适宜体况。另外，供体母牛的适当运动也很重要。在某些特殊地区，还应注意青绿饲料、维生素A和微量元素的补充。

（7）母畜对超排处理的反应个体间差异也很大，因此应预先测知母牛卵巢对激素的反应状况，以便选择反应敏感的母牛作为供体。尽量使用代谢正常和发情症状良好的母牛。

2. 受体母畜

受体母畜仅作为借腹怀胎，虽不要求具有优良的遗传品质，但应该具有良好的繁殖性能和健康体态，体型中上等。

在选择受体牛时，除具有良好的繁殖功能和健康体质外，可参考以下标准。

（1）体型　一般选择体型较大的当地母牛。在选用黄牛做受体牛时，体高应在112cm以上，体斜长140cm以上，骨盆腔宽大。可依十字部宽45cm、坐骨结节宽13cm、尻长45cm以上作为间接判断骨盆大小的标准。

（2）营养状况（膘情）　一般为中上等，以保证母牛能够正常发情。

3. 供、受体母畜的同期发情

当鲜胚移植时，供体和受体必须发情同期化，这样，两种母体的生殖器官就能处于相同的生理状态，移植的胚胎才能正常发育。受体母牛的同期发情处理，往往与供体母牛的超数排卵处理同期进行。在大的牛群中，可以挑选出相当数量的和供体同期自然发情的受体来，但是在小群范围并在限定的时间内进行胚胎移植，必须首先要求受体和供体同期发情和排卵。

实践证明，受体和供体发情开始的时间越接近，移植的受胎率就越高；相差的时间越长，则受胎率越低。因为妊娠初期的子宫环境在不断地发生变化，一定时间的子宫环境只适合于相应发育阶段的胚胎。一般认为，受体和供体的发情时间相差不得超过 24h。当前比较理想的同期发情药物是前列腺素和孕激素。

二、供体的超数排卵

在母畜发情周期的适当时间，注射促性腺激素，使卵巢中比自然情况下有较多的卵泡发育并排卵，这种方法称为超数排卵，简称超排。母牛的超数排卵在发情周期 9~13d 肌肉注射或皮下注射促性腺激素。

1. 用 FSH 超排

在发情周期（发情当天记为 0d）的 9~13d 中的任何一天开始肌肉注射 FSH。可选用国产纯化 FSH 7~10mg，其他厂家的 FSH 产品 320~400IU，分 8 次用减量法或等量法肌肉注射 FSH。常规在注射开始后第 3d，早晚各肌肉注射一次前列腺素（氯前列烯醇 0.4mg/次），也可仅注射 1 次前列腺素，约 48h 后供体母牛发情。

2. 用 PMSG 超排

在发情周期的第 11~13d 中的任意一天肌肉注射 1 次即可，总量为 2000~3000IU。按每千克体重 5IU 左右确定 PMSG 总剂量，在注射 PMSG 后 48h 及 60h，分别肌肉注射 $PGF_{2\alpha}$ 1 次，剂量 0.4mg/次。由于 PMSG 分子质量较大，在体内半衰期长，而且易使母畜体内产生抗体，影响卵泡的发育。故不少人在使用 PMSG 后 2~3d 再注射 PMSG 抗体（anti-PMSG）以缩短其起作用的时间（母牛出现发情后 12h 再肌肉注射抗 PMSG，剂量以能中和残留的 PMSG 的活性为准）。

三、受体同期发情处理

根据受体牛的选择条件，对符合要求的备用受体进行同期发情处理。常用前列腺素处理和孕激素处理两种方法。

1. 前列腺素处理法

用 $PGF_{2\alpha}$或氯前列烯醇肌注使用 2~3 支。为了节省药物和防止流产，仅处理一侧卵巢有功能性周期黄体的牛。在供体母牛注射前列腺素类药物前 1d 处理。为了将全部受体牛的周期调到一起，可用间隔约 12d，2 次前列腺素注射的方法。

2. 孕激素处理法

通常用 20~40mg 18-甲基炔诺酮与等量或半量磺胺结晶粉混合，一起研磨成细微粉末，填入塑料管中。此塑料管管壁烫有小孔，内径为 2.5mm、长 20～30mm，将埋植管进行耳部填置。

四、供体的配种

供体母牛超排处理后，正常情况下，大多在超排处理结束后 12～48h 发情。发情鉴定以接受爬跨、站立不动为主要判定标准。在观察到第 1 次接受爬跨站立不动后 8～12h 第 1 次输精，以 8～12h 间隔再输精 1～2 次，每次输入符合国家标准的冷冻精液 2 个剂量（即为正常人工授精量的 2 倍），每次输精有效精子数，颗粒 2400 万以上，细管 2000 万以上。鲜精用 10×10^6～50×10^6 活精子。

五、胚胎的收集

胚胎收集指的是利用冲卵液将早期胚胎从供体母畜的生殖道（输卵管或子宫）内冲出来，并收集于一定的器皿中。胚胎收集方法有手术法和非手术法两种，前者适用于各种家畜或动物，后者适用于牛、马等大家畜，且只能在胚胎进入子宫角以后才能进行。

1. 胚胎收集的时间

胚胎采集时间，要考虑配种时间、发生排卵的大致时间、胚胎的运行速度和胚胎在生殖道内的发育速度等因素来确定（表 3-15）。一般在配种后 3～8d，发育至 4～8 细胞以上为宜；牛手术法采卵不能晚于配种后 3d，非手术法采卵不能早于配种后 4d，通常牛非手术取卵大都在发情后 7d（6～8d）进行，此时牛胚胎大部分处于晚期桑葚或囊胚阶段，受精卵大都在子宫角内。

表 3-15　　各种家畜的排卵时间和胚胎的发育速度　　单位：d

畜别	排卵时间	发育速度（排卵后天数）							
		2 细胞	4 细胞	8 细胞	16 细胞	进入子宫	胚泡形成	脱离透明带	附植开始
牛	发情结束后 10～11h	1～1.5	2～3	3	4	3～4	7～8	9～11	22
绵羊	发情结束后 24～30h	1.5	1.5～2	2.5	3	2～4	6～7	7～8	15
猪	发情结束后 35～45h	1～2	1～3	2～3	3.5～5	2～2.5	5～6	6	13
马	发情结束前 1～2d	1	1.5	3	4～4.5	4～6	6	8	37
兔	交配后 10～11h	1	1～1.5	2	2.5～4	3～4			

2. 牛的非手术法采胚

（1）供体牛的保定　在采胚前供体牛要禁水禁食10～24h（泌乳牛除外），将供体牛在保定架内呈前高后低的姿势进行保定。

（2）麻醉　采胚前10min进行麻醉，在第一、第二尾椎骨之间硬膜外腔麻醉，麻醉剂用2%盐酸普鲁卡因2～10mL，也可在颈部或臀部肌肉注射2%静松灵1～1.5mL，使牛镇静，子宫松弛，以利采胚。同时对外阴部进行冲洗和消毒。

（3）常规采胚法　为了有利于采胚管通过子宫颈，在采胚管插入前，先用扩张棒对子宫颈进行扩张，这对青年牛尤为必要。将采胚管消毒后，用冲洗液冲洗并检查气囊是否完好，然后将无菌不锈钢导杆插入采胚管内。同直肠把握输精法一样，操作者将手伸入直肠，清除粪便，检查两侧卵巢的黄体数目。采胚时，将采胚管经子宫颈缓慢导入一侧子宫角基部，由助手抽出部分不锈钢导杆，操作者继续向前推进采胚管，当达到子宫角大弯附近时，助手从进气口注入12～25mL气体，一般充气量的多少依子宫角粗细及导管插入子宫角的深浅而定。当气囊位置和充气量合适时，全部抽出不锈钢导杆。助手用注射器吸取事先加温至37℃的冲胚液（杜氏磷酸盐缓冲液-PBS），从采胚管的进水口推进子宫角内，反复按摩冲洗后，再将冲胚液连同胚胎抽回注射器内，如此反复冲洗和回收5~6次。冲胚液的注入量由刚开始的20～30mL逐渐加大到50mL，将每次回收的冲胚液收入集胚器内，并置于37℃的恒温箱或无菌检胚室内等待检胚。一侧子宫角冲胚结束后，按上述方法再冲洗另一侧子宫角（图3-50）。

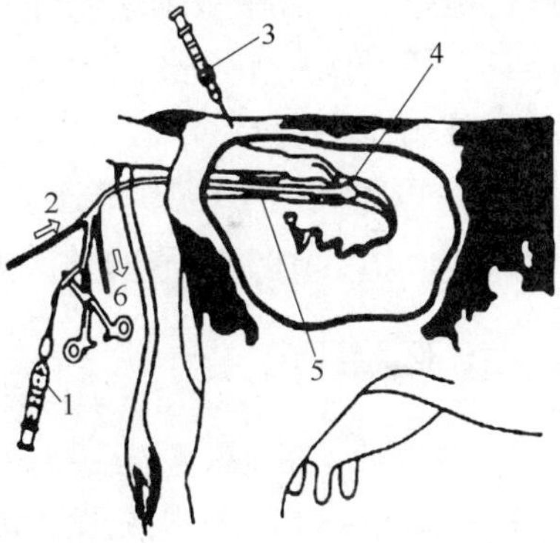

1—气囊充气　2—注入充卵液　3—硬膜麻醉
4—子宫内的冲卵管　5—子宫颈　6—回液
图3-50　牛非手术法冲卵示意图

（4）子宫体冲卵法　子宫体冲卵速度快、方便、容易，但回收率低。子宫较小的牛可用，老龄子宫下垂的牛冲卵效果差。操作方法是冲卵管通过子宫颈后，充气把冲卵管拉紧，固定在宫体和子宫颈内。子宫充满液体后回收，按摩子宫角前端，两角同时回收，反复5~6次即可。

（5）供体采胚后的处理　全部采胚工作结束后，为促使供体正常发情，可向子宫内注入或肌肉注射前列腺素类药物；为预防子宫感染，可向子宫内注入适量抗生素或四环素。

六、胚胎检查

1. 胚胎的检查项目

（1）受精卵整体的形态和体积大小。

（2）透明带形状、厚度及损伤程度。

（3）发育正常胚胎的卵裂球应具有整齐的外形，大小一致，分布均匀而又紧密，发育速度与胚龄一致。

（4）卵细胞表面颗粒的状态和多少等。

2. 胚胎检查方法

（1）静置沉降法　适用于大器皿收集回收液的检胚。将双侧子宫角回收的冲卵液分别放入漏斗状的集卵瓶中，在无菌室内静置20~30min，使胚胎下沉到容器底部。为防止胚胎黏于瓶壁上，可轻轻转动集卵瓶，促进胚胎与瓶壁的脱离。深沉完成后，从漏斗下部的乳胶管收集冲卵液，并置于平皿中。

（2）胚胎过滤法　采用带有网格（直径小于胚胎直径）的过滤器放入冲卵液中，由上往下吸出冲卵液，最后剩下几十毫升即可，为防止胚胎吸附于过滤杯上，用冲卵液反复冲洗过滤器。或将双侧子宫角回收的冲卵液用特制的纱网过滤，纱网的网眼为100~120目。用带细针头注射器吸取磷酸盐缓冲液（PBS，不带血清）反复冲洗沙网，将冲胚液集中于平皿中备检。

（3）虹吸法　将双侧子宫角回收的冲卵液放入量筒中，静置30min，使胚胎充分沉降。用乳胶管虹吸的办法除去上层液，把沉降到底部的冲卵液装入2~3个平皿中进行检查。然后用一个聚乙烯软管插入回收液的中层，将上层回收液虹吸至另一个器具，留下底层100mL左右，轻轻摇晃几下，使浮在表面的胚胎下沉，再分别倒入平面玻璃皿中镜检。

（4）检卵　用10~20倍连续变倍体视显微镜寻找，用300~400μm内径的玻璃吸管吸卵，用含10%血清的杜氏磷酸盐缓冲液保存。

七、胚胎评定

1. 胚胎的发育期

母牛第6~8d非手术法采集的胚胎发育为桑葚胚至扩张囊胚（图3-51），发育期的划分和特征如下。

（1）桑葚胚　卵裂球隐约可见，细胞团的体积几乎占满卵周隙。

（2）致密桑葚胚　卵裂球进一步分裂，分不清卵裂球的界线，细胞团收缩，占透明带内间隙的60%~70%。

（3）早期囊胚　细胞团内出现透亮的囊胚腔，但难以分清内细胞团的滋养层，细胞团占到70%~80%。

（4）囊胚　囊腔增大明显，滋养层细胞分离，细胞团充满卵周间隙。

（5）扩张囊胚　囊腔充分扩张，体积增至原来的1.2~1.5倍，透明带变薄，相当于原厚度的1/3。

（6）孵化胚胎　透明带破裂，内细胞团孵出透明带。此时回收的16细胞以下

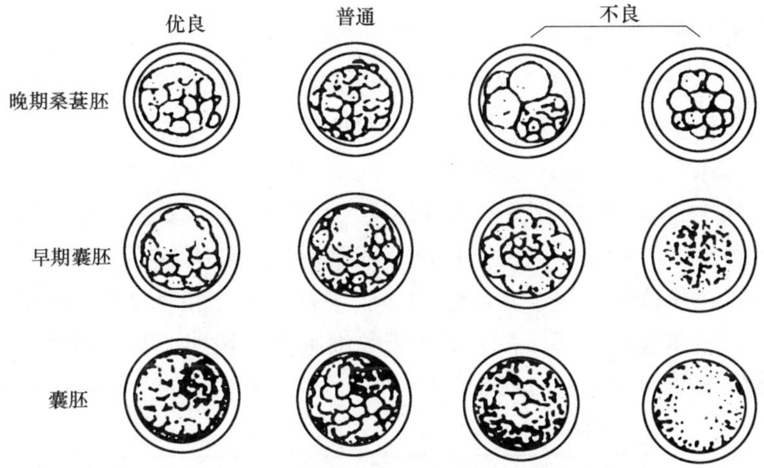

图 3-51　7 日龄牛胚胎等级示意图

受精卵为发育停滞卵，不能用于移植和冷冻保存。

2. 胚胎的分级

目前对胚胎的质量鉴定基本上采用形态学的方法，将胚胎分为 A 级（优秀胚）、B 级（良好胚）、C 级（一般胚）、D 级（不良胚）四个级别。其中，A 级和 B 级胚胎为移植可利用胚胎。

A 级：发育速度与日龄一致，胚胎形态完整，轮廓清晰，呈球形，分裂球大小均匀，结构紧凑，色调和透明度适中，无游离的细胞和液泡或很少，变性细胞比例小于 10%。

B 级：发育速度与日龄基本一致，轮廓清晰，分裂球大小基本一致，色调和透明度及细胞密度良好，可见到一些游离的细胞和液泡，变性细胞占 10%~30%。

C 级：发育速度与日龄不太一致，轮廓不清晰，色调变暗，结构较松散，游离的细胞或液泡较多，变性细胞占 30%~50%。

D 级：有碎片的卵、细胞无组织结构，变性细胞占胚胎大部分，约 75%。

3. 胚胎质量评定

胚胎发育阶段与胚龄相一致，与正常发育阶段比较，胚胎发育迟于 24h，则质量不佳。正常胚胎的透明带为圆形，未受精或退化的胚胎常呈椭圆形，有子宫内膜炎或其他原因造成子宫内环境不好，透明带外形可能不规则。优良胚胎总体结构好，细胞均匀一致，轮廓清晰规则，随发育阶段而有所不同。退化卵、未受精卵、细胞破碎，大小不一致。若许多内细胞死亡，则细胞数少，受胎率也低。胚胎中若有液泡、碎细胞，也可能影响胚胎发育。胚胎质量的优劣与移植或冷冻后的妊娠有直接关系。

八、非手术移植

与采胚方法相似，对受体移植胚胎也分为手术法和非手术法两种，前者适用于不能直肠操作的中、小型动物，非手术法移植适用于大家畜。

1. 胚胎装管

一般用0.25mL塑料细管，三段液体夹二段空气，中段放胚胎（图3-52）。胚胎的位置可稍靠近出口端，以便于推出。胚胎装管后分别移入受体的输卵管或直接移入子宫角。在移植时，经子宫回收的胚胎应移入子宫角前1/3；经输卵管回收的胚胎必须移入输卵管壶腹部。牛一般少于8细胞的受精卵应移入输卵管，因为早期受精卵在子宫内易受到子宫分泌物的伤害，而多于8细胞的受精卵应移入子宫角。

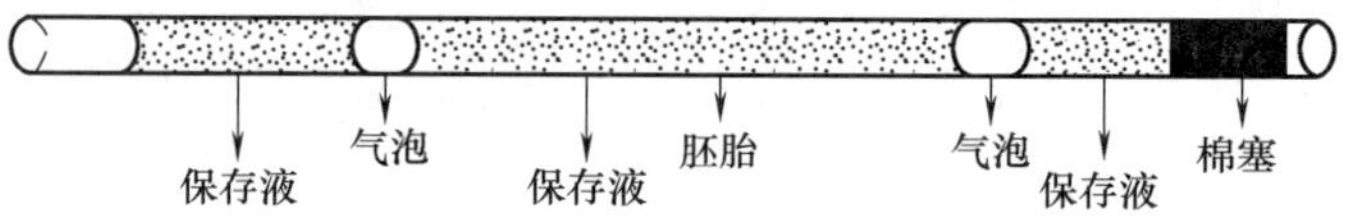

图3-52　胚胎吸入0.25mL吸管示意图

2. 移植操作

将受体母牛保定好，进行硬膜外麻醉，直肠触摸黄体位于哪侧。将人工授精移植枪通过子宫颈，同时将胚胎送到黄体同侧的子宫角中部。对于牛来说，移胚与采胚方法相似，先将母牛保定麻醉后，再移胚。首先将胚胎吸入塑料细管中，并使含胚管穿过输精细管，然后于受体牛发情后第6~12d，将人工授精移植枪经过子宫颈，把胚胎注入子宫角内，或者绕过子宫颈而通过阴道穹窿将胚胎注入子宫角内。

九、受体母畜的妊娠诊断

受体母牛移植后应保证科学、正常的饲养管理。移植约2周后注意观察是否返情，2个月后可用直肠检查法确定妊娠。如果条件许可，约在30d可用B型超声波仪检查确定妊娠。妊娠母牛要注意做好妊娠期的管理及接产工作，保证胚胎移植犊牛出生健康。

课题三　胚胎移植延伸技术简介

胚胎移植技术迅速改进的同时，其发展范畴越来越广。胚胎冷冻、胚胎分割、早期胚胎性别鉴定、卵子培养与体外受精等胚胎移植的延伸技术将对胚胎移植的发展起到巨大的推动作用，从而产生重要的理论意义和更大的经济效益。

一、胚胎的冷冻保存

胚胎冷冻就是将采取的新鲜胚胎或分割的半胚，在超低温（-196℃）下贮存备用。胚胎的冷冻保存是使胚胎移植真正走向商业化生产的关键因素。胚胎的冷冻保存可以使胚胎移植在任何时间和地点进行利用。该技术可以建立良种家畜和濒危动物的胚胎库，加快家畜育种进程和保存濒危家畜的基因，可预防疾病，受体母畜不需做同期发情处理，而且可以进行快速、廉价的国内外胚胎运输，简化了引种过程，使家畜的遗传资源在世界范围内的转移成为可能。胚胎冷冻保存方法主要有以下几种。

1. 逐步降温法（快冻快解法）

解冻后胚胎存活率较高，但操作比较复杂，方法如下。

（1）选胚 选择合格的桑葚胚或囊胚于含 20%犊牛血清的杜氏 PBS 液中冲洗 2 次。

（2）加入冷冻液 冲洗后的胚胎在室温（20~25℃）下分三步或六步，加入含不同浓度甘油的冷冻液，浓度由低到高，最终甘油浓度为 1.4mol/L，每步平衡 5~10min。

（3）装管和标记 将胚胎和冷冻液装入有供体号、编号、数量、等级、冷冻日期等的塑料细管中，封口。

（4）冷冻 ①将装有胚胎的塑料细管放在胚胎冷冻仪中，用电脑自动控制降温（仪器昂贵，国内外都倾向使用简易的装置）。国内一般在保温瓶中，用干冰和无水酒精人工控制降温。也可以用液氮熏蒸（如同冷冻精液）降温；②降温速度以 1~3℃/min，从室温降到-7~-6℃，停留 10min；③诱发结晶：在-7~-6℃下进行，用镊子或小钳在液氮中浸一下，然后在细管含胚胎部分夹一下，使其呈冰晶状态，称为诱发结晶。在-7~-6℃温度下平衡 10min；④再以每分钟下降 0.3℃的速度降温至-38~-35℃，之后投入液氮中长期保存。

（5）解冻 把装有胚胎的塑料细管从液氮中取出，在 25~37℃温水中解冻。

（6）脱除抗冻剂 将解冻后的胚胎放入从高到低浓度含甘油的冷冻液中，分三步或六步脱除抗冻剂（甘油），每步 5~10min，最后用 20%犊牛血清杜氏（PBS）液冲洗胚胎 3~4 次，彻底脱除抗冻剂。或将解冻后的胚胎放入 0.5mol/L 或 1.0mol/L 蔗糖溶液中停留 10min 左右，再将胚胎用 20%犊牛血清杜氏（PBS）液中清洗 3~4 次。

2. 玻璃化冷冻法

这是近年来研究成功的一种新的冷冻方法。抗冻剂在迅速降温到很低温度时，能被浓缩但不结晶，胚胎内外液体同时形成玻璃化，能较好地保护胚胎。此法优点是，冷冻前和解冻后不需分步添加或分步脱除抗冻剂的操作，特别是省去了费时、费力的降温操作，也不需要昂贵的冷冻仪。

二、胚胎的分割

胚胎分割是提高胚胎移植效率的一项新的胚胎工程技术，通过对胚胎显微分割技术，人工制造同卵双胎（半胚）或同卵多胎（部分胚），经过体外培养和移植后，发育成一个完整胚胎的过程。胚胎分割具有广泛的应用价值。

1. 胚胎分割的应用价值

（1）扩大胚胎来源　目前半胚的移植成功率达50%以上，与全胚移植成功率相差不多，这样可以保证原胚胎取得100%或超100%的后代，胚胎移植成功率为全胚胎的1倍，其总妊娠率远远超过全胚。

（2）生产同卵双生后代　在牛上不仅可移植半胚生产同卵双犊，增加头数，而且可避免异性双胎的不孕。

（3）有效的遗传学、育种学的试验材料　由于同卵的2枚半胚，它们在遗传性状上基本相同。使用同卵双生后代来做遗传育种方面的试验，将会相对减少遗传性状的差异带来的影响，得到试验的正确结果。通过分割胚胎，可先移植一半，另一半冷冻保存。待移植的半胚产犊证实是优秀个体后，再将冷冻保存的半胚解冻移植。但冻胚的移植成功率有待提高。

（4）进行胚胎的性别鉴定　通过半胚的染色体分析，H-Y抗体免疫学和聚合酶链反应（PCR）技术等方法来进行性别鉴定。

（5）增加和保存珍贵家畜及濒危动物的种质　胚胎分割技术可以增加优秀种畜、濒危珍稀动物以及有价值的转基因动物的数量。

2. 胚胎分割方法

胚胎分割的方式有两种，一种是将晚期桑葚胚或早期囊胚一分为二或一分为四，将每块细胞团放进一个空透明带内，然后发育成一个整胚，进行移植。另一种是将2~16细胞期胚胎，按每一个卵裂球或两个卵裂球为一组或4个卵裂球为一组进行分割，分别放入一个空透明带内，然后发育成一个整胚，进行移植，发育成整胚，可将分割胚在体外培养发育，或将半胚移入同种或异种动物的输卵管内培养后再移植。

胚胎切割方法初期在昂贵的显微操作仪下操作。其基本操作方法是，在显微操作仪的一侧操作臂上安装胚胎固定吸管，将胚胎固定住；另一侧安装玻璃切割针或刀，将胚胎等份切开。随着胚胎切割技术广泛地应用于生产，力求技术能够做到简易、快速、可靠，并便于在生产现场操作，中国于1987年研究推出了一种简易胚胎切割方法，只需一根玻璃切割针，手持切割针在普通立体显微镜下即可操作，实用价值较高，并于同年利用此项技术，切割移植成功同卵双胎羊羔。后用双面刮胡刀片自制成切割刀，也获得成功。胚胎切割有以下3个方面的技术要求：①胚胎切割方法简易、快速、可靠；②切割半胚或1/4胚大小均匀；③切割后胚胎细胞（卵裂球）损伤要少。

分割胚胎的冷冻保存，分割后胚胎、裸露半胚冷冻生产犊成功，但受胎率均较低，有待研究提高。1989年，我国牛鲜胚分割获同卵双生犊牛，首例牛冻胚分割获同卵双生犊牛。

三、早期胚胎性别鉴定

胚胎性别鉴定技术大致可分以下3种。

（1）细胞学方法　采用显微外科手术，取出胚胎内的一些细胞，经体外培养、观察，判别性染色体的类型，如果是XX型为雌性，XY型为雄性。此法的优点是准确率可达100%，但采集的细胞对胚胎有伤害，且获得高质量的中期染色体分裂相也很困难，技术操作较复杂，鉴定时间长（5~6h），不适用于生产实际，目前仅用于验证其他性别鉴定的准确率。

（2）免疫学方法　根据雄性胚胎细胞表面有H-Y抗原，雌性没有这一特点，来鉴定胚胎的性别。目前测定H-Y抗原进行胚胎性别鉴定的方法有3种。

① 细胞毒性分析法：是将胚胎放在加有补体和H-Y抗血清混合的培养液中培养，如果胚胎发育受阻或发生细胞（卵裂球）溶解，即为含有H-Y抗原的雄性胚胎。无H-Y抗原的为雌性胚胎，仍能正常发育。但这个方法的缺点是破坏了所有的雄性胚胎。

② 免疫荧光分析法（间接免疫荧光法）：先将胚胎在H-Y抗血清或单克隆抗体中培养，再与标记有异硫氰酸盐荧光素（FITC）的第二抗体进行反应，在荧光显微镜下观察有无特异荧光。有荧光者为雄性胚胎，无荧光者为雌性胚胎。此法的优点是不损害胚胎，具有较高的鉴别准确率。据几项研究的结果，此法对8细胞至囊胚期牛胚胎性别鉴定，雌性的准确率为90%~97%，雄性的准确率为80%~90%。

③ 囊胚形成抑制法：是利用H-Y抗体对雄性桑葚胚向囊胚发育具有可逆性抑制的原理而发展起来的一种胚胎性别鉴定法。将H-Y抗体和桑葚胚共同培养，形成囊胚者判为雌性，未形成囊胚者判为雄性胚胎。雄性胚胎除去H-Y抗体后再培养数小时，还可形成囊胚。有的试验结果，获得雄性胚胎的鉴别准确率达90%以上，雌性的为80%以上。

（3）分子生物学方法　是20世纪80年代末发展起来的高新技术，主要有两种方法。

① 核探针技术：将胚胎Y染色体上的特异DNA（脱氧核糖核酸，遗传物质）片段标记成探针，作为鉴别工具，与胚胎中的同源序列杂交，然后进行检测，有杂交斑点显示者为雄性（Y染色体存在），相反为雌性。此法准确性高，但检测时间长，约需30h，还不能用于生产。

② 聚合酶链反应（PCR）技术：以雄性特异性片段 DNA 序列两端合成一对引物，以胚胎 DNA 序列为模板，在 Taq DNA 聚合酶的存在下，进行 DNA 合成，扩增靶序列到 10^6 ~ 10^{10} 倍。扩增产物经电泳，观察是否出现雄性带（Y 染色体 DNA 扩增带）。出现者为雄性胚胎，无者为雌性胚胎，准确率在 95%以上。但是，要在实际中应用，还需进一步完善，使技术规范化、提高效率、简化试验手续、降低费用等。

四、卵子培养和体外受精

1. 卵子培养

从卵巢上的囊状卵泡或成熟卵泡吸取尚处于第一次成熟分裂前期或成熟分裂复始的初级卵母细胞，连同完整健全的卵丘细胞团，在特定的培养液中，使之继续发育，进行成熟分裂，达到可以受精的成熟阶段。卵子培养实际上是在体外成熟的过程。卵子的体外培养为得到丰富的胚胎开辟了新途径，可以从即将淘汰的母畜卵巢得到卵泡或卵子，或在屠宰前做超排处理，以期得到更多发育的卵泡，进行收集并培养。卵母细胞也可以像精子或胚胎那样冷冻保存起来，共同组成种质贮存。

2. 体外受精

体外受精系指试管动物。应用体外受精可获得大量胚胎，使胚胎生产“工厂化”，为胚胎移植及相应生物工程提供胚胎来源，在畜牧业中具有广阔的应用前景，同时对于丰富受精生物学的基础理论也有重大意义。迄今有小鼠、牛、绵羊、山羊、猪等 20 余种哺乳动物体外受精获得成功。体外受精程序如下。

（1）卵母细胞的采集　将动物屠宰后的卵巢取出，用生理盐水冲洗后，装入盛有生理盐水或 PBS 的保温瓶（24～25℃）内，迅速运回实验室，用注射器针头从卵巢上未成熟的卵泡中抽取卵母细胞。还可在屠宰前进行超排处理，使卵巢上有更多的卵泡发育。

（2）卵母细胞的体外培养成熟　将取出的卵母细胞放在培养液中，在 39℃ 温度和 5%二氧化碳气相条件下的培养箱中培养 24h 左右。一般卵丘细胞显著扩张，从形态上可以确认达到成熟。在培养液中添加犊牛血清、促性腺激素、类固醇激素等，可增加卵母细胞的成熟程度。

（3）精子获能　将精子放入人工合成的培养液培养数小时。在获能液中添加肝素及咖啡因等，有利于精子获能。

（4）受精及受精时的检查　将成熟卵子移入培养液（受精液）的液滴中，加入获能的精子，置二氧化碳培养箱中共同孵育。隔一定时间检查受精情况，如出现精子穿入卵内，精子头部膨大，精子头部和尾部在卵细胞质内存在，卵内有两个原核、两个极体，或在卵巢中有一个精子的尾部，卵开始分裂，即确定为受精。

（5）体外受精卵（早期胚胎）的培养发育　将受精卵移入培养液中继续培养。

早期胚胎具有体外发育阻滞现象，因此，为克服阻滞期并获得较高的发育率，多采用与卵丘细胞、输卵管上皮细胞等共同培养的方法，以使其发育至桑葚期或囊胚期，然后即可用于移植或其他生物工程的操作。

五、胚胎嵌合

胚胎嵌合又称胚胎（受精卵）的融合，是近年来继胚胎分割后又一种新的生物技术，是用人工的方法把 2 个或 2 个以上不同遗传性状的同种或异种间（如绵山羊、黄水牛）的胚胎或卵裂球聚合在一起，形成一个完整的复合体，使其发育成一个正常的个体。它具有 2 个以上的亲代。动物胚胎嵌合不但对品种改良及新品种培育具有重大意义，而且为不同品种间的杂交改良开辟了新的渠道，对分析胚胎的发生机制和基因表现机制以及了解性别分化或免疫机制等，均具有极广泛的利用价值。

嵌合体胚胎和嵌合体动物的制作，根据胚胎的发育阶段主要分为卵裂球聚合法和细胞注入法两种。

1. 卵裂球聚合法

卵裂球聚合法也称分裂球集合法，该法是用 2 枚发育阶段相同或不相同胚胎的卵裂球相聚合培育嵌合体个体。对着床前需要透明带的动物（兔、绵羊、山羊、牛、猪）用 8 细胞—晚期桑葚胚培育种间、属间嵌合体个体时可采用本法（图 3-53）。

用聚合法制作嵌合体，首先要用 0.2%～0.5%链霉蛋白酶和酸性 PBS（pH 4～5）除去 2 种胚胎的透明带，将裸胚在 PBS 中洗涤 2 次，装入空透明带，琼脂包埋，移入石蜡油覆盖的单核细胞条件培养液（PHA 液）滴中。PHA 液用灭菌蒸馏水按 25μg/5mL 配制，冷冻保存，使用时用 PBS 或 Hanks 液稀释至质量分数为 0.5%浓度。用 5%二氧化碳、100%湿度、37.5℃ 培养 10～20min，使其融合，然后移入 20%PBS 液中洗涤 2 次，再体外培养 20～24h 或体内培养后移植。

2. 细胞注入法

用显微操作仪将供体胚的细胞或内细胞团注入受体胚的囊胚腔内发育成嵌合体。该法操作较费事，但与聚合法相比，成功率高，并有以下优点：①对着床前需要透明带的家畜来说，使用此法较好，而且培育种间嵌合体时如受体胚为囊胚时，其滋养层细胞为可遗传型受体，即可防止着床后胚胎的流产或死亡；②由桑葚胚以前的卵裂球获得的集合胚，不仅内细胞团，而且滋养层细胞也为嵌合体，这就可以通过分析目的细胞导入囊胚后的情况，来查明集合胚在以后发育中其他卵裂球和导入细胞发生分化的能力及其比例。

六、细胞核移植（克隆）

细胞核移植是一种有效的动物克隆技术，它是用显微操作将经一定处理、分离

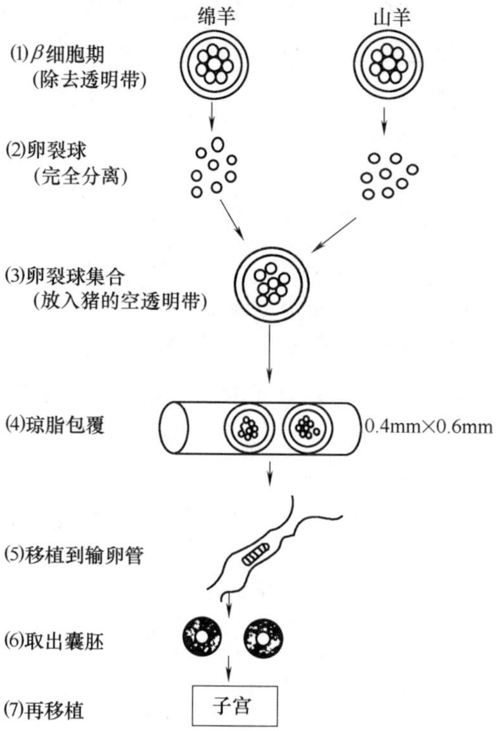

图 3-53　通过卵裂球聚合法获得种间杂合体

的单个供体细胞或细胞核导入除去染色质（核）的成熟的卵母细胞（或胚胎），经过电脉冲等方法使卵母细胞质和导入的细胞核融合，进一步分裂、发育为胚胎，并将该重组胚移植给受体，让其妊娠产仔的技术。细胞核移植可使遗传性状优良的动物个体在群体中大量增殖，大大加速遗传改良和育种进程；可用来扩增转基因动物的后代，提高转基因技术的效能；通过对胚胎性别鉴别后再克隆，期望获得大量同性别的动物；可用于对珍稀动物的扩繁和保存；通过克隆获得大量基因型相同的个体，可提高实验统计学上的可靠性等。总之，细胞核移植对于畜牧业生产、科研均有重要意义。依据核供体细胞的不同，哺乳动物细胞核移植可分为胚胎细胞核移植和体细胞核移植。

1. 胚胎细胞核移植

胚胎细胞核移植是用显微手术的方法分离未着床的早期胚胎细胞，将单个胚胎细胞导入除去染色质的成熟卵母细胞（或胚胎），经电脉冲使卵母细胞胞质和导入的胚胎细胞核融合，分裂发育为胚胎，并将该重组胚移植给受体动物，让其妊娠产仔，获得克隆动物的过程。从理论上讲，1 枚胚胎有多少个细胞，就可克隆出多少个动物。目前，作为供体核的细胞有：桑葚胚以前的卵裂球，囊胚的内细胞团细胞、胚胎干细胞（ES）以及原始生殖细胞（PGCs）等。

2. 体细胞核移植

体细胞核移植，即将动物的体细胞经抑制分化培养，使细胞处于静息状态，采用核移植方法，将体细胞核导入除去染色质（核）的成熟卵母细胞，组成克隆胚胎并移植给受体母畜，经妊娠克隆出仔畜。要使体细胞发育成胚胎，必须使它具有以下特性：①体细胞去分化，即使已分化的体细胞变成未分化的、全能性的细胞的过程；②启动体细胞基因表达的再程序化。胚胎发育是细胞中的基因在时空上进行系统而有序表达的过程。威尔姆（Wilmut）等认为，要使去分化的体细胞移入卵母细胞并发育成胚胎，还必须重新启动这种体细胞基本表达的再程序化。

从理论上讲，这种方法可无限地克隆动物个体，因为分化了的各种体细胞核是取之不尽的。因此，“多莉”的降生才会震动世界。目前，已克隆出动物的体细胞核供体有：乳腺细胞、耳上皮细胞、输卵管上皮细胞、胎儿体细胞、卵丘细胞等。成年体细胞克隆羊的诞生，作为20世纪生命科学研究的重大事件，在科学上打破了分化了的哺乳动物细胞不再具有全能性这一既有结论。尽管体细胞核移植已获成功，但它的难度远大于胚胎细胞核移植，因此，达到应用水平的时间尚难预测。

项目小结

本项目介绍了胚胎移植的生理学基础和操作原则、操作的程序。重点是牛的非手术法采卵与移植。胚胎移植在引种扩群、家畜育种方面有很大的应用价值。

技能考核项目

1. 口述胚胎移植技术的基本程序有哪些。
2. 查找资料，从经济、引种扩群和育种等方面阐述胚胎移植的应用价值。

复习思考题

一、名词解释

胚胎移植　供体　受体　采胚

二、简答题

1. 胚胎移植的基本原理是什么？
2. 胚胎移植技术的基本程序有哪些？
3. 供体母畜与受体母畜选择有什么不同？
4. 受体移植的同一性原则包含哪些原则？
5. 比较手术法与非手术法采胚的方法与应用范围。
6. 简述胚胎鉴定分级的依据是什么？
7. 胚胎延伸技术有哪几种？

项目七 母畜分娩助产

知识目标

分娩机制；分娩的预兆；分娩过程；母畜产后生殖功能的恢复；新生仔畜喂养；新生仔畜人工哺乳；新生仔畜疾病防治；胎衣不下及处理。

技能目标

1. 掌握分娩的机制、预兆和决定分娩的因素，胎儿与产道关系，熟悉分娩过程及各种家畜的分娩特点。
2. 掌握正常分娩的接产，包括产前准备、接产方法和新生仔畜的护理。
3. 掌握难产助产的基本原则以及常见难产的助产方法。

链接

妊娠诊断方法、预产期推算、预兆。

拓展

难产预防。

课题一　分娩生理

分娩的定义：所谓分娩就是指妊娠子宫将胎儿和胎衣排出的过程。

一、 分娩机制

胎儿发育成熟，分娩自然进行。分娩的发动是由激素、神经和机械性扩张等因素相互配合，共同完成的。目前认为，胎儿下丘脑—垂体—肾上腺轴（系统）对触发分娩具有重要的作用。

试验证明，切除妊娠期间羊的下丘脑、垂体和肾上腺后，可导致妊娠的无限延长。而采用肾上腺皮质素或糖皮质类固醇处理胎羔，可诱发早产。上述研究证明，由于胎儿垂体分泌促肾上腺皮质素的增加，引起胎儿肾上腺分泌肾上腺皮质素的增加。肾上腺皮质素可促进胎盘雌激素和子宫前列腺素的分泌，而抑制胎盘孕激素的产生。前列腺素的分泌又促进了卵巢黄体的溶解，并促进子宫平滑肌的收缩。雌激素分泌的增加不仅增强了子宫对刺激的敏感性，同时促进了催产素的释放（图 3-54）。

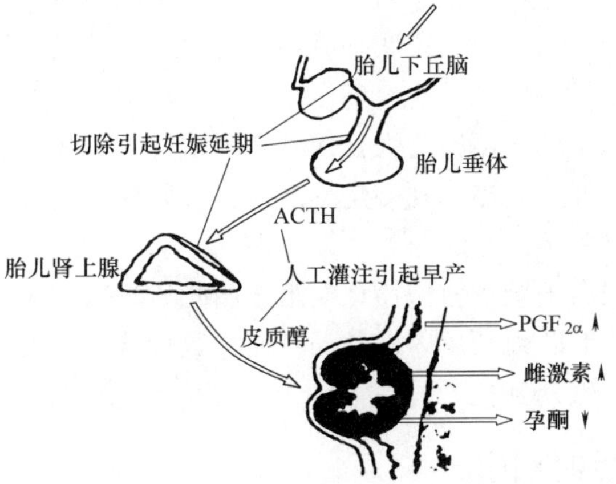

图 3-54　绵羊胎儿对分娩发动控制示意图

由于肾上腺素等激素的分泌和调节，结束了子宫的抑制状态，引起子宫的收缩，于是，分娩发动开始。

1. 分娩时母体激素的变化

（1）雌激素　雌激素在妊娠时血液中的量少，但是，绵羊和山羊在妊娠期间，雌激素逐渐增至高峰；牛到分娩发动时才达到高峰。由于雌激素逐渐增至高峰；增强了子宫肌对催产素的敏感性，从而增强了子宫肌自发性收缩作用，克服了孕酮的抑制作用，刺激前列腺素的合成和释放。

（2）孕酮　胎盘及黄体产生的孕酮，对维持妊娠起着极其重要的作用。孕酮通过降低子宫对催产素、乙酰胆碱等催产物质的敏感性，抗衡雌激素，来抑制子宫收缩。这种抑制作用一旦被消除，就成为启动分娩的重要诱因。母体（除母马）血液中孕酮浓度的下降恰巧发生在分娩之前，这是由于胎儿糖皮质类固醇刺激子宫合成前列腺素，抑制孕酮的产生所致。

（3）催产素　催产素能使子宫发生强烈的阵缩。它是由神经垂体释放的。在开始时，分泌量不大，但在胎儿排出时达到高峰，然后又下降。催产素的释放有两个方面的原因：一方面是由于妊娠最后期，雌激素升高孕酮下降，而激发神经垂体释放；另一方面是由于子宫颈或阴道受到刺激，反射性地引起神经垂体分泌催产素。

（4）前列腺素　主要是指来自子宫静脉的前列腺素。子宫静脉前列腺素在产前24h达到高峰。其作用是：①直接刺激子宫肌，引起子宫肌收缩；②某些PG有溶解黄体，使孕酮量下降，从而减弱对子宫肌收缩的阻抑作用；③促进神经垂体释放催产素。

2. 神经因素

神经系统对分娩并不是完全必需的，但对于分娩过程具有调节作用，如胎儿的前置部分对子宫颈及阴道产生刺激，通过神经传导使神经垂体释放催产素，此外很多家畜的分娩多半发生在晚间，这时外界的光线及干扰减少，中枢神经易于接受来自子宫及软产道的冲动信号。这说明外界因素可以通过神经系统对分娩发生作用。

3. 机械作用

在妊娠后期，由于胎儿逐渐增大，使子宫容积增大，张力提高，子宫内压也升高，子宫肌纤维高度伸张，当达到一定程度时，反射性地引起子宫收缩，产生分娩这种刺激作用是通过神经传导的。

由于子宫壁扩张后，胎盘血液循环受阻，胎儿所需氧气及营养得不到满足，产生窒息性刺激，引起胎儿强烈反射性活动，而导致分娩。一般双胎比单胎妊娠期较短，胎儿发育不良妊娠期延长。

二、决定分娩过程的因素

分娩能否顺利进行，主要决定于三个因素，即产力、产道及分娩时胎儿与母体的关系。若均正常，那分娩就能顺利进行，否则就会造成难产。

（一）产力

将胎儿从子宫中排出的力量称为产力，即分娩的动力。包括阵缩和努责。

（1）阵缩　就是子宫肌肉阵发性收缩。它是一阵阵有节奏的收缩。是分娩的主要动力。分娩刚开始时，子宫收缩短暂，无规律，力量不强，以后随着分娩的进行，收缩变得持久、规律，有力，每次阵缩都是由弱到强，持续一个时间后又减弱消失，每次阵缩之间有一间歇，不是持续收缩。

子宫肌的收缩是由子宫底部开始，向子宫颈方向进行。特点是具有间歇性。母畜血液中的乙酰胆碱和催产素均有促进子宫肌收缩的作用。由于乙酰胆碱和催产素的作用是时强时弱，所以子宫的收缩是具有间歇性的阵缩，这对胎儿的安全是非常重要的。如果收缩没有间歇性，那么由于胎盘上的血管受到持续性压迫，血液循环中断，胎儿缺少氧气供应，在胎儿排出缓慢时，就可能发生窒息。

（2）努责　腹臂肌和膈肌收缩，是伴随阵缩进行的，两者协同作用，是随意收缩。

（二）产道

1. 产道的构成

产道是分娩时胎儿由子宫内排出所经过的道路。它分为软产道和硬产道。

（1）软产道　包括子宫颈、阴道、前庭和阴门。在分娩时，子宫颈逐渐开张，直至完全开张。

（2）硬产道　指骨盆，主要由荐骨和三个尾椎、髋骨（包括髂骨、坐骨、耻骨）及荐坐韧带构成。骨盆分为以下四个部分。

① 入口：由荐骨的茎部、髂骨干、耻骨前缘围成。入口较大而倾斜，形圆而宽阔，胎儿易通过。

② 出口：由第三尾椎、荐坐韧带后缘以及坐骨围成。

③ 骨盆腔：是骨盆入口至出口之间的腔体。骨盆腔的大小取决于骨盆腔的垂直径及横径，垂直径是由骨盆联合前端向骨盆顶所作的垂线，横径是两侧坐骨上棘之间的距离。

④ 骨盆轴：是通过骨盆腔正中心的一条假想线，它代表胎儿通过骨盆腔时所走的路线，骨盆轴越短越直，胎儿通过越容易。分娩时，胎儿即沿骨盆轴移引。马的骨盆轴是三条线的中点连线。即：耻骨联合前端至岬部的连线；还有骨盆腔的垂直径，再就是骨盆联合后端向荐骨后端所做的连线。马的骨盒轴稍向上凸，接近一条水平线，有利于分娩。牛的骨盆轴，先向上，然后水平，再向上。似一条曲折线，因此，牛分娩较困难。

2. 各种母畜的骨盆特点（图 3-55）

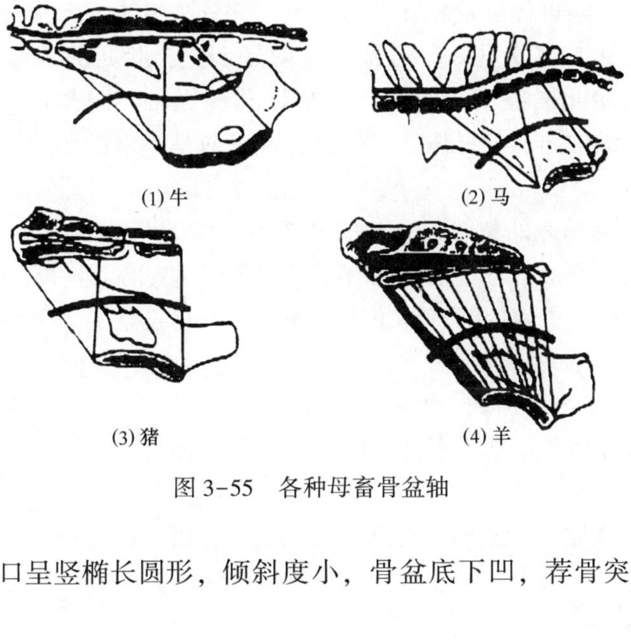

图 3-55　各种母畜骨盆轴

牛：骨盆入口呈竖椭长圆形，倾斜度小，骨盆底下凹，荐骨突出于骨盆腔内，骨盆侧壁的坐骨上棘很高而且斜向骨盆腔。因此，横径小、荐坐韧带窄、坐骨粗隆很大，妨碍胎儿通过。牛的骨盆轴是先向上、再水平、然后又向上，形成一条曲折的弧线。因此，胎儿通过较难。

马：入口圆而斜、底平坦、轴短而直；坐骨上棘小、荐坐韧带宽阔、骨盆横径大；出口坐骨粗隆较低。胎儿易通过。

猪：坐骨粗隆发达，且后部较宽、入口大、髂骨斜、骨盆轴向后下倾斜，近于直线，胎儿易通过。

羊：与牛相似，但入口倾斜度比牛大，荐骨不向骨盆腔突出，坐骨粗隆较小、骨盆底平坦，骨盆轴与马相似，呈直线或缓曲线，胎儿易通过。

3. 分娩姿势对骨盆腔的影响

分娩时母畜多采取侧卧姿势，这样使胎儿更接近并容易进入骨盆腔；腹壁不负担内脏器官及胎儿的重量，使腹壁的收缩更有力，增大对胎儿的压力。

分娩顺利与否，和骨盆腔的扩张关系很大，而骨盆腔的扩张除受骨盆韧带，特别是荐坐韧带的松弛程度影响外，还与母畜立卧姿势有关。因为荐骨尾椎及骨盆部的韧带是臀中肌、股二头肌（马牛）及半腱肌，半膜肌（马）的附着点。母畜站立时，这些肌肉紧张，将荐骨后部及尾椎向下拉紧，使骨盆腔及出口的扩张受到限制。而母畜侧卧便于两腿向后挺直，这些肌肉则松弛，荐骨和尾椎向上活动，骨盆腔及其出口就能开张。

（三）分娩时胎儿与母体的关系

（1）胎向　指胎儿的方向，就是胎儿纵轴与母体纵轴的关系。胎向有三种：①纵向，胎儿纵轴与母体纵轴相互平行。纵向又分为纵头向和纵尾向，纵头向是正生，胎儿的前肢和头部先进入产道，纵尾向是倒生，胎儿的后肢和尾部先进入产道；②横向，是胎儿横卧于子宫内，就是胎儿的纵轴与母体纵轴是水平的垂直；③竖向，胎儿的纵轴向上与母体的纵轴垂直。纵向是正常的胎向，横向和竖向是反常的。

（2）胎位　指胎儿的位置，胎儿的背部和母体的背部的关系。胎位分为三种：①上位，胎儿伏卧在子宫内，背部在上；②下位，胎儿仰卧在子宫内，背部在下；③侧位，胎儿侧卧于子宫内，背部位于一侧。上位是正常的，下位和侧位都是不正常的。

（3）胎势　胎儿的姿势，也就是胎儿正常的姿势。在正生时是两前腿伸直，头也伸直，并且放在两条前腿的上面，侧生时两后腿伸直。各部位之间的关系是伸直的或屈曲的。

（4）前置　指胎儿的某些部分和产道的关系，哪一部分向着产道，就称哪一部分前置。如正生可以称作前躯前置，倒生可以称作后躯前置。

（5）分娩时胎向、胎位和胎势的变化　分娩时，胎向不发生变化；胎位和胎势则必须改变，使其纵轴成为细长的，并适应骨盆腔的情况，否则就会难产，这种改变主要是由于阵缩压迫胎盘上的血管，胎儿处于供氧不足的状态，发生反射性挣扎所致。分娩前多数为下位或侧位，分娩时变为上位；头腿的姿势由屈曲变为伸直（图 3-56）。

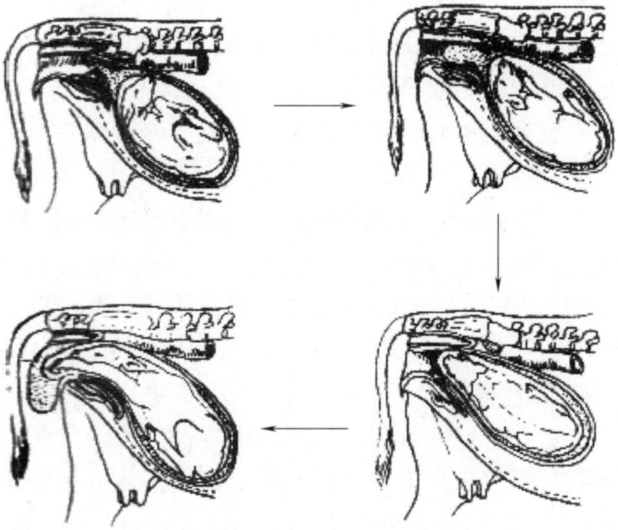

图 3-56　正常分娩过程胎位变化示意图

一般家畜在分娩时，胎儿多是纵向，头部前置，马占 98%～99%、牛约 95%、羊 70%、猪 54%。牛或羊双胎时，多为一个正生，一个倒生，猪常常是正倒交替产出。

三、分娩过程

母畜分娩前，在生理和形态上发生一系列变化。对这些变化的全面观察，可以预测分娩时间，做好助产准备。

1. 分娩的预兆

（1）精神状态　母畜在产前有精神抑郁及徘徊不安、时起时卧等现象。

产畜都有离群寻找安静地方分娩的情况，猪在产前 6～12h（有时为数天）有衔草做窝现象，尤其是地方品种猪；母兔在产前则拉毛做窝；乳牛产前 7～8d，体温可缓慢增高到 39～39.5℃，产前 12h 左右（有时为 3d），则下降 0.4～1.2℃，分娩过程中或产后又恢复到分娩前的体温。另外母畜临产前食欲不振，排泄量少而次数增多。

（2）乳房变化　产前乳房膨胀增大、皮肤发红，乳牛、猪在产前几天可挤出少量清亮胶样液体。

（3）子宫颈　子宫颈在分娩前 1~2d 开始肿大、松软。原来封闭子宫颈管的黏液软化，润化阴道，有时从阴门中流出，呈透明、拉长的线状。

（4）阴道　阴道黏膜潮红，黏液由浓度黏稠复为稀薄滑润。阴唇逐渐柔软、肿胀、增大，阴唇皮肤上的皱襞展平，皮肤稍变红。

（5）骨盆韧带　柔软松弛。

2. 分娩过程

整个分娩期是从子宫开始出现阵缩起，至胎衣排出为止。人为地分为三个时期：开口期、胎儿产出期和胎衣排出期。

（1）开口期　是从子宫开始间歇性收缩起，到子宫颈口完全开口，与阴道之间的界限完全消失为止。特点：只有阵缩而不出现努责。初产孕畜表现：食欲不振、轻度不安、时起时卧、徘徊运动、尾根翘起、常作排尿姿势，呼吸脉搏加快，但经产孕畜一般表现不安。持续时间：牛 0.5~24h、绵羊 3~7h、猪 2~12h。

（2）胎儿产出期　从子宫完全张开至胎儿排出为止。其特点是阵缩和努责共同作用，而努责是排出胎儿的主要力量，它比阵缩出现得晚，停止的早。临床表现：高度不安，时起时卧，前肢着地后肢踢腹，回头顾腹，呼吸和脉搏加快，最后侧卧，四肢伸直，强烈努责。持续时间：牛 3~4h、绵羊 1h，猪产出期的持续时间根据胎儿数目及其间隔时间而定，第一个胎儿排出较慢，从母猪停止起卧到排出第一个胎儿为 10~60min，以后间隔时间，我国品种 2~3min，引进品种较长，平均为 11~17min。

牛羊和猪的脐带一般都是在胎儿排出时就从皮肤脐环之下被扯断。马卧下分娩时则不断，等母马站起幼驹挣扎时，才被扯断。

（3）胎衣排出期　从胎儿排出后起，到胎衣完全排出为止。胎衣是胎膜的总称，其特点是当胎儿排出后，母畜即安静下来，经过几分钟后子宫主动收缩有时还配合轻度努责而使胎衣排出。持续时间：牛 2~8h，最长不超过 12h；绵羊 0.5~4h；猪 30min；马 5~90min。

课题二　分娩助产技术

一、助产前的准备

（1）提前对产房进行卫生消毒。

（2）根据配种卡片和分娩征兆，分娩前 1 周转入产房。

（3）铺垫柔软干草，消毒外阴部，尾巴拉向一侧。

（4）准备必要的药品及用具：肥皂、毛巾、刷子、绷带、消毒液（新洁尔灭、来苏儿、酒精和碘酊）、产科绳、镊子、剪子、脸盆、诊疗器械及手术助产器械。

（5）母畜多在夜间分娩，应做好夜间值班，遵守卫生操作规程。

二、正常分娩的助产

一般情况下，正常分娩无须人为干预。助产人员主要任务在于监视分娩情况和护理仔畜。

（一）保证胎儿顺利产出和母畜的安全

应按以下步骤和方法（主要针对马、牛、羊）进行。

（1）清洗母畜的外阴部及其周围，并用消毒药水擦洗。马、牛需用绷带缠好尾根，拉向一侧系于颈部。在产出期开始时，穿好工作服及胶围裙、胶靴，消毒手臂，准备做必要的检查工作。

（2）为了防止难产，当胎儿前置部分进入产道时，可将手臂消毒后伸入产道，进行检查，确定胎儿的方向、位置及姿势是否正常。如果胎儿正常，正生时三件（唇、二蹄）俱全，可自然排出。此外还可检查母畜骨盆有无变形，阴门、阴道及子宫颈的松软程度，以判断有无产道反常而发生难产的可能。

（3）当胎儿唇部或头部露出阴门外时，如果上面盖有羊膜，可帮助撕破，并把胎儿鼻腔内的黏液擦净，以便于呼吸。但不要过早撕破，以免羊水过早流失。

（4）阵缩和努责是仔畜顺利分娩的必要条件，应注意观察。当胎头通过阴门困难时，尤其当母畜反复努责时，可沿骨盆轴方向帮助慢慢拉出，但要防止会阴撕裂。

猪在分娩时，有时两胎儿的产出时间拖长。这时如无强烈努责，虽产出较慢，但对胎儿的生命没有影响；如曾强烈努责，但下一个胎儿并不立即产出，则有可能窒息死亡。这时可将手臂及外阴消毒后，把胎儿掏出来；也可注射催产药物，促使胎儿早排出来。

（二）对新生仔畜的处理

（1）擦净鼻孔内的羊水，并观察呼吸是否正常。

（2）处理脐带　胎儿产出后，脐血管由于前列腺素的作用而迅速封闭。所以，处理脐带的目的并不在于防止出血，而是希望断端及早干燥，避免细菌侵入。结扎和包扎会妨碍断端中液体的渗出及蒸发，而且包扎物浸上污水后反而容易感染断端，不宜采用。只要在脐带上充分涂以碘酒或最好在碘酒内浸泡，每天一次，即能很快干燥。碘酒除有杀菌作用外，对断端也有鞣化作用。

（3）擦干身体　将小马及仔猪身上的羊水擦干，天冷时尤需注意。牛羊可由母畜自然舔干，对头胎羊需注意，不要擦羔羊的头颈和背部，否则母羊可能不认羔羊。

（4）扶助仔畜站立，帮助吃初乳。

（5）检查胎衣是否完整和正常，以便确定是否有部分胎衣不下和子宫内是否有病理变化。

（三）难产及其预防

1. 难产的分类及检查

（1）分类　可分为由母体引起的产力性难产、产道性难产、胎儿性难产三类。

① 产力性难产：阵缩及努责微弱；阵缩及破水过早及子宫疝气。

② 产道性难产：子宫位置不正；子宫颈、阴道及骨盆狭窄；产道肿瘤。

③ 胎儿性难产：胎儿过大、过多；胎儿姿势不正（头、前后肢不正）；胎儿位置不正（侧位、下位）；胎儿方向不正（竖向、横向）。

在以上三种难产中，以胎儿性难产最为多见，在牛的难产中约占3/4；在马、驴难产中可达80%；而在猪中，以胎儿过大引起的难产较多。在临床中，往往难产的出现并不是由单一因素引起的，如子宫颈狭窄伴以胎儿姿势反常；前肢和头部姿势可能同时发生不正等。在各种家畜中，由于牛的骨盆比较狭窄，骨盆轴不像马那么直而短，分娩时不利于胎儿通过，所以难产要比马、羊多见。

（2）检查　为了判明难产的原因，除了检查母畜全身状况外，必须重点对产道及胎儿进行检查。

① 产道检查：主要检查是否干燥、有无损伤、水肿或狭窄，子宫颈开张程度（母牛子宫颈开张不全较多见），硬产道有无畸形、肿瘤，并注意流出的液体和气味。

② 胎儿检查：不仅了解其进入产道的程度、正生或倒生以及姿势、胎位、胎向的变化，而且要判定胎儿是否存活。

检查的要领是：当正生时，将手指伸入胎儿口腔，或轻拉舌头，或按压眼球，或牵拉刺激前肢，注意有无生理反应，如口吸吮、舌收缩、眼转动、肢伸缩等，也可触诊颌下动脉或心区，有无搏动；当倒生时，最好触到脐带，查明有无搏动，或将手指伸入肛门，或牵拉后肢，注意有无收缩或反应。如胎儿已死亡，在助产时可不顾忌胎儿的损伤。

2. 难产的救助原则

（1）在助产时，尽量避免产道的感染和损伤，注意器械的使用和消毒。

（2）当母畜横卧保定时，尽量将胎儿的异常部分向上，以利操作。

（3）为了便于推回或拉出胎儿，尤其是产道干燥，应向产道内灌注润滑剂，如肥皂水或油类。

（4）矫正胎儿反常姿势，应尽量将胎儿推回到子宫内，否则产道容积有限不易操作，推回的时机应在阵缩的间歇期。前置部分最好栓上产科绳。

（5）在拉出胎儿时，应随母畜的努责而用力。对大家畜人数也不宜过多，并在术者统一指挥下试探进行。注意保护会阴，特别是在初产母牛胎头通过阴门时，会阴容易撕裂。

3. 难产预防

难产虽不是十分常见的疾病，但极易引起仔畜死亡，且若处理不当，使子宫及软产道受到损伤或感染。轻者影响生育，重者危及生命。一般预防措施如下。

（1）切忌母畜过早配种　否则由于母畜尚未发育成熟，在分娩时容易发生骨盆狭窄，造成难产。

（2）妊娠期间，对母畜进行合理饲养，给予完善营养　以保证胎儿的生长和维持母畜的健康，降低分娩时发生难产的可能性。妊娠末期，适当减少蛋白质饲料，以免胎儿过大。

（3）安排适当的使役和运动　提高母畜对营养物质的利用；使全身及子宫肌的紧张性提高。这样在分娩时有利于胎儿的转位、防止胎衣不下及子宫复位不全等。

（4）做好临产检查，对分娩正常与否作出早期诊断　检查时间：牛从开始努责到胎膜露出或排出羊水这一段时间；马、驴是尿膜囊破裂，尿水排出之后，胎儿的前置部分进入骨盆腔的时间。检查方法：将手臂及母畜的外阴消毒后，手伸入阴门，隔着羊膜（不要过早撕破，以免羊水流失，影响胎儿的排出）或伸入羊膜（羊膜已破时）触诊胎儿。如果摸到胎儿是正生，前置部分（头及两前肢）正常，可任其自然排出；如有异常应及时矫正。因此时胎儿的躯体尚未楔入骨盆腔，难产的程度不大，羊水尚未流尽，子宫内滑润，矫正容易。如马、牛的胎头侧弯较常见，在产出期，这种反常只是头稍微偏斜，稍加扳动，即可拉直。

三、母畜产后期及产后护理

1. 产后期

从胎衣排出到生殖器官恢复原状的一段时间称为产后期。产后期生殖器官的主要变化如下。

（1）子宫　产后子宫复原，即妊娠子宫各种变化恢复到原来状态。产后期变化最大的是子宫，胎儿及胎衣排出后，它迅速缩小。复原时间：牛 9~12d，羊 17~20d，马 13~25d，猪 10d 左右。分娩以后，子宫黏膜上皮发生再生现象，一部分黏膜实质变性萎缩并被吸收。再生过程中变性脱落的母体胎盘、残留在子宫内的血液、羊水和子宫腺的分泌物被排出来，这种混合液体称为恶露。产后头几天，恶露量多，因含血液而呈红褐色，以后变为黄褐色，最后变为无色透明，停止排出。正常恶露有血腥味，但无臭味。恶露排尽时间：马为 2~3d，山羊 2 周，恶露排出时间延长，且色泽气味反常或呈脓样，表示子宫内有病理变化。

（2）卵巢　母马卵巢内的黄体在妊娠后半期已经开始萎缩，至分娩时黄体已消失，因此分娩后很快便有卵泡发育，所以产后第一次发情出现的时间较快，一般产后十余天便发生第一次排卵，牛等家畜卵巢中的黄体虽然在妊娠末期就有变性现象，仅至分娩后才被吸收，所以产后第一次发情较晚。

（3）阴道、阴道前庭及阴门　在分娩后4~5d即复原，但并不完全恢复到原来的大小。

（4）骨盆及其韧带　在分娩后4~5d恢复原状。

（5）妊娩浮肿　马牛腹下的妊娠浮肿在产后逐渐缩小，一般在10d左右消散。乳房浮肿在产后数天即消失，马比牛快。

2. 产后的护理

在分娩和产后期中，母畜整个机体，特别是生殖器官发生激烈的变化，机体抵抗力降低，在产出胎儿、子宫张开时，产道黏膜表皮可能造成损伤，产后子宫内又积存大量的恶露，即为微生物的侵入创造了条件，同时，在分娩过程中，母畜丧失了很多水分。因此，对产后期的母畜应加以特别护理。

（1）产后要供给母畜足够的水和麸皮汤等。

（2）保持母畜外阴部的清洁，要用消毒溶液清洗外阴部、尾巴及后躯。

（3）供给优质、易消化的饲料，但不宜过多，否则引起消化道及乳腺疾病。饲料可逐渐变为正常。

（4）青饲料不宜过多（乳牛例外），以免乳量分泌过多，引起乳腺炎或仔畜拉稀。

（5）垫上清洁的草并勤换。

（6）役畜产后半个月内停止使役。

（7）母畜产后出现的一些病理现象，应及时妥善处理。

3. 新生仔畜的护理

新生仔畜出生以后由母体进入外界环境。生活条件骤然发生改变，由通过胎盘进行气体交换转变为自行呼吸，由原来通过胎盘获得营养物质和排泄变为自行摄食、消化及排泄。此外胎儿在母体子宫内时，环境的温度相当稳定，不受到外界条件的影响。更重要的是新生仔畜的各部分生理功能还很不完全。为了使其逐渐适应外界环境，必须做好护理工作。

（1）防止窒息　尽量清除幼畜口腔及呼吸道的黏液、羊水。如黏液较多，可将幼畜两后肢提高，肢头向下，轻拍胸膛，然后用纱布擦净口中或鼻腔的黏液；也可用胶管插入鼻孔或气管用注射器吸出。

（2）防止脐带感染　脐带感染后，出血脓肿，严重时产生脓性败血症而死亡。新生仔畜的脐带断端，一般产后1个月左右便自然干燥脱落，但仔猪产后24h即干燥脱落。为防止脐带感染，首先应避免新生仔畜互相吸吮，其次垫草要干燥清洁。

（3）防止感冒　冬季及早春应特别注意新生仔畜的保温。因它体温调节中枢尚未发育完全，调温功能也很差。

(4) 及时食到初乳　母畜产后头几天排出的乳汁称为初乳，初乳中会有大量的抗体，可以增强机体的抵抗力；初乳中镁含量较多，可以软化和促进胎便排出；初乳营养完善，含有大量的营养物质。

课题三　诱导分娩技术

诱导分娩也称引产，是在认识分娩机制的基础上，利用外源激素模拟发动分娩的激素变化，调整分娩进程，促使其提前到来，产出正常的仔畜。这是人为控制分娩过程和时间的一项繁殖新技术。

一、诱导分娩的作用

一般认为，诱导分娩可减少或避免新生仔畜和孕畜在分娩期间可能发生的伤亡事故，提高仔畜成活率，这是因为：一方面，在高度集约化生产中，便于有计划地生产和组织人力、物力进行有准备的护理工作；另一方面，可将分娩控制在工作日和上班时间内，有利于加强准备监护措施；同时为分娩母畜之间新生仔畜的调换，提供了机会和可能（如母猪之间调换仔猪和寻找养母等）。

诱导分娩可节约劳动力和时间，便于有计划利用产房和其他设施，提高生产效率。另外，诱导同期分娩和同期发情技术相辅相成，互相促进、有利于仔畜的哺乳、断乳、育肥等饲养管理和开展动物生产工作。

诱导分娩的应用范围：①当母畜个体小、胎儿生长快、妊娠未到足日时易发生难产或在妊娠晚期孕畜因病或受伤不能负担胎儿时；②当孕畜不得已而须屠宰之前，为拯救产出活胎儿；或经诊断患有胎液过多症，而胎儿生长正常时；③专为取得花纹更美观的羔羊裘皮，应提早在 10d 以内诱导分娩（湖羊即有过实验，但尚有争论）；或为研究胎儿后期生长而采集标本，避免杀母取胎；④大牧群要求在白天分娩，便于助产，减少死亡率；⑤临产时母畜阵痛微弱，防止胎儿不产出造成的胎儿死亡，出于催产的目的；⑥当孕畜超过预产期、延期分娩时。

诱导分娩可作为特殊情况下应用的技术，而作为普及性技术在生产中应用尚不可取。当然，这还要看以后的发展情况。

二、诱导分娩的方法

目前诱导分娩使用的激素有皮质激素或其合成制剂，$PGF_{2\alpha}$ 及其类似物、雌激素、催产素等。下面仅对猪、牛的诱导分娩技术作一介绍。

1. 猪的诱导分娩

根据母猪分娩机制，有 4 类激素可被用来进行诱导分娩：促肾上腺皮质激素作用于胎儿；对胎儿或母体施用皮质激素类似物；向母体施用 $PGF_{2\alpha}$ 及其类似物；临产前 12h 向母体注射催产素。由于猪的有效诱导分娩处理时间不能早于妊娠的 111d 之前，因此预产期只提前 1~2d。

诱导母猪分娩可在妊娠 112~113d 的母猪颈部肌肉注射前列腺素类似物——氯前列烯醇 200μg，30h 内多数母猪分娩。从注射到产仔间隔时间为（23.94±4.4）h，窝平均产仔数及死产仔数与对照组差异不显著。肌肉注射 15-甲基 $PGF_{2\alpha}$ 约 10mg 可取得同样效果；另一种控制分娩时间的方法是在妊娠 112d 时注射氯前列烯醇，次日再注射催产素 50IU，数小时后即可分娩。

2. 牛的诱导分娩

前列腺素类药物和糖皮质激素类药物可用来诱导牛的分娩。雌激素也可有同样作用，但不如前两者。

常用的前列腺素为 $PGF_{2\alpha}$ 或类似物氯前列烯醇 0.5mg。糖皮质类激素有长效和短效两种。长效可在预计分娩前 1 个月左右注射，用药后 2~3 周激发分娩。短效者能诱导母牛在 2~4d 产犊。在母牛妊娠 265~270d，可使用短效糖皮质激素。如一次肌肉注射 2mg 地塞米松，即可达到诱导引产的目的，也可把长效和短效相结合来用。

使用糖皮质类激素诱导分娩的副作用较大，如产生新生犊牛死亡和胎衣停滞等问题。而单独使用前列腺素出现难产情况较多。使用催产素诱导母牛分娩，效果也很不理想，只有当母牛体内催产素的受体发育起来后，用催产素才有效，而且只有子宫颈变松软之后，才安全。诱导母牛分娩对肉牛生产意义较大，可调节产犊季节，让犊牛充分利用草场提高生产效益。但诱导分娩若缩短正常妊娠期一周以上，则犊牛成活率降低。因此，防止犊牛死亡与胎衣停滞，仍是解决诱导分娩技术应用的关键。

项目小结

本项目介绍了正常分娩的接产，包括产前准备、接产方法和新生仔畜的护理；难产的分类，初步掌握难产助产的基本原则以及常见难产的助产方法。

技能考核项目

1. 口述母畜临产的表现有哪些。
2. 口述如何做好母猪分娩前的准备。
3. 现场分析种猪场（养殖场）分娩助产过程存在什么问题，提出改进措施。

复习思考题

一、简答题

1. 临产母畜有哪些外部症状？
2. 分娩的三要素是什么？
3. 试述助产前都要做哪些准备。
4. 试述如何护理新生的仔畜。
5. 哪些因素可能会影响母畜的正常分娩？

二、讨论题

在你所见到的养殖场分娩助产过程存在什么问题？有哪些好的方法？

项目八 犬的人工授精技术

知识目标

了解犬人工授精技术的特点；掌握犬人工授精技术在宠物养殖上的应用。

技能目标

具备犬的精液采集、稀释、输精的知识；冷冻精液的应用。

链接

宠物的杂交、改良技术等。

拓展

种犬的选择、犬的繁殖新技术的应用等。

犬的人工授精，是借助器械或徒手操作，以人工的方法采集公犬精液，经过精液品质检查、稀释和保存等系列处理后，在母犬发情后的适当时机，把精液输入发情母犬的生殖道内以达到受胎的目的，这种代替自然交配的技术。

一、采精

犬的采精多采用手握按摩法采精，同时辅以发情雌犬的刺激或发情雌犬阴道分泌物的刺激（图 3-57）。

因为这种方法基本可以采集到雄犬各阶段精液，同时不降低精液品质，也不损伤雄犬的生殖器官，采精器械相对简单。

1. 手握采精法

右手戴上乳胶手套，按摩阴茎包皮和阴茎球，左手持集精杯在公犬左侧准备收集精液（气温低于 20℃以下时，集精杯需保温）。按摩阴茎包皮，待其勃起后，将

图 3-57　犬的采精方法

阴茎球握在手中并给予适当压力。首先射出不含有精子的少量透明液体，接着射出乳白色奶样富含有精子的浓稠精液。最后射出大量水样透明的前列腺分泌物。若只收集浓段精液，在公犬抬起一只后腿时，表明第二段精液已射完，立即停止按摩，并结束采精。

2. 假阴道采精法

假阴道安装好后，调温，涂抹润滑剂，然后术者握住犬的阴茎球按摩，使阴茎勃起并插入假阴道，捏动双联打气球以调节压力刺激阴茎，即开始射精，当公犬企图后转时，即为浓段精液已射完，可结束采精。

二、精液品质检查

精液品质直接影响受胎率，采出的精液必须经过检查与评定，才能确定是否可用于输精，以及对精液稀释比例的确定。精液检查也是对种雄犬种用价值的检验。精液检查要求快速准确，取样要有代表性。操作室要清洁无尘，室温应保持在 18~25℃。

精液品质检查的项目一般分为常规检查项目和定期检查项目。常规检查项目有：射精量、颜色、气味、pH、精子活率、精液密度等，定期检查项目有：精子计数、精子形态、精子存活时间及指数、精子死亡率、精子微生物污染、精子代谢等。生产实践中通常采用外观检查、显微镜检查进行评定。

三、 精液稀释

在精液中添加一定量适宜精子存活并保持其受精能力的溶液称为精液的稀释，添加的溶液称为稀释液。只有经过稀释的精液，才适于保存、运输及输精等。因此，精液稀释是犬人工授精中的一个重要技术环节。精液稀释的目的在于扩大精液的容量，增加每次射出精液的配种雌犬数。所采用的稀释液的 pH、渗透压必须满足精子生存的条件，并能为精子提供营养物质。

四、精液液态保存

精液保存的目的是延长精子在体外的存活时间，并通过运输扩大精液的使用范围。精液的液态保存按照保存温度可分为常温（15~25℃）和低温（0~5℃）两种。此种形式的有效保存期较短，一般为0.5~5d。

犬常温保存的稀释液：Tris液2.4%；柠檬酸钠1.3%；果糖1%；蛋黄20%；青霉素、链霉素各50万IU。

采得的精液即便立即输精也难免在体外暴露一定时间，从而影响其中精子的生命。这种影响与外界温度有密切关系。据研究，把采得的犬精液装在试管中放置在4℃、15℃、37℃的温度下保存，然后观察其生存指数，结果：4℃温度下6h后降到60%；8h降到24%；在15℃经1h降到80%，2h后只剩20%；在37℃经1h降到60%，2h后几乎为零。据此判断，鲜精液采取后如果保存在冰箱里，数小时后仍可用于输精。

五、精液冷冻保存

犬的精液冷冻保存是将采集的新鲜精液，经过品质鉴定、稀释和冻前处理，按特定的程序降温，最后在超低温（-196℃）下长期保存。

犬的精液冷冻保存时，除了使用常温保存的稀释液的成分外，需加入4%的甘油，作为冷冻保存的稀释液。

犬精液冷冻后，其代谢几乎停滞，活动完全消失，精子生命以相对静止的状态保存下来，一旦温度回升，又能复苏活动。所以，从理论上讲，冷冻精液的有效保存时间是无限的，然而在目前的冷冻方法中，精液内只有部分精子能经受冷冻，升温后可以复活，而另一部分由于在冷冻过程中，发生不可逆的变化而死亡。

精液冷冻保存技术的一般程序为：精液品质检查、精液稀释、分装、降温与平衡、冻结、解冻与检查和保存与运输。

六、输精

母犬是单一发情动物，不反复发情，正常的每年发情两次，在每年春（3~5月间）、秋（9~11月间）各有一次。

母犬初次发情时，虽然已达到性成熟，但身体发育尚不完善，实际管理中一般要求在母犬第2次发情时初配。而犬的初情时间，又因品种、饲养管理条件、遗传、环境等因素的影响而不同，早的有6月龄发情，晚的15~18月龄发情，平均为10~12月龄，发情周期大约为6个月。因此，我们一般在犬16~18月龄时允许初配。

犬发情期间，阴唇肿胀，临近排卵时肿胀程度最高，然后渐渐消退。阴道的肌肉组织由紧张状态渐变为松弛，使阴道松软、变大，在排卵期变得最大，然后渐渐恢复正常。同时，阴道壁和子宫内膜组织增生，伴随血液渗出，阴道流出血样物质，开始时呈暗红色或鲜红色，而后变淡，至排卵时呈淡淡的粉红色或无色，随后逐渐消失。

母犬发情表现：①食欲减少，烦躁不安，频频排尿，喜接近公犬；②发出求偶的吠叫，对周围事物反应迟钝；③阴户肿胀、潮红，流出伴有血液的红色黏液。

母犬的排卵，可用犬的排卵检测仪进行检测（图 3-58）。

图 3-58　犬的排卵检测仪

输精是将符合标准的精液，适时而准确地用输精器械输入到发情雌犬的子宫内，以达到妊娠为目的的技术操作。整个操作过程均应做到慢插、适深、轻注、缓出（图 3-59 至图 3-61）。

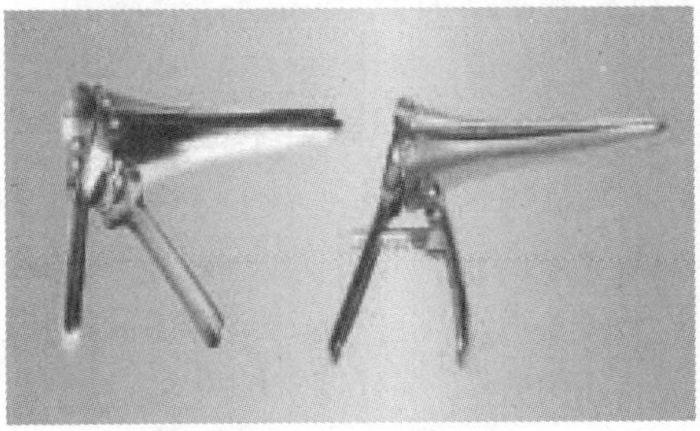

图 3-59　犬用开膣器

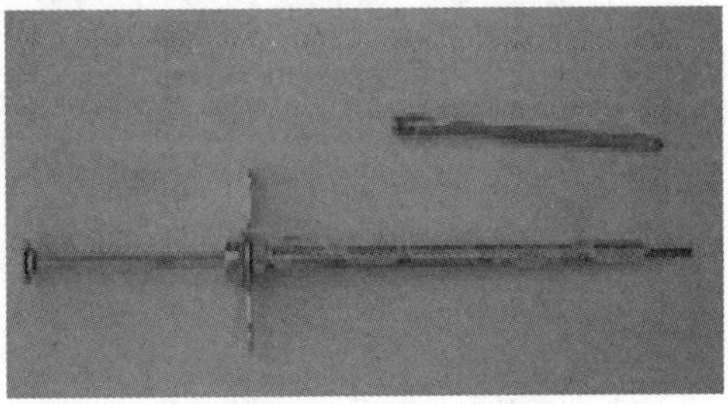

图 3-60　犬的输精管

图 3-61　母犬的输精方法

输精人员将雌犬放在适当高度的台上站立保定或做后肢举起保定，将输精枪与雌犬背腰水平线大约呈 45°向上插入 5cm 左右，随后以平行的方向向前插入。输精枪到达子宫颈口时，输精人员会感到明显的阻力，此时，可将输精枪适当退后再行插入，输精枪通过子宫颈口后，输精人员会有明显的感觉。这时，可将输精枪尽量向子宫内缓慢推送，有的甚至可达子宫角。当输精枪不能再深入时，输精人员将输精枪后退少许，即可缓慢注入精液。输精后抬高雌犬的后躯 3~5min，防止精液倒流。

使用鲜精输精时，每次输精的标准为：精子活率不低于 0.35，输精量 0.25mL，含有效精子数不低于 2000 万个。

使用助手，给犬输精的方法：助手固定母犬头颈部，将母犬后躯提高与地面呈 60°角，将母犬的尾巴拉向一侧，暴露阴门。输精人员食指和输精管上涂少量润滑剂，将食指插入母犬阴道，翻转食指并到达骨盆缘。将输精管沿食指插入阴道。遇到阻力时，将输精管后退 4~6cm，调整角度后再插入。输精深度 10~25cm（根据母犬的大小）。输精完成后，抽出输精管。

母犬人工授精结束后，要把母犬后 1/4 的身体提起来，保持至少 5min。用一只戴着手套的手放在母犬阴道处，以刺激阴道肌肉收缩，进而刺激母犬受孕。

注入精子数的多少能影响受胎率和产仔数。一般输入 3 亿以上的精子才能得到较正常的受胎率，一般精子数在 1 亿时产仔数才能达正常水平。

使用冷冻精液，解冻后应立即输精。有效精液量应为 0.25mL，含 1500 万个有效精子，其存活率保持在 50%~70%。为了保证受胎率，建议每天输精一次，连续输精 3d。

项目小结

本项目介绍了犬的采精、精液检查、输精等内容。重点是犬的人工授精技术的应用。

技能考核项目

1. 口述（或现场实际观察）犬的发情有哪些外部表现。
2. 通过图书馆（或上网）查阅有关资料，写一篇有关犬的精液保存方法的综述文章。

复习思考题

1. 简述犬的采精方法。
2. 简述犬的精液检查的方法。

项目九 繁殖疾病防治

知识目标

掌握繁殖力的概念、畜禽繁殖力的评价方法；掌握公畜、母畜繁殖障碍的发生原因和解决办法；掌握提高群体繁殖力的综合措施。

技能目标

畜禽繁殖力的评价。

链接

母畜的发情及发情鉴定；人工授精；妊娠及妊娠诊断。

拓展

饲养管理与环境卫生；疾病的治疗与防控。

课题一 畜禽正常繁殖力的评价

一、繁殖力的概念

繁殖力是指动物维持正常生殖功能、繁衍后代的能力，是评定种用动物生产力的主要指标。动物繁殖力是个综合性状，涉及动物生殖活动的各个环节。动物繁殖力的高低受多种因素的影响，除了繁殖方法和技术水平以外，公母畜本身的生理状态也起着决定性作用。

对公畜来说，繁殖力反映在性成熟早晚、性欲强弱、交配能力、精液质量和数量等。对母畜而言，繁殖力体现在性成熟的迟早、发情表现的强弱和次数、排卵的多少、配种受胎、胚胎发育、泌乳和哺乳等生殖活动。就整个畜群来说，繁殖力是综合个体的上述指标，以平均数或百分数表示，如总受胎率、繁殖率、成活率和平均产仔间隔等。

通过繁殖力的测定，可以随时掌握畜群的繁殖水平，验证某些技术措施的实施效果及管理方式的合理性，并及时发现畜群的繁殖障碍，以便采取相应的手段，不断提高畜群的品质和数量。

二、畜禽的正常繁殖力

在正常的饲养管理、正常的环境条件、正常的繁殖功能下表现出的繁殖力称为正常繁殖力。一个实际的繁殖群体几乎不能达到100%的繁殖率，因为任何一种环境因素波动，都会使个体的生理功能发生某些变异，这些变异常常会暂时、较长期甚至永久地影响群体的繁殖力。因此，对不同家畜、不同品种和品系以及不同饲养管理环境条件，必须分别制定正常繁殖力的标准。决定繁殖力的主要生理因素为排卵数目、受精卵数和产仔数。排卵数因品种而异，也受环境条件的影响。受精卵数除决定于正常排卵数外，还决定于正常精子的数量、获能与受精，以及配种的技术条件等。另外，生殖功能异常和某些病理因素也会影响繁殖力。

1. 牛的正常繁殖力

通常情况下，每头母牛每年可产犊1头，所以母牛的繁殖力常用一次受精后受胎效果来表示。这一数值随着妊娠天数的增加，至分娩前达到最低数值，这说明在妊娠过程中，由于早期胚胎的丢失、死亡和早期流产而降低了最终受胎率。

我国乳牛的成年母牛的情期受胎率一般为40%～60%，年总受胎率为75%～95%，分娩率为93%～97%，年繁殖率为70%～90%。母牛年产犊间隔为13～14个月，双胎率为3%～4%，繁殖年限在4个泌乳期左右。其他牛的繁殖率较低，黄牛受配率一般在60%左右，受胎率为70%左右，母牛分娩及犊牛成活率均在90%左右，因此年繁殖率在35%～45%。

每头受胎母牛需要配种的情期数越多，则实际受胎率就越低。因此，在由于繁殖原因淘汰的母牛中，配种次数越多，淘汰比例也应越大（表3-16）。

表3-16　　母牛不同配种情期数的受胎率

配种情期数	受精数/头	受胎率/%	配种情期数	受精数/头	受胎率/%
1	5744	60.6	5	191	40.3
2	2146	54.6	5以上	200	22.5
3	890	46.2	合计	9582	56.0
4	411	43.3			

公牛在合理的饲养管理条件下，提供大量有受精能力的精子，同时还要保持旺盛的性欲和较高的交配能力，以保证通过自然交配或人工授精的方法得到较高的妊娠率。与其他家畜相比，公牛的精液耐冻性强，冷冻精液和人工授精技术的推广应

用较其他畜种普及，因此种公牛的利用率较高，平均每头公牛每年可配种 1 万～2 万头母牛。所以，要想获得具有繁殖潜力的公牛，必须认真检查其生殖器官的形态和生理功能，测定性欲和交配能力。具有较高繁殖力公牛的主要指标为：膘度适中、体格健壮、性欲旺盛、睾丸大而有弹性、精液量大、精子活率高且密度大、畸形精子的比例低等。

2. 马的正常繁殖力

马的繁殖力因遗传、环境、使役的不同而有很大差异，但总体来说，马的繁殖力比其他家畜低，这与其本身的生殖生理特点和明显的季节性发情有关。目前，公马通常以性反射强弱，以及在一个配种期内所交配的母马数、采精次数、精液质量、与配母马的情期受胎率、配种年限和幼驹的品质等反映其繁殖力水平。繁殖力高的公马，年平均采精可达 148 次，平均射精量 94～116mL，精子密度 1. 05～1. 41 亿/mL，受精率可达 68%～86%。

母马的繁殖力多以受胎率、产驹率、幼驹成活率、终生产驹数和产驹间隔等指标来表示。国内应用新鲜精液进行人工授精的情期受胎率一般为 50%～60%，高的可达 65%～70%，全年受胎率为 80%左右，由于流产率较高，实际繁殖率只有 50%左右，国外饲养管理水平较高的马场，受胎率可达 80%～85%，而一般马场只有 60%～75%，产驹率只有 50%以上。

3. 羊的正常繁殖力

对于进行自然交配的种公羊来说，正常情况下交配而未孕的母羊百分数，可反映出不同公羊的繁殖力，对于各品种的公羊来说，这一指标的范围一般在 0～30%，高繁殖力的公羊可低于 5%。除此之外，目前把睾丸的大小、质地，精液品质和性欲等作为公羊繁殖力综合评定的主要依据。

母羊的正常繁殖力因品种、饲养管理和环境而异。绵羊多为一年一胎，两年可达 3 胎。山羊一般年产 1～2 胎，每胎 1～3 羔。在环境和饲养管理条件不良的地区，母羊一般产单羔，但在环境和饲养管理条件较好的地区，如兰德瑞斯羊、小尾寒羊和湖羊等品种大多产双羔，有时产 3 羔以上。表示母羊繁殖力的方法，常用每 100 头配种母羊的产羔数来表示。由于有些母羊产双羔或多羔，所以上述指标不能正确地反映产羔母羊的百分数。下面为主要绵羊品种的产羔率，它们的双羔率有着明显的差异，结果产羔率也有很大的差异（表 3-17）。羊的受胎率均在 90%以上，情期受胎率为 70%，繁殖年限为 8～10 年。

表 3-17　多个绵羊品种的产羔率

品　种	统计头数/头	双羔率/%	产羔率/%
湖羊	721	—	212
小尾寒羊	431	56. 4	229

续表

品　种	统计头数/头	双羔率/%	产羔率/%
大尾寒羊	—	44.6	167
藏羊	—	少	70~80（103）
蒙古羊	—	少	94
东北细毛羊	8132	—	130
新疆细毛羊	7700	—	127~142
美利奴羊	19000	2.8	103
南丘羊	4989	23.0	124
多赛特羊	13053	25.3	127
雪福特羊	25779	43.60	146
兰德瑞斯羊	7277	54.80	166
罗姆尼羊	—	—	105~145

4. 猪的正常繁殖力

在家畜中猪的繁殖力较强，一年可产 2 胎。公猪的繁殖力高低对母猪的受胎率、产仔数等有重要影响。要求公猪有旺盛的性欲和强壮的体格，保证其能够顺利地完成爬跨、交配或采精；此外，公猪的射精量和精液品质是影响其繁殖力的重要因素。以下是正常公猪精液的相关参数（表 3-18）。

表 3-18　　正常公猪精液的相关参数

有关参数	青年公猪（8~12 个月）	成年公猪（12 个月以上）
射精量/mL	100~300	100~500
总精子数/个	$\geqslant 10\times10^9$	$10\times10^9 \sim 40\times10^9$
活精子数	>85%	>85%
直线前进运动精子数	>70%	>70%
初级畸形精子①数	<10%	<15%
次级畸形精子②数	<10%	<15%
无血脓和异物	+③	+

注：① 初级畸形精子指发生在睾丸实质部的畸形，包括头部和中段的畸形。

② 次级畸形精子，主要指发生在附睾部位的畸形，以尾部的畸形为主。

③“+” 表示无血脓和异物。

母猪的正常情期受胎率一般在 75%~80%，总受胎率 85%~90%，平均每窝产仔数 8~10 头，但品种间、胎次间差异很大（表 3-19）。同一品种不同类群之间产仔数也有差异。一般情况下我国地方品种产仔数多，繁殖力强，引进的一些外来品种繁殖力较低，可通过与本地猪杂交从而提高其繁殖能力。

表 3-19　　我国主要猪种的产仔数　　单位：头

品种	每窝产仔数		品种	每窝产仔数	
	平均	最多		平均	最多
定县猪	7.27	13	文昌猪	11.42	18
项城猪	10~12	25	中山猪	11.67	20
金华猪	13.84	20~28	陆川猪	12	20
太湖猪	14~17	25~30			

5. 家禽的正常繁殖力

家禽因种或品种的不同产蛋量差异很大。如浦东鸡平均年产蛋 100 枚，而星杂 288 产蛋可达 260~295 枚。受精率与种禽的品质、健康状况、年龄、季节、饲料和饲养管理等因素有关，正常情况下鸡蛋的受精率为 90%左右。孵化率和种禽的体质、饲养管理，种蛋的生物学品质和孵化制度密切相关，鸡蛋的孵化率，如按出雏数与入孵受精蛋数的比例计算，一般为 80%以上，如按出雏数与入孵种蛋数的比例计算，一般为 65%以上。

三、评定繁殖力的指标与方法

畜禽因品种、饲养管理条件和繁殖方法的不同，表示繁殖力的指标也不尽相同，目前国内外通常应用的主要有以下几种。

1. 受胎率

受胎率即评价母畜的受胎能力或公畜的受精能力的综合性指标。常用以下几种表示方法。

（1）情期受胎率　即表示妊娠母畜头数占配种情期数的百分率。

情期受胎率＝(妊娠母畜数/配种情期数)×100%

在生产中情期受胎率可以按年度进行统计，科研中也可以按特定的阶段进行统计，它能较快地反映出畜群的繁殖问题，同时也可反映出人工授精员的技术水平。

① 第一情期受胎率：即第一情期配种后妊娠的母畜数占第一情期配种母畜数的百分率。

第一情期受胎率＝(第一情期受胎母畜数/第一情期配种母畜数)×100%

此指标可以反映出公畜精液的受精力及对母畜的繁殖管理水平。公畜精液质量好，产后子宫复旧好，生殖道产后处理干净的第一情期受胎率就高。

② 总情期受胎率：即配种后最终妊娠母畜数占总配种母畜情期数（包括历次复配情期数）的百分率。

总情期受胎率＝(最终妊娠母畜数/总配种母畜情期数)×100%

（2）总受胎率　即年最终妊娠母畜数占年配种母畜数的百分率。一般在每年配种结束后进行统计，在计算配种头数时应把有严重生殖系统疾病（如子宫内膜炎等）和中途失配的个体排除。此项指标可以衡量年度内的配种计划完成情况。

总受胎率＝(年最终妊娠母畜数/年配种母畜数)×100%

（3）不返情率　即配种后某一定时间内（如30d、60d、90d等），不再表现发情的母畜数占配种母畜数的百分率。

不返情率＝(不再发情的母畜数/配种母畜数)×100%

2. 配种指数

配种指数即指参加配种母畜每次妊娠的平均配种情期数，是衡量繁殖力的一种指标，在相同的条件下，则可反映出不同个体和群体间的配种难易程度。

配种指数＝配种情期数/妊娠母畜数

3. 繁殖率

繁殖率即指本年度内出生仔畜数占上年度终存栏适繁母畜数的百分率。主要反映畜群增殖效率。

繁殖率＝(本年度内出生仔畜数/上年度终适繁母畜数)×100%

4. 断乳成活率

断乳成活率即在断乳时成活仔畜数占出生时活仔畜总数的百分率，或为本年度终成活仔畜数（可包括部分年终出生仔畜）占本年度内出生仔畜的百分率。

5. 繁殖成活率

繁殖成活率即本年度内成活仔畜数占上年度终适繁母畜数的百分率。

6. 产犊指数

产犊指数即指母牛两次产犊所间隔的天数，也称产犊间隔、胎间距。常用平均天数表示，乳牛正常产犊指数约为365d，肉牛为400d以上。

平均胎间距＝$\sum$胎间距/n

式中　n——头数；

胎间距——当胎产犊日距上胎产犊日的间隔天数；

$\sum$胎间距——n个胎间距的合计天数。

7. 产仔窝数

产仔窝数一般指猪或兔在一年之内产仔的窝数。

产仔窝数＝年内分娩总窝数/年内繁殖母畜数

8. 窝产仔数

窝产仔数即猪或兔每胎产仔的总数（包括死胎和死产），是衡量多胎动物繁殖性能的一项主要指标。一般用平均数来比较个体和群体的产仔能力。

平均窝产仔数(头)＝产仔总数/产仔窝数

9. 产羔率

主要用于评定羊的繁殖力，即产活羔羊数占参加配种母羊数的百分率。

产羔率＝(产活羔羊数/参加配种母羊数)×100%

10. 牛繁殖效率指数

该指标直接与参加配种母牛数和犊牛断乳前死亡的母牛数有关，在其他条件相似的前提下，可比较不同牛群的管理水平。

课题二　畜禽繁殖障碍病的防治

畜禽的繁殖活动是按一定顺序协调进行的过程，其中任何一个环节遭到破坏，就会引起繁殖障碍，使繁殖力降低，甚至出现不育或不孕。

繁殖障碍是指畜禽生殖功能紊乱或生殖器官畸形以及由此引起的生殖活动异常的现象。如公畜性欲低下、精液品质降低、死精或无精；母畜乏情、不排卵、胚胎死亡、流产和难产等。一些繁殖障碍是可逆的，通过改善饲养管理条件后可以恢复；一些繁殖障碍是不可逆的，即一旦失去繁殖能力，就无法治愈或恢复。

不育和不孕都是指不能自然繁殖的现象，前者是指公、母畜，而后者一般用于描述母畜的不可繁殖状态。

一、引起繁殖障碍的原因

1. 遗传因素

由于父、母自身的遗传缺陷或近亲交配，或者胚胎发育过程中受到毒物、辐射等有害理化因子的影响而导致染色体异常，致使后代繁殖力降低甚至彻底丧失。常见公畜的隐睾症、睾丸发育不良、阴囊疝和母畜的生殖器官先天性畸形以及雄性和雌性动物的染色体嵌合等疾病，均可引起雄性不育和雌性不孕。

2. 饲养因素

(1) 营养水平　营养水平对畜禽的生殖活动有直接和间接影响。直接作用可引起生殖细胞发育受阻和胚胎死亡等；间接作用是通过影响畜禽的生殖内分泌而影响生殖活动。营养水平过低会引起性成熟延迟和性欲减退，成年雄性动物长期饲养在低营养水平下，精液性状不良，精囊腺分泌功能减弱，雌性动物出现乏情或配种后胚胎死亡。营养水平过高，特别是能量水平过高，会使成年雄性动物过于肥胖，也会使性欲减退，雌性动物胚胎死亡率增高、护仔性减弱及仔畜成活率降低。

热量摄取不足，可造成幼龄动物的生殖器官发育不全和初情期延迟；对已经成熟的动物可造成不发情。缺乏蛋白质会引起青年母牛不发情、卵巢和子宫幼稚型。缺乏矿物质会引起卵巢功能紊乱、发情不规律、安静发情等。维生素不足会引起多胎动物排卵数减少。饲料中的维生素和矿物质对生殖活动的影响见表 3-20。

表 3-20　　维生素和矿物质对繁殖功能的影响

维生素或矿物质异常	出现症状
维生素 A 缺乏	猪、鼠胚胎发育受阻，产仔数降低，阴道上皮角质化，胎衣不下，子宫炎；精子生成受阻，精子密度下降，异常精子增多

续表

维生素或矿物质异常	出现症状
维生素 E 缺乏	受胎率降低，死胎，胚胎发育受阻，产蛋量和孵化率降低；精液品质下降
维生素 D 缺乏	母畜繁殖力降低，公畜受精力降低，严重者永久不育
维生素 B_2 缺乏	鸡孵化率降低，胚胎畸形
生物素缺乏	猪繁殖性能受影响
钙缺乏	子宫复原推迟，黄体小，卵巢囊肿，胎衣不下
钙过量	繁殖力降低，睾丸变性
钙磷比例失调	卵巢萎缩，性周期异常、乏情或屡配不孕，胚胎发育停滞、畸形、流产，子宫内膜炎，子宫脱垂，乳腺炎等
碘缺乏	繁殖力降低，睾丸变性，初情期推迟，黄体小，乏情，受胎率低
钠缺乏	生殖道黏膜炎症，卵巢囊肿，性周期异常，胎衣不下等
锰缺乏	乏情，不孕，流产，卵巢萎缩，难产
钼过量	初情期推迟，乏情
铜缺乏	乏情，性欲低下，睾丸变小
钴缺乏	公畜性欲低下，母畜初情期推迟、卵巢静止、流产、胎儿生活力降低、死亡率增加，胎衣不下
硒缺乏	胎衣不下，流产，胎儿生活力降低或死亡
锌缺乏	卵巢囊肿，发情异常，睾丸发育迟缓或萎缩
镉中毒	精子发生受影响

（2）饲料中的有毒有害物质　某些饲料本身含有生殖毒性的物质，如大部分豆科植物和部分葛科植物中存在植物激素，主要为植物雌激素，对公畜的性欲和精液品质都有不良影响，造成配种受胎率下降，对母畜引起卵泡囊肿、异常发情和流产等。

此外，饲料生产、加工、运输和贮存过程中也可能混入对动物生殖有害的物质。例如，饲料原料中残存的农药和除草剂，加工不当导致毒物（如亚硝酸盐）混入，贮存过程中发生霉变等，均对精液品质和胚胎发育有不利影响。

3. 环境因素

高温和高湿环境不利于精子发生和卵泡、胚胎的发育，对公、母畜的繁殖力均有影响。研究表明，夏季高温期，体温升高 1℃，公畜阴囊皮温和睾丸温度上升 3~4℃，阴囊调节温度的功能较差，如若遇到持续高温会引起局部循环障碍和睾丸变性，精子的成熟和贮存受到影响。高温也会导致雌性动物发情症状不明显、受胎率低，同时还能对胚胎死亡、胚胎发育等产生显著影响。

4. 管理因素

家畜的繁殖活动受到人类的控制，良好的管理制度，如合理的饲喂、放牧、使役和卫生管理等，会使家畜的繁殖力得到充分发挥；相反，管理不善会使其繁殖力降低。例如在开展人工授精时，不适合的假阴道、台畜，不适合的采精方法、场地，鞭打、威吓等都会引起公畜的不良反应，影响精液质量，并缩短使用年限。当雌性动物饲养在寒冷、潮湿、阴暗、通风不良或高温的舍厩内时，可使动物机体长时间处在紧张状态，不但造成机体的抵抗力下降，而且导致生殖系统功能发生改变，造成性周期不正常、不发情等。

5. 传染病

生殖器官感染病原微生物是引起动物繁殖障碍的重要原因之一。母畜的生殖道可成为某些病原微生物生长繁殖的场所，进而通过交配传染给公畜，或通过间接途径传染给其他个体。公畜的包皮也可携带各种病原菌，自然交配时可直接传染给母畜，若开展人工授精则通过污染的精液传染给母畜。某些传染病还存在垂直感染的现象，导致弱胎或胎儿死亡。此外，被感染的孕畜流产或分娩时，病原微生物可通过胎儿、羊水、胎衣和阴道分泌物扩散到周围环境，导致大范围传播。

二、雄性动物繁殖障碍

在自然交配的情况下，公母畜配对比例大致是马 1∶30，牛 1∶（40~80），羊 1∶（40~70），猪 1∶（30~50），由于家畜人工授精技术的兴起，种公畜的作用被显著放大，配对比例是自然交配的数十倍，由此可见种公畜在繁殖群体中的重要性，但由于各种不良因素的影响，每年都有大量的雄性动物因繁殖力低而被淘汰，造成遗传上和经济上的重大损失。

1. 遗传性繁殖疾病

（1）隐睾　隐睾症发病率以猪最高，可达 1%~2%，牛为 0.7%，犬为 0.05%~0.1%。各种动物的睾丸，应在出生前后的一定时间内降入阴囊。正常情况下，牛在妊娠期的 100~105d，猪在妊娠期的 100~110d，羊在妊娠期的 100d 左右，马在出生后 1 周，犬在出生后 8~10d，睾丸就会下降到阴囊内。解剖腹腔内睾丸发现，虽然间质细胞数量增加，但曲细精管上皮只有一层精原细胞和支持细胞。两侧隐睾的精液中，只有副性腺分泌的精清而无精子，单侧隐睾的精液中可见到精子，但是精子密度较低。

隐睾症为隐性遗传病，为了防止隐睾症的发生，在一个群体中一旦发现隐睾症，就必须淘汰所有与之有亲缘关系的个体。

（2）睾丸发育不全　睾丸发育不全是指曲细精管生殖层的发育不全。所有家畜均可发生，发病率较隐睾症高，在一些牛群中可达 20%，在一些猪群中可达 60%，分为一侧睾丸发育不全和两侧睾丸发育不全。

睾丸发育不全较轻的病例在用手直接触诊时往往不易发现，目前尚无一种简易、准确的检查方法能反映其实质。但当对睾丸发育不全的公牛进行白细胞培养后做染色体组型分析时，可见染色体发生变化。

引起睾丸发育不全的因素包括遗传、生殖内分泌失调和饲养管理不当等，隐睾和染色体畸形（染色体组型为 XXY）是引起睾丸发育不全的遗传因素。此病发生时睾丸的重量和体积只有正常情况 1/3～1/2，附睾也小，精液呈水样，精子数量少，精子活力差，畸形率高，没有受精能力。因此，睾丸发育不全的公畜应及时淘汰，如果是遗传原因引起的睾丸发育不全，还应淘汰其同胞甚至其父母。

（3）染色体畸变　染色体畸变中最常见的是 1/29 罗伯逊易位，可引起公畜无精。此外，染色体嵌合、镶嵌，常染色体继发性收缩等，均可引起公畜不育（表 3-21）。

表 3-21　染色体畸变对雄性动物生殖力的影响

染色体畸变类型	动物种类	染色体组型	临床表现
克氏综合征	绵羊、猪、牛、马	XXY	睾丸萎缩或功能低下，精子活力降低或无精子
嵌合体	牛	XX/YY	受精率降低
罗伯逊易位	牛	1/29 易位	引起某些品种不育
相互易位	猪	（$13p^-$；$14q^+$）（$11p^-$；$15q^+$） （$13p^-$；$14q^+$）（$13p^-$；$14q^+$） （$9p^+$；$11q^-$）（$6p^+$；$15q^-$） （$1p^-$；$6q^+$）（$6p^+$；$14q^-$） （$4p^+$；$14q^-$）（$1p^-$；$16q^+$）	精液品质下降
常染色体继发性收缩	牛	XY	睾丸功能衰退
镶嵌体	马	XX/XXY/和 XX/XY/XQ/XXY	无精子，假两性公畜

2. 免疫性繁殖障碍

哺乳动物的精子至少含有 3 种或 4 种与精子特异性有关的抗原。在正常情况下，雄性动物对自身精子并不产生抗精子作用，因为血睾屏障可有效地将精液与抗体生成组织隔离；但在血睾屏障出现损伤时（如炎症），抗体生成组织就容易接触并识别精子，即可产生抗自身精子抗体。对于雌性动物，精子作为外源性物质，在一定条件下（各种原因引起的生殖道受损），可引起免疫学反应，产生抗精子抗体，影响雌性动物的繁殖力，甚至导致免疫性不孕。

3. 功能性繁殖障碍

（1）性欲缺乏　性欲缺乏又称阳痿，是指公畜在交配时欲望不强，以致阴茎不能勃起、勃起不坚或不愿意与母畜接触的现象。公马和公猪较多见，其他家畜也常发生。

阳痿发生的原因为外伤或者生殖内分泌功能失调，生殖内分泌功能失调引起的阳痿，主要是因为雄激素分泌不足或畜体内雌激素含量过高，可肌肉注射雄激素、hCG 或 GnRH 类似物进行治疗。雄激素（丙酸睾丸素或苯乙酸睾丸素）的用量为：马和牛 100~300mg，羊和猪 10~25mg，隔日 1 次，连续使用 2~3 次。hCG 的用量为：牛和马 3000~5000IU。促排 2 号的用量为 100 ~300μg。值得注意的是，激素用量不宜过大，使用时间不宜过长，以免因负反馈调节而抑制自身激素的分泌。

（2）交配困难　主要表现为公畜爬跨、插入和射精等交配行为异常，可造成配种失败。爬跨无力是老龄公牛和公猪常发生的交配障碍，关节脱位、骨折、四肢无力、脊椎疾病和关节炎等引起的行动困难，均能阻碍正常爬跨，造成不能交配。插入困难多见于阴茎先天性畸形、短小或系带短缩等导致的外伸困难，也见于四肢及荐区损伤，S 状弯曲粘连、包茎及包皮阴茎粘连等引起的阴茎外伸困难。射精困难多由于神经功能失调、环境变更、管理不良、使役过度、采精技术不当、假阴道的温度或压力不适合等原因，神经过度亢奋的公马，虽然性欲十分旺盛，阴茎勃起充分，迫切需要交配，但由于生殖道痉挛性收缩，往往经过多次交配仍然不能射精。此外，假阴道如果压力不够、温度过高或过低、采精操作错误或粗暴等，均可直接影响公马的正常射精。

（3）精液品质不良　是指精液达不到使母畜受精所要求的标准，主要表现为少精、无精、死精、精子畸形和活力不强等。此外，精液中带有脓液、血液和尿液等，也是精液品质不良的表现。

引起精液品质不良的因素包括气候恶劣（高温、高湿）、饲养管理不当、遗传病变、生殖内分泌功能紊乱、感染病原微生物以及精液采集、稀释、运输和保存过程中操作失误等。例如，环境温度对精液品质和配种受胎率有影响。通常，公畜在高温季节的精子密度和活力降低，畸形精子和顶体变化精子比例增高。采精频率影响精液产量和质量，采精间隔时间越长，每次射精总量、精子密度、原精活力和有效精子数越高，但每周生产的有效精子总数降低。

总之，引起精液品质不良的因素十分复杂，所以在治疗时首先必须找到发病原因，然后针对不同原因采取相应措施。如饲养管理不当所引起的，应及时改进饲养管理方式，提高日粮营养标准、增加饲喂量、增加运动量等；如饲料品质不良，应及时停喂，暂停配种或采精等。由于其他疾病而继发的，应针对原发病进行治疗，属于遗传性原因的，应立即淘汰。

4. 生殖器官炎症

（1）睾丸炎及附睾炎　睾丸炎多由布氏杆菌、放线菌等传染及侵袭引起，还可能因外伤、出血等机械因素引起，或由外围的炎症继发。患睾丸炎的睾丸通常发生肿胀、发热、充血。睾丸炎会影响精子的生成，使精液精子数减少，活力下降及畸形率增加，严重的甚至完全不能生成精子。当发现雄性动物患睾丸炎时，应及时查明发病原因，采用冷敷、封闭疗法、注射抗生素或磺胺药及减少患病动物活动等综合措施进行治疗。

睾丸炎或阴囊疾病以及副性腺炎等可以引起附睾炎。急性附睾炎临床检查表现为发热、肿胀，慢性附睾炎表现为附睾尾增大而变硬，睾丸在鞘膜腔内活动性减小。精液中常出现较多的没有成熟的精子，畸形精子数增加，影响精液的活力和受精率。

（2）其他部位炎症　包括阴囊炎、阴囊积水、前列腺炎、精囊腺炎、尿道球腺炎和包皮炎等。阴囊炎多由于外伤和睾丸炎引起，可导致不育。阴囊积水多发生于年龄较大的公马和公驴，外观上可见阴囊肿大、紧张、发亮，但无炎性症状，触诊时可明显地感到有液体波动，随时间的延长往往伴有睾丸萎缩、精液品质下降。前列腺炎在农畜中发病率较低，但在犬中常见，易引起排尿困难，会阴疝痛等症状。精囊腺炎多继发于尿道感染，较常见于公马和公牛，急性的可出现全身性症状，如走动时步履谨慎，排粪时有疼痛感并频繁作排尿姿势，直肠检查可发现精囊腺显著增大，有波动感；慢性的腺壁变厚，其炎性分泌物在射精时混入精液内，使精液的颜色呈现浑浊黄色，可导致精子死亡。包皮炎可发生于各种动物，多由分泌物和尿液等形成的包皮垢引起，其临床表现为包皮及阴茎的游离端水肿、疼痛、溃疡甚至坏死，虽然对精液品质无影响，但严重影响交配行为及采精。

三、雌性动物繁殖障碍

雌性动物繁殖障碍在实际生产中更为复杂多见，包括发情、排卵、受精、妊娠、分娩和哺乳等生殖活动的异常，以及在这些生殖活动过程中由于管理不当所造成的繁殖功能丧失，是使雌性动物繁殖力下降的主要原因之一。引起母畜繁殖障碍的因素主要有遗传、后天功能障碍、生殖道疾病和产科疾病等。

1. 遗传性繁殖障碍

（1）生殖器官幼稚型和畸形　母畜生殖器官幼稚型主要表现为卵巢和生殖道体积较小，功能较弱或无生殖功能。如卵巢的体积和重量过小，即使有卵泡存在，其直径也不超过 2~3mm，这样的母畜即使到达配种年龄也无发情表现，偶有发情，但屡配不孕。

各种家畜均有可能发生不同程度的生殖器官畸形，尤其是猪的畸形率较高，约有 1/2 的不孕猪为生殖器官畸形。虽然生殖道畸形动物有正常的发情周期和发情表现，但配种后不易受孕。生殖器官畸形常见以下几种情况：①子宫角异常，缺乏一侧子宫角，或者只有一条稍厚组织，没有管腔；②子宫颈畸形，常见缺乏子宫颈或子宫颈不通，也有的具有双子宫颈或两个子宫颈外口；③阴道畸形，有的母牛阴瓣发育过度，致使阴茎不能插入阴道；④输卵管不通或输卵管与子宫角连接不通，多见于牛，这种牛发情正常，但屡配不孕，应予淘汰。

（2）雌雄间性　雌雄间性又称两性畸形，即从解剖学上来看，该个体同时具有雌雄两性的生殖器官，但都不完全。其中又分为真两性畸形和假两性畸形。如果某个体的生殖腺一侧为睾丸，另一侧为卵巢，或者两侧均为卵巢和睾丸的混合体即卵睾体，称为真两性畸形。真两性畸形在猪和山羊中比较多见，而牛和马极少发生。性腺为某一性别，而生殖道属于另一种性别的两性畸形，称为假两性畸形。如雄性假两性畸形的性腺均为睾丸，但生殖道无阴茎而有阴门；雌性假两性畸形有卵巢和输卵管以及肥大的阴茎，但无阴门。

（3）异性孪生母犊不育　异性孪生母犊中约有95%患不育症，主要表现为不发情，体型较大，外部检查发现阴门狭小，且位置较低，子宫角细小，卵巢小如西瓜籽。阴道短小看不到子宫颈阴道部，摸不到子宫颈，乳房极不发达。

（4）种间杂交后代不育　种间杂交后代（如骡）往往无繁殖能力，这种杂种雌性个体虽然有时有性功能和排卵，但由于生物学上的某些缺陷，卵子不易受精，即使卵子受精，合子也不能发育。细胞遗传学研究发现，骡的染色体数目成单数（63条），而且染色体在第一次成熟分裂时不能产生联合，可能是引起杂种不育的遗传基础。

也有些种间杂种后代具有繁殖力，如牦牛和黄牛杂交后代及单峰驼和双峰驼杂交后代都是具有繁殖力的。

2. 卵巢功能性障碍

（1）卵巢静止和萎缩　卵巢静止是由于卵巢功能受到扰乱而出现功能减退。直肠检查无卵泡发育，也无黄体存在，动物不表现发情，如果长期得不到治疗则可发展成卵巢萎缩。卵巢萎缩除在衰老时出现外，母畜瘦弱、生殖内分泌功能紊乱、使役过重等也能引起，另常继发于卵巢炎和卵巢囊肿。卵巢体积缩小而质地硬化，无活性，性功能减退，发情周期停止，长期不孕。

治疗此病常用的药物是FSH、hCG、PMSG和雌激素等。用量可根据体重和病情按照制剂使用说明而定。

（2）持久黄体　家畜在发情或分娩后，卵巢上长期不消退的黄体，称为持久黄体。持久黄体在组织结构和对机体的影响方面，与妊娠黄体或周期黄体没有区别，同样可以分泌孕酮，抑制垂体促性腺激素的分泌，引起不育。此病常见于母牛，约占20%以上。母牛的持久黄体，呈蘑菇状突出于卵巢表面，质地比卵巢实质稍硬。当母马发生持久黄体时，有时伴有子宫疾病。母猪持久黄体与正常黄体相似，但发生黄体囊肿时，则体积增大。

前列腺素及其合成类似物对治疗持久黄体有显著的疗效，90%以上的母牛在注射后3～5d内发情，如肌肉注射15－甲基$PGF_{2\alpha}$ 2～4mg就可治愈。此外，FSH、

PMSG 和 GnRH 类似物等，也可用于治疗持久黄体。

（3）卵巢囊肿　卵巢囊肿可分为卵泡囊肿和黄体囊肿两种。卵泡囊肿是由于发育中的卵泡上皮变性，卵泡壁变薄，或因结缔组织增生而变厚，卵细胞死亡，卵泡液增多，卵泡体积比正常成熟卵泡增大而形成肿胀的囊泡。黄体囊肿是由于成熟的卵泡未排卵，卵泡壁上皮发生黄体化，或者排卵后由于某些原因而黄体化不足，在黄体内形成空腔并蓄积液体而形成。

患卵泡囊肿的母畜，由于垂体大量持续的分泌 FSH，促使卵泡过度发育，分泌大量雌激素，使母畜发情症状强烈，表现为不安、哞叫、拒食、追逐、爬跨其他母畜，被称为“慕雄狂”。卵泡囊肿多发生于乳牛，尤其是高产乳牛泌乳量最高的时期，猪、马、驴也可发生。

黄体囊肿由于分泌孕酮，抑制垂体分泌促性腺激素，所以卵巢中无卵泡发育，因此母畜表现为长期的乏情。在直肠检查时，黄体囊肿大（7~15cm），壁厚而软，感觉有明显的波动。临床上往往将成熟卵泡、卵泡囊肿及黄体囊肿相混淆，根据表 3-22 可以区分。

表 3-22　马和驴正常卵泡与卵泡囊肿及黄体囊肿的鉴别诊断

指标	正常卵泡	卵泡囊肿	黄体囊肿
卵巢大小/cm	3~7	6~10（单卵泡性） 0.5~3（多卵泡性）	7~18
对疼痛敏感性	有时有	无	有时有
发展过程	为期 3~12d	数十天至数月	出现快（数十小时）而消退慢（数十天至数年）
波动感	明显	不明显	较明显
壁的厚度	适中	薄，结缔组织增生时变厚	更厚
临近区域质地	柔软	坚硬	较硬

治疗卵泡囊肿可用促排 2 号或促排 3 号（LRH-A2，LRH-A3），牛和马肌肉注射 300~500μg。治疗黄体囊肿牛和马肌肉注射促卵泡刺激素（FSH）6~7.5mg；或肌肉注射氯前列烯醇 0.3~0.6mg，宫内注射量为 0.15~0.3mg。

3. 生殖道疾病

（1）子宫内膜炎　子宫内膜炎是发生于子宫黏膜的炎症。发生于各种家畜，常见于乳牛、猪和羊，在生殖器官的疾病中所占的比例最大，它可直接危害精子的生存，影响受精以及胚胎的生长发育和着床，甚至引起胎儿死亡而发生流产。

根据炎症的性质，可将子宫内膜炎分为急性子宫内膜炎、慢性子宫内膜炎和隐形子宫内膜炎三种，慢性又分为隐性、卡他性、卡他性脓性和脓性四种。

急性子宫内膜炎：主要发生在产后，由于分娩或助产过程中产道受到损伤，或因胎衣不下、子宫脱出及流产等，都会使子宫受到感染，引起内膜的急性炎症。患畜表现为体温升高、食欲不振、精神萎靡，排出的恶露呈暗红色，有臭味，甚至呈脓性分泌物。直肠检查可感到子宫角粗大，收缩反应弱或消失，严重时有疼痛感。

慢性子宫内膜炎往往由急性炎症转化而来，主要是因感染链球菌、金黄色葡萄球菌、大肠杆菌、单胞菌和霉形体等非组织特异性病原。在一些组织特异性病原感染时也可并发子宫内膜的慢性炎症，如布氏杆菌、结核分枝杆菌、牛病毒性腹泻病毒等。

慢性卡他性子宫内膜炎：直检感到子宫角变粗，子宫壁增厚，弹性减弱，收缩反应微弱。患畜一般不表现全身症状，有时体温略升高，食欲及泌乳量略有降低；发情周期正常，但屡配不孕，或者发生胚胎早期死亡；阴道内积有絮状的黏液，偶有透明或浑浊黏液流出，尤其是在卧下时或发情时流出较多，冲洗子宫的回流液略浑浊，含有絮状物。

慢性卡他性脓性子宫内膜炎：子宫黏膜肿胀、充血、有脓性浸润，上皮组织变性、坏死、脱落，甚至形成肉芽组织瘢痕，部分子宫腺可形成囊肿。患畜有轻度全身反应，如精神不振，食欲减退，体温略高。发情周期异常，从阴门排出灰白色或黄褐色稀薄分泌物，并污染尾根、肛周和后肢下部。直肠检查发现子宫角增大，壁的厚薄和软硬程度不一，脓性分泌物多时出现波动感，卵巢上有黄体存在。

慢性脓性子宫内膜炎：多由胎衣不下感染，腐败化脓引起。主要症状是从阴门流出灰白色、黄褐色浓稠的脓性分泌物，在尾根或阴门形成干痂。直肠检查子宫肥大而软，甚至无收缩反应。子宫冲洗回流液浑浊，像面糊，带有脓液。

（2）子宫积水　慢性卡他性子宫炎发生后，如果子宫颈管因黏膜肿胀而阻塞不通，以致子宫腔内炎症产物不能排出，使子宫内积有大量液体，称为子宫积水。

患有子宫积水的母畜往往长期不发情，不定期从阴道中排出棕黄色、红褐色或灰白色稀薄或稍黏稠的分泌物。在直肠检查触诊子宫时感到壁薄，有明显的波动感，两子宫角大小相等或者一端膨大，有时子宫角下垂无收缩反应。阴道检查时有时可见到子宫颈膣部轻度发炎。

（3）子宫蓄脓　主要由化脓性子宫内膜炎引起，又称为子宫积脓。因子宫颈管黏膜肿胀，或黏膜粘连形成隔膜，使脓液不能排出，脓性分泌物积蓄在子宫内形成。

患子宫蓄脓的母畜，因黄体持续存在，所以发情周期终止，但没有明显的全身变化。当患畜发情或者子宫颈管疏通时，则可排出脓性分泌物。阴道检查往往发现阴道和子宫颈膣部黏膜充血、肿胀，子宫颈外口可能附有少量黏稠脓液。在直肠检查时，发现子宫显著增大，与妊娠2~3个月的子宫相似。子宫壁各处厚薄及软硬程度不一致，整个子宫紧张，触诊有硬的波动或面团样感觉。当蓄积的液体量多、子宫显著增大且两侧对称时，子宫中动脉因供血压力增大出现类似妊娠的脉搏。

子宫疾病的治疗原则是恢复子宫张力和血液供应，促进子宫内积液的排出，抑制和消除炎症。冲洗子宫是治疗本病的有效方法。临床上一般采用先冲洗子宫，然后灌注抗生素的方法，冲洗液有高渗盐水（1%～10% NaCl 溶液）、0.02%～0.05%高锰酸钾液、0.05%呋喃西林、复方碘溶液（每 100mL 溶液中含复方碘溶液 2～10mL），0.01%～0.05%新洁尔灭溶液、0.1%雷佛奴尔等。常用的抗生素有青霉素（40×10^4～80×10^4IU）、链霉素（0.5～1g）、氯霉素（1～2g）或四环素（1～2g）等。值得注意的是，由于大部分冲洗液对子宫内膜有刺激性或腐蚀性作用，残留后不利于子宫的恢复，所以每次冲洗时应通过直肠辅助方法尽量将冲洗液排出体外。冲洗子宫可每天或隔日进行，用 35～45℃的冲洗液效果较好。

（4）子宫颈炎　子宫颈炎是黏膜及深层的炎症，多数是子宫内膜炎和阴道炎的并发症，在分娩、自然交配和人工授精的过程中感染所致。炎性分泌物直接危害精子的通过和生命，所以往往造成不孕。阴道检查时可发现子宫颈阴道部松软、水肿、肥大呈菜花状，子宫颈变得粗大、坚实。继发于子宫内膜炎、阴道炎的病例，应参考治疗原发病的方案和方法，如果是单纯子宫颈炎，可采用将药物栓剂放入子宫颈口的方法。

（5）输卵管炎　输卵管炎多继发于子宫或腹腔的炎症，可直接危害精子、卵子和受精卵，从而引起不孕。治疗多采用 1%～2%NaCl 溶液冲洗子宫，然后注入抗生素及雌激素以促进子宫和输卵管收缩，排出炎性分泌物，使输卵管、子宫得到净化，恢复生育能力。在输卵管发生轻度粘连时，采取输卵管通气法，有时也能奏效。

（6）阴道炎　阴道炎是阴道黏膜、阴道前庭及阴门的炎症。多因胎衣不下、子宫内膜炎及子宫或阴道脱出引起。发生阴道炎的母畜，黏膜充血肿胀，甚至是不同程度的糜烂或溃疡，从阴门流出浆液性或脓性分泌物，在尾部形成脓痂，个别严重的病畜往往伴有轻度的全身症状。治疗本病一般采用收敛药或消毒药冲洗阴道。

4. 产科疾病

（1）流产　母畜在妊娠期满之前排出胚胎或胎儿的病理现象称为流产，表现形式有早产和死产两种。早产是指产出不到妊娠期满的胎儿，虽然胎儿出生时存活，但因发育不完全，生活力低下，死亡率很高。死产是指在流产时从子宫中排出已死亡的胚胎或胎儿，一般发生在妊娠的中期和后期。

在妊娠早期，由于胎盘尚未形成，胚胎悬浮于子宫液中，死亡后发生组织液化，被母体吸收或者在母畜再发情时随尿排出而未被发现，此种流产称为隐性流产。隐性流产的发病率很高，猪、马、牛、羊均易发生，马有时可达 20%～30%，牛有时可达 40%～50%。

引起流产的原因很多：生殖内分泌功能紊乱和感染某些病原微生物，是引起早期流产的内在原因；管理不当，如过度拥挤、跌倒和外伤等，是引起后期流产的外在原因。通常，人们按照流产的发生原因将其分别称为传染性流产、寄生虫性流产和普通流产。每类流产又可分为自发性流产和症状性流产两种。

（2）胎盘滞留　各种家畜在分娩后，如果胎衣在以下时间内不排出体外（马1.5h、猪1h、羊4h、牛12h），则可认为发生胎盘滞留，也称为胎衣不下。各种家畜都可能发生胎衣不下，相比之下以牛最多，尤其在饲养水平较低或生双胎的情况下，乳牛胎衣不下的发病率，一般在10%左右，个别牧场可高达40%。猪和马的胎盘为上皮绒毛膜型胎盘，胎儿胎盘与母体胎盘连接不如牛、羊的子叶型胎盘紧密，所以胎衣不下发生率较低。

除了饲养水平低和生双胎可引起胎衣不下外，流产、早产、难产、子宫扭转都能在产出或取出胎儿后因子宫收缩无力而引起胎衣不下。此外，胎盘发生炎症、结缔组织增生，使胎儿胎盘与母体胎盘发生粘连，也容易引起产后胎衣不下。

胎衣不下包括部分不下和全部不下。发生胎衣全部不下时，胎儿胎盘的大部分仍与子宫黏膜连接，仅见一部分胎膜悬挂于阴门之外，易于判断。当胎衣部分不下时，胎衣的大部分已经排出体外，只有一部分胎衣残留在子宫内，从外部不易发现。牛胎衣部分不下诊断的主要依据是恶露的排出时间延长，有臭味，并含有腐败胎盘碎片。马在胎衣排出后，可在体外检查胎衣是否完整。猪的胎衣不下多为部分滞留，病猪常表现精神不安，体温升高，食欲减退，泌乳减少，喜喝水；阴门内流出红褐色液体，内含胎盘碎片；检查排出的胎盘上脐带断端的数目是否与胎儿数目相符，可判断猪的胎盘是否完全排出。

对于胎衣不下的治疗主要采取注射催产素、手术剥离以及抗生素预防感染等手段，应加强处理后的饲养管理，以最大限度恢复母畜的繁殖力。

四、犬的繁殖障碍

（一）先天性繁殖障碍

1. 幼稚病

幼稚病指雌犬达到配种年龄时，生殖器官发育不全或者缺乏生殖功能。

（1）病因　主要是由于下丘脑或垂体的功能不全或者甲状腺及其他内分泌功能紊乱引起。

（2）症状　达到配种年龄时不发情或发情后屡配不孕。

（3）诊断　临床检查可发现生殖器官发育不全，卵巢小和阴门狭小等。

（4）治疗　刺激生殖器官发育，可实行雌、雄混养或使用人绒毛膜促性腺激素，孕马血清促性腺激素等激素，促进生殖器官发育。

2. 两性畸形

两性畸形指犬在性分化发育过程中，某一环节发生紊乱而造成的性别区分不明，表现为犬既有雌性特征又有雄性特征。两性畸形的动物无治疗价值，在选留种用时应特别注意。

（二）后天性繁殖障碍

1. 卵巢功能不全

卵巢功能不全指卵巢功能暂时性紊乱引起的各种异常变化。主要包括功能减退、组织萎缩、卵巢静止、卵泡中途发育停顿等。

（1）病因　雌犬年龄偏大，卵巢功能减退；饲养管理不当，体质衰弱等。

（2）症状　主要表现为性周期延长或者不发情，发情特征不明显或出现发情特征但不排卵，严重时生殖器官出现萎缩现象。

（3）治疗　改善饲养管理；应用激素刺激性腺功能，如用人绒毛膜促性腺激素100~1000IU，促卵泡素20~25IU，肌内注射，每天1次，连用2~3d，观察效果。

2. 持久黄体

持久黄体指在分娩或排卵后，黄体超过正常时间不消失，犬持久黄体较为常见。

（1）病因　主要是营养不平衡造成内分泌紊乱。子宫疾病和生殖器官的其他疾病也是黄体滞留的部分原因。

（2）症状　雌犬产后或配种后，长期不发情。

（3）治疗　改善饲养管理，增加运动；应用促使黄体消退的激素，如前列腺素、促卵泡素、孕马血清促性腺激素及雌激素等。

3. 卵巢囊肿

卵巢囊肿指卵巢上有卵泡状结构，直径超过2.5cm，存在时间超过10d以上，同时卵巢上无正常黄体结构的一种病理状态，分为卵泡囊肿和黄体囊肿。犬的卵巢囊肿发病率占卵巢疾病的37.7%。

（1）病因　患卵巢囊肿的犬常见血浆雌二醇水平升高；黄体囊肿可能与机体孕酮分泌紊乱有关。

（2）症状　卵泡囊肿主要表现为慕雄狂，即雌犬表现性欲亢进，持续发情，阴门红肿，爬跨其他犬，但拒绝交配。黄体囊肿时，雌犬不发情，性周期停止。

（3）治疗　分析囊肿原因，改善饲养管理条件，合理使用激素疗法。

4. 子宫内膜炎

子宫内膜炎指子宫黏膜及黏膜下层的炎症。按病程分为急性和慢性；按炎症性质分为卡他性、化脓性、纤维素性、坏死性子宫内膜炎。

（1）病因　通常是在发情期、配种、分娩、难产助产时，由于链球菌、葡萄球菌或大肠杆菌等的侵入而感染。子宫黏膜的损伤及机体抵抗力降低，是造成本病的重要因素。

(2) 症状　患急性子宫内膜炎的雌犬体温升高、精神沉郁、食欲减少、贪饮，有时出现拱腰、努责及排尿姿势。雌犬从生殖道排出灰白色、混浊、含有絮状物的分泌物或黏性分泌物；子宫颈口肿胀、充血和稍开张；通过腹壁触诊时发现子宫角增大、疼痛，呈面团样硬度，有时波动。患慢性卡他性子宫内膜炎的雌犬发情不正常，或者发情正常却屡配不孕，即使妊娠，也容易发生流产。

(3) 治疗　主要采用子宫内给药。在子宫口尚未完全关闭时，可直接将抗菌药物投入子宫，或用少量生理盐水溶解后的溶液或混悬液 10~20mL 注入子宫。对于慢性子宫内膜炎的治疗，可使用前列腺素及其类似物，促进炎症产物的排出和子宫功能的恢复。

课题三　提高畜禽繁殖力的综合措施

动物的繁殖力首先决定于它本身的繁殖特性，其次是人类采用有效的措施充分发挥其繁殖潜力。只有正确掌握其繁殖规律，采取先进的技术措施，才能提高畜禽的繁殖力。

一、提高种畜的繁殖性能

1. 加强选育工作

在新品种或新品系培育过程中应重视繁殖特性，繁殖性状的遗传力虽然较低，但也是影响畜牧业经济的重要内容，而且从长远的角度分析，繁殖力是种群特性稳定延续的基础，所以一直受到发达国家的重视。选育过程中应侧重公畜的精液品质和受精能力，母畜的排卵率和胚胎存活率等，及时发现并淘汰有遗传缺陷以及老、弱、病、残等生殖缺陷的个体，确保繁殖群的活力。

2. 加强母畜的繁育管理

(1) 提高适繁母畜在群体中的比例　母畜是繁殖的基础，母畜的数量越大，畜群的增殖速度就越快，一般适繁母畜应占群体的 50%~70%。

(2) 做好发情鉴定和适时配种　准确的发情鉴定是掌握适时配种的前提，是提高繁殖力的重要环节。各种家畜有各自的发情特点，通过发情鉴定可以推测它们的排卵时间，然后决定配种时间，以保证已获能的精子与受精力强的卵子相遇、结合完成受精。在家畜的发情鉴定方法中，目前准确性最高的是通过直肠触摸卵巢上卵泡发育情况，对小家畜则用公畜结扎输精管的方法进行试情效果最佳。此外，同时结合应用酶免疫测定技术测定乳汁、血液或尿液中的雌激素或孕酮水平，进行发情鉴定的准确性也很高，而且操作方便，结果判断客观。

输精部位对母畜的受精率有较大影响，大家畜（如牛、马、驴和猪等）的输精部位以子宫体内为宜，较小的家畜（如绵羊、山羊、兔等）的输精部位以子宫颈内为宜。输精时的动作不可粗暴，避免损伤母畜的生殖器官引起出血感染，进而引起配种失败。

（3）减少胚胎死亡和防止流产　胚胎死亡是影响产仔数等繁殖力指标的一个重要因素。据研究认为，牛一次配种后的受精率在70%~80%，但最后产犊率只有50%，其原因是早期胚胎死亡。猪和羊的早期胚胎死亡率也非常高，达到20%~40%，马的胚胎死亡率为10%~20%。胚胎死亡的原因比较复杂，有可能是精子异常、卵子异常、激素失调、子宫疾患及饲养管理不当等引起。对于妊娠后期的母畜，相互挤斗、滑倒、使役过度和管理不当等是流产的主要原因。因此，必须规范操作技术、加强饲养管理，以减少胚胎的死亡和防止流产。

3. 提高种公畜的配种功能

（1）提高种公畜的配种能力　将公畜与母畜分开饲养，注意维护其健康的体质，采用正确的调教方法和异性刺激等手段，增强种公畜的性欲，提高配种能力。对于性功能障碍的公畜可用雄激素进行调整，对于长时间调整得不到恢复和提高的公畜必须淘汰。

（2）提高精液品质　加强饲养和合理使用种公畜，是提高公畜精液品质的重要措施。在平时的饲养过程中要注意公畜的营养需求，长期缺乏维生素和微量元素而引起公畜精液品质降低的现象在生产中常有发生。配种季节到来之前，应对种公畜进行检查，发现有繁殖障碍或精液质量差的个体应及时治疗或淘汰，用性欲旺盛、精液质量好的种公畜进行配种。还要注意可用公畜在群体中的比例，比例过低或者母畜发情过分集中，易引起种公畜使用过频，从而降低精液品质。对人工授精使用的精液，要严格地进行质量检查，不合格的精液禁止用于配种。精液进行稀释前后不宜在室温下久置，而应避光、防震，在较低温度下保存。

二、加强饲养管理

1. 确保营养全面

营养缺乏、能量不足以及饲料搭配不合理是造成母畜不育的重要原因。如果营养不良，加上使役过度，生殖功能就会受到抑制。饲料过多且营养成分单纯，缺乏运动，可使母畜过肥，也不易受孕。如当长期饲喂高蛋白、脂肪或碳水化合物饲料时，可使卵巢内脂肪沉积，卵泡发生脂肪变性。

如果营养不良，加上使役过度，生殖功能就受到抑制。饲料中的维生素和矿物质对家畜的繁殖功能有重要影响，当饲料中维生素A、维生素B和维生素E等缺乏时，母畜的卵巢、子宫和胎盘等会出现各种病变，引起不孕不育。

2. 加强环境控制

母畜的生殖功能与光照、温度和湿度等外界因素的变化有密切关系。如天气过于寒冷或炎热会影响其正常发情，受胎率也会下降。长途运输、环境骤变等应激反应，使生殖功能受到抑制，造成暂时性不孕。所以场址的选择和畜舍建筑除应充分考虑环境控制问题，还应注意夏季防暑降温、冬季防寒保暖。场址周边多栽种一些落叶乔木，除了美化环境外，还具有遮阴降温和减轻风沙的作用。

适量的运动对提高公畜的精液品质，维持公畜旺盛的性欲有较大的作用，应给公畜以一定的运动场地。

饲养管理人员还要注意动物福利问题，不能粗暴地对待动物，疼痛、惊恐等因素均可引起肾上腺素分泌增加，LH 分泌减少，催产素释放和转运受阻，进而影响动物的正常繁殖。

三、推广应用繁殖新技术

1. 推广人工授精及冷冻精液技术

人工授精的推广，使种公畜的繁殖效率大大提高。随着超低温生物技术的发展，该技术在提高种公畜利用率方面发挥的作用更大。目前，人工授精技术在牛、猪、羊的生产中应用比较普及，尤其是在乳牛和黄牛的生产中。今后研究的重点应放在：①进一步提高牛、羊冷冻精液输精后的受胎率；②改进和提高马、驴和猪的精液冷冻效率，大力推广应用冷冻精液授精技术；③推广应用国外先进的精液品质评定标准、检测方法和精液保存技术。

2. 提高母畜繁殖利用率的新技术

目前用于提高母畜繁殖利用率的新技术主要有同期发情技术、超数排卵和胚胎移植技术、胚胎分割技术、显微注射技术、卵母细胞体外培养及体外成熟技术和体外授精技术等。这些技术已经研究成功，并在一定范围内得到推广应用。但值得注意的是，与常规繁殖技术相比，推广应用这些新技术的成本偏高，所以在应用这些繁殖新技术时最好与育种结合起来，即应用这些繁殖新技术提高优秀种母畜的繁殖效率，以提高畜牧业生产的经济效益。只有这样，才能进一步推动这些繁殖新技术在生产中的应用。

四、控制繁殖疾病

1. 控制与繁殖相关的普通病

与畜禽繁殖相关的普通病（营养代谢病、内科病、外科病和产科病等），如之前所述睾丸炎、卵巢囊肿、生殖道炎和胎衣不下等，多发生于饲养管理不当、技术操作不规范和环境不适等，由于影响因素复杂，涉及繁殖过程的各个环节，所以解决的办法也是多角度的：①畜舍的选址、结构和设施搭配合理，最大限度满足畜禽的生理需求；②制定科学的饲养管理制度，不但要总结自身的管理经验，还要吸收先进国家的管理模式；③提高管理人员和技术人员的素质，使繁育控制科学化，减少不必要的失误；④发病的动物经过治疗后要重新评价其繁殖力。

2. 控制与繁殖相关的常见传染病与寄生虫病

当一些传染病与寄生虫病发生时会累及生殖器官，导致生殖障碍，如布氏杆菌病、钩端螺旋体、弧菌病及毛滴虫病等，引起妊娠母畜早期胚胎的丢失、死亡及不同阶段胎儿的流产。解决此类现象应注意平时的卫生管理，定期消毒，切断病原传播途径，还要制定合理的免疫程序，按照实际需要进行预防接种，提高群体免疫力，疾病一旦发生要及时隔离治疗，若不能有效控制则彻底淘汰，不能留为种用。

项目小结

学习本项目应秉承这样一条思路：各种畜禽具有自身正常的繁殖力及其评价指标，而在实际生产中往往会出现繁殖力低下的现象，造成这一现象的原因是繁殖障碍，引起繁殖障碍的原因包括疾病、营养和管理等多个方面，但繁殖疾病是最重要的因素。因此，在畜牧业生产实际中应采取综合措施，最大限度地消除引起繁殖障碍的各种因素，从而发挥畜禽的最大繁殖能力。

技能考核项目

1. 口述引起繁殖障碍的原因有哪些。
2. 现场分析如何提高养殖场的繁殖率。

复习思考题

一、名词解释

繁殖力　繁殖障碍　卵巢囊肿

二、简答题

1. 如何计算情期受胎率、繁殖率和产犊间隔？
2. 母畜患持久黄体时的临床表现有哪些？治疗方法是什么？
3. 引起繁殖障碍的原因有哪些？
4. 提高种畜繁殖率的措施有哪些？

第四单元

实训部分

实训一　动物（小鼠）染色体标本的制作与观察

【实训目的】

初步掌握（小鼠）骨髓染色体标本制备基本过程，了解操作步骤的原理。

【实训原理】

在正常动物体内，骨髓是处于不断分裂的组织之一。给小鼠注射一定剂量的秋水仙素即可使许多处于分裂的细胞停滞于中期，然后采用常规空气干燥法制备染色体，即可得到大量可分析的染色体标本。本方法在一般实验室进行，不需要经体外培养和无菌操作。

【实训材料】

（1）动物　小白鼠。

（2）器材　离心机，显微镜，刻度离心管（10mL），注射器（1mL），载玻片，烧杯（400mL），量筒（100mL），试管架，镊子，剪刀，解剖刀，吸管。

（3）试剂

① 100μg/mL 秋水仙素溶液。

② 姬姆萨原液（pH 6.8）：姬姆萨染粉 1g，甘油（丙三醇）31mL，甲醇 45mL。将染粉倾入研钵，加几滴甘油，在研钵内研磨直至无颗粒为止，此时再将全部剩余甘油倒入，放入 60~65℃ 保温箱中保温 2h 后，加入甲醇搅拌均匀，保存于棕色瓶中备用。

③ 磷酸缓冲液。

A 液：0.067mol/L 磷酸二氢钾（pH 6.8）

称取 KH_2PO_4 9.118g 置于容量瓶中加蒸馏水至 1000mL；

B 液：0.067mol/L 磷酸氢二钠（pH 7.2）

称取 Na_2HPO_4 9.467g 置于容量瓶中加蒸馏水至 1000mL；

使用时按 A∶B=51∶49 配制。

④ 低渗液的配制：取 0.56g KCl 溶于 100mL 蒸馏水中即成。

⑤ 2×SSC 溶液的配制：称 0.88g NaCl 和 0.44g 柠檬酸钠置于容量瓶中，加水至 50mL。

⑥ 1∶10 姬姆萨磷酸缓冲液染液（pH 6.8）。

⑦ 甲醇-冰醋酸固定液（甲醇∶冰醋酸=3∶1）。

⑧ 0.9%NaCl 溶液。

【实训内容】

（1）预处理　试验前 3~4h，按每克体重 4μg 的剂量给小鼠腹腔注射秋水仙素。

（2）取股骨　断颈处死小鼠，剥取股骨，剔去肌肉组织，剪去两端的股骨头。

（3）冲洗骨髓　用1mL注射器吸取低渗液KCl冲洗股骨骨髓腔至灰白色，用量约4mL。

最后加1mL KCl至5mL，将冲洗液收集在离心管中，反复吹打骨髓细胞，使细胞团块分散。

（4）低渗　随即将离心管置于（37±0.5）℃水浴中低渗30min。

（5）离心　以1000r/min离心10min。

（6）固定　弃上清液，沿离心管壁缓慢加入新配制的甲醇-冰醋酸固定液1mL，加固定液时注意不要冲动细胞团块。加完固定液后，立即用吸管将细胞轻轻打均匀，之后放于37℃恒温箱中静置固定10min。固定的细胞经离心后，吸去上层固定液，视管底的细胞多少加入少量新配制的固定液，将细胞团块轻轻打成悬液。如此反复固定2~3次。

（7）滴片　在干净、湿、冷的载玻片上滴2~3滴上层细胞悬液。将制好的载玻片风干，并做好标记。

（8）染色　将干燥后的载玻片放入60~65℃的2×SSC溶液中1h。取出载玻片，用0.9% NaCl冲洗载玻片，然后用蒸馏水冲洗。将玻片标本平放于支架上，细胞面朝上，每片滴加1：10姬姆萨磷酸盐缓冲液3~4mL，37℃染色10min。然后用蒸馏水细流冲，晾干。

（9）镜检

① 在低倍镜下观察姬姆萨染色之后的中期分裂相的形态。在显微镜下可观察到染色体被染为紫红色。

② 在高倍镜下选择分散适度，不重叠的染色体的分裂相，在油镜下（100倍）进行观察。

【实训作业】

选择染色体清晰，分散度好的中期分裂相，计数染色体，显微摄影或绘出染色体组型。

实训二　种畜的系谱编制与审查

【实训目的】

系谱审查（鉴定）是种畜鉴定方法之一，通过系谱鉴定，对种畜的育种价值可作出初步判断。

通过对牛的横式或竖式系谱的编制，初步学会畜群系谱的编制方法，并掌握系谱鉴定的方法。

【实训内容】

1. 系谱编制

（1）个体系谱的编制

① 横式系谱：它是按子代在左，亲代在右，公畜在上，母畜在下的格式来填写的。系谱正中可画一横虚线，表示上半部为父系祖先，下半部为母系祖先。

② 竖式系谱：在系谱的右侧登记公畜，左侧登记母畜，上方登记后代，下方登记祖先。

简单的系谱（不完全系谱），一般只记载祖先的号数或名字。而完全系谱则除应记载祖先的号数、名字外，还应登记生产性能记录、体尺、体重、评定等级，以及后裔鉴定材料等。

在牛的系谱登记中，产量与体尺可以简记。如乳牛产乳量：1998-1-6 879-3.6，表示母牛在1998年第一个泌乳期产乳量为6879kg、乳脂率为3.6%。同样，对体尺指标也可按136-151-182-19的方法来缩写，意即为体高136cm、体长151cm、胸围182cm、管围19cm。

在编制系谱时，如果某个祖先无从查考，应在规定的位置上画线注销，不留空白。

（2）畜群系谱　畜群系谱是为整个畜群而统一编制的。它是根据整个畜群的血统关系，按交叉排列的方法编制起来。利用它，可迅速查明畜群的血统关系，近交的有无和程度，各品系的延续和发展情况，因而有助于我们掌握畜群和组织育种工作。

编制畜群系谱，必须以原始记载材料为依据，如种公母畜卡片，配种分娩记录等，然后按下述步骤进行编制。

① 列出群体母系记录表：根据群内种畜卡片，查明每一个体的出生时间及其各代祖先，并按先后顺序填于母系记录表内；

② 绘草图；

③ 绘制正图。

2. 系谱鉴定

系谱鉴定的方法如下。

（1）将两个或多个系谱进行比较，重视近代祖先的品质，亲代影响大于祖代，祖代大于曾祖代。

（2）对祖先的评定，以生产力为主作全面鉴定。要注意应以同年龄、同胎次的产量进行比较。

（3）如果系谱中祖先成绩一代比一代好，应给予较高评价。

（4）如果种公畜有后裔鉴定材料，则比其本身的生产性能材料更为重要，尤其对乳用公牛和蛋用公鸡来说意义重大。

【实训作业】

（1）根据下列资料制作竖式系谱和横式系谱：

荷兰品种牛 204 号，生于 1998 年 8 月 20 日，其父亲为 13 号，母亲为 166 号。

13 号的父亲是 12 号，母亲是 123 号；

166 号的父亲是 13 号，母亲是 130 号；

130 号的父亲是 12 号，母亲是 151 号；

12 号的父亲是 70 号，母亲是 151 号。

（2）利用北京市种公牛站的 2 头黑白花公牛的系谱材料进行审查分析，试评定哪一头的种用价值较好，并说明自己的理由。

```
                                     406{双德顺 1 号
                                        {北京 1 号Ⅲ—7419—3. 62
                             1934{
                                     2155{长春
                                         {—
10761 初生重 42kg      {
外貌特级体重 1250kg    {
                                     37{—
                                       {512Ⅲ—7816. 5
                             3877{
                                     211{—
                                        {2112Ⅲ—6855—3. 6
                             Ⅰ—6105—3. 6
                             Ⅲ—7781—3. 4
                             Ⅴ—8298—3. 54

                                     1056{27
                                         {1967Ⅲ—8098  Ⅳ—7479
                         7055{
                                     3489{406
                                         {3422
10442 外貌特级         {   Ⅱ—6634—3. 5
体重 1140kg            {   Ⅲ—7525—3. 8
                           Ⅳ—7032—3. 64
                                     17{—
                                       {—
                         3036{
                                     687{—
                                        {—
                         Ⅰ—5045   Ⅱ—7506
                         Ⅲ—7159   Ⅳ—5577
                         Ⅴ—7676
```

实训三　杂交改良方案的设计

【实训目的】

（1）掌握级进杂交、导入杂交和育成杂交等杂交改良方法的应用。

（2）能够针对当地畜牧业生产实际情况设计杂交改良方案。

【实训准备】

（1）收集本地区现有主要畜禽品种的特性资料。

（2）收集本地区已经取得的畜禽品种改良效果资料和国内外相关品种的杂交改良文献资料。

【实训内容】

1. 确定育种目标

根据本地区主要畜禽的品种区域规划和市场需求，提出育种目标。

2. 选择适宜的杂交改良方法

要根据本地区主要畜禽品种的性能特点，选用品种的多少及改良目标确定适宜的杂交改良方法。在选择杂交用品种时，应对亲本品种进行认真的分析，分别加以权衡。查阅一些有关它们杂交效果和生产性能的资料，最好进行小规模杂交试验，然后做出选择。

3. 拟定杂交改良方案

针对不同品种的选育要求，初步拟定杂交改良方案。

【实训提示】

（1）杂交改良方案的设计，涉及专业知识面广，教师要有针对性地选择当地畜禽品种的杂交改良典型案例组织教学。

（2）本次实训重点在于如何根据地产品种的特性和选育要求，选择适当的杂交改良方法。所设计改良方案既要有利于实施，又要能达到预期目的。

【实训作业】

以当地畜禽品种特性材料为依据，设计一个杂交改良方案。

实训四　母畜的发情鉴定

【实训目的】

掌握母畜发情鉴定的各种方法，判断输精或配种的时间。

【实训材料】

母牛、母羊、母猪、母马或母驴，试情公畜，保定架，开张器，手电筒，脸盆，毛巾，肥皂，消毒液。

【实训内容】

1. 外部观察法鉴定母畜发情

观察母牛、母羊、母猪、母马的外部表现，凡有下列行为表现者，即可判定发情。

（1）发情母牛　表现不安，哞叫，接受其他母牛嗅闻阴门和爬跨，并拱腰站立不动，食欲减退，乳量减少，尾巴不时摇摆和高举。放牧时，不安，到处走动，阴道流出蛋清样黏液。

（2）发情母猪　食欲剧减甚至废绝，在圈内不停走动，爬墙，拱地，啃嚼门闩，企图外出，既爬跨其他母猪，也接受其他母猪爬跨，按压臀部时出现静立反射。

（3）发情母马 常嘶叫不安，竖耳，扬头，注意附近母马，尤其是公马，以臀部在墙壁、柱子或槽边摩擦，频频排尿，从阴道流出蛋清样黏液，可在阴道外形成一条长长的吊线。

（4）发情母驴 除有以上母马的表现外，头颈伸直，两耳后伏，嘴大张、不断开闭，发出“叭嗒”声，有时流出涎水，用手指掐腰和鬐甲时“叭嗒”嘴，张口更为强烈。

（5）发情母羊 表现不安，不停摇尾，产食欲减退，反刍停止，高声鸣叫，用手按压臀部，其摇尾更甚，放牧时常离群。这些发情表现，山羊比绵羊更为强烈。

2. 试情法鉴定母畜发情

（1）母马的试情 当群牧马采用试情法时，可把结扎输精管或施行阴茎转向术的公马放入群内。未发情的母马对公马有踢咬、躲闪等防御表现。发情的母马会主动接近公马，后腿叉开，举尾，频频排尿，接受公马爬跨。

（2）母猪的试情 母猪的发情鉴定以外部观察法为主。在用试情公猪试情时，发情母猪表现两耳竖起，寻找并喜欢接近公猪。用手按压母猪背腰部，如母猪表现静立不动，向人身靠拢，尾巴翘起，即出现“静立反射”，说明母猪已到发情盛期。当母猪发情时，对公猪的气味和叫声反应敏锐，故可将公猪尿液或包皮冲洗液向母猪舍喷雾，也可在母猪群播放公猪求偶的录音，通过观察母猪的反应来鉴定其是否发情。

（3）母羊的试情 羊的发情鉴定主要采用试情法。试情时，将戴有试情兜布或结扎输精管的试情公羊按公、母 1∶30 的比例，每天 1 次或 2 次放入母羊群中试情。凡接受公羊爬跨者即为发情母羊。在大群母羊试情时，为了更好地鉴定发情母羊，可在试情公羊的胸腹部涂抹颜料，当母羊发情接受公羊爬跨时，母羊尻部便印有颜色，便于识别。

3. 阴道检查法鉴定母畜发情

（1）检查前的准备

① 保定：根据现场条件和习惯，利用绳索、三角绊或六柱栏保定母畜，并将尾毛理齐，拉向一侧前方。

② 外阴部洗涤和消毒：先用清水或肥皂水、2%～3%苏打水等洗净外阴部，再用 1‰新洁尔灭溶液消毒，最后用消毒纱布或酒精棉球擦干。在洗净或消毒时，应先由阴门裂开始，逐渐向外扩大。

③ 开张器消毒：用 75%酒精棉球消毒开张器内外面，或用火焰烧灼消毒，也可用消毒液浸泡消毒，然后用 40℃温开水冲去药液，趁其湿润时使用。

（2）方法步骤

① 用左手拇指和食指或中指开张阴门。

② 轻捏把柄，撑开阴道，用手电筒或反光镜照明阴道，迅速观察。

③ 观察阴道黏膜的色泽及湿润程度，子宫颈部的颜色及形状，黏液的量、黏度和气味，以及子宫颈管开张程度。判断发情的依据是：阴唇肿大，开张器容易插入，阴道黏膜充血，光泽滑润，子宫颈口松软而开张，有黏液流出，可判定为母畜发情。

4. 直肠检查法鉴定母畜发情

（1）检查前的准备

① 将被检母畜在六柱栏内保定，也可用绳索保定。用绳索保定的做法：将绳索一端圈套系于被检母畜的颈部，然后使绳索通过后肢后飞节之上，另一端打活结拴系于颈部绳环上。对执拗的母马、母驴，还应将腹侧绳在腹下交织后，再拴系于颈部绳环上。

② 将被检母畜的尾巴推向一侧。对于马，应收拢尾根的长毛，搂向一侧。

③ 检查者指甲剪短、锉光、磨圆，将衣袖挽至肩关节处，手臂或戴上长臂手套，涂以滑润剂。

（2）检查方法

① 检查者站在被检母马、母驴的后肢外侧，站在母牛的正后方，给母畜的肛门周围涂以滑润剂，检查者将五指并拢呈楔状，缓缓旋转插入肛门。

② 手伸入肛门后，当遇直肠内有宿粪时，可用手指扩张肛门，使空气进入直肠，促使宿粪排出；也可手掌展平，少量而多次将粪掏出。

（3）直检过程中几种情况的处理

① 母畜强烈努责，欲将手臂排挤向外，此时切忌手臂用力硬推，可采用手指掐捏母畜腰部，或喂给饲料，以使努责减弱或停止。

② 肠壁持续收缩，紧套检查者手臂，致使手臂探摸无法自如，此时也可采用上法，促使肠壁停止收缩。

③ 肠壁紧张向体壁方向扩张呈坛状，此时可将手缓缓前推，以刺激肠壁蠕动，舒展变软。如果无效，只能耐心待其自行舒展后，再行触摸。

（4）直肠检查时应注意事项

① 在严冬及早春季节操作时，应注意防寒保暖。手臂如有伤口，应戴上长臂手套后再行直检。

② 保定架后两柱间，不可架横木，以免母畜下卧，招致手臂骨折或关节脱臼。检查过程中，全神贯注，谨防母畜踢人。

③ 检查者不得用干涩手臂硬向母畜肛门内插入。在直肠内探摸时，只许使用指肚感觉，切不可用指甲乱抠。直肠壁上如有马蛇幼虫吸附，不可揪掉，以免直肠出血。

④ 检查母马、母驴的左卵巢需用右手，检查右卵巢则需用左手。

⑤ 在直肠内经久触摸不到时，应间隔一定时间查看手臂有无血迹，以便尽早

发现肠壁破损，及时医治处理。一旦发现肠壁有轻度破损时，应停止直检，并灌注3%明矾水500~1000mL。

⑥ 检查动作应轻缓，对于不知是否妊娠的母畜尤应注意，以免造成流产。

【实训提示】

（1）事先准备好实训母畜若干头，教师预先检查，了解每头母畜的生理状况，是否发情。

（2）直肠检查和阴道检查之前，应重点讲解和示范操作。在实习过程中应防止事故发生。

（3）一个教学班应根据实习母畜的多少，分成若干小组，轮流进行练习。

【实训作业】

（1）根据观察和检查结果，分析发情症状，确定输精配种时期。

（2）当母羊、母猪、母驴发情时，有哪些特殊症状和表现？

实训五　精液品质检查

【实训目的】

掌握精子活率、密度的检查方法；熟悉感官检查精液品质，掌握精子畸形率的测定方法。

【实训材料】

家畜新鲜精液，恒温水浴锅，大烧杯，温度计，微量移液器，搪瓷盘，显微镜，载玻片，显微镜恒温板，盖玻片，纸巾，擦镜纸，一次性小试管，试管架，95%酒精，滴管，生理盐水，美蓝或纯蓝墨水，废液缸，洗瓶。

【实训内容】

1. 精液的外观检查

（1）采精量　牛一般为每次5~14mL，马30~300mL，绵羊和山羊0.5~2.5mL，猪100~500mL。

（2）颜色与气味　正常的精液颜色是乳白色或灰白色，牛、羊的有时为乳黄色。若精液颜色异常，表明公牛生殖器官有疾病，应该弃去或停止采精（表4-1）。正常精液略带腥味，牛、羊的另有微汗脂味。家禽精液乳白色、不透明、浓稠。

表4-1　精液颜色与疾病的关系

正常精液	依从浓到稀：乳黄色—乳白色—白色—灰白色
淡红色（鲜红色）	生殖道下段出血或龟头出血
淡红色（暗红色）	副性腺或生殖道出血
绿色	副性腺或尿生殖道化脓

（3）云雾状的观察 取原精液1滴于载玻片上，不加盖玻片，用低倍镜观察精液滴的边缘部分，云雾状明显用“+++”表示，云雾状较明显用“++”表示，“+”表示不明显云雾。

正常牛、羊的新鲜精液应很容易看到云雾状，即应在“++”以上。云雾状明显，说明精液的精子浓度较高，活力较强。猪的精液即使是浓度高的也很难看到云雾状。

2. 精子的活力检查

新鲜精液的精子活力评定应采精后立即进行，实验室应保持在20~26℃。

将显微镜恒温板放在显微镜载物台上，用样本夹固定好，打开电源，将开关打到设定位置，将温度调到37℃，然后将开关打到测温位置。将两片干净的载玻片放恒温加热板上预温。

将盛生理盐水的试管和一空试管放入30℃的烧杯中片刻后，用微量移液器取5μL鲜精加入空试管中，然后再从装生理盐水的试管中取液，牛精液稀释取20μL或25μL，羊精液稀释取50μL，加入装5μL精液的试管中，用移液器吸吐5次混匀。猪的精液不需要稀释，可直接检查。

取稀释后的精液（猪精液为原精）15μL，注在预温后的载玻片中间，用干净的盖玻片的一侧放在精液滴的左侧，向右倾斜45°，向右移动盖玻片靠近精液滴，当精液滴迅速进入载玻片与盖玻片间的夹角里时，轻轻放下盖玻片，以保证压片内没有气泡。

将载玻片放在恒温保温板上，在100倍下观察到精子后，再转到400倍下，观察前进运动精子占视野中总精子数的比例。根据多个视野的观察情况，进行综合估计，来确定精子活力。

按照十级分制对精子活力进行评分。精子的活力评分以前进运动精子的百分数，以从0.0~1.0表示，如前进运动精子占总精子数的百分率为70%，则活力表示为0.7（表4-2）。

表4-2 百分制与十级制的换算关系

百分制（%）	100	90	80	70	60	50	40	30	20	10
十级制	1	0.9	0.8	0.7	0.6	0.5	0.4	0.3	0.2	0.1

一般牛、羊、猪新鲜精液要求精子活力应在0.6以上。冷冻精液解冻后的活力不应低于0.3。

3. 精子密度检查

（1）估测法 取1滴原精液，制成平板压片，放在400倍显微镜下观察，按密、中、稀三级评定。

“密”：精子充满整个视野，精子间的空隙难以容纳1个精子，看不清单个精子运动，密度在 10 亿个/mL 以上。

“中”：精子间的空隙能容纳 1～2 个精子，能看清单个精子的运动，密度为 3 亿～9 亿个/mL。

“稀”：精子在显微镜下分布较松散，精子间的空隙能容纳 3～9 个精子，密度评定为 1 亿～3 亿个/mL。

（2）血球计数板测定法　将干净的血球计数板加上干净的盖玻片放在显微镜的载物台上。

用微量移液器，每一个精液样品，分别用 3% NaCl 和 0.9% NaCl 等倍数稀释，牛、羊、猪精液分别按 1∶200、1∶400、1∶40 稀释，混合均匀后，分别取 3% NaCl 稀释的精液和 0.9% NaCl 稀释后的精液 20μL，分别注入计数板上的两个计数室内（小心地从放在计数板上的盖玻片边缘处小心注入，使其充满计数室）。例如左侧计数室注入 0.9% NaCl 稀释后的精液，右侧为 3% NaCl 稀释的精液。

将计数板推入样本夹内固定好，用 100 倍找到计数室及精子后，再用 400 倍观察。先计数左侧计数室中的不能前进运动的总精子数；然后计数右侧计数室中的 5 个中方格总精子数，得到的数值乘 5 就得到右侧计数室的总精子数。

精子活率=(右侧计数室总精子数-左侧不能前进运动的总精子数)÷右侧计数室总精子数

4. 精子畸形率测定（图 4-1，图 4-2）

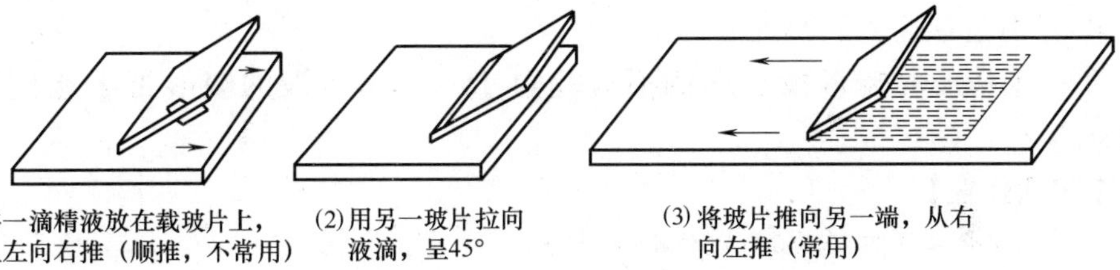

图 4-1　精液抹片示意图

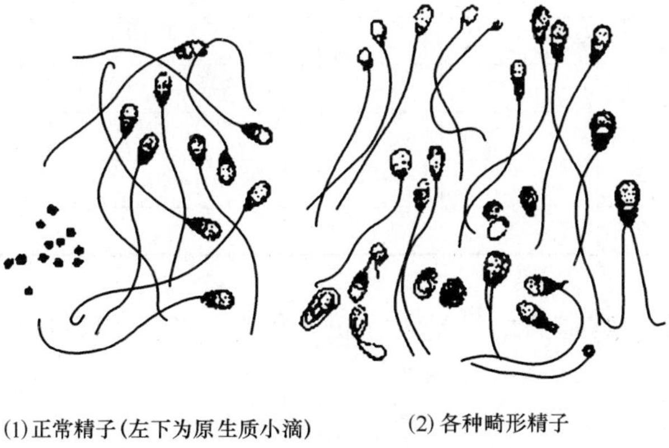

图 4-2　正常精子和各种畸形精子

精子畸形率检查，主要是通过精子的形态检查，计算不正常的精子占总精子数的百分率来判断精液的质量。

精液的稀释：为了方便观察，抹片后，精子在载玻片的分布密度要适当，建议牛、羊的新鲜精液要用生理盐水稀释后再抹片。牛的精液按 1∶5 稀释，羊的精液按 1∶10 稀释，并混合均匀。

抹片：左手食指和拇指向上捏住载玻片两端，使载玻片处于水平状态，取 5μL 稀释后的精液滴至载玻片右侧。右手拿一载玻片或盖玻片，放在精液滴的左侧，使其与左手拿的载玻片呈向右的 45°，盖玻片向右拉至精液刚好进入角缝中，然后平稳地向左推至左边（不得再向回拉）。抹片后，使其自然风干。

固定：在抹片上滴 95%的酒精约 500μL，固定 4min 后，甩去多余的酒精。

染色：将用玻璃棒制成的片架放在废液缸上，将载玻片放在片架上，滴上 0.5%的龙胆紫或纯蓝或红墨水 5~10 滴，5min 后，用洗瓶或自来水轻轻冲去染色剂，甩去水分晾干。

载玻片放在 400 倍或 640 倍的显微镜下进行观察，共记录若干个视野 200 个左右的精子。

下列精子可被视为畸形精子：

（1）头部膨大、头部小于正常大小、双头、头部不完整。

（2）尾部折回、尾部卷曲、尾部套索、双尾、断尾。

（3）有近端原生质小滴。

牛、羊精液的畸形精子比例不应超过 15%。猪精液的畸形精子比例不得超过 18%。

【实训作业】

（1）将观察到的结果填入表 4-3 中。

表 4-3　　实验结果

品种编号	颜色	气味	云雾状	密度	活率	畸形率

（2）结果分析　测定的结果是否在正常值范围内，如不在正常值范围则分析原因。

实训六 精液稀释液的配制与精液稀释

【实训目的】

掌握常用精液稀释的配制方法，学会对精液进行稀释。

【实训材料】

（1）蔗糖，葡萄糖，乳粉，鲜鸡蛋，NaCl，二水柠檬酸钠，青霉素，链霉素，蒸馏水。

（2）鲜精液。

（3）量筒，量杯，烧杯，三角烧瓶，小试管，水温计，铁架台，漏斗，平皿镊子，玻璃注射器，水浴锅，天平，显微镜，定性滤纸，脱脂棉等。

【实训内容】

1. 各种家畜精液常用的稀释液配制

（1）常用稀释液配方

① 公羊精液稀释液。

生理盐水稀释液。

NaCl	0.85g	青霉素	1000IU
蒸馏水	100mL	链霉素	1000μg/mL

乳粉-蛋黄稀释液：

乳粉	10g	链霉素	1000μg/mL
蛋黄	10mL	蒸馏水	100mL
青霉素	1000IU/mL		

② 猪精液稀释液。

葡萄糖-蛋黄稀释液：

葡萄糖	5g	链霉素	1000μg/mL
蛋黄	10mL	蒸馏水	100mL
青霉素	1000IU/mL		

葡萄糖-柠檬酸钠-蛋黄稀释液：

葡萄糖	5g	蒸馏水	100mL
二水柠檬酸钠	0.3g	青霉素	1000IU/mL
乙二胺四乙酸	0.1g	链霉素	1000μg/mL
蛋黄	8mL		

③ 马精液稀释液。

蔗糖乳粉稀释液：

11%蔗糖	50mL	青霉素	1000IU/mL

10%～12%乳粉液　50mL　链霉素　1000μg/mL

（2）配制方法及要求

① 药品用天平准确称量后，放入烧杯中，加入蒸馏水溶解后，用三连漏斗过滤，用三角烧瓶承接滤液，放入水浴锅内，水浴消毒 10～20min。乳粉在溶解时先加等量蒸馏水。

② 蛋黄取自新鲜鸡蛋，先将鸡蛋洗净，用 75%酒精消毒，用镊子在气端打一小孔，把蛋清倒净，然后把蛋壳扩开，取出蛋黄，用注射器小心抽取一定量，在稀释液消毒冷却到 40℃以下时加入。

③ 抗生素用一定量的蒸馏水溶解，在稀释液冷却后加入。

2. 精液的稀释

选用与精液种类相应的稀释液，把精液的稀释液分别装入烧杯或三角烧瓶中，置于 30℃的水浴锅中，用玻璃棒引流，把稀释液沿着器壁徐徐加入到精液中，边加入边搅拌。稀释结束后，镜检精子活力。

3. 精液的保存

在精液稀释后，应放入规定保存温度的冰箱内保存。同时应注意保持保存需要的温度，猪的精液会发生沉淀，应每 12h 轻轻摇匀一次。如果精液不马上用于输精，应每 12h 检查一次精液活力，一般低温保存或常保存的精液在输精前，精子活力不应低于 0.5。可将精液最终活力下降到 0.5 以前，所能持续保存的时间称为这种保存稀释液的最长保存时间。

【实训作业】

（1）稀释液如何配制？

（2）蛋黄、柠檬酸钠、乳粉在稀释液中各有什么作用？

实训七　输　精

【实训目的】

做好输精前的准备，掌握各种家畜输精操作要领，熟悉家畜、鸡的输精过程。

【实训材料】

各种家畜的阴道开张器，输精管，保定架，卡苏枪，注射器，水盆，毛巾，肥皂，纱布，75%酒精棉球，液体石蜡，稀释液，精液等。鸡的输精要先采好精液，并以稀释液稀释。

【实训内容】

1. 输精前的准备

（1）输精前的准备　母牛输精前，所有器械必须彻底洗净并严格消毒。金属开张器可用火焰消毒，也可用 75%酒精棉球擦拭消毒。塑料及橡胶器械可用 75%

酒精棉球消毒。使用前用稀释液冲洗一遍；玻璃注射器、输精胶管可用蒸汽法消毒。母猪输精前，准备好输精管、精液瓶等。鸡的输精采用滴管输精。

（2）母畜的准备　经发情鉴定确定可以输精的母畜，将其牵入保定栏内保定，将尾巴拉向一侧，用温水清洗外阴，再用75%酒精棉球擦拭消毒。

母猪输精前，输精员要做好发情鉴定。

一看：看神态（母猪有无兴奋不安，爬圈、频频排尿）；外阴（外阴有无发红、水肿、阴户流出黏液）；爬跨求偶（母猪有无爬跨其他母猪或接受爬跨）；采食表现（母猪采食量有无下降、是狼吞虎咽，还是细嚼慢咽）。二听：听母猪有无呼噜声或吼叫声（求偶歌声）。三算：算发情周期（21d）、发情持续期（2~3d）、断乳间隔期（3~7d）。四按背：按压母猪腰荐部时，母猪是否呆立不动（静立反射）。五摸：摸阴户温度和阴道内黏液有无黏性。六综合：采食量下降，表现不安；常常发出哼哼声；阴门变红和红肿，有水样黏液流出；爬跨其他母猪或接受爬跨；对声刺激，两耳竖立；咬猪圈栏。

① 精神状态：母猪开始发情对周围环境十分敏感，兴奋不安，食欲下降、嚎叫、拱地、两前肢跨上栏杆、两耳耸立、东张西望，随后性欲趋向旺盛。在群体饲料的情况下，爬跨其他猪，随着发情高潮的到来，上述表现越来越频繁，随后母猪食欲由低谷开始回升，嚎叫频率逐渐减少，呆滞，愿意接受其他猪爬跨，此时配种最佳。

② 外阴部变化：母猪发情时外阴部明显充血，肿胀，而后阴门充血、肿胀更加明显，阴唇内黏膜随着发情盛期的到来，变为淡红或血红，黏液量多而稀薄。随后母猪阴门变为淡红、微皱、稍干，阴唇内黏膜血红开始减退，黏液由稀转稠，此时母猪进入发情末期，是配种的最佳期，简而言之，母猪外阴由硬变软再变硬，阴唇内黏膜颜色由浅变深再变浅，正是配种佳期。

③ 爬跨：母猪发情到一定程度，不仅接受公猪爬跨，同时愿意接受其他母猪爬跨，甚至主动爬跨别的母猪。用公猪试情，母猪极为兴奋，头对头地嗅闻；公猪爬跨其分配背后时，则静立不动，正是配种良机。

④ 按压：用手压母猪腰背后部，如母猪四肢前后活动，不安静，又哼叫，这表明尚在发情初期，或者已到了发情后期，不宜配种；如果按压后母猪不哼不叫，四肢叉开，呆立不动，弓腰，这是母猪发情最旺的阶段，是配种最旺期。可根据上述方法鉴定母猪发情而适时配种，相对而言，培育品种（特别是国外引入品种）的发情表现，不如地方猪种明显。因此，要多观察，从而找到某一猪种甚至个体的发情受胎规律，适时配种，以防空怀。掌握适宜的配种时间是提高母猪受胎率和产仔数的重要因素。具体的配种时间，应根据猪的品种、年龄及个体特点，注意观察母猪的发情表现，以确定最佳配种时间。

当母猪发情高潮刚过，阴户的红肿开始消退、黏膜颜色由红变暗，阴道流出的黏液增多并变得浓稠，母猪神情呆滞，不避人，按压母猪腰部或试情公猪接近母猪时表现静立不动，甚至举尾抬臀等现象时是配种的最佳时间。

（3）精液准备　在鲜精输精时，精子活力不低于0.6；常温保存的精液精子活力不低于0.5；冷冻精液需用38℃温水解冻，解冻后活力不低于0.3。

（4）术者的准备　输精员穿好工作服，指甲剪短磨光，手臂清洗消毒。

2. 输精的操作

（1）母牛的输精　母牛采用直肠把握输精法。

母牛保定后，术者用清洁的温水对母牛的外阴进行清洗、擦干。输精管用稀释液冲洗2~3次后，吸取精液。操作人员一只手伸入直肠握住子宫颈后端（注意不要把握过前，造成宫口游离下垂，输精器不易插入），手臂下压使阴门开张；另一只手持输精器，由阴门插入，先向上倾斜插，避开尿道口，然后再平插，直至子宫颈口。此时两手配合，将输精器前端插入子宫颈内5~8cm（接近子宫颈内口）处，随即注入精液。如果精液受阻，可将输精器稍后退，同时将精液注入，然后撤出输精器。

注意操作过程要防止粗暴，插入输精器应小心谨慎，不可用力过猛，以防损伤阴道壁和子宫颈。插入输精器时，注意防止污染输精器，其前端只能与阴道薄膜接触。如当子宫颈过细或过粗难以把握时，可将子宫颈挤向骨盆侧壁固定后再输精。插入输精器后，手要松握，并随牛移动，以防折断和伤害母牛。如子宫颈难以插入，可用扩宫棒扩张，或用开张器检查子宫颈是否不正、狭窄。输精器抽出后，如发现大量精液残留在输精器内，要重新输精。

（2）母猪输精　输精时先用手把阴唇分开，将输精管尾部向下倾斜45°插入阴道，当输精管螺旋段输入到阴道深部达子宫颈口时，会感到有很大的阻力，此时应将输精管逆时针螺旋式向前推进。当输精管再深入8~10cm时，螺旋段后部的栓塞恰好也进入子宫颈口2~3cm处。向前推进阻力增大，此时便可停止前进。然后将输精管轻轻向后退2~3cm，感到阻力很大，轻轻松手后输精管能自然缩回阴道内，表明子宫颈已被栓塞塞严，此时即可输精。

输精时可以将输精瓶底部剪一小孔或插上细针头，以便输精畅快。当精液完全输入子宫内后，不要将输精管立即拔出，应将输精管尾部折弯插入输精瓶中，防止精液倒流，待3~5min后，再将输精管缓慢取出。在实践中，用输精管拍打母猪尾部，有利于母猪子宫颈收缩，使精液更好地进入到子宫中。

（3）鸡的输精　鸡的输精辅助人员左手握住母鸡的双翅，提起，令母鸡头朝上，肛门朝下，右手掌置于母鸡耻骨下，在腹部柔软处施以一定压力，泄殖腔内的输卵管开口便翻出，位于泄殖腔内左侧上方。然后将母鸡泄殖腔朝向输精员，输精员便可将输精器插入输卵管开口中央注入精液。同时助手立刻解除对母鸡腹部的压力，防止精液流出。

输精完成后，填写输精记录表（表 4-4）。

表 4-4　输精记录表

<table>
<tr><th colspan="12">母畜</th><th colspan="2">公畜</th><th rowspan="3">授精员</th></tr>
<tr><th rowspan="2">畜主</th><th rowspan="2">品种</th><th rowspan="2">耳号</th><th rowspan="2">胎次</th><th colspan="4">发情日期</th><th colspan="4">输精日期</th><th rowspan="2">品种</th><th rowspan="2">耳号</th></tr>
<tr><th>年</th><th>月</th><th>日</th><th>时</th><th>年</th><th>月</th><th>日</th><th>时</th></tr>
<tr><td></td><td></td><td></td><td></td><td></td><td></td><td></td><td></td><td></td><td></td><td></td><td></td><td></td><td></td><td></td></tr>
<tr><td></td><td></td><td></td><td></td><td></td><td></td><td></td><td></td><td></td><td></td><td></td><td></td><td></td><td></td><td></td></tr>
<tr><td></td><td></td><td></td><td></td><td></td><td></td><td></td><td></td><td></td><td></td><td></td><td></td><td></td><td></td><td></td></tr>
</table>

【实训作业】

（1）填写输精记录表。

（2）简述母牛输精的方法。

（3）简述母猪输精的方法。

实训八　妊娠诊断

【实训目的】

掌握家畜在妊娠各阶段生殖器官及血管内血流音的变化，从而对妊娠作出正确诊断。

【实训材料】

妊娠 1~3 个月、4~5 个月及 6 个月以上的母牛，妊娠 1 个月左右的母羊和母猪，保定架，开张器，多普勒妊娠诊断仪，绳索，乳胶手套，肥皂，75%的酒精，1%煤酚皂，1‰新洁尔灭。

【实训内容】

1. 直肠检查法（牛）

（1）检查前的准备工作

① 保定：根据实习场地条件，利用绳索、三角绊或六柱栏保定母畜，并将尾毛由一侧拉向前方。

② 外阴部的清理：先用清水（或肥皂水、2%~3%苏打水等）清洗外阴部，然后用 1%煤酚皂或 1‰新洁尔灭溶液进行消毒，最后用消毒纱布或酒精棉球擦干。

③ 开张器消毒：先用 75%的酒精棉球消毒开张器的内外表面，然后用火焰灼烧消毒，也可浸泡消毒，然后用开水冲去药液，趁其湿润时使用。

（2）检查方法和步骤

① 手臂伸入直肠：徒手操作，涂少量肥皂水，五指并拢成圆锥形，缓缓及略带旋转伸入直肠，遇到努责可稍停，待舒张后再探入。

② 手伸入直肠到达骨盆腔中部（一般当手腕伸入肛门即可），手向下轻压肠

壁，即可以触摸到一个坚实的纵向如棒状的子宫颈。

③ 将食指、中指、无名指分开沿着子宫颈向前触摸，在子宫体的前面，可摸到一纵行的凹沟即为子宫角间沟，再向前探摸，食指和无名指在两侧即可摸到类似圆柱状的子宫角。

④ 沿子宫角的大弯向外侧下行，即可感触到呈扁卵圆形富有弹性的卵巢。

⑤ 在触摸过程中如失去子宫体而摸不到子宫角和卵巢时，最好从子宫颈开始重新向前逐渐触摸。

⑥ 母牛妊娠诊断需注意触摸子宫的以下内容：

a. 子宫角的大小、形状、对称性、硬度、位置及角间沟是否消失；

b. 子宫体、子宫角可否摸到胎盘及胎盘的大小；

c. 有无胎儿及胎儿活动状况；

d. 子宫内液体的性状；

e. 子宫动脉的粗细及有无妊娠脉搏。

（3）妊娠时间的判定

① 妊娠 1 个月：妊娠黄体突出于孕侧卵巢的表面，孕侧卵巢体积是对侧卵巢体积的 2 倍。孕侧子宫角稍有增粗，质地变软，特别是子宫体部分较明显。孕侧子宫角无收缩反应或反应微弱，而未孕子宫角收缩反应明显，有弹性，角间沟清楚。

② 妊娠 2 个月：由于羊水增加，孕侧子宫角显著增大且向背侧突出，约为对侧子宫角的 2 倍。有波动感，用手指按压有弹性。角间沟不甚清楚，但两角分岔处尚能分辨。

③ 妊娠 3 个月：子宫呈圆胞状，位置下沉，子宫颈已移至耻骨前缘，孕侧子宫角波动明显，有时可以摸到子宫腔内的胎儿，在子宫体附近可以摸到如蚕豆大小的胎盘，子宫动脉增粗。

④ 妊娠 4 个月：全部子宫增大沉入腹腔底部，摸不清子宫的轮廓形状，因此在直肠检查时也往往不能触及胎儿。子宫壁上可以摸到明显突出的胎盘，孕侧子宫动脉出现妊娠脉搏，感觉有特殊的震颤。

⑤ 妊娠 5 个月：子宫壁上的胎盘如算盘珠大，子宫动脉出现十分明显的妊娠脉搏，由于胎儿发育迅速增大，在直肠检查时又能清楚地触摸到胎儿。

⑥ 妊娠 6~7 个月：胎儿继续增大，位置已推移至骨盆腔前，能触及胎儿的各部分并能摸到胎动。两侧子宫动脉均有明显的妊娠脉搏。

2. 超声波诊断法

（1）牛

① 受检母牛保定于六柱栏内。

② 探查部位和方法：以开张器打开阴道，用多普勒妊娠诊断仪长柄探头蘸取耦合剂（如石蜡油）插入阴道内，在阴道穹窿部按顺序探查一圈，同时听取或录制

多普勒信号音，即妊娠母牛的子宫脉管血流音。

③ 判定标准：未孕母牛子宫脉管血流音为“呼、呼”声；妊娠后即变成“阿呼、阿呼”，声如蝉鸣声，其频率和母体脉搏相同。

（2）猪

① 待查姿势：母猪不需保定，令其侧卧、爬卧或站立状态均可。

② 探查部位：清理欲探测部位的污物，涂抹石蜡油，由母猪下腹部左右肋部前的乳房两侧探查。从最后一对乳房后上方开始，随着妊娠日龄的增长逐渐向前移动，直抵达胸骨后端进行探查，也可沿着腹白线向前探查。

③ 探查方法：使诊断仪的探头紧贴腹壁，对妊娠初期的母猪应将探头朝向耻骨前缘方向或呈45°斜向对侧上方，探头要上下前后移动，并不断地变换探测方向，以便找到胎儿的心音。

④ 判定标准：母体的动脉血流音呈现有节律的“啪嗒”声或蝉鸣声，其频率与母体心音一致。胎儿心音为有节律的“咚、咚”声或“扑咚”声，其频率在200次/min左右，胎儿的心音频率一般为母体心音频率的2倍左右。胎儿的动脉血流音和脐带脉管血流音似高调的蝉鸣声，其频率与胎儿心音相同。胎动音却好似犬吠声，无规律性。母猪在妊娠中期的胎动音最为明显。

（3）羊

① 待查姿势：母羊呈自然站立或侧卧姿态。

② 探查部位：左右乳房基部外侧的无毛区。

③ 探查方法：使多普勒妊娠诊断仪的探头紧贴母羊腹壁，探查方法和母猪的方法相同。

④ 判定标准：妊娠母羊探查时出现有加快的“扑咚”声，其心音频率可参照表4-5。

表4-5　　不同孕期胎儿心音率和母羊心音率对比表

孕期/d	21~25	26~35	36~45	46~60	61~75	76~90	91~105	106~120	121~135	136~145	146~150
胎儿心率/（次/min）	186	200	216	216	199	190	180	175	164	154	124
母心率/（次/min）	126	98	102	102	98	109	122	129	133	127	134

【实训提示】

（1）整个诊断过程保持安静，勿惊动受检母畜。

（2）在直肠检查时，操作者应剪短指甲并洗净消毒，在母牛空腹时检查，操作要迅速准确，不宜拖延太久，遇到母牛强烈努责时，需耐心等待。

【实训作业】

（1）叙述妊娠1~5个月之母畜生殖器官变化及血流音变化特点。

（2）简述母牛妊娠诊断的方法。

（3）简述母猪妊娠诊断的方法。

实训九　分娩助产

【实训目的】

通过实训，要求熟悉母畜分娩的预兆及分娩过程，掌握猪、牛、羊的接产与助产操作要领。

【实训材料】

临产前的母牛、母猪、母羊若干，牲血素，5%碘酊，2%NaOH溶液，催产素，2%敌百虫，0.1%$KMnO_4$，手刷，偏嘴钳，缠尾带，细线绳，助产绳，胶靴，剪刀，耳号钳，工作服，肥皂，毛巾，脸盆等。

【实训内容】

1. 母猪的助产

（1）产前准备　在母猪产前2周左右，用2%敌百虫液喷雾以灭除母猪体外寄生虫。产前3~5d，将母猪引入产房。产前1d，打扫干净圈舍，将母猪暂时隔离后，用2% NaOH溶液喷洒消毒。干燥后，垫上干净、柔软的垫草后将母猪赶入圈内，同时做好保温工作。备齐接产用品。在母猪臀部挂上黏液以后，对母猪的臀部、乳房进行清洗、消毒，然后用干净的布擦干。

（2）正常分娩的助产　当母猪的产道中流出大量的黏液时，接产人员就要立刻进入接产状态。发现有仔猪的鼻嘴露出产道时，立刻将仔猪鼻嘴上的黏膜撕破，并将鼻腔中的黏液掏出。然后用柔软的垫草将其鼻和全身黏液擦拭干净。再将脐带内的血液向腹部方向挤压，距腹壁3~4cm处掐断脐带，捏住断端直至不出血后，涂5%碘酊消毒。用偏嘴钳将上、下各2对犬牙剪除。用耳号钳打好耳号，注射牲血素。

（3）假死仔猪急救　①迅速用清洁布片将仔猪口鼻部的黏液擦干净，用吹气法进行人工呼吸；②倒提仔猪后腿，促使黏液从气管内排出，并用手连续轻拍其胸部，直至发出叫声为止；③把假死的仔猪仰卧在垫草上，用手拉住前肢，令其前后伸屈，一紧一松地压迫胸部，实行人工呼吸。

（4）难产救助　当发现母猪羊水破裂后0.5h仍不能产出仔猪，既可确定为难产。子宫收缩无力可用催产素或神经垂体素10~30IU肌肉注射。胎位、胎向、胎势异常，应根据具体情况，进行不同的处理法。采取将胎儿往子宫内推送后，将胎儿纠正成正生或倒生，再引出胎儿。骨盆腔狭窄或胎儿过大，骨盆骨折等，胎儿无法通过产道产出，只能采用剖腹取胎术。

2. 牛的助产

（1）牛体消毒 用0.1% $KMnO_4$ 溶液洗净牛的外阴部、肛门、尾根及后臀部，并擦干。牛床要铺上柔软垫草。

（2）正常分娩的助产 当母牛临产时，注意要让牛向左侧卧。当母牛阵痛努责加剧，胎儿的两前肢伸出，随后是头、躯干和后肢产出，这是正常的顺产，助产者只要稍加帮助即可。如果胎儿头部已露出阴门外，而羊膜却没有破裂，此时应立即撕破羊膜，使胎儿鼻子露出来，以防胎儿窒息。如果羊膜还在阴门内，不要过早扯破，否则羊水流出过早，不利胎儿产出。

当羊水流出，而胎儿仍未产出时，母牛阵缩及努责又减弱时，应进行助产。方法是：用助产绳系住胎儿两前肢系部，由助手拉住绳子，助产者将手臂消毒并涂上润滑剂后，伸入产道，大拇指插入胎儿口角，捏住下颌，趁母牛努责时同助手一起向外拉，用力方向应与荐椎平行。当胎儿头部通过阴门时，要用双手按压阴唇及会阴部，以防撑破。拉出时要配合母畜阵缩和努责，用力要缓，并上下左右反复活动胎儿、术者保护胎儿及产道，令助手按照骨盆轴方向强行拉出胎儿。当胎儿腹部通过阴门时，要用手捂住胎儿脐带根部，防止脐带断在脐孔内。如果是倒生，当两后肢产出时，应迅速拉出胎儿，以防胎儿憋死。

母牛产后4~6h能将胎衣排出。胎衣排出后检查是否完整，以免部分滞留。如果胎衣滞留24h（夏季12h）以上，应进行手术剥离。

（3）难产救助

① 胎儿矫正：适用于胎势、胎向、胎位异常引起的难产。矫正时要将胎儿推入子宫内进行矫正，用手将胎儿姿势扭正，在扭的过程中配合牵拉，把屈曲部位拉直，然后用牵引术拉出胎儿。

② 截胎术：适用于死胎。当胎头侧转、胎儿过大、产道狭窄及胎儿前肢姿势不正等造成难产时，可采用截头、截肢术。

③ 剖腹产术：适用于除产力不足以外的各种原因引起的难产。切开难产母畜的腹壁后，不切开子宫壁，术者手伸入母畜腹腔，助产者手臂通过母畜产道伸入子宫内，二者协同配合，矫正异常胎势、胎向、胎位，然后通过产道拉出难产胎儿的一种新的助产技术。

3. 羊的助产

（1）人工助产 剪净母羊乳房周围和后肢内侧羊毛，用温水洗净乳房，挤出几滴初乳，将尾根部、外阴部、肛门洗净，用1%来苏儿消毒。在正常情况下，羊羔一般是两前肢先出，头部伏在两前肢上，随母羊努责自行产出。当产双羔时（间隔10~30min或更长时间），母羊仍有努责阵痛表现，接羔人员必须检查是否还有第二只羊羔。以手掌在母羊腹部前侧适力颠举，如有双羔，可触感到光滑的羔体。

若产道狭小或分娩疲乏无力，可在母羊体后侧，用膝盖轻压肷部，待羔羊嘴露出后，以一手向前推母羊会阴部，羔羊头露出后，再用一手托住头部，一手握前肢，随母羊的努责向后下方拉出胎儿。将羔羊口、鼻、耳内的黏液掏出擦净。羔羊身上的黏液最好让母羊舔干，如母羊不舔或天气寒冷，接羔人员可用柔软的干草迅速将羔体擦干。一般情况下，羔羊会自行扯断脐带。人工助产的羔羊，助产者应将脐血向羔羊脐部推挤几下，再在距腹部3~4cm处剪断，用5%碘酊消毒。

（2）假死羔羊的处理　羔羊出生后，如不呼吸，但发育正常，有心脏跳动，称假死。处理方法是：提起羔羊两后肢，悬空并不时拍击其背部和胸部；或让羔羊平卧，用两手有节奏地推压胸部两侧。

【实训提示】

（1）教师要事先讲解操作要领，联系好实习牧场，确保有临产母畜。

（2）充分做好接产和助产准备工作，实训在教师指导下进行。

（3）由于母畜分娩时间不定，本实训可机动进行。

【实训作业】

（1）写出给母牛助产的方法和步骤。

（2）假死仔猪如何急救？

（3）母猪难产如何处理？

实训十　鸡的人工采精和输精技术

【实训目的】

了解鸡的人工授精的操作要领，初步掌握采精和输精的方法。

【实训材料】

22~26周龄种公鸡、诱情母鸡、受精母鸡，电刺激采精仪，输精器，电极棒，剪刀，酒精棉球，采精杯，集精杯，注射器，乳胶手套，温度计，保温器具，高压消毒器，蒸馏水，稀释液，原精液，生理盐水。

【实训内容】

（一）鸡的采精

1. 采精前的准备

① 种公鸡在采精前3~4h断水断料，防止采精时排粪，污染精液。

② 将种公鸡肛门周围的羽毛剪去，以利于采精操作。

③ 用70%酒精棉球对种公鸡肛门周围皮肤擦拭消毒，再用蒸馏水擦洗。

④ 物品和器械的清洗、消毒。采精杯、集精杯具高压消毒后备用。若用70%酒精消毒，则必须在消毒后用生理盐水或稀释液冲洗2~3次，并经干燥后备用。集精杯内水温应保持在30~35℃。

2. 采精的方法

（1）母鸡诱情法　用母鸡引诱公鸡，待公鸡踏上母鸡背部与其交配时，用集精杯挡住母鸡泄殖腔，同时挤压公鸡泄殖腔，而采得精液。

（2）电刺激采精法　电刺激采精法一般由三人操作，一人保定种公鸡，一人拨动电刺激仪开关，一人采精。具体操作方法和步骤如下：

① 保定员用右手持种公鸡大腿基部，使两腿自然分开，左手压住两翅部分主翼羽，防止两翅扇动。使种公鸡头朝后，尾向前，头尾保持水平或尾略高于头；

② 采精员将备好的集精杯夹于右手中指与无名指之间（杯口向外），左手持正电极插入公鸡髂骨区皮下，右手持负电极插入直肠 4cm 处；

③ 由另一人打开采精仪开关通电刺激，同时采精员右手持负电极绕直肠壁做圆周运动。重复通电刺激 3～5 次，每次通电持续 5s，断电 5s，并根据公鸡反应，不断升高电压；

④ 当公鸡交媾器外翻时，采精员右手迅速将负电极向外抽出，刺激交媾器基部，电压由 3V 开始，有节奏通电，每次 5s，间隔 5s，每挡电压刺激 6 次，直至排精；

⑤ 当公鸡有排精表现时，采精员右手迅速反转，立即将集精杯口移至交媾器下方，接取精液。

（3）按摩采精法　公鸡的按摩采精法有背腹式按摩采精法和背式按摩采精法两种。

① 种公鸡保定：

双人操作保定。助手双手握种公鸡大腿基部，并压住主翼羽防止扇动，使其双腿自然分开，尾部朝前，头向后固定于助手右侧腰部，使头尾保持水平或尾稍高于头部。

单人操作保定。采精员系上围裙坐于凳子上，用大腿夹住鸡双腿，使鸡头朝向左下侧，可空出双手。

② 采精操作步骤：

背腹式按摩采精法。采精员用右手中指与无名指夹住采精杯，杯口向外；左手掌向下，沿公鸡背鞍部向尾羽方向滑动按摩数次，以降低公鸡的惊恐，并引起性感；右手在左手按摩的同时，以掌心按摩公鸡腹部；当种公鸡表现出性反射时，左手迅速将尾羽翻向背侧，并用左手拇指、食指挤捏泄殖腔上部两侧，右手拇指、食指挤捏泄殖腔下侧腹部柔软处，轻轻抖动触摸；当公鸡翻出交媾器或右手指感到公鸡尾部和泄殖腔有下压感时，左手拇指、食指即可在泄殖腔上部两侧适当挤压；当精液流出时，右手迅速反转，使集精杯口上翻，并置于交媾器下方，接取精液。

背式按摩采精法。采精员右手持集精杯置于泄殖腔下部的软腹处。左手自公鸡的翅基部向尾根方向连续按摩 3～5 次。按摩时手掌紧贴公鸡背部，稍施压力。近尾部时，手指并拢紧贴尾根部向上滑动，施加压力可稍大。公鸡泄殖腔外翻时，左手放于尾根下，用拇指、食指在泄殖腔上部两侧施加压力。右手持集精杯置于交媾器下方接取精液。

3. 按摩采精法的操作注意事项

鸡的按摩采精法在生产中使用比较普遍，在采精时应注意下列事项：

① 要保持采精场所的安静和清洁卫生；

② 采精过程中要使公鸡保持舒适，不能粗暴惊吓公鸡，否则影响采精；

③ 捏压泄殖腔力度要适中，过轻、过重均不利排精，甚至造成种公鸡损伤；

④ 在采精过程中，要保持无菌操作，采精前和采精后均应进行消毒；

⑤ 采出的精液要置于30~35℃的环境中妥善保管；

⑥ 鸡的采精次数为每周3次或隔日1次。公鸡每天早上或下午的性欲最旺盛，是采精的最佳时间。

（二）鸡的输精

1. 输精前的准备

（1）母鸡的选择　输精母鸡应是营养中等、泄殖腔无炎症的母鸡。输精前应对母鸡进行白痢检疫，检疫阳性者应淘汰。开始输精的最佳时间应为产蛋率达到70%以后。

（2）器具及用品的清洁、消毒。

2. 输精步骤与操作方法

鸡的输精方法有阴道输精法和子宫输精法两种。阴道输精法适用于子宫无蛋母鸡，此法目前使用普遍；子宫输精法适用于子宫有蛋母鸡。

（1）阴道输精法　阴道输精法需两人操作，其操作步骤如下：

① 助手左手握母鸡双翅并提起，使鸡头朝上，尾向下，右手掌托于母鸡耻骨下，向头背侧稍施压力，使泄殖腔反转向上；

② 输精员用消毒过的输精器吸取备用精液，待用；

③ 助手右手大拇指与食指分别跨于泄殖腔的柔软部施以适当压力，泄殖腔内的输卵管开口外翻，并使母鸡尾部转向输精员；

④ 输精员将输精器插入泄殖腔外露的左侧口，即阴道口内1.5~3cm处；

⑤ 输精员将精液注入阴道，同时助手要减轻对母鸡腹部的压迫；

⑥ 抽出输精器，用酒精棉球擦拭消毒，晾干备用。

（2）子宫输精法

① 助手将母鸡保定，左侧向上；

② 助手以右手食指插入泄殖腔，隔直肠将子宫内硬壳蛋固定于靠近左侧腹壁；

③ 输精员用5号针头接注射器，吸取备用精液；

④ 输精员将注射器从蛋前1/3处的腹壁进针，一次刺入子宫直抵蛋壳，再向头

部水平方向推进 0.5~1cm，注入精液；

⑤ 输精后抽出注射器，消毒针头即可。

3. 输精注意事项

① 应充分保证足够的有效精子数。若用原精液，输精量应为 0.025~0.05mL，若用稀释后的精液，每次输精量应保证有效精子数不少于 0.5 亿~1 亿个；

② 抓捕母鸡和输精动作要轻缓；

③ 注入精液同时应放松对母鸡腹部的压迫；

④ 遵守无菌操作，严防病原传播。

【实训作业】

（1）公鸡采精需做哪些准备工作？常用采精方法有哪些？

（2）简述鸡背腹式按摩采精法要点。

实训十一　牛冷冻精液的制作

【实训目的】

通过实验，了解家畜精液冷冻保存的基本操作和流程，初步掌握家畜精液冷冻和解冻的基本方法。

【实训材料】

牛和猪的精液样品，液氮罐，铝饭盒，烧杯，试管，冰箱，水浴箱，低温温度计，显微镜，盖玻片，载玻片等。

【实训内容】

1. 牛精液的冷冻

（1）冷冻稀释液的配制

12%蔗糖液	75mL
蛋黄	20mL
甘油	5mL
青霉素	1000IU/mL
链霉素	1000IU/mL

（2）解冻液的配制

柠檬酸钠	2.9g
蒸馏水	100mL

（3）精液的稀释与平衡　稀释前先检查精液的活率，一般不低于 0.7，密度应在 8 亿/mL 左右，用与精液同温的稀释液做 2~5 倍稀释。将稀释后的精液用棉花包裹放入冰箱内缓慢降温到 0~5℃，并保持 2~4h。

（4）滴冻和保存　用吸管吸取平衡后的精液滴于用液氮冷却到-100℃左右的铝

饭盒的表面（饭盒表面距液氮面2~3cm），制成0.1mL剂量的冷冻颗粒。滴冻要求快速、均匀，滴冻结束应使精液颗粒停留3min，待颗粒由黄色变为白色，即可将饭盒盖浸入液氮。然后用青霉素瓶或纱布袋收集颗粒，做好标记，投入液氮罐中保存。

（5）解冻　在1mL容量的试管内装入2.9%的柠檬酸钠解冻液1mL，放入4℃的水浴中，随后取1~2粒冻精液投入试管中，立即摇动直至颗粒融化再取出试管，取样观察，凡活率在0.3以上即为合格。

2. 猪精液的冷冻

（1）冷冻和解冻稀释液的配制

① 冷冻稀释液。

8%的葡萄糖	77mL
蛋黄	20mL
甘油	3mL
青霉素	500~1000IU/mL

② 解冻液为5%的葡萄糖溶液。

（2）精液的稀释与平衡　用手握法采精获得的浓份精液，活率应在0.7以上。用同温的稀释液做1∶2稀释。随后用棉花和纱布包裹，放于8℃的冰箱内，缓慢降温到8℃并保持3~6h。

（3）滴冻和解冻　在滴冻前，自冰箱内取出的经平衡的精液，检查活率不应低于0.6。用吸管吸取平衡后的精液，迅速滴于经液氮冷却的铝饭盒上，制成0.1~0.2mL的冷冻颗粒，停留3min后浸入液氮。

取装有5%葡萄糖解冻液的小试管1支，在40℃的水浴中遇热，投入颗粒冷冻精液1粒，经摇动直至颗粒融化，立即取出检查精子活率。凡在0.3以上者即为合格，可用于输精。

【实训作业】

写出牛、猪精液冷冻的基本程序，并比较其异同。

实训十二　胚胎移植

【实训目的】

了解胚胎移植的主要技术环节及操作要领；进一步熟悉掌握同期发情、超数排卵技术和冲卵方法；初步学会胚胎的检查和移植过程。

【实训材料】

（1）动物　选择健康、营养良好、无繁殖疾病、生殖功能正常的母牛（或母羊）做供体牛（羊）和受体牛（羊），牛（羊）冷冻精液。

（2）药品 PMSG，FSH，LH，$PGF_{2\alpha}$，2%普鲁卡因注射液，静松灵注射液，PBS，生理盐水，75%酒精，2%碘酊，青霉素等。

（3）器械 子宫扩张棒，双目实体显微镜，牛用冲胚及移胚器械，冲胚管，移胚管，拨胚针，手术台，剪毛剪子，止血钳，镊子，手术刀，创巾，缝合针，缝合线，表面皿，凹玻片等。

【实训内容】

1. 牛的非手术法胚胎移植

（1）同期发情及超数排卵处理 受体牛胚胎移植前6d注射PMSG 500～8000IU，前3～4d注射$PGF_{2\alpha}$ 1～2mg（子宫灌注法）。

供体母牛性周期的第11d，肌肉注射PMSG 3000～4000IU，13d肌肉注射$PGF_{2\alpha}$ 20～30mg，促使黄体退化，15d供体牛发情（此天为0），间隔8～12h输精2～3次，第7d收集胚胎。或用FSH在供体发情周期的第11～14d每日上午8时和下午5时各肌肉注射FSH 50IU，总剂量400IU，第13d注射$PGF_{2\alpha}$ 20～30mg，第15d供体牛发情。以后处理同第1种方法，在第1次输精同时注射LH 160IU，共输精3次。

（2）胚胎的采集（采卵）

① 采卵时间和部位：常规冲卵多在人工授精的第7d，一般在第6～8d，此时受精卵在子宫角上端；

② 供体牛在直检架内保定，用绳缠尾拉向一侧，排出直肠内的宿粪，清洗阴户周围；

③ 肌肉注射静松灵3～5mL使牛镇静；

④ 用2%普鲁卡因2～10mL在第一、第二尾荐骨之间作硬膜外腔麻醉，以松弛子宫颈环肌；

⑤ 组装冲卵集卵的装置，准备1000mL冲卵液加温到38℃备用；

⑥ 使用子宫扩张棒扩张子宫颈口；

⑦ 将带有通心钢丝的冲卵软管先插入排卵较多一侧的子宫角，钢芯反复引导至大弯前充满气球，使其堵塞子宫角基部并固定冲卵管，根据子宫大小及冲卵管在子宫内位置的深浅，注入8～20mL空气；

⑧ 用100mL注射器吸取冲卵液80～100mL灌入子宫角，同时隔着直肠轻轻按摩子宫角，使冲卵液能回收彻底，注入子宫的液体应回收90%～100%，一侧冲洗5～6次，总计用冲卵液500mL左右，将冲卵液回流至集卵皿中，然后用同样的方法冲洗另一侧子宫角，待两侧冲完，向子宫内注入抗菌药物。

（3）胚胎的检查（检卵）

① 将盛有冲卵回收液的集卵管静置10～20min，使其自然沉降，用塑料管虹吸抽取上清，置另一量筒中，留底部约100mL倒入检卵皿内，用少量冲卵液刷洗量筒2～3次，将双目实体显微镜放大16倍寻找胚胎，仔细观察胚胎的形态和发育情况。

用300~400μm内径的玻璃吸管吸卵，用含10%血清的D-PBS液保存，检出后至少清洗3次。胚胎可划分为A、B、C三个等级。

② 收集外形整齐，大小一致，卵裂球分裂均匀，外膜完整的清晰明亮的桑葚胚或适宜胚期的胚胎，吸入0.25mL塑料细管内，通过TB型注射器插入吸管末端，将胚胎吸入细管。按以下方式把液体和空气分别装入细管中：2cm培养液，5cm空气，5cm培养液，5cm空气，2cm含胚胎的培养液，5cm空气，5cm培养液，最后5cm空气和培养液。细管中第一段液体必须接触棉塞，以防止液体泄漏。

（4）胚胎移植（授卵）

① 选择同期发情处理的与供体牛相一致的母牛做受体。

② 装入胚胎的细管插入灭菌的移植枪中，如同细管冷冻精液人工授精一样。胚胎通过子宫颈轻轻地推入10~20cm深达黄体侧子宫角。在移植前检查黄体，受体母牛用利多卡因2~5mL硬膜外鞘麻醉。并肌肉注射静松灵0.3~1mL。在操作时，应对外阴彻底消毒，右手持移植器并插入子宫颈外口，同时左手伸入母牛直肠，顶开阴道保护鞘或保护膜，轻缓地通过子宫颈进入移植侧（黄体侧），移植器行至大弯或更深部位时，缓慢推钢芯将胚胎注入。

（5）对受体母牛加强饲养管理，保证胚胎正常发育。

2. *羊的手术法胚胎移植*

（1）同期发情与超排处理　受体母羊于胚胎移植前7d注射$PGF_{2\alpha}$ 2mg，移植前6d注射FSH 50IU，每天试情，并记载发情开始及结束时间。

供体羊在发情周期第16天开始注射FSH 100IU，每天1次，共3次，并在第17天注射$PGF_{2\alpha}$ 2mg，供体羊发情结束配种，并注射LH 150IU，配种2~3次，每天上午、下午试情配种，配种开始后第4d手术胚胎移植。

（2）胚胎的采集

① 采卵时间和部位：供体母羊在发情结束后2~3d，从输卵管回收卵或在6~7.5d从子宫角冲卵。

② 麻醉、保定：供体母羊肌肉注射静松灵约0.5mL，用2%普鲁卡因6~8mL在第一、第二尾椎间做硬膜外腔麻醉。并将其保定仰卧于手术台上，将后侧腹部手术部位剪毛消毒。

③ 手术冲洗胚胎：手术部位一般选择乳房左侧腹壁作切口，术部切口长约5cm，术者将食指及中指由切口伸入腹腔，依次将子宫角、输卵管及卵巢拉出，注意保护卵巢和输卵管。观察并记录卵巢表面上的排卵点。将冲卵管（内径为2mm的塑料导管）一端由输卵管伞部的腹腔口插入2~3cm深，另一端接集卵皿。用带有钝性针头的注射器吸取冲卵液5~10mL，在宫管结合部将针头朝输卵管方向扎入，缓慢注入冲卵液，经输卵管流至集卵皿。也可由子宫角尖端注入冲卵液，从子宫角基部接取。

(3) 检查胚胎 将回收的冲卵液用滴管吸至表面皿中，置于双目实体显微镜下，一般放大10倍左右寻找胚胎，再将胚胎移至凹玻片上，放大40倍检查胚胎发育情况。整个操作动作迅速、准确，对检查合格的胚胎准备用于移植。

(4) 胚胎移植 选择与供体母羊发情时间一致或最多不差24h的受体母羊。用含0.3%~0.5%BSA的D-PBS液或10%血清的D-PBS液移植。受体母羊肌肉注射2%的静松灵0.5mL，发情后2~3d从输卵管冲洗的胚胎经伞部移入输卵管，在发情后6~7.5d从子宫冲洗的胚胎移入子宫角。

(5) 术后护理 移植胚胎后，对供体、受体母羊的腹部切口立即缝合，防止感染。受体母羊术后1~2情期观察返情情况，对没有返情的母羊应加强饲养管理。

【实训提示】

(1) 胚胎体积很小，在检查完胚胎进行分装、移植操作过程中，极容易丢失。因此，在向胚移管或塑料细管内分装胚胎时应特别注意。

(2) 吸入胚胎的细管需在实体显微镜下检查是否确实有胚胎装入，胚胎注出时，也需经实体显微镜检验。

(3) 牛的非手术法胚胎移植如无条件可不做。

(4) 本实训可在教学实习中穿插进行。

(5) 如校内条件不足，可到校外实训基地，结合生产完成实训。

【实训作业】

总结手术法和非手术法移植的程序、主要技术环节及注意事项。

实训十三 母牛不孕症的诊治

【实训目的】

了解母牛不孕的原因，掌握母牛卵巢囊肿、持久黄体和子宫内膜炎的临床检查及常用的治疗和投药方法，熟悉治疗措施，能制定正确的治疗方案。

【实训材料】

(1) 动物 各类不孕的母牛若干头。

(2) 器材 阴道开张器，手电筒，手术剪子，镊子，注射器，针头，子宫冲洗器，输精枪等。

(3) 药品 各类外用消毒液，子宫冲洗液，碘甘油，相关生殖激素，抗生素等。

【实训内容】

1. 母牛不孕的治疗方法

(1) 阴道洗涤及投药 保定好母牛，以绷带缠尾并系于一侧，外阴部进行常规消毒。用吊桶装满洗液，将吊桶的导管插入阴道进行冲洗，使洗液自行排出，当排不尽时，可借开张器扩张阴道使其排出。当前庭、阴道黏膜或子宫颈发炎时，也可将软膏或药液直接涂于患处。即先用开张器打开阴道，再用子宫膣部钳夹取纱布块蘸取药液或软膏于患处涂抹；也可制成拳头大的棉球，外面包以纱布，棉球上浸以药液或撒上粉剂。最后在纱布外面系一条线，使线端留于阴门之外，以便取出。一般将此棉球送入阴道，保持3~5h。

（2）子宫冲洗及注药　对有炎症的母牛子宫，在发情期内或配种前可采用冲洗子宫的方法清除子宫内容物和注药治疗。子宫冲洗液种类很多，可根据子宫炎症的具体情况，进行配制和使用。

可用一导管插入子宫，另一端与装有洗液的吊桶相接，使洗液自动流入子宫，大动物一次可注入洗液1000~2000mL，洗前对外阴部应常规消毒。注入洗液后可根据洗液的种类、炎症的情况等让洗液自行排出，或通过直肠按摩子宫，促其蠕动，加速残留洗液的排出。对某些子宫下垂洗液难于自行排出者，可用导管插入子宫将洗液导出。当子宫内冲洗液排净后，可注入适量的抗生素或其他消炎药物。

2. 卵巢疾病的诊治

（1）持久黄体

① 诊断依据：将母牛牵入保定栏内保定。通过直肠检查找到牛的卵巢，如卵巢单侧或双侧有黄体存在，黄体较大且突出于卵巢表面，呈蘑菇状，触之粗糙而坚硬，触摸子宫角无妊娠变化，即可判定为持久黄体。

② 治疗：多采用前列腺素溶解黄体。取前列腺素（15-甲基 $PGF_{2\alpha}$）3~5mg，肌肉注射，隔日再注射1次。在注射药物后，可用生理盐水500~1000mL，加热至40℃左右冲洗子宫。

（2）卵巢囊肿

① 诊断依据：母牛发情表现特别明显，持续数日不止，大声嚎叫，精神高度兴奋，坐立不安，食欲减退或废绝，爬跨或追逐其他母牛。当病程长时，母牛明显消瘦、体力严重下降，常在尾根和肛门之间出现明显塌陷。直肠检查时可感到母牛卵巢明显增大，囊肿直径较大（如乒乓球大小），用指肚稍用力触压，紧张而有波动，稍用力按压囊肿部位，母牛回头观望，并用蹄子踏地，发出长叫，即可初步判定。隔2~3d检查，症状如初，可确诊为卵巢囊肿。

② 治疗：治疗卵巢囊肿除加强饲养管理外，主要采用激素治疗，若再配合激光照射效果会更好。

a. 促黄体素。取LH约200IU肌肉注射，隔日1次，连用2次即可。

b. 孕激素。每天肌肉注射黄体酮100~150mg，隔日1次，连用7~8d为一疗程。同时配合氦氖激光治疗仪进行地户穴（阴蒂中点）或交巢穴（会阴部中心）照射，根据治疗仪的功能和型号调整光斑直径和照射距离，每次照射10~30min，每天1次，连续7~10次为一疗程。

3. 子宫内膜炎

（1）卡他性子宫内膜炎

① 诊断依据：母牛发情周期基本正常，发情持续期延长。发情时外部表现较明显，黏液流出量较正常多，常混有絮状物，特别是在趴卧时流出量更大。直检感觉子宫角的变化，如子宫角肥厚、松软，收缩反应减弱，屡配不孕，可判定为卡他性子宫内膜炎。

② 治疗：取生理盐水或5%葡萄糖溶液1000mL，加温至40℃左右，装入吊桶中，连接子宫冲洗器。母牛保定后，外阴清洗消毒，按直肠把握输精的方法，把冲洗器插入子宫颈深部或子宫体内，边注入边排出。冲洗液排净后，向子宫注入抗生素。

（2）脓性子宫内膜炎

① 诊断依据：母牛有轻度的全身反应，如体温升高、精神不振、食欲减退等。母牛发情周期紊乱，有时从阴门流出灰白色或黄褐色絮状物。把开张器洗净，用酒精棉球消毒后，加热至40℃，打开母牛阴道，阴道黏膜充血，子宫颈口开张情况下有脓汁附着或流出。直肠检查可见子宫角肥大、增粗、有波动，收缩反应消失。

② 治疗：首先用0.1% $KMnO_4$ 或5% NaCl等，用量1500～2000mL，加热至45℃左右，进行子宫冲洗。待回流无絮状物后再用生理盐水冲洗排尽。用30mL生理盐水溶解青霉素、链霉素注入子宫内保留。

【实训提示】

（1）事先在配种站或兽医院预约好病例，如果没有病畜，也可到养牛场用实习牛进行，目的是让学生掌握检查和治疗的方法。

（2）根据患畜和实习用母牛的数量，将学生分为相应的小组，教师先做示范和讲解，随后分组，让学生按要求进行不孕检查和治疗投药的练习。

（3）治疗子宫内膜炎时要注意：①子宫内膜炎在治疗时需冲洗子宫，只有在子宫颈开张的情况下才能进行，故最佳的治疗时间是母牛的发情期。如果母牛未发情或子宫颈开张较小，可用雌激素等预先处理；②为保证药液回流充分，在直肠内的手可按压或提拉子宫角，必要时用注射器抽取；③冲洗子宫过程中可边进药边回流，进液速度不要过快，否则子宫内蓄积药液量大，压力增高，会使药物连同子宫的炎性分泌物从输卵管溢出，造成邻近器官感染；④脓性子宫内膜炎病理变化大，需相当一段时间才能治愈，在灌注抗生素后向子宫内注入碘甘油（30mL），效果较好；⑤子宫内膜炎治愈与否，关键看母牛是否受胎，在治疗中要不失时机地对母牛进行输精和检查。一般输精1h后还可向子宫内灌注抗生素。

【实训作业】

（1）怎样进行子宫冲洗及注药？

（2）如何诊断和治疗母牛的持久黄体、卵巢囊肿和子宫内膜炎？

（3）根据临床上病牛检查结果，提出治疗方案。

附录　技能考核项目汇总

技能考核项目一

1. 在显微镜下观察动物染色体标本，绘制一份染色体组型图。要求在 30min 内完成。

2. 通过图书馆（或上网）查阅有关资料，写一篇有关基因工程在畜牧业上应用的最新进展的综述。要求在 1d 内完成。

技能考核项目二

1. 口述纯合体与杂合体、显性性状与隐性性状的区别。要求在 5min 内完成。

2. 对伴性遗传在养鸡业上的应用进行归纳与总结，写出综述文章。要求在 1d 内完成。

技能考核项目三

1. 说出质量性状的概念、主要特征以及在畜禽育种中的意义和作用。要求在 10min 内完成。

2. 口述猪与牛的血型、毛色的类型。要求在 5min 内完成。

技能考核项目四

1. 说出什么是遗传力，遗传力参数及在畜禽育种中的意义和作用。要求在 5min 内完成。

2. 口述遗传相关的概念是什么，性状间遗传相关的用途有哪些。要求在 5min 内完成。

技能考核项目五

1. 说出什么是品种，构成一个品种需要哪些条件。要求在 5min 内完成。

2. 口述专门化品系的概念是什么，专门化品系的优点有哪些。要求在 5min 内完成。

技能考核项目六

1. 说出什么是一般配合力和特殊配合力，什么是杂种优势。要求在 5min 内完成。

2. 口述杂交改良的方法有哪些，各在什么情况下使用。要求在 5min 内完成。

技能考核项目七

1. 说出生殖激素作用的特点有哪些。要求在 5min 内完成。

2. 口述生殖激素按来源是如何划分的。要求在 5min 内完成。

技能考核项目八

1. 说出母猪生殖器官（子宫、输卵管、阴道）的特点有哪些。要求在 5min 内完成。

2. 口述影响母畜初情期的因素有哪些。要求在5min内完成。
3. 现场对母猪进行发情鉴定。
4. 母猪的异常发情有哪些？如何处理？
5. 如何进行牛的发情鉴定？

技能考核项目九

1. 口述什么是牛的诱导发情、同期发情。
2. 口述如何进行牛、羊的超数排卵。

技能考核项目十

1. 如何进行精液的外观检查？
2. 现场进行精液的实验室检查。
3. 输精前应做好哪些准备？如何对母猪进行输精？
4. 现场演示牛的输精方法。

技能考核项目十一

1. 口述猪、马、牛、羊胎盘的类型有哪些。
2. 口述猪、马、牛、羊正常的妊娠期。
3. 现场对猪、牛进行妊娠诊断。

技能考核项目十二

1. 口述胚胎移植技术的基本程序有哪些。
2. 查找资料，从经济、引种扩群和育种等方面阐述胚胎移植的应用价值。

技能考核项目十三

1. 口述母畜临产的表现有哪些。
2. 口述如何做好母猪分娩前的准备。
3. 现场分析种猪场（养殖场）分娩助产过程存在什么问题，提出改进措施。

技能考核项目十四

1. 口述引起繁殖障碍的原因有哪些。
2. 现场分析如何提高养殖场的繁殖率。

参考文献

[1] 欧阳叙向．家畜遗传育种［M］．北京：中国农业出版社，2001.

[2] 欧阳叙向．新编遗传学教程［M］．北京：中国农业出版社，2001.

[3] 耿明杰．畜禽繁殖与改良［M］．北京：中国农业出版社，2006.

[4] 吴健．畜牧学概论［M］．北京：中国农业出版社，2006.

[5] 刘娣．动物遗传学［M］．北京：北京理工大学出版社，1999.

[6] 陈国宏，张勤．动物遗传原理与育种方法［M］．北京：中国农业出版社，2009.

[7] 李碧春．动物遗传学［M］．北京：中国农业大学出版社，2008.

[8] 盛志廉，陈瑶生．数量遗传学［M］．北京：中国农业出版社，1990.

[9] 赖志杰．家畜遗传育种学［M］．北京：中国农业出版社，1990.

[10] 张沅．家畜育种学［M］．北京：中国农业出版社，2001.

[11] 耿明杰．畜禽繁殖与改良［M］．哈尔滨：黑龙江人民出版社，2004.

[12] 李婉涛．动物遗传育种学［M］．北京：中国农业大学出版社，2000.

[13] 王铁岗．动物遗传育种基础［M］．北京：化学工业出版社，2009.

[14] 张忠诚．家畜繁殖学［M］．北京：中国农业出版社，2006.

[15] 董常生．家畜解剖学［M］．北京：中国农业出版社，2001.

[16] 马仲华．家畜解剖学及组织胚胎学［M］．北京：中国农业出版社，2005.

[17] 周其虎．动物解剖生理［M］．北京：中国农业出版社，2008.

[18] 豆卫．禽类生产［M］．北京：中国农业出版社，2001.

[19] 张周．家畜繁殖［M］．北京：中国农业出版社，2006.

[20] 中央农业广播电视学校．家畜繁殖学［M］．北京：中国农业出版社，1998.

[21] 潘和平，杨具田．动物现代繁殖技术［M］．北京：民族出版社，2004.

[22] 桑润滋，动物繁殖生物技术［M］．北京：中国农业出版社，2006.

[23] 杨利国．动物繁育新技术［M］．北京：中国农业出版社，2009.

[24] 张学明．家畜繁殖改良实用技术［M］．西宁：青海民族出版社，2000.

[25] 岳文斌．动物繁殖新技术［M］．北京：中国农业出版社，2003.

[26] 赵国琳．畜禽繁殖关键技术［M］．兰州：甘肃科学技术出版社，2009.

[27] 徐兴军，张伟伟．动物胚胎工程［M］．哈尔滨：东北林业大学出版社，2009.

[28] 范强，孙跃辉，李玉．宠物繁育技术［M］．北京：化学工业出版

社，2016.

［29］徐相亭，秦豪荣．动物繁殖技术［M］．北京：中国农业大学出版社，2011.

［30］岳文岳．动物繁殖新技术［M］．北京：中国农业出版社，2013.

［31］中国农林科学院科技情报研究所．国外畜牧业概况［M］．北京：科学出版社，2016.